과학을 기반으로 살펴보는

초미세먼지, 기후변화 그리고 **탄소중립**

우리는 왜 세 문제를
함께 생각해야 하는가?

과학을 기반으로 살펴보는

초미세먼지, 기후변화 그리고 탄소중립

우리는 왜
세 문제를
함께 생각해야
하는가?

송철한 저

씨아이알

서론

아마도 2015년 2월 말쯤이었던 것으로 기억된다. 중국에서 발생한 황사를 포함한 미세먼지가 대한민국을 뒤덮으면서, 그 농도가 미증유의 $900\mu g/m^3$를 넘어갔던 일이 있었다. 그날 이후부터 미세먼지 문제에 대한 우려와 공포심이 한국 사회를 관통하기 시작했던 것 같고, 그 후 8년 정도의 시간이 지나오면서 우리나라 국민의 (초)미세먼지[1]에 대한 관심 혹은 걱정은 계속해서 증가해 온 느낌이다. 이런 우리 사회의 관심과 우려의 이면에는 세계보건기구(WHO: World Health Organization) 산하 국제암연구소(IARC: International Agency for Research on Cancer)가 초미세먼지[1]를 1급 발암물질로 규정했고, 일부 언론에서 이 국제암연구소의 발표를 인용하면서 보도한 '초미세먼지, 보이지 않는 암살자'라든가, '1급 발암물질을 마시며 출근하는 시민들', '우리나라 대기 중에는 발암물질들이 둥둥...'[2,3,4]과 같은 다소 선정적인 제목의 신문 기사들이 또한 (초)미세먼지에 대한 국민의 우려와 관심을 증폭시키는 데 일정한 역할을 한 듯 보인다.

이런 증폭된 국민적 관심 때문이었을 것으로 추측된다. 2019년 4월에는 문재인 대통령이 당시 정치적 입지가 다소 달랐던 반기문 전 유엔사무총장을 위원장으로 하는 대통령 직속의 국가기후환경회의를 구성하고, 우리나라 (초)미세먼지 문제 해결의 중추적 역할을 이 회의에 요청하기도 했었다.[5] 필자도 이 국가기후환경회의 본회의 위원과 과학기술

분과위원회 위원으로 활동하면서, 우리나라 정부 당국과 시민 사회, 언론 등이 (초)미세먼지라는 당면한 사회적 이슈를 다루고 해결하는 과정과 방법론, 자세 등을 가까운 거리에서 살펴볼 수 있는 매우 귀한 시간을 가졌었다. 그리고 이 과정 중에서 또한 많은 것을 배우고 느꼈다. 그 배움과 느낌의 가장 큰 부분 중 하나는 우리나라의 시민·환경단체, 언론, 국회의원들이 (초)미세먼지라는 문제를 사회적 의제(agenda)화하고, 문제 해결의 동력을 창출하는 것까지는 아주 적극적이고 능동적이었던 반면, 정작 (초)미세먼지라는 문제에 대한 본격적인 해결책을 논의하기 위해 반드시 필요한 과학적 지식이나 비판적 사고 능력은 생각보다 그리 높지 않다는 사실이었다. 그리고 해당 정부 부처 관계자들과 이야기를 나눠 봐도 (초)미세먼지에 대한 과학적 인식이나 지식의 수준이 시민·환경단체나 언론의 수준을 크게 넘어서지는 못하고 있다는 것이 필자의 솔직한 판단이었다.

이래서는 (초)미세먼지라는 사회 문제에 대한 제대로 된 문제 인식도, 올바른 해결책도 나올 수 없을 것 같았고, 이 책은 바로 이런 문제의식에서 출발했다. 우리 사회 모든 사회적 문제 해결의 출발점은 그 문제에 대한 올바른 과학적 지식과 이성적 판단에서 시작되어야만 한다. 이는 우리가 겪었던 코로나19(COVID-19) 문제에서도 목격할 수 있었던 부분일 것이다. "지식만이 문제를 해결할 수 있는 유일한 해결책이 된다!(Knowledge is the key to solving the problem!)" 알베르트 아인슈타인(Albert Einstein) 박사가 했던 말이다. 코로나19도 (초)미세먼지 문제도 우리 사회에 어떤 큰 문제가 발생했다면, 그 문제 해결의 올바른 출발점은 문제에 대한 '과학적 지식'을 최대한 확보하고, 이를 기반으로 과학적인 판단과 이성적 결정을 내리는 것이어야 할 것이다.

(초)미세먼지는 사실 눈에 그 실체가 잘 보이지는 않는다. 2020년부터

대한민국을 강타한 코로나19 바이러스처럼 눈에 보이지 않는 대상은 그 대상에 대한 올바른 과학적 지식이 없다면 공포나 과도한 우려의 대상이 되기도 쉽다. 일부 작은 크기의 초미세먼지 입자(초미세먼지의 크기는 $0.003\mu m$에서 $2.5\mu m$ 정도다)는 코로나19 바이러스(대략 $0.11\mu m$ 크기다)보다도 오히려 더 작다. 보이지 않는 대상에 대한 공포는 가끔 유언비어나 괴상한 논리도 생산하곤 한다. 코로나19 바이러스가 사회에 처음 출현했을 때 그랬던 것처럼, 올바른 과학에 기반하지 않은 소문과 논리는 사회를 때로 패닉 상태에 빠져들게 하기도 하고, 경우에 따라서는 시민들의 생각하는 기능, 즉 비판적 이성의 기능까지 마비시킬 때도 있다.

필자가 처음 이 책을 기획하게 된 계기도 2018년쯤, 우리 사회가 가지고 있는 (초)미세먼지 문제에 대한 사회적 인식과 학계가 달성한 과학적 지식 사이에서 커다란 괴리를 확인했기 때문이었다. 사실 학계에서는 (초)미세먼지가 커다란 사회 문제로 대두되기 그 이전부터 많은 연구와 논의, 그리고 (초)미세먼지 대책의 문제점과 다양한 인체 유해성에 대한 지적을 해 왔었다. 그러던 차에 앞서 언급했듯 2014~2015년 겨울을 기점으로 시민들의 관심이 갑자기 폭증하기 시작했고, 이때를 틈타 언론과 사회단체들, 그리고 때로는 엉뚱한 전문가들마저 출현해 비과학적인 수사나 논리를 동원하며 시민들의 올바른 이성적인 판단을 흐리는 부분도 상당했다. 만약 사회에 출현한 어떤 현상에 대해 혼란스러운 관심과 걱정, 혹은 비이성적 판단이 존재한다면, 그 걱정이나 잘못된 비이성적 판단은 대상을 올바로 이해해야 사라지게 된다. 시장에서 비과학적 억측들이 유통되고 있다면, 과학의 시선으로 이 억측들을 바로잡고, 과학적 지식에 기반한 이성적인 문제 해결의 장을 마련해야만 할 것이다.

1970년대 로스앤젤레스에서 시작된 대기오염 사건이 있었다. 우리는 이 사건을 '로스앤젤레스 스모그'라고 부른다. 이 대기오염 사건을 '미중

유의 사건'이라고 불렀던 이유도 당시 이런 종류의 대기오염을 로스앤젤레스 시민들이나 과학자들이 일찍이 경험해보지 못했었기 때문이었다. 그보다 20여 년 전 1952년에 5,000~10,000명 정도의 사망자를 냈던 '런던 스모그'의 경우는 주로 석탄 사용에서 발생한 아황산가스(SO_2)가 만들어 낸 황산염에 의한 사건이었다. 런던 스모그와 같은 종류의 대기오염은 1952년 이후 그나마 과학적으로 어느 정도 이해가 되어 있었다. 그런데 1970년대 로스앤젤레스에서 발생한 대기오염은 런던 스모그와는 또 다른 종류의, 그 당시 과학과 지식수준에서는 이상한 것이었다. 시민들도 과학자들도 당황했고, 공포도 당연했다.

로스앤젤레스 스모그의 대표 오염물질인 오존(O_3)이란 물질에 대해선 과학자들이 이미 그 존재를 알고는 있었다. 사람들이 거주하지 않는 성층권(지상에서 대략 10km에서 50km 사이의 대기)에 주로 존재하면서, 우리를 태양과 우주에서 오는 자외선으로부터 지켜주는 좋은 물질이다. 그런데 이 오존을 포함하는 스모그가 이번에는 '지상'에서 발생하면서 로스앤젤레스 주변 지역 나뭇잎들이 시름시름 죽어 가기 시작했다. 물론 오존도 나뭇잎을 죽게 만들었지만, 다른 어떤 물질인가가 추가로 나뭇잎을 죽게 하고 있음도 분명한 듯 보였다. 시민들은 당연히 이 나뭇잎을 죽게 만드는, 정체를 알지 못하고 보이지도 않는 미지의 물질이 궁극적으로는 인간에게도 치명적인 해를 입히게 될 것이라고 생각했고, 이에 공포가 엄습했다. 정체를 모르기에 이 물질을 'X물질(compound X)'이라고 부르면서....6

그러던 중, 로스앤젤레스 주변 지역인 파사디나 소재 캘리포니아 공과대학교의 아리 하겐-스밋(Arie Haagen-Smit) 교수를 비롯한 여러 대기과학자들이 로스앤젤레스 스모그의 원인을 과학적으로 밝혀냈다. 주로 자동차에서 배출되는 질소산화물(NO_x)과 휘발성 유기화학물질들(VOCs:

Volatile Organic Compounds)이 원인이 되어 오존을 형성함이 밝혀졌고, 이 X물질이란 것도 바로 그 질소산화물과 휘발성 유기화학물질들로부터 광화학 반응을 통해 형성되는 물질임이 또한 밝혀졌다. 이 X물질은 지금은 흔히 알려진 물질로 보통 '팬즈(PANs: Peroxy Acetyl Nitrates)'라고 불리는데, 인체 독성도 있지만 주로 식물 독성이 강하다. 이 팬즈가 오존과 더불어 로스앤젤레스 주변의 나뭇잎을 죽게 만드는 원인이라는 사실이 밝혀진 것이다. 과학적 이해가 생기면 공포는 빠르게 소멸된다. 곧 캘리포니아주(state) 정부는 질소산화물과 휘발성 유기화학물질의 배출을 억제하는 각종 규제 정책과 프로그램을 실시하기 시작했고, 스모그는 해가 지나감에 따라 점차 줄어들었다. 그리고 이 전통 때문에 캘리포니아주는 오늘날까지도 가장 강력한 친환경 정책을 실시하는 주로 미국 내에 남아 있게 된다.

이 책이 의도하는 바도 (초)미세먼지에 대한 걱정이나 우려, 혹은 왜곡된 인식이나 오해가 존재한다면, 바로 과학의 힘을 빌려 이들을 수정해 보자는 것이다. 그리고 보다 이성적이고, 과학적인 기반 위에서 문제에 대한 올바른 해결책도 한번 논의해 보자는 것이다. 우리는 이번 코로나19 사태를 겪으며, 정치적이나 비과학적 주장이 아니라, 과학에 기반한 사고와 대책이 얼마나 효과적일 수 있는지를 충분히 목도(目睹)하고 체험해 봤다고 생각한다.

'과학은 허구에서 진실을 가려낼 수 있는 유일한 도구이다.'[7] 이는 이스라엘의 저술가 유발 하라리(Yuval Noah Harari)가 최근 저서에서 했던 말이다. 만약 (초)미세먼지 문제에 대한 우리의 이해와 논의, 대책과 정책 등에 비과학적인 억측이나 허구, 거짓이 존재하고 있다면, 이 비과학적 허구와 억측, 거짓을 과학이란 도구를 통해 분변(分辨)해 내고, 올바른 정책과 논의의 프레임을 한번 제대로 재설정-재정립해 보자는 것! 이

점이 이 책이 진심으로 의도하고 있는 것이라는 사실을 여기서 밝혀두고 싶다.

필자를 비롯해서 많은 과학자들은 해당 분야의 훌륭한, 소위 논문 영향력 지수(impact factor)가 높다는 전문 저널에 논문을 게재하기 위해 많은 노력을 기울인다. 하지만 막상 논문을 어렵게 게재하고 나면, 그 논문을 읽는 독자들은 많은 경우 내·외국의 과학자들이고, 우리나라 정책 당국자들이나 시민들은 논문에 접근조차 하지 못하는 경우가 대부분이다. 논문이 너무 어렵고 수학적이고 전문적이며, 더더군다나 '영어'로써 있기 때문이다. 따라서 이 책은 가급적이면 논제를 쉽게 풀어서 그리고 영어가 아닌 우리말로, 어떤 수학 공식이나 화학식을 사용함이 없이, 다소의 단순화라는 위험을 무릅쓰면서라도 논의를 전개하고자 했다. 아마 논의의 단순화라는 위험보다는 과학의 창을 통해 세상을 인식하도록 시민 사회와 독자를 안내하는 작업이 과학자에겐 보다 더 중요한 임무일 것이라고 필자가 믿고 있기 때문일 것이다.

170여 년 전 공산주의의 창시자 카를 마르크스(Karl Marx)는 본인의 철학이 '과학'이라는 주장을 했었다. 철학이 어떻게 '과학'이 될 수 있는지를 필자는 솔직히 잘 모르겠다. 아마도 그는 그의 철학, 그가 창안한 공산주의는 결코 유토피아적이거나 공상적 또는 관념적이지 않다는 것을 강조하고 싶어서 그의 철학이 '과학적'이라고 강변했던 것이 아니었을까싶다. 그렇다면 거꾸로 정말로 '과학적'이어야만 하는 우리나라 (초)미세먼지 정책은 정말로 과학적일까? 하는 질문을 필자는 자주 하곤 한다. 거꾸로 우리나라의 (초)미세먼지 정책이 오히려 어떤 면에서는 공상적, 유토피아적, 관념적, 철학적인 것은 아닐까? (초)미세먼지 문제를 공상이나 억측이 아니라 과학적으로, 과학에 기반해서 살펴보자는 것이 이책을 쓰게 된 계기이고 취지이자 동기이라고 했다.

그리고 여기에는 또 한 가지 매우 주의해야 할 점도 존재한다. 우리나라 시민 사회나 언론, 정책 당국자들은 (초)미세먼지 대책을 논의할 때, 의외로 (초)미세먼지라는 표면적 현상과 이에 대한 직접적인 대책에만 너무 과도하게 집착하는 경향이 있다. 그런 나머지 (초)미세먼지 문제가 사실은 우리 사회의 다른 중요한 담론들과 서로 '연계-연결'되어 있다는 사실은 간과한다. 그래서 이 책에서는 이 연계, 다른 담론들과의 연관 관계에도 또한 초점을 맞춰 보려고 한다. 소위, '초미세먼지-기후변화-에너지 정책' 연계인데, 이 연계를 올바로 보는 사고를 키워야만 비로소 보이기 시작하는 많은 문제가 또한 존재하고 있기 때문이다.

예를 들어 설명하자면 이런 것이다. 초미세먼지와 관련된 최상의 대책이란 디젤자동차나 석탄화력발전소에 자동차 필터나 촉매 장치를 설치하는 종류의 것이 아니다. 이런 대책은 사실 하위급 대책, 하책(下策)이 된다. 왜냐하면 대기오염물질이 생성된 후 비로소 이 오염물질들을 제거하려고 하기 때문이다. 그렇다면 상책(上策)은 무엇인가? 대기오염물질의 발생 자체를 원천적으로 차단하는 것이 상책이 된다. 그래서 초미세먼지 문제 해결의 최상책(最上策)은 '에너지 대전환'이다. 초미세먼지의 원인 물질들은 많은 경우(물론 모든 경우는 아니지만) 화석연료의 연소 과정을 통해 발생한다. 디젤자동차는 경유(디젤)라는 화석연료를 연소해서 자동차의 추진 동력을 얻고, 석탄화력발전소는 석탄이라는 화석연료를 태워서 전력을 생산한다. 만약, 이런 에너지들을 화석연료의 연소가 아닌 태양광이나 풍력발전과 같은 재생에너지, 지속가능한 에너지원(源)에서 얻을 수만 있다면, 그래서 화석연료의 연소라는 과정을 우리의 산업과 경제, 문명에서 확실히 제거할 수만 있다면, 이는 매우 중요한 에너지 정책이자, 동시에 훌륭한 초미세먼지 대책이 될 수가 있다.

그리고 여기에 더해 이런 에너지 전환이란 화석연료 연소 중에 필연적으로 발생될 수밖에 없는 이산화탄소의 발생마저도 원천 차단한다. 널리 알려진 바와 같이, 이산화탄소는 지구온난화의 주범으로 인식되는 물질이다. 만약 하나의 정책으로 초미세먼지도 줄이고, 이산화탄소도 줄이고, 친환경 에너지마저 얻게 되는 이중, 삼중의 편익이 발생하게 될 때, 우리는 이를 '공편익(Co-benefit)' 또는 '부수 편익(Collateral benefit)'이라고 부른다. 우리가 마땅히 실행해야 할 최고, 최선의 상책(上策)도 이 공편익을 최대화하는 정책이 될 것이다. 하나의 정책이 곧 초미세먼지 저감과 탄소중립의 전략인 동시에 또한 훌륭한 에너지 정책이 되기도 하기 때문이다.

이상의 스토리를 모두 종합해 보면, 에너지 대전환이란 초미세먼지-기후변화-에너지 정책-탄소중립, 이 모두를 포괄하는 종합 정책이자 국가의 훌륭한 비전이 될 수도 있을 것이다. 하나의 정책으로 현재 우리 사회가 당면하고 있는 세 개의 커다란 거대 담론들인, 초미세먼지, 기후변화(탄소중립), 에너지 문제 모두를 동시에 해결할 수 있기 때문이다. 그렇다면 이것이야말로 일석삼조(一石三鳥)를 기대할 수 있는 최상의 정책이 아니겠는가?

그리고 이 에너지 대전환을 실현하기 위한 실천 방략이 바로 '그린 뉴딜(Green New Deal)'이다. 과거 1930년대 대공황 때 미국의 프랭클린 루스벨트 대통령이 경제학의 케인즈주의에 영향을 받아 항만과 도로, 댐 등의 국가 인프라 시설 건설에 과감하게 국가 재정을 투입했던 뉴딜 정책처럼, 2020년대에는 국가 재정을 과감하게 태양광, 풍력발전 등의 재생에너지 발전 기반 시설에 투입해 보자는 국가적 계획이 바로 그린 뉴딜이다. 미국의 바이든 정부도, 우리나라의 2020년 문재인 정부도 이 그린 뉴딜을 선언했다.

하지만 우리나라의 에너지 대전환, 그린 뉴딜에는 많은 문제점들도 산재해 있다. 필자가 앞서 많은(혹은 어떤 부류의) 분들이 초미세먼지 대책으로 다소 비과학적인, 공상적인, 관념적인, 혹은 유토피아적인 사고를 한다고 언급했었는데, 그 '공상적'·'관념적'·'유토피아적' 사고라는 형용사 표현도 사실은 이 에너지 대전환에 대한 그 (부류의) 분들의 생각을 염두에 두며 쓴 표현이다. 에너지 정책도 초미세먼지 정책과 마찬가지로 당연히 과학에 기반해야 하고, 이성적으로 정책들이 결정되어야만 한다. 우리나라 에너지 대전환에는 우리가 과학적으로 심도있게 논의하고 살펴보아야 할 많은 중요한 지점들이 산재해 있다. 그렇다면 이 산재해 있는 과학적 주제들, 문제점들 역시도 이 책에서 마땅히 다뤄지고 논의해 봐야만 할 것이다.

이렇게 여러 문제를 곰곰이 생각하다 보면, (초)미세먼지 문제의 외연은 생각보다 훨씬 넓게 확장된다. (초)미세먼지 문제란 단지 (초)미세먼지에만 국한되는 문제가 아닐 것 같다. 어찌 보면 (초)미세먼지 문제란 우리가 당면하고 있는 탄소중립, 신기후체제의 구현, 에너지 대전환, 수소경제 등의 여러 담론이 칡덩굴처럼 서로 얽혀 있는 대한민국이란 커다란 숲, 그 상호 연관의 한 부분에서 문득 출현한 표면적인 어떤 현상일 수도 있겠다는 생각마저 든다. 그렇다면 이 표면적 현상의 해결책도 당연히 이 얽힘과 연관의 핵심을 과학과 이성의 눈으로 정확히 이해하고, 정책의 효과적 핵심이 무엇인지를 포착해 내는 작업부터 시작되어야 할 것이다. 그리고 포착된 핵심은 정확하게 과학을 기반으로 한 정책을 통해 타격해야만 한다.

이 책은 1부, 2부, 3부로 구성되어 있다. 1부와 2부는 1장에서부터 7장까지를 포함하는데, 여기서는 주로 초미세먼지와 관련한 상대적으로 작고 섬세한 관점의 주제들에 집중하고자 했다. 그리고 기후변화와 관련된 이야기들은 1장과 10장의 여러 부분에 흩어져서 포함되어 있다. 반면

이 책의 3부인 8장, 9장, 10장에서는 앞서 언급한 우리나라 에너지 대전환이 갖고 있는 문제점들을 포함해, 우리나라 에너지 정책과 그린 뉴딜, 탄소중립, 수소경제, 원자력 발전의 문제 등에 관한 거시·거대 담론들을 한번 논의해 보고자 했다. 에너지 정책과 탄소중립 정책은 초미세먼지 정책과 당연히 연계·연관되어 있어서, 이 책의 독자분들이 반드시 그 연계와 연관을 고려하며 사고해 봐야만 할 많은 지점이 존재한다고 필자는 믿고 있다.

당연히 1, 2, 3부는 연관된 주제이고 반드시 함께 논의되어야 할 주제들이 맞지만, 혹 에너지 대전환, 탄소중립이란 주제에 좀 더 많은 관심이 있으신 분들이라면, 8장부터 10장까지만을 따로 떼어내어 읽으셔도 무방하겠다. 또는 에너지 대전환에는 큰 관심이 없고 초미세먼지 문제에 관심이 많으신 분들이라면, 이 책의 1부와 2부인 1장에서 7장까지만을 읽으셔도 큰 문제는 없을 것이다.

그리고 이 책의 1장은 초미세먼지를 포함한 대기, 기후, 에너지 문제의 가장 기본이 되는 과학적 지식을 개략적으로 정리·소개하고 있다. 2장은 필자가 필자 실험실의 학생들에게 늘 하는 잔소리 같은 이야기들로, 어떤 문제를 다룰 때의 과학적 사고법, 이성적인 판단법에 관한 다소 지루할 수도 있는 장광설이다. 2부와 3부의 본격적 토론에 들어가기에 앞서 사고의 기본기를 다져 보자는 의미의 장들인데, 혹 초미세먼지, 기후변화, 에너지 등의 주제에 이미 어느 정도 지식이 완비되어 있고 잔소리를 특히 싫어하는 분들이라면, 이 책의 2부인 3장에서부터 읽기를 시작하셔도 또한 무방할 것이다. 마지막으로 7장은 이 책의 주요 주제인 우리나라 초미세먼지 문제의 원인과 해법에 관해 특화된 장이다. 다소 기술적이고 전문적일 수도 있어서 일부 독자들에겐 조금 어렵다고 느껴질 수도 있을 듯한데, 그런 독자들이시라면 7장을 그냥 건너뛰셔도 무방할 듯싶다. 다만, 초미세먼지 문제의 올바른 해결을 고민하시는 정책 담당자들이나, 전문가·과학자분들, 환경단체 관련자, 언론 담당자분들은 일독을 해주셨으면 한다. 그리고 다음 글들은 서론에서 필자가 남기고 싶은 말들이다.

소통 '다른 전공 분야 또는 다른 계층 사람들과의 대화를 통해 서로 간에 정보를 교환하고 상호 이해를 구하는 행위'가 소통의 사전적 의미라고 한다면, 이 책은 바로 그 소통을 위해 쓰였다. 앞서 언급한 대로 이 책의 목적은 과학자인 필자가 시민들, 언론인들, 정책 당국자 그리고 여러 이해 당사자들과 대화하고자 하는 나름의 노력의 산물이다. 일반 시민, 언론인, 정책 당국자, 이해 당사자분들은 그들 나름대로의 상황하에서 그들만의 이유를 가지고, (초)미세먼지, 기후변화, 탄소중립 등을 포함한 여러 사회 현상들을 이해하려고 한다. 그리고 그 나름의 상황과 이유로 해서 인식이 때론 굴절되고 왜곡될 수도 있다고 본다. 물론 필자 역시 과학자라는 한계를 지니고 있음은 물론이다.

과학자는 늘 현상 이면에서 작동하고 있는 현상의 과학적 근거와 원리를 살펴보고자 노력하는 직업을 갖고 있는 부류의 사람들이다. 사회적 현상을 이해하는 행위에는 때로 과학적인 근거와 원리를 밝히는 행위가 그 전부는 아닐 수도 있음을 충분히 이해하면서도, 그럼에도 불구하고 어떤 현상을 과학적·이성적으로 파악하는 행위는 항상 사회 문제를 해결하는 일의 가장 중요한 핵심이자 실마리가 되어야만 한다고 필자는 늘 믿고 있다. 이 책을 읽는 독자들은 (초)미세먼지와 에너지 문제, 탄소중립 등에 각별히 관심이 많은 분들일 것으로 믿고 있고, 당연히 이 책과는 다른 논리, 다른 시각, 합당한 반론들을 가지고 있을 수도 있을 것이다.

이런 상황과 의미에서 이 책은 열려 있다. 이 책은 논의의 시발점이지 결코 논의의 종착점이 될 수는 없다고 생각한다. 필자는 필자가 이 책에서 논의하고자 하는 주요 주제들인 (초)미세먼지 문제나 기후변화, 탄소중립, 에너지 전환, 수소경제의 문제 등에 대해 이 세상의 사실과 모든 진리를 독점적으로 알고 있다는 식의 지적 오만은 없다. 사실 이들 분야는 매우 방대한 분야들로 이 모든 분야에 대해 속속들이 알고 있는 전문가는 이 세상에는 없을 것이라고 필자는 생각한다. 당연히 이 책에도 오류와 허점이 있을 수 있고, 만약 오류와 허점이 있다면 반드시 수정되어야만 할 것이다. 필자는 이 부분을 현명한 독자들의 몫이라고 생각하고 있다.

　내가 어떤 확신을 갖고 있다고 하더라도 그 확신에 '회의(懷疑)'를 더할 수 있는 용기는 늘 필요하다. 필자는 이 '회의'를 할 수 있는 능력을 최고의 지적 겸손이라고 생각해 왔고, 그리고 이 지적 겸손이야말로 모든 진정한 과학자가 갖추어야만 할 최고의 덕목 중 하나라고 생각해 왔다. 본인의 논리, 본인의 지식, 본인의 논문에 대해 늘 스스로 반문(反問)하고, 질문하며 점검해 보는 것, 이것이야말로 모든 올바른 과학의 출발점이 된다. 이 점은 또한 필자가 필자의 학생들에게 늘 던지는 잔소리이기도 하고, 동시에 본인의 논리에 너무나도 커다란 확신을 갖고 있는 많은 분들에게 늘 해 주고 싶은 고언(苦言)이기도 하다. 그리고 이 이유가 필자에게 이 책의 2장을 쓰게 한 동기이기도 하다. 이 책의 2장은 '지적 회의(懷疑)'와 '질문', 그리고 '지적 겸손'에 관한 장(章)이다.

Disclaimer 이 단어를 어떻게 번역해야 할지 잘 모르겠는데, 사전을 찾아 보면 '연관 부정'쯤으로 번역되어 있다. 딱히 적당한 표현을 발견할 수가 없어서 그냥 영어로 적어 봤다. 이 책의 내용들은 필자가 활동했던 앞서 언급한 국가기후환경회의나 필자가 관여하고 있는 미세먼지 국가전략과제, 한국대기환경학회의 공식적인 견해와는 '아무 관련이 없다'는 점도 미리 밝혀 두어야겠다.

참고 문헌 이 책의 서문과 10장으로 구성된 본문에는 가급적 주장들과 관련된 참고 문헌도 밝혀 뒀다. 과학에서 참고 문헌은 인용의 근거로써 매우 중요한 필수 항목이다. 하지만 필자가 이 책을 쓰는 목적이 과학 논문을 쓰고자 하는 것은 당연히 아니기에, 이 책의 참고 문헌은 다소 다른 목적을 지니고 있다. 이 책의 독자들이 만약 해당 사항에 대해 좀 더 자세한 내용을 알고 싶다면, 참고가 된 논문이나 기사, 보고서를 찾아서 한번 읽어 봐 주길 바라는 의도에서 주요 내용에 한정해서만 참고 문헌을 달았다. 동시에 참고 문헌과 본문 중 사용된 그림과 표는 가급적이면 우리나라 과학자들의 연구 내용에서 선택하고자 했다.

(초)미세먼지 연구나 기후변화, 에너지 전환의 문제는 전 지구적인 보편성과 동시에 지역성을 함께 지니고 있다. 우리나라의 (초)미세먼지 문제와 기후변화 대응, 에너지 전환의 문제도 전 지구적 보편성과 동시에 대한민국에서만의 특수한 상황들이 존재한다. 따라서 우리가 이 책에서 대한민국에서의 그 특수한 상황들을 이해하려고 한다면, 가급적 대한민국 과학자들의 우리나라 주변에 대한 연구 결과를 우선적으로 선택해서 살펴보는 것이 바람직한 일이 될 것이다. 이것이 필자가 가급적이면 우리나라 과학자들의 연구 결과를 이 책에서 소개하고자 하는 첫 번째 이유이자 동기이다. 그리고 두 번째로는 같은 값이면 대한민국 과학자들이 생산한 결과를 선택해서 소개하는 것이 이 분야에서 헌신하는 대한민국 과학자들에게 보낼 수 있는 필자 나름의 헌사(獻詞)일 수도 있겠다는 생각이 들었다. 참고 문헌 중 몇몇 논문은 영어로 쓰였지만, 영어 사전을 찾아가며 읽고 나면 또한 읽은 보람도 있을 것이라고 확신한다.

희망 거듭 강조하지만, 필자는 이 책이 우리나라 (초)미세먼지 문제와 에너지 전환 논의의 종착점이 아니고 시작점이 되길 바란다. 필자는 이 책이 우리나라 (초)미세먼지 논의, 탄소중립에 관한 논쟁을 한 단계 업그레이드시키는 유용한 출발점, 디딤돌이 되기를 희망한다. 필자는 과학이 상아탑에서 '논문만을 위한 논문'을 쓰기 위한 고리타분한 도구가 되어서는 안 된다고 늘 생각해 왔다. 진정한 의미에서의 과학 또는 공학이란 보다 깊숙이 현실 세계에 관여하고 현실 속에 침투해야만 한다고 믿는다.

우리가 살고 있는 현대의 자본주의 세계에서 과학이란 많은 경우 시장을 지향하고 있다. 그렇다면 과학의 첫 번째 목적 역시도 시장과 부 (wealth)를 창출할 수 있고, 국민의 일자리를 창출하는 데 기여할 수 있는 그런 창의적인 과학이나 실질적인 공학이 되어야만 할 것 같다. 그리고 이런 종류 과학이나 공학의 수준 평가 역시도, 원론적으론 당연히 그 시장에서 이루어져야 하는 것이 옳다고 필자는 생각한다. 연구는 당연히 실패할 수 있기 마련이다. 하지만 아무도 구입하지 않는 성공했다는 기술, 아무도 관심을 갖지 않는 '깡통 특허'란 성공이 아니라 오히려 실패한 연구의 산물, 실패한 연구의 상징물과도 같은 것이다. 그리고 두 번째로는 우리나라(혹은 인류)의 사회 문제 해결에 기여하는 과학, 사회 문제 해결 유형의 과학이 있을 수 있다. 이런 종류의 과학은 시장을 지향하지는 않는다. 만약 과학자나 공학자가 이런 사회 문제 해결 유형의 학문에 종사하고 있다면, 보다 적극적으로 해당 사회 문제 해결에 '참여'를 해야 보람과 의미를 찾을 수 있을 것이다.

새로운 시장과 부, 일자리의 창출, 그리고 우리나라가 당면한 주요 사회 문제의 과학적 해결. 이런 목적들의 달성을 위해 우리나라 정부는 매년 국가 R&D에 25~30조의 막대한 세금(예산)을 투입하고, 국민들께서는 매년 국회를 통해 이 엄청난 과학 예산에 동의를 해 주시는 것이라고 필자는 늘 믿고 있다. 매년 25~30조 투자의 이유가 설마 국제 SCI 논문 수나 늘려 보겠다는 안일하고 한가한 목적 위에 놓여 있을 것이라고 필자는 생각하지 않는다. 상아탑 안에서의 자기만족이나 혹은 부교수나 교수, 책임연구원으로의 승진만을 위해 비좁은 실험실에서 행해지는 과학이라면, 이는 어쩌면 아무런 사회적 교류 없이 고시원 골방 안에서 행해지는 자위행위 같은 것일지도 모르겠다는 생각을 가끔 하곤 한다. 과학이 이런 앙상한 자폐적 모습이 되어서는 곤란하다는 생각도 한다. 필자의 연구도 매년 투입되는 그 25~30조의 국가 R&D 예산, 그 예산 일부의 혜택을 받고 진행되어 왔다. 그리고 이 책은 그 세금을 사용해 오고, 국가 R&D 예산의 혜택을 받은 자(者)의 부채 의식 위에서 또한 쓰였다. 그 부채를 경감할 수 있을지, 혹은 어느 정도나 경감할 수 있을지는 잘 모르겠지만….

송 철 한

(광주과학기술원 AIR 연구실에서)

1부

대기, 기후, 에너지
그리고 과학

1장

대기, 기후변화, 에너지
그리고 초미세먼지

———

인간은 기술과 과학을 이용해서 계산적 대상 행위를 하는 존재이다.[1]
– 마르틴 하이데거

초미세먼지 문제는 전 세계적으로도 그렇지만, 특히 우리나라에서는 반드시 해결되어야만 할 매우 중요한 문제이자 중대 과제가 된다. 하지만 그렇다고 우리는 이 책에서 초미세먼지 문제에만 너무 과도하게 몰입하지는 않을 것이다. 그보다는 초미세먼지 문제를 중심으로 우리가 호흡하고 있는 공기 전반의 문제, 지구온난화 문제, 탄소중립의 실현, 에너지 대전환 문제, 수소경제의 문제점, 원자력 발전의 문제 등 보다 폭넓은 거시 주제들을 두루 한번 살펴보면서, 이들 문제들의 핵심이 무엇이고, 우리는 어디에서 어떤 사고를 해야 하는지를 한번 살펴보는 시간을 가져 볼 예정이라고 서론에서 언급했다. 앞서 언급했듯, 이들 여러 거시 문제들은 서로 연계와 연관이 된 문제들이고, 이들 연계와 연관의 핵심에 대해 사고해 보는 일은 이 책의 주요 주제 중 하나가 될 것이다.

(초)미세먼지라는 물질은 우리가 호흡하는 공기 중을 떠다니고 있는 많은 물질들 중 하나이고, 이름 그대로 매우 작고 아주 미세한 먼지 물질이다. 그런데 이 미세하고 작은 먼지가 인체에 매우 유해하고, 지구의 기후변화에도 큰 영향을 미친다. (초)미세먼지란 크기는 비록 작을지 몰라도, 지구 대기에서의 존재감만은 매우 큰, 그래서 우리가 반드시 주목해서 살펴봐야만 하는 그런 물질이 되는 셈이다. 이 책을 시작하는 1장에서는 (초)미세먼지 문제를 포함한 앞서 설명한 주요 거대 주제들에 대해 본격적인 논의를 시작하기에 앞서, (초)미세먼지와 대기, 기후변화와 지구의 에너지 흐름 등에 대해 과학적으로 기본이 되는 사항들을 먼저 점검해 보고, 핵심이 되는 사항들을 하나씩 정리해 보는 시간을 먼저 가져 보도록 하겠다.

인류와 대기 그리고 기후

'기후'란 대기를 매체로 발현된다. 우리가 현재 걱정하고 있는 지구온난화란 바로 지구의 대기인 공기의 온도가 변화하고 있음을 의미한다. 대기의 온도는 대기의 물리(物理)적 성질이다. 하지만 대기는 온도라는 물리적 성질과 더불어 화학 조성이란 '화학적 특성'도 함께 지니고 있다.

지구의 공기는 질소(N_2)와 산소(O_2)가 전체의 78.1%와 20.9%를 구성한다. 그리고 나머지 부분을 물(H_2O) 0.4~4.0%, 아르곤(Ar) 0.9%, 이산화탄소(CO_2) 0.04% 등이 구성하고 있다.[2] 대기의 물리적 성질인 온도는 이 대기의 화학적 조성의 영향을 받으면서 변화한다. 예를 들어, 우리는 이산화탄소가 매우 중요한 지구온난화가스라는 사실을 상식으로 이미 알고 있다. 그렇다면 지구의 온난화란 지구 공기의 겨우 '0.04%' 정도를 차지할 뿐인 이산화탄소의 농도가 변화함에 따라 발생하는 현상이란 이야기가 된다. 단지 '0.04%', 즉 일만 분의 4 정도밖에 안 되는 화학물질 하나에 인류 생존의 문제가 달려 있다니, 어찌 보면 이런 상황도 매우 역설적이라면 역설적인 상황이라고 말할 수도 있겠다. 그런데 지구 대기엔 이산화탄소와는 반대로 지구 공기 온도를 냉각시키는 화학물질들도 또한 존재한다. 그 화학물질이 이 책의 주요 주제 중 하나인 공기 중의 아주 작은 먼지인 '초미세먼지'인데, 많은 경우(물론 모든 경우는 아니다!) 이 초미세먼지는 지구의 온도를 떨어뜨리는 '지구냉각(global cooling)'에 관여한다. 다시 한번 강조하지만, 지구 대기의 물리적 성질인 온도는 대기의 화학적 조성의 변화에 따라 올라가기도 하고, 또한 내려가기도 한다.

또한 공기의 화학적 구성은 지구 기후변화(= 지구온난화 + 지구냉각)뿐만 아니라, 그 공기 안에서 살고 있는 인간을 포함한 수많은 생명체들에게 다양한 방식으로 영향을 미치기도 한다. 그들은 대기의 물리적, 그리고 화학적 특성 안에서 에너지를 얻어 왔고, 또한 아득히 먼 시절로부터 그 특성들 안에서 진화를 거듭해 오고 있기도 하다. 또 다른 한편으로는, 이 공기 안의 어떤 물질들은 아주 유독하기도 해서 그 공기 안에서 살며 진화해 온 많은 생명체들에게 큰 피해를 끼치기도 하고, 때론 목숨을 거두어 가기도 한다. 대기와 인류 그리고 지구상의 많은 생명체들은 대기와 공존하며, 많은 영향을 서로 주고받아 왔다. 그 영향은 때론 긍정적이기도 하고, 때론 부정적이기도 했다. 자, 그렇다면 이 장에서는 이 공기와 기후와의 관계, 공기와 인간의 공존, 공기의 이익과 공기의 해악, 공기와 지구상 생명체들의 진화 등에 관해 몇 개의 과학적 사례와 예시들을 통해 우리의 논의를 한번 진행시켜 보도록 하자.

산소와 물 산소와 물은 인간의 생존에 특히 필수불가결한 물질들로 인식된다. 산소는 인간의 호흡을 위해 필수불가결한 물질이고, 물은 우리 몸의 70%를 구성하고 있다. 물론 물은 대기에선 단지 0.4~4.0% 정도가 존재할 뿐이지만, 바다와 강, 호수 등에는 물이 지천으로 존재하고 있기도 하다.

인간은 들숨으로 산소를 흡입하고, 날숨으로는 이산화탄소를 배출한다. 그래서 공기 중에 20.9%로 존재하는 산소는 마치 인간을 위해 존재하는 듯한 착각을 불러일으키기도 한다. 하지만 진실은 오히려 그 반대다. 인간은 원래 존재하고 있던 자연, 그 일부인 풍부하게 존재하던 산소에 맞추어 까마득한 원시로부터 산소를 호흡하는 존재로 진화해 왔을 뿐이다. 우리 인간의 존재 자체가 바로 자연, 곧 '지구의 선택'이었던 셈이다.

사실 산소를 호흡하며 살아가는 것은 우리 인간만도 아니다. 우리 주변의 고등 생명체들로부터 아주 작은 미생물들에 이르기까지 산소가 없다면 생존할 수 없는 생물들은 지구상에 수없이 많다. 이런 산소는 인류가 지구상에 출현하기 훨씬 이전인 30~35억 년 전 원시 지구에서 조금씩 생성되기 시작했었고, 25억여 년 전부터는 지구의 원시 공기 중에서도 그 점유율을 조금씩 늘려가기 시작했다. 요즘 우리나라 하천, 호수에서 여름철에 번성하곤 하는 녹조, 그 녹조를 유발하는 시아노박테리아(cyanobacteria)의 아주 먼 옛 조상이 25억 년 전 지구의 대기 중으로 산소를 처음 생산했던 바로 그 고마운 미생물이었다.2

그러던 어느 한 시절엔 산소가 공기 중에 30% 이상으로 너무나도 풍부하게 존재했던 시절도 있었다. 대략 3억 년에서 2억 8천만 년 전, 그 시절 자연은 70cm나 되는 대형 원시 잠자리 메가네우라(Meganeura)나 아르트로플레우라(Arthropleura)라는 이름의 2m 길이 (지네와 비슷한 형상의) 원시 노래기를 지구상에 출현시키기도 했었다.3 물론 이 역시도 자연의 선택, 특히 '산소의 선택'이었던 것으로 여겨지고 있다.

대기 중에 산소는 무려 20%가 넘게 존재하지만, 산소는 기후(대기의 온도) 변화와는 별 상관이 없는 기체다. 하지만 0.04%에서 0.4%로 존재하는 물이라면 또 이야기가 달라진다. 공기 중의 물, 수증기는 사실 굉장히 중요한 지구온난화가스다. 아니, 이산화탄소보다도 오히려 더 심각하게 지구의 온도를 상승시키고 있다. 하지만 우리는 물을 제거 혹은 제어해야 할 지구온난화가스로 취급하지는 않는다. 왜 그럴까? 수증기란 인간의 힘으로 제어할 수 있는 물질이 아니기 때문이다. 바다와 강물, 나무 잎사귀 등을 통해 증발하고, 증산하는 물을 인간이 무슨 수로 통제할 수 있단 말인가? 그럼에도 불구하고 이 물의 지구온난화 효과를 우리가 인식하고 있는 것은 이 책에서 우리가 진행할 논의에 매우 중요할 듯싶다. 왜냐하면 물의 지구온난화 효과는 향후 우리가 논의할 수소경제와도 연관이 되기 때문이다. 이 수소경제의 문제는 이 책 9장에서 좀 더 자세한 논의를 해보도록 하겠다. 아, 그리고 지금 금성(Venus)이 매우 뜨거운 이유들 중 하나도 바로 금성 대기 중의 높은 수증기 농도가 큰 기여를 하고 있다는 말도 여기서 또한 덧붙이도록 하자.[4]

이산화탄소와 물 이산화탄소는 인체에는 거의 무해한 가스다. 하지만 익히 알려진 바와 같이 지구 대기의 온도를 상승시키는 지구온난화가스의 대표 물질이다. 이산화탄소가 지구온난화가스이므로, 이 이산화탄소를 매우 골치 아픈 문제 덩어리로 생각할 수도 있겠지만, 만약 지구 대기 중에 이산화탄소와 수증기(수증기도 앞서 굉장히 중요한 지구온난화가스라고 했다)가 지구를 보온해주지 않았다면, 현재 지구의 평균 온도는 −18°C로, 지구는 얼음덩어리, 얼음의 행성이 되고 말았을 것이다.[2] 그리고 이 −18°C라는 추운 온도에서라면 바이러스나 세균 같은 작은 미생명체들이야 살아갈 수도 있었겠지만, 인류와 같은 지적 고등 생명체의 출현을 지구에서 기대하기는 난망한 일이었을 것 같다. 그런 의미에서 적당량의 지구온난화가스들인 수증기와 이산화탄소는 인류를 포함한 많은 생명체들에게는 매우 은혜로운, 축복 같은 존재일 수도 있을 것이다.

그리고 여기에 더해, 이산화탄소는 지구상에 지천으로 존재하는 식물들의 생장(生長)을 위해서도 매우 필수불가결한 물질이 된다. 이 식물들은 모두 이산화탄소와 물을 주재료로 태양빛을 받아 광합성을 하면서, 그 결과물로 포도당(glucose)과 산소를 생산한다. 인간이 호흡을 위해 필요로 한다고 앞서 언급한 산소가 바로 이 식물 광합성의 결과물이다. 이런 이유로 사람들은 나무가 많은 숲, 특히 아마존이나 보르네오섬의 열대 우림을 '지구의 허파'라고 부르기도 한다.

또한 식물에서 생성된 포도당은 식물이 생존하기 위한 에너지를 얻는 일에 사용되기도 하고, 동시에 식물 내에서 녹말이란 고분자 형태로 '고정(fixation)'되어 식물의 일부가 되기도 하는데, 이런 고정작용을 과학자들은 '이산화탄소 고정'이라고 부른다. 이런 고정작용을 통해 이산화탄소는 기체에서 고체로 그 형태가 변화하게 되는 셈인데, 이런 이산화탄소 고정작용은 지구의 기후변화에서도 매우 중대한 의미를 지니게 된다. 왜냐하면 이 고정작용을 통해 공기 중에서 '기체' 이산화탄소가 사라져 버리기 때문이다. 앞서 기체 상태의 이산화탄소는 지구온난화의 가장 큰 원인 물질이 된다고 했다. 이런 이산화탄소를 식물이란 존재가 광합성이란 과정을 통해 '고체' 형태로 변형해서 제거 혹은 제어할 수 있다면, 식물은 지구온난화에서 매우 중요한 관건이 되는 존재가 될 수도 있겠다.

또한 이 책에서 우리가 매우 자주 논의하게 될 화석연료인 석탄이란 물질도 바로 이와 같은 '이산화탄소 고정작용'이 생산한 결과물이다. 석탄이란 이산화탄소가 고정된 나무나 식물이 여러 원인에 의해 땅속에 묻혀 고온과 고압의 과정을 거치며 탄화(炭化)된 결과물이다.[2] 앞서 소개했던 산소 농도가 매우 높았던 시절인 대략 3억 년 전은 메가네우라나 아르트로플레우라가 번성하던 시절임과 동시에 우리가 현재 사용하는 석탄이 전 지구적으로 왕성하게 생성되던 시절이기도 했다. 그래서 우리는 그 시절을 '석탄기'라고 부른다.

그리고 이 석탄기는 동시에 아주 추운 시절이기도 했다. 왜냐하면 '공기' 중의 이산화탄소가 '고체'인 석탄으로 고정되면서, 공기 중의 이산화탄소 농도가 계속해서 줄어들었기 때문이다. 그 시절의 날씨는 떨어지는 이산화탄소 농도와 더불어 매우 추웠다. 그리고 이산화탄소는 석탄이 되어 석탄의 형태로 3억 년 이상 영겁의 시간을 땅속에 묻혀 영겁의 잠을 자고 있었다. 그런데 무려 3억 년 이상의 시간이 지난 후 진화한 침팬지 무리인 인간이 지구상에 출몰하기 시작했고, 그들은 무리의 생존과 번영을 위한 열과 에너지를 얻겠다고, 이 탄화된 검은색 나뭇가지에 불(火)을 붙이고 말았다. 이 사건이 바로 우리가 말하는 '산업혁명'의 시작인 것이다.

질소 질소는 대기 중에 무려 78.1%나 존재하지만(100개의 공기 분자 중 무려 78개가 질소 분자다!), 이 물질은 기후변화에 관여하지도, 인체에 유해하지도, 그렇다고 인간의 호흡과 관계가 있는 것도 아니다. 78.1%나 존재하는 질소는 딱히 지구 대기에서 직접적인 존재감이 없어 보이기까지 한다. 하지만 질소는 인간과의 직접적인 관련만 없어 보일 뿐, 식물 성장에서 아주 중요한 역할을 담당하고 있다. 식물의 성장과 번성은 당연히 인류의 번성과도 불가분의 관계에 있다. 인류가 어떻게 식물이란 존재 없이 지구상에서 생존할 수 있겠는가?

우리 인류는 식물을 키우기 위해 질소 비료를 사용해 왔다. 그 이유는 질소 성분이 식물 성장의 필수 영양소 중 하나이기 때문이다. 만약 인간이 비료를 제공해 주지 못하는 자연환경에서라면 일부 식물들은 이 질소 영양분을 공기 중의 질소로부터 직접 얻어 사용하기도 한다. 이런 과정을 이산화탄소 고정작용과 비슷하게 '질소 고정작용'이라고 부르기도 한다.

우리의 조상, 혹은 우리 전 세대 선조들은 농사를 지을 때, 인간이나 가축의 분뇨를 밭이나 과수나무 등에 공급하기도 했었는데, 이런 행위 역시도 식물에 질소 비료를 공급하기 위한 행위들이었다. 인간과 가축의 분뇨에는 많은 양의 질소가 암모니아(NH_3)라는 형태로 존재하기 때문이다. 그러다가 20세기 초반이 되면 밀, 옥수수, 벼, 대두 등 인류의 주요 작물들을 대량 생산할 목적으로 '합성 질소 비료'를 생산해서 사용하기 시작했고, 이 합성 질소 비료는 공기 중의 '질소(N_2)'를 수소(H_2)와 화학 결합시켜 암모니아(NH_3)를 합성하는 방식으로 만들어졌다. 이것이 하버-보슈(Haber-Bosch)법의 탄생이고, 하버-보슈법은 그래서 20세기 농업 혁명과 인구 폭발의 시발점이 된다.[2]

또한 78.1%로 공기 중에 존재하는 질소는 높은 온도에서 20.9%로 존재하는 산소와 결합해 질소산화물(NO_x)이란 대기오염물질도 만들어 낸다. 산업혁명 전에는 주로 산불이 발생하고 번개가 칠 때 이 질소산화물이 만들어졌는데, 앞서 언급한 석탄 혁명기, 즉 산업혁명기가 되면 석탄(화석)연료를 연소하는 고온의 내연 공정에서 이 질소산화물이 대량으로 발생하기 시작했다. 그리고 이 질소산화물은 서론에서 언급했듯 로스앤젤레스 대기오염사건과 같은 오존, 초미세먼지 등 많은 인체 유해 물질을 생성하는 바로 그 원흉의 대기오염물질이 된다.

초미세먼지 초미세먼지를 지구 공기의 구성 물질이라고 부르지는 않는다. 왜냐하면 그러기에는 그 양이 너무나도 적기 때문이다. 양이나 농도만 적은 것이 아니고, 크기도 매우 작다. 앞서 서론에서도 언급했듯, 그 크기가 지름 기준 2.5μm 이하인 고체-액체물질들을 총칭해서 초미세먼지라고 부른다. 그런데 이 양은 적고, 크기도 작은 물질이 그 존재감만큼은 최상급이라고 했다. 인간의 인체에 매우 큰 피해를 입히고, 동시에 지구 기후에까지도 큰 영향을 주기 때문이다.

초미세먼지는 주로 이차적으로 공기 중에서 생성된다. '공기 중에서 이차적으로 생성된다'라고 함은 공기 중에서 여러 반응 경로를 통해 만들어진다는 이야기다. 앞서 언급했던 질소산화물도 공기 중에서 이차반응을 통해 이 고체-액체 초미세먼지의 일부가 된다. 이렇게 생성된 초미세먼지는 기체 중의 질소산화물보다 인체 유해성이 훨씬 더 높아지게 된다. 동시에 초미세먼지는 지구의 온도 변화에도 큰 영향을 준다. 초미세먼지의 인체 영향과 기후 영향은 이 책의 주요 주제이고 그 피해와 영향이 도대체 어느 정도나 되는지는 앞으로 우리가 이 책을 통해 자세히 살펴볼 예정이다.

에너지 획득과 물질의 순환 인간과 동물은 '호흡'을 하고, 식물은 '광합성'을 한다. 이 호흡과 광합성이란 과정은 인간과 동물 그리고 식물이 생장(生長)을 위해 에너지를 획득하는 고유한 과정들이다. 인간과 동물은 호흡을 통해 이산화탄소를 배출하고, 배출된 이산화탄소는 식물의 광합성에 다시 이용된다. 그리고 광합성을 통해 산소가 대기 중으로 배출되고, 이 산소를 다시 인간과 동물이 호흡에 사용한다. 이와 같은 이산화탄소와 산소의 교환과 순환은 아주 절묘한 형태로 지구 생태계에서 균형점을 이뤄왔다. 그리고 이 절묘한 균형(평형)을 통해 인간과 동물, 그리고 식물이 지구상에서 서로 공존을 하게 된다. 결국 이런 공존의 거대한 연계가 지구라는 거대한 생태계일 것이고, 이 거대한 생태의 사슬, 연계의 사슬을 타고 강물처럼 흐르는 것이 곧 에너지가 된다.

몇 년 전 텔레비전의 한 다큐멘터리에서 매우 흥미로운 장관을 목격한 적이 있었다. 러시아 시베리아의 오지가 미국 알래스카와 맞닿는 곳이 베링해(Bering Sea)이고, 이 베링해의 북쪽 바다를 추크치해(Chukchi Sea)라고 부른다. 이 추크치해에 봄이 오게 되면, '거대한 생명의 축제'가 벌어진다. 봄이 되어 해빙(sea ice)이 녹기 시작하면 햇빛이 바닷물 속으로 스며들게 되고, 태양빛이 스며들기 시작한 추크치해 찬물에는 많은 양의 이산화탄소도 용해되어 들어간다(물은 온도가 낮을수록 더 많은 양의 이산화탄소를 용해시킬 수 있다). 햇빛의 존재와 다량의 이산화탄소는 바닷물 속 식물성 플랑크톤이 광합성으로 에너지를 획득하며 성장하기 위한 최상의 조건을 제공한다. 그리고 이 식물성 플랑크톤의 번성은 이 식물성 플랑크톤을 섭취하려는 동물성 플랑크톤과 크릴새우의 번성을 가져오게 되고, 그리고 이들을 노리고 몰려드는 물고기들과 고등어 떼의 출현을 부른다. 그리고 그 물고기 떼를 노리는 수천 마리 물개 무리와 수만 마리의 갈매기들, 그리고 그 물개를 노리며 몰려드는 북극곰 무리들과 크릴새우를 원하는 집채만 한 고래들이 모두 한 장소에 모여 추크치해는 말 그대로 거대한 '생명의 축제'라는 대장관을 연출하게 되는 것이다.

이런 거대한 생명의 향연을 다큐멘터리를 통해 목격하고 있다 보면, 이 향연은 곧 생명의 향연에 더해 커다란 에너지의 흐름, '에너지의 축제'이기도 하다는 점을 짐작할 수가 있다. 거대한 에너지가 이 먹이 사슬을 타고 식물성 플랑크톤에서 북극곰과 고래로 흐르고 있다. 이 향연의 최초 시발점은 태양빛과 찬 바닷물에 풍부히 용해된 이산화탄소다. 물론 물고기와 고래는 산소 호흡도 한다. 그래서 이 거대한 지구 에너지의 흐름 가장 밑바닥에는 이산화탄소, 물, 산소, 그리고 작열하는 태양빛이 있게 되는 셈이 된다.

지구상의 모든 존재, 모든 생명체들은 생존을 위해 반드시 '에너지'를 필요로 한다. 이는 지구 46억 년 역사를 통해 단 한 번의 예외도 없이 관철되어 온 생명 생존의 절대 법칙이다. 그리고 이 절대의 철칙은 현대 사회라고 예외일 수도 없다. 아니 오히려 현대 사회로 올수록 인간과 인간 사회는 점점 더 많은 양의 에너지를 욕망해 왔다. 추크치해의 북극곰이나 고래처럼 단순한 허기 해소와 생존의 목적을 넘어, 인간 사회는 육체와 정신의 편리함이란 유혹 때문에, 증대된 부에 대한 욕망으로, 증가한 권력과 패권에 대한 욕심에서 점점 더 많은 양의 에너지 사용을 끊임없이 욕망해 왔다.

많은 사람들이 우리 사회는 '탄소에 중독'되어 있다고 이야기하는 것을 들었는데, 필자는 우리 사회가 보다 근본적으론 '에너지에 중독'되어 있다고 생각한다. 만약 지금 이 순간 우리 사회에서 에너지나 전기의 공급이 모두 사라져 버린다면 어떤 일들이 벌어지게 될까? 병원, 공장, 화물차 운송, 백화점, 학교, 상점들, 시장, 지하철-버스 운행, 식량 생산, 전투기와 탱크, 교통 신호망 그 모두가 정지되어 버리고, 우리 사회는 아마도 아수라의 지옥으로 변해 버리고 말 것이다. 추크치해와 마찬가지로 인간 사회에서도 에너지는 매우 중요한 핵심이고, 이런 맥락에서 이 책은 우리 사회 핵심 문제인 화석연료, 재생에너지, 탄소중립, 수소경제, 원자력 발전의 문제도 다루어 볼 것이라고 했다.

인류가 자연에 만든 변형 그리고 자연의 반격 인간(인류)이란 종(種)이 현재 지구 생태계의 최정점에 위치하게 된 이유는 진화의 과정을 통해 아주 영악하게 진화를 거듭해 왔기 때문이다. 그리고 그 영악함이란 인류가 '지능'을 지니게 되었음을 의미한다. 지능을 지닌 지혜로운(사피엔스) 존재로서의 인간이 다른 동물과 구분되는 존재론적 특징이 있다면, 그것은 늘 어떤 '대상적 작성 행위'를 한다는 점일 듯싶다. 인간은 늘 그들의 존재론적인 특징인 영악함, 지능을 이용해서 뭔가를 발견하려고 하고, 이용하려고 하고, 발명하려고 하고, 개발하려고 한다. 그리고 이런 대상적 행위는 기본적으로 자연을 대상으로, 자연을 재료 삼아, 자연을 이용하려는 행위가 되고, 그래서 인간의 대상적 행위는 늘 자연에 어떤 형태든 변형을 가져오는 기제가 된다. 그러다가 이 자연의 변형이 임계점(한계점)에 도달하게 되면, 그 변형은 이번에는 거꾸로 인간에게도 영향을 미치게 된다. 그래서 이 대상적 작성 행위란 인간과 자연, 자연과 인간 간 상호작용의 접점에 늘 위치해 있게 된다.

'인간은 기술과 과학을 이용해서 끊임없이 계산적 대상 행위를 하는 존재'[1]라고 말한 사람은 독일의 실존주의 철학자 마르틴 하이데거였던 것으로 필자는 기억하고 있다. 하이데거는 과학과 기술을 이용하는 인간의 자연을 향한 '계산적 대상 행위'가 인간 존재에게도 '어둠과 은폐'를 가져온다고 주장했었다. 인간은 하이데거의 말처럼 기술과 과학이라는 지혜를 이용하면서 화석연료를 사용하는 자동차를, 증기 기관을, 합성 질소비료를, 반도체를, 컴퓨터와 스마트폰을, 비행기를, 우주 로켓을, 유전자 가위를, 원자폭탄 등을 끊임없이 발명해 왔다.

만약 누군가가 인간의 이런 대상적 행위들 중 가장 핵심이 되는 행위 하나만을 꼽아 보라고 한다면, 필자는 인간이 '불(火)'을 사용할 줄 안다는 것을 최우선으로 꼽을 것이다. 지구상의 많은 생명체들 중 오직 인간만이 불을 사용할 줄 안다. 인간은 지능을 이용한 '대상적 행위'를 통해, 3억 년 동안 잠들어 있던 석탄과 온갖 화석연료들의 유용성을 발견해냈고, 이들에 불(火)을 붙여 생존과 욕망의 실현을 위해 필요한 에너지와 열을 얻는 방법도 발견해 냈다.

인간은 남아메리카의 아마존에선 개간을 위해 열대 우림을 불태우고,[5] 아프리카 사하라 사막 주변 사헬(Sahel) 지역에선 고작 숯 덩어리 몇 개를 얻겠다고 방대한 지역에 불을 놓는다. 석탄이나 석유를 태우는 행위, 숲에 불을 놓는 행위, 벌목을 하는 행위들은 모두 석탄과 석유, 나무에 고정되어, 감금되어 있던 이산화탄소를 다시 공기 중으로 해방시키는 행위가 된다. 그리고 감금에서 해방된 이산화탄소는 지구 공기 중에서 다시 마음껏 활동하며 지구 온도를 상승시킨다. 화석연료와 숲의 방화에서는 이산화탄소만 해방되는 것도 아니라고 했다. 온갖 대기오염물질 또한 감금에서 해방된다. 이 해방된 오염물질들도 마치 비좁은 감옥에서 탈옥한 악당들처럼 우리의 공기 중에서 마음껏 이합집산(반응)하고, 그 모양과 형태를 변신하며 우리 인체와 생명체들에게 심각한 위해를 가하게 되는 것이다.

"내가 손을 대는 과실(果實)들은 모두 썩어만 갔다."[6] 이 구절은 필자가 좋아하는 시인인 김종삼(金宗三) 씨가 쓴 예언적인 시의 한 구절로, 내가 손을 대면 필연적으로 썩는다는 인식은, 마치 인간이 손을 대면 사물(대상)에는 필연적으로 죽음의 질서가 생겨날 수도 있다는 어떤 존재론적 의미로도 해석된다. 즉 인간이 대상적 행위를 시작하는 순간, 그 결과로 물론 긍정적인 이익의 측면도 분명 발생하겠지만, 또 다른 한편에선 본래 존재했던 자연의 질서가 파괴되고, 죽음의 부정적 질서도 새로이 시작된다. 이를 과학이란 관점에서 서술해 보면, 본래 균형(평형)을 이루고 있던 자연계에 인간의 대상적 행위가 교란(攪亂)과 변형을 일으키게 되고, 이 교란과 변형의 영향으로 본래 존재하고 있던 균형도 파괴되면서, 전체 계(系) 혹은 전체 시스템이 새로운 균형점(평형점)을 찾아 새로운 움직임을 시작하게 된다는 의미를 담고 있다. 현재 지구가 더워지고 있는 것도 결국은 인류가 만든 교란에 의해 지구가 새로운 평형점으로 이동을 시작했다는 의미일 수도 있을 것이다. 어쨌든 이 모든 교란과 파괴의 중심에 바로 인간이 사용하는 그 불(火)이 존재하고 있는 것이다.

에너지를 얻기 위한 인간의 대상적 행위란, 자연으로부터 에너지와 능률, 편리와 편익을 추출하는 과정이 되겠지만, 이 행위들은 그 행위의 대상인 자연에도 커다란 변형을 가져오게 되고, 이 변형은 결국 인간에게 다시 큰 영향을 끼치게 된다. 이런 양방향성, 즉 인간의 자연에 대한 영향과 자연이 인간에게 주는 되먹임(feedback)의 과정은 우리가 이 책에서 집중해서 논의하게 될 대기오염 문제나 지구온난화 문제 등의 형태로 나타나기도 하고, 또한 미세 플라스틱 문제, 수질오염, 각종 화학약품들, 핵 쓰레기 등의 문제로 발생되기도 한다. 자연(환경)이 '선택'해서 진화를 시켜온 것이 지금의 인간 존재라고 했다. 그런데 이번에는 그 인간이 어머니인 자연(mother nature)을 변경하려고 하다가, 어머니인 지구가 역습의 회초리를 든 모양새가 된 것이다.

우리가 이 책에서 논의하게 될 큰 주제들인 초미세먼지와 이산화탄소의 가장 큰 발생 원인도 전 지구적 차원에서 보면, 화석연료의 연소와 산불과 방화 등의 나무 연소가 가장 큰 원인이 된다. 또한 화석연료나 나무 연소는 초미세먼지와 이산화탄소 이외에도 무수한 인체 유해 대기오염물질들을 배출하는 주요 배출원들이기도 하다. 이들 문제들에 대해선 이 책 여러 부분에서 보다 면밀한 검토가 이루어지겠지만, 이 책의 핵심 주제 중 하나인 초미세먼지 문제는 특히 각별한 '현재적 중요성'을 가지고 있기도 하다. 도대체 초미세먼지가 전 세계 인류와 특히 우리나라에서 어떤 현재적 중요성을 가진 문제일까? 이에 대한 보다 자세하고 구체적인 이야기를 다음 절에서 한번 나눠봐야겠다.

왜 초미세먼지가 문제인가?
10년간 무려 7천만 명의 사망자가 발생했다면…

앞 절에서는 다소 거시적인 관점에서 지구의 대기와 기후, 인간과 에너지, 그리고 잠재적인 초미세먼지의 문제점 등에 대해 아주 개략적인 검토를 해 보았다. 그렇다면 이제 우리 논의의 초점을 우리의 주제인 (초)미세먼지 문제로 좀 더 집중해 보도록 하자. 그런데 우리에게는 초미세먼지가 왜 각별한 문제가 된다는 것인가? 초미세먼지가 인체에 매우 유해한 영향을 미치고 기후에도 큰 영향을 주기 때문이다. 그런데 그 영향이 도대체 얼마나 크다는 것인가? 우리가 이렇게 호들갑을 떨어야 할 만큼 그렇게 중요한 문제인가? 오히려 지금 전 세계는 이산화탄소로 인한 지구온난화와의 특별한 전투를 준비 중이다. 그렇다면 이 초미세먼지 문제가 지구온난화 문제만큼이나 중요한 문제인가? 이 마지막 질문에 필자는 일단 '그렇다' 혹은 '아마도 그럴 것이다' 정도의 답을 우선 덧붙이도록 하겠다.

초미세먼지가 중요할 수 있는 이유를 우리는 크게 세 가지 관점에서 정리해 볼 수 있을 것 같다. 첫 번째 관점은 초미세먼지가 공기가 존재하는 곳이라면 그 어느 곳이든 어디에나 존재하고 있다는 사실과 관계한다. 이 세상에서 초미세먼지를 피해서 살 수 있는 장소란 사실상 없다고 봐야 한다. 만약 초미세먼지를 호흡하는 것을 정녕 피하고 싶다면, 반도체를 생산하는 청정실인 '클린룸(clean room)' 안으로 도피해야만 할 것이다. 하지만 이 반도체 시설의 반도체 생산 수율마저도 매우 낮은 초미세먼지의 농도에 영향을 받고 있다. 두 번째 관점은 이렇게 전방위적으로 존재하는 초미세먼지의 심각한 '인체 유해성'이다. 초미세먼지의 인체 유해성은 도대체 얼마나 큰 것일까? 이를 과학적 혹은 환경-보건 통계학적 자료를 바탕으로 논의할 수 있는 방법은 없을까? 세 번째는 초미세먼지가 기후변화에도 분명한 영향을 준다는 사실이다. 이 영향은 그렇다면 어느 정도일까? 이런 질문들에 대한 답을 지금부터 차례로 하나씩 구해 보도록 하자.

독자들은 '유비쿼터스(ubiquitous)'라는 표현에 꽤 익숙할 것이다. 이 용어는 주로 정보-통신 분야에서 해당 서비스의 이용이 '어디서든 가능하다'는 표현을 하고자 할 때 주로 사용되는 용어다. 본래 이 영어 단어의 의미도 '어디에나 있다', '어디에나 존재한다'라는 의미가 있는데, 초미세먼지의 존재가 바로 그렇다. '유비쿼터스'하다. 초미세먼지는 어느 장소, 어느 곳에서나 존재한다. 단지 문제는 그 농도가 얼마나 높은가 혹은 낮은가의 문제일 뿐이다. 동서고금을 막론하고 공기 중에 먼지가 존재하지 않았던 시절과 공간은 없었다. 우리가 아침에 일어나서 창문으로 햇빛이 들어오는 것을 보게 되면, 작은 먼지들이 반짝이며 춤을 추고 있다는 사실을 눈으로 직접 확인할 수가 있을 것이다. 이 공기 속의 춤추는 작은 먼지도 (초)미세먼지의 일부다. 봄이면 찾아오는 불청객도 있다. 황사라는 것인데, 멀리 중국의 고비 사막으로부터 장거리를 여행해 와 우리들의 차를 누렇게 뒤덮기도 하고, 빨래를 더럽히기도 한다. 이 황사도 (초)미세먼지의 일종이다. 공기 중을 떠다니는 모든 먼지, (아주) 작은 먼지들. 이들을 우리는 (초)미세먼지라고 부른다.

또 조금은 다른 형태의 (초)미세먼지도 있다. 최근 엄청난 사회적 이슈가 되어 온 코로나19 바이러스(COVID-19)는 무엇으로 전파되는가? 기침과 재채기에서 배출되는 작은 침방울, 비말(飛沫)을 통해서다. 이런 비말들 중 작은 것들은 공기 중을 꽤 오랫동안 떠다니기도 한다. 이 떠다니는 침방울, 작은 비말들을 우리는 '에어로졸(aerosols)'이라고 부른다. '에어로(aero)'는 영어로 '공기'를 뜻하고, '졸(sol)'은 콜로이드 혹은 방울이란 의미다. 공기 중의 작은 방울쯤을 의미하는 '에어로졸'은 (초)미세먼지의 또 다른 이름이기도 하다. 그렇다면 이쯤에서 우리가 (초)미세먼지를 정의해보는 일도 가능할 듯싶다. (초)미세먼지란 무엇인가? 공기 중을 떠다니는 모든 작은 고체-액체 형태의 먼지들 또는 작은 방울들을 우리는 모두 (초)미세먼지라고 부른다.

두 번째 관점은 이렇게 유비쿼터스하게 존재하는 초미세먼지의 심각한 인체 유해성이다. 이런 초미세먼지의 인체 유해성은 과학적으로 작성된 환경-보건 통계 자료를 통해서 그 일면을 확인해 볼 수가 있다. 《란셋(The Lance)》이라는 보건·의료 분야의 저명한 저널이 있는데, 이 저널에 실린 한 논문이 추정한 바로는 초미세먼지를 중심으로 한 대기오염에 의해 전 세계에서 연간(2010년 기준) 대략 670만 명 정도의 조기 사망자가 발생했다.7 이 670만 명은 실제로 매우 엄청난 수치이고, 이 수치 중 90% 이상이 초미세먼지에 의한 조기 사망이다. 그리고 이 초미세먼지 문제는 전 세계적으로 특별히 인도나 멕시코와 같은 저개발국, 개발도상국들을 중심으로 지난 10여 년간 더욱 심각하게 진행되어 왔다. 이런 점을 고려해 본다면, 2010년에서 2019년까지 10년간 대기오염으로 인한 전 세계 조기 사망자 숫자는 대략 7천여 만 명 정도에 도달할 것으로 추측된다. 무려 '7천만 명'! 이 숫자는 웬만한 국가의 총 국민 수, 대략 영국 전체의 인구 규모와 맞먹는 숫자 아닌가? '현재' '우리의 세계'에선 매 10년 단위로 영국의 국민 수와 동수의 인류가 대기오염으로 인해 '조기 사망'한다. 필자에겐 이 '조기 사망자' 통계 수치가 무시무시하고, 소름을 돋게 만든다.

물론 직접적인 비교란 것이 어느 정도까지의 의미가 있을지는 잘 모르겠다. 하지만 이 10년간(대략 2010년에서 2019년까지)의 초미세먼지를 중심으로 한 대기오염물질들로 인한 조기 사망자 숫자를 세계 역사상 매우 큰 상처를 남긴 흑사병, 천연두와 같은 전염병으로 인한 조기 사망자 숫자와 한번 비교해 본다면 초미세먼지 문제의 현재적 심각성을 좀 더 명확히 인식해 볼 수도 있지 않을까?

흑사병이 역사적으로 창궐했던 시기는 6세기 동로마의 유스티니아누스 황제 시절과 14세기 중반 유럽 중세 시대였다. 이 두 기간 중 흑사병으로 인한 유럽 내 사망자 수가 대략 5천만 명에서 1억 명 정도로 추산되고 있는 것으로 알고 있다.8 천연두의 경우에는 유럽 국가 사람들이 아메리카 대륙에 상륙하면서, 천연두에 대한 면역이 없던 원주민들 사이에서 많은 희생자가 나온 것으로 알려져 있고, 이 천연두로 인한 사망자 숫자 역시도 정확한 통계는 없지만 대략 1억 명 정도로 추산되고 있는 것으로 알고 있다.8 이들 전염병에 의한 사망자 숫자는 아마도 수십 년 혹은 수백 년에 걸쳐 발생한 숫자였을 것 같다. 그런데 초미세먼지(대기오염)에 의한 사망자 숫자 7천만 명은 우리 시대 최근 10여 년 동안에 발생한 수치가 된다.

인류가 불의 사용이라는 '대상적 행위'를 통해 목재를 태워 열과 에너지를 얻기 시작한 것이 160만 년 전 호모 에렉투스 시절부터였다. 신화는 이 인류의 불의 사용에 프로메테우스라는 영웅을 삽입한다. 그리고 인류의 진화 과정에서 더욱 영악해진 침팬지는 1750년 산업혁명 이후 석탄을 비롯한 화석연료에도 불을 붙이기 시작했다. 그 산업혁명 후로 대략 270여 년이 흘렀다. 그렇다면 지난 160만 년 혹은 지난 270년 동안 얼마나 많은 숫자의 인류가 이 목재와 화석연료의 연소로 조기 사망을 했을까? 그 숫자의 추정은 당연히 어렵다. 하지만 아마도 엄청난 숫자의 인류가 초미세먼지(대기오염)로 인해 사망했을 듯싶고, 그 숫자는 전쟁이나 전염병에 의한 사망자 숫자를 훨씬 초과할 듯해 보인다. 참고로 2010년 기준 말라리아와 에이즈로 인한 사망자 숫자가 1년 기준 120만 명과 150만 명 정도였다.9

이런 초미세먼지 문제의 현재적 심각성은 현재 우리가 겪고 있는 코로나19로 인한 전 세계 사망자 숫자와의 비교를 통해서도 살펴볼 수 있다. 2022년 3월 초 기준 전 세계적으로 대략 600만 명 정도의 코로나19 사망자가 발생한 것으로 알려져 있다. 이를 1년 기준으로 환산해 보면, 대략 300만 명에 조금 못 미치는 희생자 숫자가 나올 듯싶다. 초미세먼지를 포함한 대기오염에 의한 1년 조기 사망자 숫자가 대략 1년 기준 670만 명 정도라고 했다. 300만 명 vs. 670만 명! 이런 통계 숫자를 곰곰이 생각하다 보면, 우리의 단순한 직감이 아닌 과학적인 통계 자료를 통해서도 우리 시대 초미세먼지 문제가 갖는 현재적 심각성을 우리가 좀 더 과학적으로 인식해 볼 수 있지 않을까 싶기도 하다.

앞서 필자는 초미세먼지 문제가 아마도 현재적 관점에선 지구온난화 문제와도 비슷한 중요성을 가질 수 있는 문제가 될 것이라는 언급을 잠시 했었다. 2050년 무렵 지구온난화에 의한 추가 사망자 추정치 연구가 보고한 희생자 숫자가 대략 10만 명당 14명 수준 정도다.10 그런데 이런 지구온난화에 의한 추가 사망자란 안타까운 일이지만, 2050년에 대부분 가난한 나라에서 발생할 확률이 매우 높다. 대한민국은 이제 선진국에 진입했고, 2050년 무렵이 되었을 때 이 정도 규모의 희생자가 대한민국에서 발생할 가능성은 그리 높아 보이질 않는다. 그리고 무엇보다도 이 수치는 지금 현재도 아닌 30여 년 후에나 발생할 희생자 예상 수치다. 그런데 우리나라에서 초미세먼지에 의한 '지금 현재' 조기 사망자 숫자는 10만 명당 무려 35명이나 된다. 이는 우리나라 전 국민 수를 기준으로 보면 매년 1만 7천 명쯤에 해당되는 희생자 수치다.11 어느 것이 '지금 여기서(2020년 초, 대한민국에서)' 우리가 더 시급하게 해결해야 할 문제일까? 물론 순위를 매기는 일은 좀 우습다. 하지만 현재 벌어지고 있는 조기(추가) 사망자 숫자라는 측면에서만 살펴본다면 두 문제는 비교가 되지 않는 문제인 것처럼 보인다. 두말할 것도 없이 초미세먼지 문제의 해결이 '지금 여기서'는 훨씬 더 시급한 문제가 될 것이다.

더더군다나, 이 초미세먼지에 의한 조기 사망자 수치는 2030년이 되면 1만 7천 명 수준에서 2만 1천 명 수준으로 오히려 증가할 것이라는 보고도 있었다.[12] 도대체 이 수치는 왜 증가할까? 바로 우리나라에서 심각하게 진행 중인 인구 고령화 문제 때문이다. 인구 구조가 고령화된다는 것은 같은 초미세먼지 농도에서 더 많은 조기 사망자 수를 낼 수 있다는 말과도 같은 것이다. 당연히 노인들은 젊은이들보다 초미세먼지나 코로나19 바이러스 모두에 훨씬 더 취약하다. 그리고 이 2만 1천 명이란 희생자 수치는 인구 10만 명당 무려 42명이나 되는 숫자라는 점도 기억해 두었으면 한다.

마지막으로 세 번째 관점은 이렇듯 심각한 인체 유해성을 가진 초미세먼지가 현재 진행 중인 기후변화와도 또한 분명한 연관 관계가 있다는 사실이다. 여기서 '기후변화'라는 말은 '지구온난화'와는 다른 용어라는 점도 지적해 두기로 하자. 기후변화란 '지구온난화(global warming)'와 '지구냉각(global cooling)'을 모두 포괄하는 개념이다. (초)미세먼지는 지구의 기후변화에 직간접적으로 영향을 미친다. 그런데 이 직간접적 영향은 다소 복잡하다. (초)미세먼지는 우선적으로 지구의 냉각에 영향을 준다. 하지만 지구온난화에도 영향을 준다. 그리고 이들 영향은 선형적(linear), 직선적이지 않고 꽤 복잡한 양상을 보인다. 이 다소 복잡한 이야기는 이 장의 제일 마지막 절에서 좀 더 자세하게 논의를 해 보도록 하겠다.

초미세먼지는 결코 하나의 물질이 아니다

앞서 (초)미세먼지란 공기 중을 떠다니는 고체-액체 형태의 작은 먼지들, 작은 방울들이라고 정의를 했었다. 여기서 필자는 '작은' 먼지들,

'작은' 방울들같이 '작은'이란 형용사 표현을 사용했는데, 사실 이 '작다'라는 형용사 표현은 과학적인 표현은 아니다. 과학에선 모든 것이 구체적인 숫자로 명확하게 정의되어야만 한다. 그렇다면 (초)미세먼지는 도대체 얼마나 '작다'는 것인가? 먼지의 지름(직경) 기준으로 $10\mu m$ 이하인 먼지를 '**미세먼지**', $2.5\mu m$ 이하인 먼지는 '**초미세먼지**'로 정의한다. 그리고 앞서 서론에서도 언급했듯, 이 책에서 계속 사용하고 있는 '**(초)미세먼지**'라는 표현은 '**미세먼지와 초미세먼지**'를 축약해서 사용하는 표현이다.

초미세먼지와 미세먼지의 농도는 각각 $PM_{2.5}$와 PM_{10}이라고 표현한다. 여기서 PM은 영어로 먼지(입자) 물질을 뜻하는 'Particulate Matter'의 앞 두 글자를 뜻하고, 아래 숫자들인 2.5와 10은 각기 먼지 지름이 $2.5\mu m$와 $10\mu m$ 이하임을 뜻한다. 그런데 여기서 사용되는 마이크로(μ)라고 하는 것은 무엇인가? 마이크로(μ)는 백만분의 1(=1/1,000,000), 즉 0.000001을 의미한다. 그래서 $1\mu m$는 백만분의 1미터(m)이고, $1\mu g$은 백만분의 1그램(g)이 되니, 이들 $2.5\mu m$와 $10\mu m$가 얼마나 작은 크기인지는 아마 짐작하고도 남을 것이다. (초)미세먼지란 정말로 굉장히 '작은' 먼지들인 것이다.

미세먼지는 $10\mu m$보다 작은 먼지들이고, 초미세먼지는 $2.5\mu m$보다 작은 먼지들이라고 했다. 그렇다면 논리적으로 미세먼지는 항상 초미세먼지를 포함하는 개념이 된다. 그래서 PM_{10}은 $PM_{2.5}$보다 항상 큰 숫자(농도)가 되고, 미세먼지에서 초미세먼지를 뺀 부분, 즉 지름이 $2.5\mu m$보다 크고 $10\mu m$보다는 작은 먼지들도 존재하게 되는데, 이 '지름이 $2.5\mu m$에서 $10\mu m$ 사이로 공기 중을 떠다니는 상대적으로 큰 먼지들'을 '**조대(粗大) 입자**'라고 부르고, 그 농도는 $PM_{2.5-10}$으로 표시한다. 필자의 경우 이 '조대'라는 일본식 한자 표현을 그리 좋아하는 편은 아니지만, 어쨌든 학계에선 '조대'라는 표현을 자주 사용하고, 상대적으로 큰 입자, 굵은 먼지라는 뜻으로 읽는다.

또한 근자에 학계에서는 초미세먼지보다도 더 작은 **극초미세먼지**라는 개념도 종종 사용하고 있는데, 먼지 지름이 $2.5\mu m$보다 더 작은 $1.0\mu m$ 이하로 공기 중을 떠다니는 아주 작은 먼지들로 정의하고, 그 질량 농도는 $PM_{1.0}$으로 표현한다. 그렇다면 학자들은 왜 이렇게 작은 먼지에 더 많은 관심을 갖는 것일까? 왜냐하면 공기 중 먼지는 작으면 작을수록 호흡을 통해 우리 인체 안으로 더 잘 침투할 수 있고, 그래서 인체에 보다 더 유해한 영향을 줄 확률도 비례해서 커지기 때문이다. 미세먼지보단 초미세먼지가 그리고 초미세먼지보단 극초미세먼지가 인체에는 더 유해하다는 이야기가 되겠다.

이런 (초)미세먼지의 인체 유해 특성 때문에, 미국의 경우 대기오염 기준으로 PM_{10}과 $PM_{2.5}$를 모두 사용하다가, 2013년부터는 아예 PM_{10} 기준을 폐지해 버렸다.[13] 따라서 현재 미국에서는 $PM_{2.5}$ 기준만이 존재한다. 그렇다면 이 말은 결국 앞서 언급한 바가 있었던 **조대입자**는 건강 유해성이 거의 없다는 이야기와도 일맥상통하게 된다. $PM_{2.5}$ 기준은 남고, PM_{10} 기준은 폐지됐다는 이야기는 결국 조대입자 부분을 기준에서 제외했다는 이야기가 되기 때문이다. 이런 이유로 우리나라 역시도 PM_{10}보다는 $PM_{2.5}$로, **미세먼지**보다는 **초미세먼지**로 그 관심과 기준이 서서히 옮겨가고 있는 중이다. 따라서 이 책에서도 필자가 (초)미세먼지(=초미세먼지와 미세먼지)에 대한 논의를 하긴 하겠지만, 대부분의 관심은 미세먼지보다는 초미세먼지에 더 있다는 점도 독자분들이 분명히 명심해 주셨으면 한다.

우리나라에서 $PM_{2.5}$를 기준으로 한 대기질 '보통'과 '나쁨', 그리고 '나쁨'과 '아주 나쁨'의 경곗값은 각각 $35\mu g/m^3$와 $75\mu g/m^3$이다. 그렇다면 예를 들어 $PM_{2.5}$가 $30\mu g/m^3$인 날은 대기질이 보통이 되고, $50\mu g/m^3$인 날은 나쁨, $85\mu g/m^3$인 날은 공기질이 아주 나쁘다는 이야기가 된다. 앞서 마이크로(μ)는 백만분의 1을 의미한다고 했으니, 공기 1입방세제곱미터

(m^3), 그러니까 텔레비전 박스 하나 정도되는 크기의 공간에 0.00003그램(g)의 초미세먼지가 존재하면 그날 공기가 덜 유해하고(보통이고), 0.00005그램(g)이 존재하면 공기질이 인체에 유해하고(나쁘고), 0.000085그램(g)이 존재하면 공기질이 매우 유해하다는(아주 나쁘다는) 이야기가 되니, 이 공기질이 보통이고, 나쁘고, 아주 나쁘다는 평가의 차이란 사실은 초미세먼지의 아주 적고 미세한 양의 차이에 의해 결정된다는 것도 생각해 보면 다소 의외라고 느낄 수도 있을 것이다. 그리고 이렇게 적은 양의 차이를 가지고 인체 유해성의 정도를 논하는 것이 곧 과학이 하는 일이기도 한 것이다.

그리고 우리가 초미세먼지를 논할 때 한 가지 주의해야 할 점도 있다. 우리가 논의하고 있는 초미세먼지란 사실 단일 물질의 이름은 아니라는 것이다. 이 초미세먼지라는 작고 미세한 먼지 안에는 사실 꽤 많은 여러 종류의 화학물질들이 존재하고 있다. 이 말은 앞서 우리가 대기 혹은 공기라고 부르는 것도 사실은 질소(78.1%), 산소(20.9%), 수증기(0.4~4%), 아르곤(0.9%), 이산화탄소(0.04%) 등의 물질들로 화학적 구성이 되어 있다고 한 것과 비슷한 이야기가 될 수 있다.

이 논의를 좀 더 쉽게 진행하기 위해 그림 1.1을 한번 살펴보자. 그림 1.1의 가운데 원이 초미세먼지를 의미하고, 그 원 안에는 초미세먼지의 구성 화학물질들이 칸막이 바구니에 과일들이 담겨 있듯 놓여 있다. 보통 초미세먼지의 대략 40~50% 정도는 **암모늄염**(NH_4^+), **질산염**(NO_3^-), **황산염**(SO_4^{2-})이란 물질들이 채우고 있다. 여기서 필자가 언급한 40~50%라는 수치는 사실 지역마다, 계절에 따라, 온도에 따라 변하는 수치다. 절대적인 수치는 아니라는 의미다. 그리고 이 세 물질을 함께 묶어 분류하는 이유는 이 물질들이 **무기물질(無機物質)**, 다시 말해 탄소를 포함하고 있지 않은 물질들이기 때문이다.

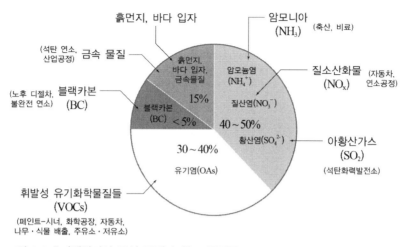

그림 1.1 초미세먼지의 구성 물질과 원료 물질들

이들 세 무기물질 중 질산염과 황산염은 산성 물질들로, 우리가 익히 알고 있는 환경 문제인 '산성비'를 만드는 화학물질들로도 유명하다. 이들 산성 무기물질들이 구름이나 빗방울로 들어가게 되면, 그 구름과 빗방울을 산성화한다.2,4,14 또한, 암모늄염과 질산염은 땅에 침적(沈積)되면서 식물들에게는 비료로 작용하기도 한다. 앞 절에서 식물들의 생존과 성장을 위한 필수 영양 성분 중 하나가 바로 '질소화합물', '질소 비료'라고 했는데, 질산염과 암모늄염은 모두 성분 내에 이 질소(N)를 포함하고 있기도 하다.

위의 세 물질이 무기물질들이라면 초미세먼지 안에는 탄소를 포함하고 있는 유기물질(有機物質)들도 30~40% 정도 존재한다. 이 물질군을 **유기염**, 영어로는 OAs(Organic Aerosols)라고 부른다. 이 물질을 '물질군(群)'이라고 표현하는 이유는, 이 유기염들이 하나의 물질이 아니고 수백 혹은 수천 개 다종(多種)의 화학물질들 범벅(집합)으로 되어 있기 때문이다. 그런데 문제는 이들 화학물질 범벅의 유기염이 앞서 언급했던 무기염들보다도 훨씬 더 인체에 유해하다는 점이다. 그래서 초미세먼지 내에서도 특히 이 화학물질 범벅인 유기염의 농도를 낮추는 것이 대기환경 정책의 최우선 사항이 되어야만 한다.

그리고 여기에 더해 아주 골칫덩어리인 검은색 탄소 물질이 초미세먼지 내에 또한 존재하고 있는데, 이 골칫덩어리를 숯검정 혹은 **블랙카본**(Black Carbon)이라고 부른다. 이 블랙카본은 초미세먼지 내에서 대략 5% 이하로 존재하는데, 주로 산소가 부족한 불완전 연소 과정인 노후 경유차(디젤차)나 석탄화력발전소, 나무 연소 등에서 배출된다. 필자가 이 검은색 탄소 물질을 '골칫덩어리'라고 표현했는데, 그 첫째 이유는 이 블랙카본의 인체 유해성이 아주 높기 때문이다. 블랙카본은 우선 크기가 매우 작은 경우가 대부분이고, 여기에 더해 검은색 탄소 덩어리 사이사이에 마치 김치를 먹고 난 후 치아 사이에 낀 고춧가루들처럼 벤조피렌(Benzopyrene)으로 대표되는 다방향족 탄화수소(PAHs: Polycyclic Aromaric Hydrocarbons)라는 물질들이 블랙카본의 탄소와 탄소 사이에 끼어서 존재한다. 이 벤조피렌이라는 물질도 세계보건기구 산하 암연구소(IARC)가 지정한 1급 발암물질로 우리나라에서 많은 환경 문제와 환경 재해의 원인이 되어 온 아주 악명이 높은 물질이다.[15,16] 그리고 여기에 더해 두 번째로 우리의 골치 아픔을 배가시키는 문제가, 이 블랙카본이 굉장히 효과적으로 지구 온난화, 즉 지구 대기의 온도 상승에도 기여를 한다는 점이다. 그렇다면 이 블랙카본은 높은 인체 유해성과 더불어, 지구 공기의 온도도 상승시키는, 그래서 최악의 골칫덩어리 검은색 매연물질이 되는 셈이다.

이런 블랙카본의 존재는 사실 우리 생활 주변에서 매우 쉽게 눈치를 챌 수가 있는데, 이를 확인하기 위해 그림 1.2를 한번 살펴보자. 그림 1.2의 사진들은 블랙카본을 포함한 검은색 매연이 노후 디젤차 배기관과 울산공단의 공장 굴뚝들에서 뿜어져 나오는 사진이다. 연기가 검은

그림 1.2 숯검정 또는 블랙카본이라고 불리는 검은색 물질은 건강에 매우 해로운 국제 암연구소(IARC) 규정 1급 발암물질로, 지구온난화에서도 매우 중요한 역할을 한다. 왼쪽 사진은 노후 경유차에서 배출되는 블랙카본을, 오른쪽 사진은 울산 공단 굴뚝에서 배출되고 있는 블랙카본을 보여주고 있다(사진 출처: 연합뉴스)(컬러도판 p.354 참조).

색으로 보인다고 함은 그 안에 곧 블랙카본이 많이 섞여 있다는 이야기가 되고, 그 검정색 매연은 그래서 우리가 반드시 감시와 단속을 게을리하지 말아야만 하는 대상이 되는 것이다.

1964년에 나온 〈메리 포핀스(Mary Poppins)〉라는 뮤지컬 영화의 한 장면이었던 것으로 기억한다. 영화 속에서 주인공들은 석탄과 나무 장작을 주 연료로 사용하는 주택 난로의 굴뚝을 청소하면서 노래하고 춤을 추기도 한다. 그 춤추고 노래를 부른 후 주인공들 얼굴에는 검은색 검댕이들이 듬뿍 묻어 있는데, 이 검은색 검댕이의 원인 물질도 바로 블랙카본이다. 이 블랙카본은 영화 속의 노래나 춤과는 달리 전혀 낭만적이지 않은 국제암연구소(IARC) 지정 1급 발암물질들이라고 했다. 석탄과 나무 난로는 모두 고체인 탓에 불완전 연소 상태에서 연소가 발생하게 되는 경우가 잦고, 그렇게 되면 블랙카본을 비롯한 온갖 종류의 대기오염물질들과 지구온난화가스인 이산화탄소가 배출되게 된다.

블랙카본은 그림 1.1을 보면 초미세먼지 구성 성분들 중, 구성비는 5% 이하로 상대적으로 낮을지는 몰라도, 인체 건강 유해성과 지구온난화란 측면에서는 가장 골치 아픈 물질로 간주된다. 앞서 서론에서 잠시 언급했던 1952년의 런던 스모그 사건도 초미세먼지 중의 무기 성분인 황산염과 더불어 이 블랙카본이 매우 중요한 원인 물질 중 하나로 작용을 했었다. 그리고 1964년 버전의 〈메리 포핀스〉라는 뮤지컬 영화 역시도 바로 그 런던을 배경으로 한 스토리였던 것으로 필자는 기억하고 있다.

자, 그렇다면 초미세먼지를 구성하고 있는 것은 크게는 무기염 성분과 탄소계 성분이다. 무기염 성분이 대략 40~50%, 탄소계 성분(유기염과 블랙카본)이 35~45% 정도로 존재한다. 그렇다면 그 외의 나머지 부분은 무엇이 차지하고 있을까? 대략 흙먼지, 바다 입자, 금속 물질 등으로 구성되어 있다고 생각하면 될 듯싶다.

먼저 **흙먼지**는 **황사**를 생각하면 이해가 쉬울 것이다. 하지만 우리 주변의 경우 흙먼지는 이런 황사보다는 건축공사 현장, 나대지(裸垈地), 또는 자동차 도로변 등에서 더 많이 상시 발생된다. 그래서 공사장이나 자동차 도로에서 발생하는 흙먼지의 양을 줄이기 위해 살수(撒水)를 해 주는 장면을 자주 목격할 수 있을 것이다. 한편 **바다 입자**는 바다 표면과 바람의 마찰, 바닷속 기포(氣泡) 터짐 현상 등에 의해 주로 발생한다. 우리나라에서는 인천, 부산과 같은 바닷가 지역에서 당연히 바다 입자의 농도가 높다. 그렇다면 바다 입자의 주요 구성 성분은 무엇일까? 당연히 소금이다. 이들 '소금과 흙먼지'는 인체 유해성이 앞서 설명한 무기염 성분이나 탄소계 성분보다도 훨씬 낮다. 가끔 중국 고비 사막 등에서 황사가 몰려올 때면 매스컴에서 너무 과장되게 공포를 조장하곤 하는데, 사실 황사는 그냥 흙먼지에 불과할 뿐이다. 건축공사 현장에서 날리는 흙먼지와 하등 다를 것이 없다.

그리고 비록 적은 양이긴 하지만 **금속 물질**도 초미세먼지 내에 존재한다. 이 금속 물질 중 일부는 인체에 유해한 성분들도 포함된다. 비소, 코발트, 납, 크롬(Cr^{6+}), 카드뮴, 수은(Hg^{2+}) 등이 그 유해한 물질들인데, 한 연구에 의하면 우리나라의 서울과 인천에서 측정된 비소와 코발트의 발암 위험도가 꽤 높다는 연구 결과도 있었다.[17] 비소는 주로 석탄의 연소 과정에서 배출되고, 코발트는 코발트를 취급하는 관련 산업체에서 주로 배출되고 있는 것으로 알려져 있다.

필자는 이상에서 초미세먼지는 결코 하나의 물질이 아니고, 대략 8개 정도의 물질(군)들로 구성되어 있다는 점을 강조했다. 독자분들에게는 이들 화학물질들이 포함된 초미세먼지 구성 성분들이 다소 복잡하게 느껴질 수도 있을 듯하다. 하지만 이들 물질들을 주의 깊게 인식하고 기억해 두는 것은 우리가 향후 초미세먼지에 대해 보다 진전된 과학적 논의를 전개하는 데 있어 아주 중요한 필수 사항이 될 듯싶다. 하나의 예를 들어 보자! 보다 진보적 관점, 시민 건강 위해성이라는 측면을 고려한다면, 초미세먼지의 농도, 즉 $PM_{2.5}$ 정보보다는 초미세먼지의 성분 정보가 더 중요할 수도 있다는 주장이 예방 의학이나 초미세먼지 독성학을 전공하는 교수들을 중심으로 제기되고 있기도 하다. 이는 우리가 앞서 논의한 바대로 초미세먼지를 구성하는 8개의 물질(군)들이 각기 다른 인체 독성을 갖고 있기 때문인데, 예를 들어 초미세먼지 농도가 아무리 높다고 하더라도 대부분이 흙먼지라면(즉, 황사라면) 초미세먼지의 인체 유해성은 아주 높지 않을 수도 있을 것이다. 반면에 초미세먼지 농도가 비교적 낮더라도 그 성분이 주로 탄소계 성분(유기염+블랙카본)이라면, 이 초미세먼지의 인체 유해성은 오히려 매우 걱정스러운 것일 수도 있다. 이것이 초미세먼지 성분 정보가 매우 중요할 수도 있는, 그리고 우리가 논의한 초미세먼지 구성 물질들을 늘 염두에 두어야만 하는 과학적 이유이자 근거가 된다.

자, 그럼 여기까지 논의를 정리도 할 겸, 이번에는 그림 1.3으로 우리의 논의를 한번 옮겨 보도록 하자. 우리가 (초)미세먼지 농도(그림의 y-축)를 (초)미세먼지의 크기(그림의 x-축)에 따라 측정해 보면, 그림 1.3의 낙타 '혹'과 같은 2개의 불룩한 '혹' 모양의 분포를 얻을 수 있게 된다. 이 그림에서 좌측 '혹'이 크기가 작은 '**초미세먼지**'이고, 우측 '혹'은 큰 먼지로 '**조대입자**'가 된다. 그림에서 (초)미세먼지의 크기를 나타내고 있는 x-축은 등 간격이 아니어서, 일반 독자들이 보기에 다소 어색할 수도 있겠지만, 이 역시도 과학자들이 자주 사용하는 로그 스케일이란 척도를 사용한 것이다. 그리고 두 '혹' 사이, 경계 입자 크기가 2.5μm라는 사실도 주목해서 볼 필요가 있다.

여기서 이 두 개의 낙타 혹과 같은 농도 분포가 존재한다는 사실은, 이 두 개의 혹에 해당하는 초미세먼지와 조대입자가 각기 다른 과정을 통해 생성되었을 수도 있다는 강한 암시가 될 것 같다. 첫 번째 좌측 '혹(초미세먼지)'은 주로 높은 온도의 연소 과정과 연이은 대기 중 화학·물

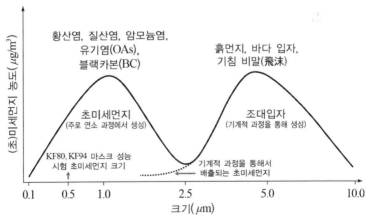

그림 1.3 (초)미세먼지의 크기에 따른 생성 메커니즘과 구성 성분들

리과정을 통해, 주로 화석연료에 포함되었던 물질과 공기 분자들이 분자나 원자 수준으로 분해되었다가 다시 재조합 및 재결합하는 과정을 거쳐 생성된 아주 작고 미세한 먼지들이다. 물질이 분자나 원자 수준에서 다시 재조합-재결합이 일어나게 되니 당연히 먼지의 크기는 매우 작을 수밖에는 없을 것이다. 앞서 설명한 황산염, 질산염, 암모늄염, 유기염, 블랙카본 등이 모두 이 '혹' 안에 포함된다. 반면, 두 번째 우측 '혹'인 '조대입자'는 주로 기계적 과정을 통해 발생된다. 역시 앞서 언급했던 흙먼지나 바다(해양) 입자 같은 것이 이 부류에 해당한다. 이 과정은 분자나 원자 수준으로 분해되었다가 재조합되는 과정이 아닌, 기계적 과정에 의해 발생하는 것이기 때문에 입자의 크기가 당연히 상대적으로 크다. 이들 좌우측 두 혹의 생성 과정과 유해성에 대해서는 1장 말미의 '생각 더 하기 1, 2'에서 좀 더 자세한 논의를 해 보도록 하겠다.

변신(變身): 가스가 초미세먼지가 되고, 초미세먼지는 또 구름이 된다

앞 절에서 기체인 이산화탄소는 광합성을 통해 고체인 포도당(glucose)으로 변환되며, 이 변환은 지구의 기후변화에도 아주 중요한 영향을 준다고 했다. 그리고 이 과정을 이산화탄소 고정작용이라고 부른다고 했다. '기체'인 이산화탄소가 '고체 탄소'로 변환되는 것처럼, 가스 물질이 액체-고체로 변환되는 현상은 초미세먼지에서도 발생한다. 이를 보다 상세히 살펴보기 위해 그림 1.1로 다시 한번 돌아가 보도록 하자.

그림 1.1에서 동그라미의 안쪽이 초미세먼지이고, 바깥쪽은 공기 쪽, 그러니까 '기체' 쪽이 된다. 기체 쪽에서는 많은 공기 분자와 대기오염가스 물질들이 서로 뒤섞여, 믿기 어렵겠지만 거의 총알과 비슷한 속도로 빠르게 날아다닌다. 가스 물질들이 이렇게 빠르게 날아다닐 수 있는 이

유는 기체상에서는 액체나 고체 내에서와는 달리 분자 움직임에 아무런 제약이 없기 때문이다. 공기의 온도에 따라, 그리고 해당 가스 분자의 무게에 따라 속도가 다르기는 하지만, 질소산화물(NO_x)이나 아황산가스(SO_2) 모두 공기 중에서 분자 속도를 계산해 보면, 300m/s에서 400m/s(즉 1초에 300m에서 400m를 날아다닌다는 뜻이다)의 거의 총알과 비슷한 속도로 날아다닌다(그리고 마하1의 음속도 340m/s다). 이렇게 빠르게 움직이는 대기오염가스 물질들은 그림 1.1의 동그라미 부분, 즉 액체와 고체로 구성된 초미세먼지의 표면과 때로 부딪치기도 하는데, 그 충돌의 결과 일부는 가스 물질이 초미세먼지 표면에서 튕겨져 나가기도 하지만, 일부는 초미세먼지 안에 포획되면서 초미세먼지의 구성 물질로 변환되기도 한다. 이것이 가스가 먼지로 변화되는 과정이고, 이를 달리 표현하면 액체나 고체로 '고정'되는 고정 과정이라고 부를 수도 있는 과정이다.

그림 1.1을 보게 되면 **질소산화물**과 **아황산가스**의 충돌, 포획, 내부 변환으로 질산염(NO_3^-)과 황산염(SO_4^{2-})이 만들어지게 되는데, 이 경우 질소산화물과 아황산가스는 질산염과 황산염을 만드는 '재료(원료) 물질'이 된다. 그리고 이들 질소산화물과 아황산가스는 모두 자동차나 석탄화력발전소와 같은 불을 사용하는 연소공정들로부터 배출된다. 비슷한 과정은 암모늄(NH_4^+)의 생성에서도 발견되는데, 초미세먼지 내 암모늄 생성의 재료 물질은 기체상의 **암모니아**(NH_3) 가스다. 앞서 암모니아는 동물의 분뇨나 합성 질소 비료 등에 많이 포함되어 있는 물질이라고 했다.

앞 절에서 필자는 유기염(OAs)의 인체 독성이 특별히 강하다는 점을 강조했었다. 이 고(高)독성의 유기염을 생성하는 재료 물질은 기체상의 **휘발성 유기화학물질들**(VOCs)이란 것이다. 앞서 서론에서 로스앤젤레스 스모그를 유발시켰던 화학물질이 바로 이 휘발성 유기화학물질들이기도 하다고 했다. 이 휘발성 유기화학물질들은 하나의 물질이 아니고 물질군(群)을 통칭하는데, 이들 물질들 중, 특히 **벤젠, 톨루엔, 자일렌**과 같이 향긋한 아로마(aroma) 캔들 태우는 냄새가 나는 화학물질들인 **방향족(芳香族) 화학물질들**과 건설용 접착제 등에 많이 사용되는 **포름알데하이드**, 나무에서 자연적으로 배출되는 물질인 테르핀(terpenes) 등이 주로 독성이 강한 유기염을 생성한다. 그리고 이들 재료 물질들 중 나무에서 배출되는 테르핀을 제외하면, 방향족 화학물질들과 포름알데하이드는 그 자체로도 매우 강한 독성을 가진, 세계보건기구(WHO) 산하 국제암연구소(IARC) 지정 1~2급 발암물질들이기도 하다. 이 말은 초미세먼지 내 유기염은 그 독성이 특별히 높고, 거기에 더해 그것을 생산하는 기체상 재료 물질들 역시도 독성이 매우 강하다는 이야기가 된다.

이와 같이 강한 인체 독성을 지닌 휘발성 유가화학물질들의 주요 배출원들은 페인트와 시너(thinner)를 사용하는 공정들, 정유 및 석유화학 공장들, 자동차 배기가스, 주유소, 인쇄소, 세탁소 등 우리 생활 주변 거의 전반에 퍼져 있다. 이 사실은 이들 휘발성 유기화학물질들 역시도 우리 주변에서 초미세먼지만큼이나 유비쿼터스하게 존재하고 있다는 뜻이기도 하다. 그리고 마지막으로 우리의 골칫덩어리 블랙카본도 노후 디젤차, 석탄화력발전소, 나무를 연소하는 난로 및 보일러 등에서 검은색으로 배출된다.

그리고 여기에는 매우 중요한 사항이 한 가지가 더 추가된다. 그것은 물(H_2O) 분자 역시도 기체상을 자유롭게 총알의 속도로 질주하다가 초미세먼지와 충돌해서 먼지의 일부가 된다는 사실이다. 앞서 초미세먼지는 공기 중을 떠다니는 '고체와 액체의 혼합물'이라고 정의했었는데, 초미세먼지의 그 '액체' 부분이 바로 이 물 분자가 초미세먼지와 충돌-합체하면서 생겨난 것이라고 이해하면 될 듯싶다. 그리고 특별히 상대 습도가 100% 이상이 되는 습도가 아주 높은 상황에서는 공기 중에 굉장히 많은 수의 물 분자가 초미세먼지와 충돌하며 먼지에 달라붙게 되고, 이 달라붙는 많은 수의 물 분자 때문에 초미세먼지의 크기는 $10\sim20\mu m$까지 매우 빠른 속도로 성장하게 된다. 우리는 이 커다란 '물 덩어리 먼지(에어로졸)'를 구름 방울 또는 구름이라고 부르는 것이다. 이런 방식으로 물을 품으며 초미세먼지가 빠르게 성장해서 구름 방울이 되곤 하기 때문에, 초미세먼지는 '구름의 씨앗(seed)'이 된다는 표현을 쓰기도 한다. 그리고 이렇게 생겨난 구름은 지구의 기후변화에서 지구를 냉각시키는 역할을 맡게 된다.

우리가 호흡하는 공기 중에선 끊임없는 변신(變身)들이 벌어지고 있다. 가스는 초미세먼지로, 그리고 초미세먼지는 또 구름으로 변신한다. 그리고 이런 공기 중의 변신들은 인체 독성에도 영향을 주며, 동시에 지구의 기후변화에도 매우 큰 영향을 주게 된다. 인체 독성에 관한 상세한 이야기는 이 책의 5장에서, 그리고 이런 변신들이 기후변화에 주는 영향은 바로 다음 절에서 좀 더 자세히 논의해 보도록 하겠다.

초미세먼지가 기후에도 영향을 준다

앞 절에서 필자는 독자들이 다소 복잡하다고 느끼더라도 초미세먼지의 구성 성분에 관한 지식을 갖추어야만 초미세먼지 문제를 좀 더 심도 있고, 과학적으로 논의할 수 있을 것이라고 강조했었다. 자, 이제 왜 이와 같은 지식이 필요한지를 초미세먼지가 지구 기후변화에 미치는 영향이란 주제를 중심으로 확인해 보자.

초미세먼지를 구성하는 질산염, 황산염, 암모늄염, 유기염 입자들은 동북아시아와 같은 지역 또는 도시 규모 단위에서는 인체에 유해한 공기오염물질들의 목록 최상단에 올라와 있지만, 동시에 전 지구적 차원에서는 모두 태양빛을 산란(散亂)시켜 지구를 냉각시키는 역할도 담당한다. 아주 미세하고 그 농도도 공기 중에서 매우 희박한 존재인 초미세먼지가 지구를 냉각시킨다니, 이 말이 쉽게 믿어지지 않을 수도 있다. 초미세먼지 농도가 매우 높은 날이 되면, 앞산, 건물들, 육교, 간판들, 하천, 다리, 가로수, 가로등 등의 물체가 아주 희미하게 보이게 되는데, 이는 초미세먼지 내의 무기ㆍ유기염들이 이들 물체에 반사된 후 우리 눈으로 들어와야 할 가시광선 영역의 빛을 중간에서 가로채어 산란(차단)시켜 버리기 때문에 발생하는 현상이다.

초미세먼지가 기후변화에 관여하는 원리도 이와 아주 유사하다. 이들 무기ㆍ유기염의 작은 초미세먼지들은 태양에서 지구로 입사(入射)하는 빛도 산란(차단)시켜, 이번에는 태양빛을 지표에 도달하기도 전에 우주로 되튕겨 버린다. 그렇게 되면, 지구에 도달하는 태양빛의 절대량이 줄어들게 되고, 줄어든 태양 복사량 때문에 지구 표면이 냉각되는 현상이 발생하게 되는 것이다. 이런 현상을 혹자는 초미세먼지에 의한 '지구냉각(global cooling)'이라고 부르기도 하고, 또 다른 혹자는 초미세먼지에 의한 '지구어둠(global dimming)' 효과라고 부르기도 한다.

그리고 이런 초미세먼지의 지구냉각 효과는 때로 아주 과감한 과학적 제안의 근거가 되기도 하는데, 대기화학 분야에서 1995년 노벨상을 수상한 폴 크루젠(Paul Cruzen) 박사는 매우 용감하게도 성층권에 황산염 입자를 뿌려 지구온난화 문제를 해결해 보자는 제안을 하기도 했었다.18 만약 폴 크루젠 박사의 말대로 성층권에 비행기로 황산염을 뿌리게 된다면 어떤 일이 발생하게 될까? 성층권에서 황산염 입자는 태양빛을 우주로 산란-반사시켜 지구가 온난화되는 것을 방지할 수도 있을 것이다. 그래서 이 아이디어는 딴에 아주 스마트한 주장처럼 보이기도 한다. 하지만 이런 지구 규모의 기후 조절 기술에는 아주 중대한 문제점이 존재한다.

이런 지구 규모 기후 조절 기술 역시도 일종의 인간의 '계산적 대상 행위'가 될 것인데, 만약 이 기술이 인간의 유전자 가위에서 우리가 우려하는 바처럼 전혀 예상치 못한 엉뚱한 결과를 불러오게 된다면, 그땐 어떻게 할 것인가? 성층권에는 인간뿐만 아니라, 지구상의 모든 생명체를 자외선으로부터 보호해 주는 오존이란 물질이 오랜 세월 존재해 오고 있다. 이 성층권 오존은 길게는 25억 년 전부터 지구에서 생성되기 시작했고, 짧게는 4억 년 전 실루리아기(Silurian period)라고 불리는 시절부터 지상(地上)으로 진출한 모든 지상 생명체를 우주 자외선으로부터 보호해 주고 있는 아주 고마운 존재다. 그런데 혹시라도 인간이 성층권에 뿌려 놓는 황산염 입자가 이 성층권의 오존을 파괴하는 일이 발생하기라도 한다면, 그땐 이 재앙을 어찌할 것인가? 이는 자칫 지구온난화보다 더 큰 재앙을 잉태할 수도 있는 인류의 '재앙적 대상 행위'가 될 수도 있지 않겠는가?

황산염, 질산염, 암모늄염, 유기염은 태양빛을 우주로 산란시키지만, 반대로 우리의 말썽 많은 블랙카본은 태양빛을 흡수해서 지구가 온난화되는 것을 가속시키는 악당 역할을 담당하고 있기도 하다. 이 블랙카본이 유발하는 지구 규모 온난화 효과의 정량적 계산은 과학적으로 꽤 불확실하지만,[2,14,19] 많은 대기 과학자들 사이에서는 블랙카본의 배출을 우선 억제시키는 것이 지구온난화 억제의 효과적인 단기 대책이 될 수도 있을 것이라는 주장이 자주 나온다. 어쨌든 블랙카본이란 이 검은색 초미세먼지 구성 물질은 높은 인체 유해성과 더불어 지구온난화에서도 나쁜 영향을 끼치는, 아주 말썽 많은 골칫덩어리 탄소 물질임은 분명한 것 같다.

동시에 황산염, 질산염, 암모늄염, 유기염, 황사 등은 또한 구름의 씨앗(seed)으로도 작용한다고 했다. 앞서 가스가 초미세먼지가 되고, 또한 습도가 높은 조건하에선 물 분자가 이들 초미세먼지에 달라붙게 되면 초미세먼지는 구름으로 변신한다는 설명을 했었다. 마치 사과의 씨앗처럼 이들 초미세먼지 성분들이 중심에서 씨앗이 되고, 여기에 사과의 과육(果肉)처럼 물 분자들이 달라붙어 구름이 완성된다. 우리가 하늘의 조각구름 밑에 서면, 그 조각구름 밑으로 서늘하게 구름 그늘이 생기는 것을 경험할 수 있을 것이다. 이는 태양빛이 구름에 의해 산란(반사)되어 지표면에 도달하지 못하고 우주로 되튕겨져 나갔기 때문에 발생하는 현상이다. 이 구름의 산란 메커니즘 역시도 지구온난화와는 반대되는 '지구냉각' 효과를 유발한다.2,14,19

자, 그렇다면 이상의 내용을 한번 정리를 해 보자. 황산염, 질산염, 암모늄염, 유기염 등의 초미세먼지 구성 물질들은 그 자체로 태양빛을 산란시켜 지구냉각 효과를 유발한다. 동시에 습도가 아주 높은 상황에서는 구름 형성의 씨앗으로도 작용해 구름량 또는 구름 방울 숫자를 증가시킴에 의해서도 지구냉각 효과를 더욱 촉진시킨다. 우리가 살고 있는 후기 산업사회에서는 산업혁명 이전보다 훨씬 많은 숫자의 초미세먼지들이 지구의 공기 중을 떠다니고 유랑한다. 산업혁명 이후 시작된 화석연료의 연소량 증가가 공기 중 초미세먼지 농도 증가의 가장 큰 이유가 되었을 것이다. 이 말은 현재 구름양, 구름 방울의 숫자 역시도 산업혁명 이전보다는 훨씬 더 증가했을 것이라는 의미가 된다. 이렇게 초미세먼지에 의해 추가로 생성된 더 많은 양의 구름은 곧 산업혁명 이전보다 더 강한 지구냉각 효과를 유발하는 기제가 될 수 있다. 하지만 반대로 화석연료의 사용과 더불어 더 많이 배출된 블랙카본은 태양빛을 흡수하여 지구 공기를 더욱 덥게 만들게 되고, 따라서 지구온난화는 더욱 가속화된다. 이런 모든 메커니즘이 곧 초미세먼지와 지구의 기후변화(=지구온난화+지구냉각)의 연계-연관점을 구성하게 된다.

그림 1.4는 이와 같은 초미세먼지 성분들에 의한 지구냉각 및 지구온난화 효과의 전 지구적 영향을 과학자들이 계산해 본 것이다. 그림에서 오른쪽은 지구온난화 효과를, 왼쪽은 지구냉각 효과를 나타낸다.[20] 그림에서 황산염, 질산염, 유기염, 암모늄염들은 지구 평균 온도를 각기 -0.45℃, -0.20℃, -0.10℃, -0.02℃ 정도씩 냉각시키고 있는 반면, 블랙카본은 지구 평균 온도를 +0.10℃ 정도 상승시키고 있는 것으로 추정된다. 여기에 더해 우리에게 이미 익숙한 지구온난화가스들인 이산화탄소(CO_2), 메탄(CH_4), 아산화질소(N_2O), 염화불화탄소들(CFCs+HCFCs), 그리고 오존(O_3) 생성 등에 의해선 지구 온도 상승효과가 발생하고, 그 효과들도 각기 +0.95℃, +0.60℃, +0.13℃, +0.20℃, +0.25℃ 정도인 것으로 추정된다. 그림 1.4는 현 단계에서 최고 수준의 과학이 추정할 수 있는 최선의 수치들로, 이 수치들을 모두 합하면 산업혁명 이후 지구의 순(純)온난화 정도가 계산되는데, 그 수치가 대략 +1.1℃ 정도가 된다. 지구는 산업혁명

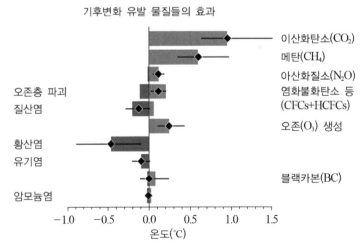

기후변화 유발 물질들의 효과

그림 1.4 지구 기후변화 유발 물질들이 지구 온도 변화에 미치는 영향(출처: IPCC 2021 보고서).[20] 오른쪽은 지구온난화 효과를, 왼쪽은 지구냉각 효과를 나타낸다. 그리고 검은색 선들은 효과들의 불확실성 범위를 표현하고 있다.

이후 인간의 활동으로 인해 대략 +1.1℃ 정도의 온도 상승이 있었다는 이야기다. 그리고 2015년 파리기후협약(COP21)에선 이 지구 온도 상승을 2050년 기준 +1.5℃ 이내에서 억제해야만 한다고 강조를 했던 것이다.

그런데 이와 같은 초미세먼지-지구온난화가스-기후변화의 핵심 사항에 더해, 또 다른 중요한 문제점도 한 번 더 생각해 봐야만 할 듯싶다. 만약 향후 우리 사회가 서론에서 언급했던 에너지 대전환을 완전히 달성하게 된다면, 그땐 또 어떤 일들이 벌어지게 될까? 에너지 대전환의 달성과 더불어 이번에는 이들 무기·유기염의 대기 중 농도가 급감하는 일이 벌어지게 될 것이다. 이는 대기오염이란 측면에선 매우 축하해야 할 일이 되겠지만, 이들 급감한 유기·무기염 농도 때문에 태양빛의 직간접 산란(반사) 효과도 사라져 버릴 테니, 지구 온도는 에너지 대전환과 더불어 거꾸로 오히려 더욱 상승할 수도 있지 않을까? 에너지 대전환이 단기적으로는 기후 재앙을 더욱 촉진시킬 수 있다는 것도 에너지 대전환과 기후변화에서 발생하는 역설적 효과라면 역설적 효과가 될 수도 있을 것이다. 이런 문제점들이 '초미세먼지-기후변화-에너지' 문제의 주요 연계-연관 사항들을 구성하고 있다고 보면 된다. 그리고 이런 모든 연계와 연관의 주제들을 이 책에서 한번 이성적, 과학적으로 논의해 보고, 생각해 보고, 또한 질문적 성찰을 해 보자는 것이 이 책의 진정한 저술 의도라고 했다.

코로나19 비말

지난 3년 동안은 2020년 1월부터 시작된 코로나19 바이러스 문제로 사회가 아주 혼란 스러웠다. 감염자의 기침, 재채기에서 발생한 비말(飛沫)들을 통해 주로 바이러스가 전파된 다고 하는데, 사실 이 비말이란 것도 결국은 '에어로졸'이고, 에어로졸은 (초)미세먼지의 또 다른 이름이라고 했다. 그리고 비말 발생의 원인인 기침과 재채기란 과정도 결국은 에어 로졸의 '기계적 발생 과정'이다. 이런 기계적 과정에서 발생하는 비말은 본문에서도 언급했 듯 주로 '조대입자' 크기의 에어로졸을 생성한다. 기침을 통해서 발생하는 비말의 대략적 크기는 직경 기준 5μm 정도인 것으로 알려져 있다. 그리고 이 정도 크기의 큰 조대비말이 라면, 일반 KF80 마스크로도 충분히 제거가 가능할 것이다.

우리가 일반적으로 마스크를 구분할 때, KF80, KF94 등의 표현을 사용하는데, 이는 이들 마스크가 평균 크기 0.4μm에서 0.6μm 정도되는 초미세먼지를 각각 80%와 94%의 효율로 제거할 수 있다는 의미에서 붙여진 명칭들이다(그림 1.3 참조). 그렇다면, KF80이 나 KF94 마스크로 5μm나 되는 매우 큰 조대비말들은 아주 높은 효율로 제거가 가능할 것이다. 그리고 필자는 본문 1장에서 조대입자는 대부분 인체에 크게 유해하지는 않다고 언급했지만, 코로나19 조대비말만은 예외적으로 매우 유해하다고 해야만 할 듯싶다. 그리 고 이때의 유해성이란 일반 (초)미세먼지에서 의미하는 '물리-화학적 유해성'이 아닌 '생물 학적 유해성'이 된다. 조대입자 크기의 비말 내에 코로나19 바이러스가 많이 포함되어 있기 때문이다.

몇몇 바이러스 감염병 전문가들은 방송에서 코로나19 바이러스가 비말이 아닌 '에어로 졸'에 의해 전파될 수 있는 가능성도 무시할 수는 없다고 말한다. 앞서 모든 비말(飛沫)은 에어로졸이라고 언급했었는데, 비말은 큰 크기의 '조대 에어로졸'이다. 위에서 감염병 전문 가들이 이야기하는 에어로졸이라 함은, 말의 문맥상 그림 1.3의 점선 부분, 즉 기계적 과정 인 기침이나 재채기 그리고 주로는 대화나 호흡의 과정에서 발생할 수도 있는 2.5μm 이하 의 작은 크기 비말들을 지칭하는 표현으로 보인다. 2.5μm 이하의 작은 비말(에어로졸)들은 큰 조대비말보다 가볍기 때문에, 중력의 영향을 적게 받게 되고, 따라서 공기 중에서 더 오랜 기간을 떠다니기 때문에 사람들과 직접 접촉할 확률도 증가하게 된다.

예를 하나 들어 보자! 여기 지름이 1μm, 5μm, 10μm 크기 비말들이 동일 감염인으로 부터 발생됐다고 해 보자. 이 비말들의 낙하(落下) 속도를 에어로졸 관련 식을 통해 계산해 보면, 각 에어로졸(비말)들은 초당 0.003cm, 0.078cm, 0.306cm씩 중력에 의해 아래 방향으로 떨어지게 된다. 만약 2미터 높이에서 이들 비말들이 발생했다고 가정해 보면, 지 름이 1μm, 5μm, 10μm 크기의 비말들은 각기 18.5시간, 42.7분, 10.9분 후에 바닥에 도달하게 된다. 이는 작은 비말일수록 공기 중에 더 오래 머무를 수 있다는 이야기와 같은 것이다.

최근 독일 마인츠(Mainz) 소재 막스플랑크 연구소(MPI: Max Planck Institute) 대기 화학 연구팀도 병원이나 의료센터와 같이 코로나19 바이러스 농도가 높을 개연성이 있는 (virus-rich) 장소에서는 반드시 KF94 정도의 고효율 마스크가 필수적이라는 연구 결과를 《사이언스(Science)》 저널을 통해 발표했다.[21] 병원이나 의료센터 같은 장소에서 이런 고효율 마스크가 필요한 이유도, 아마 작은 크기의 비말(에어로졸)을 통한 전염병 전파를 차단하는 것이 매우 중요하기 때문일 것으로 짐작된다.

실제 코로나19 감염 및 전파 문제에 있어서는 떠다니는 작은 비말을 직접 호흡함에 의한 감염도 중요하지만, 위에서 언급한 큰 코로나19 비말들이 중력에 의해 낙하해서 책상이나 의자 표면, 문고리 등에 떨어지고, 이를 다른 사람들이 손으로 접촉한 후, 그 손으로 본인의 코, 입, 눈 주변을 비비고 만지는 행동으로도 코로나19 바이러스 감염이 전파되는 것으로 알려져 있다. 그래서 손 씻기와 손 소독이 코로나19 감염병 예방에서는 매우 중요한 예방책이 되는 것이다.

그리고 이번 코로나19 방역 과정을 주의 깊게 지켜보면서 (초)미세먼지 혹은 에어로졸 과학자의 관점에서 필자가 또한 필히 지적하고 싶은 사항이 하나가 더 있다. 방역 중 도로나 건물 주변, 빌딩 내와 지하철 역사 등에 뿌려지는 소독약 문제인데, 이 물과 섞여 액체 상태로 분무되는 소독약 분무(噴霧) 또한 에어로졸이다. 그리고 이 분무 과정도 분무기를 통한 에어로졸의 '기계적 발생' 과정이 되므로, 당연히 조대입자가 주로 발생된다. 하지만 그림 1.3의 점선 부분처럼 지름 $2.5\mu m$ 이하의 작은 크기 에어로졸도 확률적으로 일정 비율 분무 내에 존재할 수가 있다. 이 $2.5\mu m$보다 작은, 살균제라는 독성 화학물질이 포함된 에어로졸은 당연히 호흡을 통해 초미세먼지처럼 사람들의 폐까지도 침입할 수가 있다.

손잡이나 문고리, 책상, 의자 표면 등 시민 손과 자주 접촉되는 곳의 방역은 당연히 필요하겠지만, 건물 주변 보도블록이나, 아스팔트 도로 위, 지하철 역사 통로까지 엄청난 양의 살균제를 군용 제독차(制毒車)나 분무기를 사용해 분무·살포해야 할 필요까지 있는 것일까? 이 살균제 분무 중 발생한 지름 $2.5\mu m$보다 작은 에어로졸이 바람에 날려 이를 시민들이 호흡하는 일이 지속되면, 몇 년 전 우리 사회에 커다란 파문을 일으킨 '가습기 살균제 사건'과 비슷한 일이 벌어지게 되는 것이다. 우리가 익히 알고 있는 실내 가습기에서 분무되는 에어로졸도 기계적 발생 과정이므로 주로 조대입자들이 발생된다. 하지만 이들 중에도 일부 지름이 $2.5\mu m$ 이하인 '살균제'가 포함된 작은 크기의 에어로졸이 발생하게 되고, 이에 지속적으로 노출되면, 우리가 알고 있는 '가습기 비극'이 발생하게 되는 것이다.22 지난 3년간의 코로나19 사태로 방역 당국자분들이 너무나도 많은 수고를 하셨지만, 또한 지난 방역 정책을 다시 한번 차분히 복기할 수 있는 시간도 가져봤으면 좋겠다.

생각 더 하기 2 | **기계적으로 발생하는 미세먼지의 영향**

앞서 본문과 '생각 더 하기 1'에서는 여러 종류의 (초)미세먼지 혹은 에어로졸들이 '기계적 발생 과정'을 통해서도 발생된다는 이야기를 했다. 그 대표적인 예가 본문에서 언급했던 황사와 같은 흙먼지와 해양(바다) 입자가 될 것이다. 그리고 앞의 '생각 더 하기 1'에서 소개한 기침과 재채기, 분무기, 공기 가습기 등에서 생성되는 비말, 분무, 물방울들도 모두 기계적 과정에서 발생되는 에어로졸들이 된다. 흙먼지든 바다 입자든 분무기의 분무든 기계적 작용에 의해 발생하는 에어로졸들은 그림 1.3의 오른쪽 불룩한 '혹', 즉 조대입자(큰 입자)를 주로 구성하게 된다. 그리고 이런 기계적 과정에서 발생하는 조대입자들이 실제로 우리 인체의 폐까지 침투할 확률은 그렇게 높지는 않다. 크기도 그렇지만, 조대입자의 성분들 역시도 많은 경우 아주 유해한 것들은 아니다. 대표적인 조대입자들인 흙먼지와 바다 입자는 그 성분이 흙과 소금이라고 했다.

이런 기계적 (초)미세먼지 발생의 예는 몇 가지가 더 있다. 몇몇 전문가들 중에는 타이어와 브레이크 마모로 유발되는 미세먼지의 건강 유해성을 주장하는 분들도 있다.23 차를 운전하고 일정 기간이 지나면, 타이어가 닳고 브레이크 상치의 금속 부분에 마모가 발생하는 것을 경험할 수가 있다. 그렇다면 이 타이어와 브레이크의 마모 부분들은 어디로 간 것일까? 당연히 미세먼지가 되어 공기 중 어딘가에서 도로 위로 배출되었을 것이다. 이런 종류의 미세먼지를 'BWTW(Break Wear Tire Wear)'에 의한 미세먼지라고 부르는데, 이에 대한 연구를 좀 더 진행해 볼 필요는 있겠지만, 필자 견해로는 BWTW 발생 미세먼지가 인체에 유해할 개연성은 비교적 낮다고 생각된다. 왜냐하면 BWTW에 의해서 발생한 입자들은 대부분 분자나 원자 수준에서의 화학적 재조합이 아닌, 기계적 마찰 과정에 의해 발생한 조대입자들일 가능성이 매우 크기 때문이다. 그리고 성분 측면에서도 대부분 고무 성분(타이어 마모의 경우)이거나 철 성분(브레이크 마모의 경우)이다. 큰 사이즈의 고무와 철 성분 입자가 인체에 유해할 가능성은 일반적 관점에선 그리 높아 보이지 않는다. 또한 도로 위 또는 도로 주변으로 흩어진 고무, 철 성분의 조대입자들은 궁극적으로는 살수차에서 뿌려진 물이나 빗물 등에 씻겨 하수구로 흘러들어 가게 될 것이다.

그런데 이와 비슷한 예가 우리 주변에 하나가 더 있다. 지하철역에서 높게 측정되는 지하철 역사의 (초)미세먼지가 바로 그것이다. 지하철은 지하에서 철로(鐵路) 위를 달린다. 그리고 지하철 기차의 바퀴도 철(鐵)로 만들어졌다. 그러면 당연히 철로 만든 바퀴와 철로(鐵路) 사이의 마찰에 의해 철 성분의 미세먼지가 발생되게 된다. 이 철 입자 먼지들의 대부분도 기계적 마찰의 과정을 통해 발생됐기 때문에 대부분은 조대입자들이다.

그런데 이 지하철 역사에서의 (초)미세먼지는 도로 위의 BWTW 발생 (초)미세먼지와는 묘하게 다른 점도 있어 보인다. BWTW 미세먼지는 살수나 빗물에 씻겨 궁극적으로는 하수구나 하천으로 사라져 버린다고 했다. 반면에 지하철 역사의 (초)미세먼지는 지하철이 운행되는 굴(堀) 형태의 통로 벽과 바닥에 쇳가루들로 계속해서 붙어 있게 된다. 그리고 이들 쇳가루들은 주기적으로 청소를 해 주지 않는다면 당연히 계속 쌓여만 갈 것이다. 그러다가 지하철이 역사를 빠르게 통과할 때면, 쇳가루들은 전철 바람에 의해 빠르게 비산(飛散)한다. 이들 쇳가루 (초)미세먼지들의 양은 만약 청소나 환기를 통한 제거를 해주지 않는다면 계속해서 늘어만 갈 듯싶다.

필자가 자주 이용하는 서울의 지하철 S역에 최근 자동 초미세먼지 측정기가 하나가 설치되었다. 어느 날인가 실외에선 비가 추적추적 오고 있었고, 그래서 그날 실외 초미세먼지 농도(PM$_{2.5}$)는 $5\mu g/m^3$로 아주 낮았다. 그런데 지하철역 내 자동 측정기에서 기록되고 있던 초미세먼지 농도는 한 시간 평균 기준으로 무려 $65\mu g/m^3$나 됐다. 이 농도는 실외 공기

나쁨의 기준인 $35\mu g/m^3$를 훌쩍 뛰어넘는 아주 높은 농도였다. 바로 그림 1.3의 꼬리 부분처럼 철과 철의 마찰이란 기계적 과정에 의해서도 확률적으로 발생하게 되는 초미세먼지가 선로와 굴(堀) 벽면에 쌓이기를 반복했기 때문이다. 그리고 달리는 전철이 만드는 바람에 초미세먼지 크기의 쇳가루는 벽면과 철로에서 비산과 침적을 반복하고 있는 것이다. 이것이 지하철 역사들에서 초미세먼지 농도가 일반 시민들이 생각하는 것만큼 그렇게 낮지만은 않은 이유가 된다.

그렇다면 이들 쇳가루 초미세먼지는 인체에 위험한 것인가? 당연히 위험하다. 이유는 초미세먼지는 어쨌든 그 크기가 매우 작기 때문이다. 이 작은 쇳가루 먼지는 우리의 폐를 통해 인체로 흡수될 수 있고, 운이 나쁘다면 우리의 심장과 뇌까지 이동해서 심장과 뇌의 혈관 안에서 지하철처럼 덜커덩덜커덩거리며 심장 질환이나 뇌졸중 등의 다양한 문제들을 일으킬 수도 있을 것으로 보인다.

2장

과학: 지식을 가지고 질문하는 사고

과학은 허구에서 진실을 구분해 낼 수 있는 유일한 도구이다![1]
– 유발 하라리

    우리가 2장에서 살펴볼 내용은 '초미세먼지'나 '기후변화', '에너지 전환'이나 '그린 뉴딜' 등의 내용과는 아무런 직접적인 관련성은 없다. 그래서 어쩌면 2장은 이 책에서 제외해도 무방할 듯싶기도 하다. 만약 필자가 이 책을 쓰는 의도가 단지 초미세먼지, 기후변화, 그린 뉴딜, 탄소중립 등에 관한 단순한 지식만을 독자들에게 전달하는 것이 목적이었다면, 2장은 불필요한 장이 될 듯싶다.

    하지만 필자가 이 책을 쓰고 있는 의도는 크게 두 가지다. 첫 번째 의도는 앞서 언급한 거대 주제들에 대한 올바른 핵심 지식을 독자들에게 전달하는 것이고, 두 번째 의도는 이 글을 읽을 독자들, 시민들, 학생들에게 무엇이 **과학적 사고법**이고 **비판적인 사고법**인지를 소개하고, 이를 이 책 속에서 한번 훈련해 보고자 하는 목적도 있다. 이 책 전체를 관통하는 사고의 소재, 사고의 대상은 당연히 초미세먼지, 기후변화, 그린 뉴딜, 탄소중립이 맞다. 하지만 이 사고 대상들을 보다 철두철미하고 완벽하게 사고하기 위해선 과학적으로 사고하는 자세가 매우 중요하다. 자, 그렇다면 이 과학적 사고법, 과학적으로 사고하는 자세란 도대체 무엇일까? 때로는 자세와 방법이 내용보다 중요할 수도 있는 법이다.

두 개의 세계

우리가 어떤 사회 문제에 직면해서 첫째, 그 사회 문제를 올바로 이해하고, 둘째, 그 문제에 대한 해결책을 찾으려고 할 때, 가장 중요한 것 중 하나는 먼저 해당 문제에 대한 핵심 지식을 쌓는 일이 된다. 지식은 늘 모든 사회 문제 해결의 시발점이자 중심점이 된다. 우선은 핵심이 되는 지식을 습득해야만 한다. 그 후 이 지식을 바탕으로 다음 단계에서 해야 할 일이 바로 비판적 사고를 하는 일이다. 여기서 비판적 사고라고 함은 따지고 묻는 행위, 즉 '질문'을 의미한다. 이 질문하는 사고를 '회의(懷疑)를 해 보는 사고'라고 불러도 무방할 듯싶다. 이 '회의'라는 한자 단어의 뜻도 문자 그대로 '의심(疑)', 즉 질문을 품어 본다라는 의미가 아닌가? 왜 굳이 의심과 질문을 품어야만 하는가? 여기서 질문과 의심의 목적은 무조건적인 부정만을 목적으로 하는 것이 아니라 가장 확실한 긍정을 얻고자 함이다. 최후의 확실한 긍정은 확고부동한 것으로 일체의 그 어떤 부정 혹은 의문의 여지도 없는 것이어야 하기 때문에, 도구적으로 회의를 하고 질문을 던져보자는 것이다.

우리가 세상을 인식하는 것에는 두 가지의 다른 차원이 존재할 수 있다고 필자는 믿는다. 그 첫 번째 차원의 인식은 우리의 가장 원초적인 인식 기관인 오감을 통해 우리의 주변과 현상을 인식하는 것이다. 예를 들어 햇빛을 쏟아내는 저 붉은 태양을 바라보며 아름답고 따뜻하다고 느끼는 감정이나, 1장에서 소개했던 추크치해 생명의 거대한 먹이 사슬의 장관을 바라보면서 경이롭고 황홀하다고 느끼는 것. 혹은 2020년부터 시작된 코로나19 바이러스 팬데믹으로 외출과 여행이 어려워지고, 수많은 사람이 죽음을 맞닥뜨리는 그 어두운 광경을 목격하며 음침한 우울함과 공포감에 사로잡히는 것. 이 모두는 태양이나 먹이 사슬의 장관, 코로나19라는 현상을 오감을 중심으로 인식하는 세계의 것이다.

앞서 서론에서 언급했던 1970년대 로스앤젤레스 스모그 사건에서도 로스앤젤레스 시민들은 정체 모를 어떤 대기오염물질에 의해 시(市) 주변의 나뭇잎들이 죽어 가고 있음을 목격했다. 로스앤젤레스 주변 산마루에서 내려다보는 도심은 뿌옇게 안개가 덮여 있는 듯 보였고, 목이 칼칼하고 눈도 따끔거렸다. 나무를 죽이고 있는 그 정체 모를 오염물질이 시민들의 목을 칼칼하게 하고, 눈도 따끔거리게 하고, 궁극에는 시민들의 목숨마저도 저 죽어가는 나뭇잎들처럼 빼앗아 가버릴 것 같다는 당혹감과 공포감이 몰려왔다. 2019년 3월에는, 서울에서 초미세먼지 농도가 $200\mu g/m^3$까지 올라갔던 일도 있었다. 이 정도 농도라면 서울은 온통 회색빛에 휩싸여 버리게 된다. 서울 강남에선 강북의 남산 타워도 보이질 않고, 한강 건너 아파트 군(群)도 시야에서 완전히 사라져 버린다. 관악산도 청계산도 북한산도 인왕산도 시야에서 사라져 버리고, 육교나 가로등마저도 희미하게 그 윤곽만을 간신히 볼 수 있을 뿐이다. 숨을 쉬는 것도 왠지 가빠지는 것 같고, 혈압마저 오르는 것 같다. 무엇을 어찌해야 할지 잘 모르겠다. 50년 전의 로스앤젤레스 시민들이나, 2019년 초봄의 서울 시민들이나 뭔가 당황스럽고 또 당혹스럽다. 이렇게 인식되는 세계가 곧 첫 번째 세상인 오감에 의해 인식되는 세계의 대표적인 예들일 것이다.

그렇다면 두 번째 차원의 세계란 무엇인가? 이런 오감에 의해 즉흥적·직접적으로 인식된 세계의 이면을 과학의 눈을 통해 바라보는 세계다. 코로나19 바이러스는 공포스럽고, 오존이나 초미세먼지란 존재는 매우 당혹스럽다. 이런 공포나 당혹감을 우리가 느끼는 것은 이런 위험을 본능적으로 회피하고, 공포나 위험으로부터 도피할 수 있도록 도와주는 훌륭한 기제가 되는 것은 사실이지만, 이런 현상을 근본적으로 해결하는 것에는 아무런 도움을 주질 못한다. 바이러스나 초미세먼지가 우리에게 문제라면, 이 문제들의 해결은 이들로부터 도피하거나 회피하는 것이 아니라 이 문제의 원인을 파악하고 해결책을 찾아 나서는 것이어야만 한다.

바로 이 해결책을 찾기 위해 가장 먼저 해야 할 일이, 문제(현상)의 원인을 올바로 이해하는 것이다. 그리고 이 올바른 이해를 위해 제일 먼저 문제에 대한 올바른 지식이 필요하다는 것이다. 이 위험하고 공포스러운 대상들인 코로나19 바이러스, 초미세먼지, 오존이란 현상들이 도대체 뭔지 그 정체를 먼저 알아야만 하고, 그러기 위해선 우선 그 대상들에 대한 지식을 차분히 종합하고 정리하고 연구해야만 할 것이다. 그러면 이전 오감으로 느끼던 세상과는 다른 차원의 세상이 아주 조금씩 열리기 시작한다. 이 다른 차원의 세상은 기본적으로는 과학적 인과(因果) 관계를 통해 새롭게 구성이 되는 세계다. 이 새로운 차원으로 인식되는 세계를 바탕으로 무엇이 문제의 올바른 해결책인지를 거듭 비판적으로 사고하고, 질문을 계속해야만 한다. 이것이 두 번째 인식의 세계, 즉 과학적 이성에 의해 인식되는 세계의 시발점이다.

첫 번째 세계가 오감을 통해 열리게 되듯, 두 번째 세계는 이성(질문)을 통해 개시(開示)한다. 해당 문제에 대한 지식을 습득하고, 그 지식을 바탕으로 앞서 언급한 질문, 회의, 비판적 사고를 거듭함으로 해서 두 번째 세계가 서서히 열리고 또한 구체화된다. 하지만 이 과정은 첫 번째 세계를 열었던 오감의 작용만큼 자동적이고 직접적인 과정은 아니다.

이 두 번째 세계의 개시(開示)에는 다소 복잡하고 꽤 많은 노력이 필요하기도 하다.

필자는 이 2장에서 바로 두 번째 세계의 개시를 위한 사고와 생각의 방법론에 대한 이야기를 소개하려고 하는 것이다. 그리고 이런 과학적 사고법을 이 책의 사고 대상들인 초미세먼지, 기후변화, 그린 뉴딜, 탄소중립 문제에도 한번 적용해 보려고 한다. 이와 같은 사고의 과정에서 필자는 우선 주제들에 대한 핵심 지식을 먼저 소개할 것이다. 그와 더불어 구체적인 질문들도 계속해서 반복적으로 던질 것이다. 이 핵심 지식의 축적과 구체적 질문의 반복이 바로 과학적 사고법의 양대 축이 되기 때문이다.

비유를 하나 들어 보자면, 지식의 축적과 질문은 과학이란 검의 양날과도 같은 것들이다. 지식의 축적과 반복적인 질문의 과정은 양날 검의 날카로움을 갈고 닦는 과정과도 비슷하다. 과학적 사고법의 최종적 성패 역시도 바로 이 양날 검의 시퍼런 날카로움의 정도에 따라 결정된다. 양날 검의 날카로움이 어두운 장막을 찢어내듯, 두 번째 세계의 개시와 두 번째 세계의 완벽한 종착점(완벽한 해결책)에 도달하는 것 역시도 검의 날카로움이 곧 결정하게 될 것이다.

두 번째 세계 열기: 우선은 지식이다

우선은 지식이 중요하고, 먼저 핵심 지식이 습득되어야만 한다. "지식만이 문제를 해결할 수 있는 유일한 해결책이다(Knowledge is the key to solving the problem)." 알베르트 아인슈타인 박사가 했던 말이다. 어떤 공포스런 사회 문제가 발생했을 땐, 오직 지식만이 그 문제로 발생한 공포를 해결할 수 있는 유일한 해독제가 된다(Knowledge is the antidote to fear). 예를 하나 들어 보자! 1980년대에 에이즈(AIDS)라고 불리는 후천성 면역

결핍증이 처음 세상에서 발견되고, 당대의 유명 미남 배우였던 록 허드슨이 에이즈에 걸려 앙상해진 몰골로 대중 앞에 그 모습을 드러내며, 사회적으로 에이즈에 대한 공포가 극점에 달했던 시절이 있었다. 지금의 코로나19 바이러스나 (초)미세먼지, 지구온난화 문제에 당면해서도 대상의 정체를 잘 모를 때 당황스러움과 공포가 생겨나듯, 당시 미국과 우리나라에서 이 에이즈에 대한 공포나 당황스러움은 실로 엄청난 것이었고, 온갖 정체 모를 많은 유언비어들도 피어올랐다.

'에이즈는 뇌염처럼 모기에 의해서도 전파될 수가 있답니다', '에이즈 환자가 잡았던 버스나 지하철의 손잡이를 잡으면, 우리 역시도 에이즈 바이러스에 감염될 수 있다는군요', '미국에서는 인공호흡을 급하게 필요로 하는 환자가 있었는데도, 환자가 혹 에이즈 환자일 수도 있다는 이유로 인공호흡 조치를 취하지 않아 환자가 결국 사망했다는군요'. 모두가 에이즈의 정체를 잘 모르고 에이즈에 대한 지식이 없었던 시절 공포로부터 나온 이야기들이었다.

그렇다면 이런 공포에서 벗어나려면 무엇을 해야만 하는가? 먼저 그 공포의 대상을 이성적이고 과학적으로 이해해야만 한다. 그래야만 그 대상이 주는 공포로부터 벗어날 수 있고, 과학적인 해결책도 모색할 수 있을 것 아니겠는가? 대상이 도대체 무엇인지를 모르고, 그래서 원인을 모를 때, 공포가 찾아오고 패닉도 생겨나게 되는 것이다. 비슷한 맥락에서 미국의 저널리즘도 이번 코로나19 사태 초기의 진정한 문제점은 '코로나19 팬데믹(pandemic)이라기보단, 코로나19 패닉(panic)이다'라는 기사를 내놓은 적도 있었다.[2] 에이즈든 코로나19든 그 정체를 제대로 이해해야만, 즉 대상에 대한 올바른 지식이 있어야만 패닉(공포)으로부터 자유로워질 수 있는 것이고, 그래서 '지식만이 문제를 해결할 수 있는 유일한 해결책'이 되는 것이다.

모든 문제 해결의 시작점에는 늘 대상(문제)에 대한 지식이 있어 왔다. 앞 절에서도 로스앤젤레스 스모그와 서울의 초미세먼지의 예를 들어 바로 이 지식의 중요성을 강조했다. 우리 사회가 어떤 당면한 문제들을 해결하려면 그 첫 번째 조건은 해당 문제에 대한 지식을 우선 쌓는 것이다. 이것이 우리가 논의할 과학적 사고라는 양날 검의 첫 번째 한쪽 날이 된다. 날카롭게 번득이는 지식이야말로 문제의 핵심을 꿰뚫을 수 있는 첫 번째 조건, 과학적 해결책의 첫 번째 무장(武裝)이 되는 것이다.

두 번째 세계 열기: 지식을 바탕으로 질문을 해야만 한다

그리고 우리의 검의 반대쪽 날에는 또 하나의 날카로움이 더해져야만 한다. 그 두 번째 날카로움이 곧 질문하는 사고이다. 우리에게 어떤 사회적 문제가 주어지게 되면, 그 문제에 대한 지식이나 해결책은 많은 경우 '가설(hypothesis)'이란 형태를 띠게 된다. 여기서 가설이란 과학에선 검증이나 증명이 아직 되지 못한 잠정적인 이론, 잠정적인 해결책을 뜻한다. 그래서 이 가설적 지식, 가설적 해결책이란 늘 틀릴 수 있고, 허점이 발견될 수도 있는 것이다. 그렇다면 이 가설에 잘못된 부분이 있거나 허점이 있다면 이를 무엇으로 어떻게 발견할 수 있는가? 가설의 진위나 허점들은 가설에 대해 계속해서 따지고 물어보는 행위, 즉 질문을 해야만 발견할 수가 있다. 그리고 이 질문하는 행위는 해당 가설에서 허점이나 틀린 점이 더 이상 발견되지 않을 때까지 끊임없이 집요하게 해야만 한다. 그래서 최종적으로 그 가설에 허점이나 허위가 전혀 없는 것이 입증된다면, 그 가설은 더 이상 의문의 여지가 없는 것이 되고, 그러면 그 가설은 곧 과학이 되고, 진실이 되고, 올바른 지식 또는 해결책으로 인정받게 되는 것이다. 만약 가설에서 오류가 발견된다면? 당연히 그 가설은 폐기되거나, 다른 방식으로 변경 혹은 진화되어야만 한다. 이 과정에서 따져 묻는 행위, 곧 질문하는 행위가 핵심 사항이 되고, 그래서 질문은 곧 과학을 수행하는 데 있어 핵심적 도구가 되는 것이다.

'과학은 허구에서 진실을 분변(分辨)해 낼 수 있는 유일하고, 핵심적 도구이다.'1 이스라엘의 저술가 유발 하라리가 한 이 말을 좀 더 곰곰이 생각해 보면 이런 말이 될 듯도 싶다. 우리 세계에는 많은 허구나 허위의 가설들이 떠돌고 있다. 입증되지도 않은 지식, 검증되지도 않은 가설들이 이 세상 문제들의 진정한 해결책인양, 혹은 이 세상의 진정한 구원자인 것처럼 각색되고, 그렇게 대접을 받는 일은 너무나도 허다하다. 누군가는 그것이 허구이고 허위라고 지적을 해야만 할 듯싶다. 그런데 도대체 무엇으로 이 가설적 주장들의 허구와 진실을 분변해 낼 수 있단 말인가? 그 분변의 도구가 바로 과학적 사고법이고, 그 과학적 사고의 양날이 바로 지식과 질문이 되는 것이다. 그래서 유발 하라리가 한 앞의 말은 아마도 이렇게 바꾸어 해석할 수도 있을 것이다. 오직 올바른 지식과 날카로운 질문만이 허구와 허위로부터 진실을 분변해 낼 수 있는 유일한 핵심적 도구가 될 것이라고….

하지만 많은 경우 올바른 지식을 쌓고, 질문을 하고, 올바른 결론을 이끌어 내는 과정은 상당히 지난(至難)하고 복잡한 과정이 된다. 많은 경우 해당 문제에 대한 지식이 심각하게 부족할 수도 있고, 때론 질문의 노력이 심각하게 부족할 수도 있다. 그리고 때론 우리의 오감이란 감각이 지식과 질문이라는 이성 작용을 방해하기도 한다. 사실 우리가 가설을 검증할 때 사용하는 질문이란 과정도 이 잠정적 가설을 검증하는 과정에서 우리의 오감(五感)이라는 감각에 의해 왜곡된 부분은 혹 없었는지를 따져 묻는 과정이 되기도 한다.

그렇다면 우리의 오감(혹은 감각)이란 무엇이란 말인가? 오감이란 인류란 동물이 지구라는 이 좁은 행성 내에서 환경에 적응하며 작은 미물

(微物)의 시절로부터 현재에 이르기까지 수십억 년의 진화를 겪으며 발전시켜 온 결과물이다. 따라서 이 오감의 진화 과정 중에는 온갖 종류의 느낌과 감정들, 예를 들어 공포, 행복, 고통, 허기, 환영, 착시, 착란, 포만, 황홀 등의 감정들이 DNA에 모두 각인되어 있어 늘 내적 왜곡의 기제들로써 작용할 수 있는 개연성을 수반하고 있다. 물론 이런 감정들과 연결된 오감은 하나의 생물로서 인간이 본능적으로 생존하는 데 있어서는 놀랄 만큼 중요한 역할을 해 왔을 것이다. 하지만 오감을 통한 인식이란 늘 불완전한 것이고, 늘 허구나 왜곡을 창조할 수 있는 여지 혹은 그런 기제를 제공할 수가 있다. 아래 제시하는 예는 오감으로 인식하는 세계와 또 다른 차원으로 개시된 과학적 세계에 대한 좋은 대비가 될 수도 있을 듯싶다.

1장에서 매년 해빙이 녹는 계절이 오면, 베링 해협의 북쪽 추크치해(Chukchi Sea)에서는 생명의 거대한 축제가 벌어진다고 이야기했다. 수백만, 수천만 마리의 물고기 떼와 수만 마리의 갈매기들, 수백~수천 마리의 물개들과 북극곰들, 집채 크기의 고래들이 모두 한자리에 모이는 거대한 생명의 향연이 벌어진다. 이런 웅장한 다큐멘터리를 시청하고 있노라면, 누구나 이 위대한 자연의 거대한 황홀경에 경이로움을 느끼게 될 것이고, 필경 어떤 결심을 하게 될 것이다. "이 소중하고 장엄한 지구의 자연을 반드시 보존해야만 하겠다고…." 아마도 이런 황홀감과 경이로움, 그리고 이런 도덕적 결심을 유도하는 것이 이 BBC 다큐멘터리 필름의 원래 제작 의도였을지도 모른다. 만약 시청자들이 이런 결심을 하게 된다면, 이는 당연히 매우 소중한 결심이 될 것이다.

하지만 우리는 이런 거대한 자연의 향연을 보며 황홀경과 경이감에 압도되는 것에서 끝나서는 안 된다. 반드시 다른 면, 다른 차원의 세계도 함께 살펴봐야만 한다. 이런 황홀경과 경이로움이란 곧 우리의 오감이 창조하는 미적(美的)인 세계, 즉 우리의 논의에서는 첫 번째 세계에 속하는 것이다. 이런 세계는 세상의 단지 반(半)쪽에 불과할 수도 있다. 그렇다면 이 세상의 나머지 반을 올바로 완성하기 위해선 어떻게 해야 하는가? 올바른 지식을 쌓고, 그 현상의 이면에 대한 질문을 던져야만 한다. 그래야 두 번째 세계의 개시(開示)가 비로소 시작될 수 있는 것이다.

질문 1: 추크치해의 이 축제가 아름답고 황홀하다는 것은 사실이다. 그런데 왜 이와 같은 거대한 생명의 축제가 따뜻한 적도가 아닌, 이곳 추운 '북극권(arctic circle)' 바다에서 벌어지고 있는 것일까? 따뜻한 적도 지역이야말로 늘 생명의 다양성이 가장 풍부하고, 생명의 활동도도 가장 왕성한 곳이라고 생물학자들은 이야기하지 않았던가?

답 1: 맞는 말이다. 하지만 이 계절 바로 이곳 추운 바닷물 속에는 아주 높은 농도의 식물성 플랑크톤이 마치 초봄에 벚꽃들이 만개하듯 번성하고 있다. 바로 그 식물성 플랑크톤이 벌이는 놀라운 '광합성의 만개한 향연'이 바로 이 거대한 생명의 축제의 가장 밑바탕이 되고 있는 것이다. 우리는 광합성이 무엇인가라는 지식을 1장에서 이미 학습했던 바가 있었다. 이곳에서 벌어지는 거대한 먹이 사슬, 생명의 향연이란 곧 광합성의 향연이고, 이 생태계의 사슬은 모두가 이 강력한 광합성에서 비롯되고 있는 것이다.

질문 2: 그런데 왜 이와 같은 광합성의 향연이 하필 북극권의 해빙기에 발생하느냐는 것이다.

답 2: 우리의 지식에 따르면, 광합성은 우선 햇빛을 필요로 한다. 이 지역 봄철 해빙이 녹으면 비로소 바닷물 속으로 그 햇빛이 스며들게 된다. 더군다나 이 시기 추크치해의 해빙이 녹으면 겨울 동안 공기에서 해빙 위로 퇴적되어 있던 초미세먼지의 성분들 **질산염과 암모늄염도** 바닷물 속으로 동시에 녹아 들어갈 것이다. 우리는 이들 질소 성분들이 식물(식물성 플랑크톤)의 생장에 필수적인 요소라는 사실을 1장에서 이미 학습한 바도 있었다.

질문 3: 아니, 햇빛이라면 다른 계절, 여름에도 있지 않던가? 왜 굳이 해빙기인가? 그리고 광합성에 필요한 햇빛의 강도라면 적도 지역이 으뜸이 아니던가?

답 3: 맞다! 하지만 이 경우 햇빛의 강도보다 더 중요한 사실이 있다. 해빙이 녹은 바닷물은 매우 차다. 0°C의 낮은 해빙 녹은 물이 바다로 유입되면, 이 차가운 바닷물 속으로 더욱 많은 양의 이산화탄소가 녹아 들어가게 된다. 온도가 낮으면 낮을수록 더 많은 양의 이산화탄소가 바닷물 속에 녹아들어 가게 되는 현상을 우리는 '헨리의 법칙(Henry's law)'이라고 부른다. 콜라나 맥주의 온도가 낮을수록, 더 많은 이산화탄소가 콜라나 맥주 속으로 녹아 들어가 우리에게 더 큰 청량감을 주는 것과 같은 이치다. 이 헨리의 법칙에 따라 더 많은 양의 이산화탄소가 해빙이 녹은 찬 바닷물 속으로 용해되어 들어가게 되고, 이 높은 농도의 이산화탄소를 이용하면서 바닷물 속 식물성 플랑크톤이 더 활발한 광합성의 향연을 벌이게 되는 것이다. 여기서 해빙이 녹으면서 해빙 위에 퇴적되어 있다가 얼음과 함께 녹아들어 간 질산염과 암모늄염은 덤으로 식물성 플랑크톤의 생장에 비타민과 같은 역할을 한다고 했다.

더불어, 헨리의 법칙에 따라 이 찬 바닷물 속에는 더 많은 양의 '산소' 역시도 용해된다. 이 용해된 바닷물 속 산소는 동물성 플랑크톤과 크릴새우, 물고기들이 호흡하는 데 아주 유용하게 이용될 것이다. 모든 조건이 이 생명의 향연에 너무도 완벽하게 작용하고 있다! 광합성은 이 거대한 생명의 향연의 시발점이 되고, 식물성 플랑크톤을 먹는 동물성 플랑크톤, 크릴새우, 물고기, 고등어 떼, 갈매기, 물개들, 북극곰, 거대한 고래, 이 방향으로 거대한 에너지가 또한 도도히 흐르고 있기도 하다. 이 거대한 에너지 흐름의 가장 밑바닥에 바로 풍부한 이산화탄소와 물, 산소와 햇빛이 존재하고 있는 셈이다.

우리의 오감이란 붉은 능금 빛과 불타오르는 태양을 보고, 그 붉은 능금 색이 전달하는 맛에 유혹을 느껴 허기를 채우도록, 붉은 태양을 보면 따뜻하고 아름답다고 느끼도록 진화된 기제이지, 행성을 벗어난 우주의 법칙을 깨닫게 해 줄 수 있는 사고 능력을 의미하지는 않는다. 하지만 우주의 법칙을 발견하기 위해 필요한 것은, 감각이 아닌 과학이고, 지식과 질문이 그 과학적 사고의 밑바탕이 되어야만 한다고 했다.

이런 의미에서 알베르트 아인슈타인은 지식과 질문적 사고를 대표하는 인간의 한 전형으로, 필자는 가끔 그를 진정한 의미에서의 '우주인'이라고 농담으로 표현하곤 한다. 지구라는 행성의 시공(時空) 경계에 갇혀 진화해 온 인간의 감각은 '시간'과 '공간', '질량'과 '에너지'를 각기 다른 별개, 이종(異種)의 것으로 인식해 왔다. 하지만 아인슈타인은 전대의 과학자들이 쌓아 놓은 지식을 바탕으로, 거의 우주인적인 상상력을 동원한 질문과 비판적 사고를 반복했고, 우주가 어떻게 구성되어 있는지, 시간-공간-질량-에너지가 어떻게 서로 연결되어 있는지를 밝혀냈다. 그의 상대성 이론에 의하면 시간과 공간은 질량에 의해 왜곡될 수 있고, 에너지는 질량의 소멸로부터 생성될 수 있는 것이 된다. 우리의 감각(오감)은 도대체 이런 것이 어떻게 가능하냐고 오히려 반문할 것만 같다.

아주 간단한 예를 하나 들어 보자. 그가 발견한 특수 상대성 이론 중 가장 유명한 방정식 하나가, 질량(m)은 $E = mc^2$이라는 과학적 질서를 따라 에너지(E: Energy)로 변환될 수 있다는 것이다. 사람들은 일반적으로 감각기관을 통해 구성되는 현상에 매우 큰 확신을 갖는 경향이 있다. 그런 사람들에게 '질량과 에너지는 등가(等價)'라는 1905년 아인슈타인의 논문은, 제정신이 아닌 한 젊은 스위스 과학자의 헛소리처럼 들렸을 듯싶다. 그 헛소리에 덧붙여, 그 비례상수라는 것이 우리의 상식을 배반하는 뜬금없는 값, 빛의 속도(c)의 제곱이라니… 에너지가 질량으로 보존될 수도 있고, 그 질량은 에너지로도 변환될 수 있다고 생각한 최초의 돌연변이적 인간. 그리고 이 감각을 초월하는 가설은 점차 원자력 발전, 핵무기 등으로 현실에서 하나씩 진실로 입증되어 왔다. 사실 앞의 한 줄 짧은 방정식이 대중 사이에서 유명해지게 된 계기도 히로시마, 나가사키 원자폭탄 투하 후(이 또한 '인간의 대상 행위'가 가져온 끔찍한 비극이었다!), 이 방정식이 갖는 위력을 대중이 두 눈, 바로 오감으로 목격하고 난 그다음의 일이었다.

앞서 우리가 알고 인식할 수 있는 세계는 두 개의 차원으로 구성된다고 이야기했다. 첫 번째 차원이 오감을 통해 인식되는 세계로, 이 세계는 아름다울 수도 추할 수도 공포스러울 수도 있다. 그리고 그 세계의 이면에 두 번째의 세계(차원)가 존재하고 있다. 그 두 번째 세계는 어떤 원리와 질서에 의해 구동되며, 일정한 방향으로 움직이고 있는 세계다. 저 불타는 태양은 매우 아름답고 따뜻하지만, 저 태양도 과학의 눈으로 그 이면의 차원을 살펴보면 $E = mc^2$이라는 과학적 질서를 따라 수소의 질량(m)이 소멸되며, 그 엄청난 에너지(E)가 전자기파의 형태로 방출되고 있는 세계가 된다.

그리고 태양이 지구로 전자기파의 형태로 전달하는 에너지를 이용하며 식물과 식물성 플랑크톤이 광합성을 통해 포도당과 산소를 생산하고, 태양빛이 전달하는 열의 지역적 차이에 따라 또한 바람이 생겨나고, 비와 구름이 생성되고, 해류가 흐르고, 거대한 태풍도 불게 되는 것이다. 이 모든 지구의 자연 현상들은 아름답건, 황홀하건, 공포스럽건 모두 이면에서 태양의 에너지에 의해 구동되고 있다. 아름답고, 황홀하고, 공포스러운 느낌은 첫 번째 세계에 속하는 일이지만, 이 모든 현상이 저 태양 에너지에 의해 구동된다는 사실은 과학의 눈을 통해 인식되는 두 번째 세계에 속하는 것이 된다.

그리고 저 이글거리는 태양에서 비롯되어 지구에 바람과 태풍과 구름과 비와 해류와 식물들을 생동하게 하는 그 에너지를 지금 우리 인류가 이곳에서 '열과 에너지'로 변환하여 사용하려고 하고 있는 것이다. 바로 풍력발전과 태양광-태양열 발전, 수력발전 모두는 궁극적으로 태양 에너지를 전기 에너지로 변환하려는 것이고, 생물 공학자들은 식물로부터 바이오 디젤과 바이오 알코올도 추출하려고 한다. 결국 우리가 사용하려는 이 모든 재생에너지란 태양 에너지를 열과 전기로 전환하는 기술과 과학이 되는 것이다.

그런데 이 에너지 변환에서도 반드시 그 원리와 과학, 그리고 경제성 등에서 반드시 따져봐야만 할 많은 질문(의문)의 지점들이 존재하고 있다고 했다. 이 '따져봄', '질문'을 위해 우리는 우리 눈으로 보이는 첫 번째 세계가 아닌, 그 이면의 두 번째 세계를 반드시 직시해야만 한다. 그리고 이 책의 저술 목적 중 하나도 지금 우리가 현재 직면한 문제인, 태양에서 비롯되는 에너지를 인류가 필요로 하는 열과 전기로 바꾸는 문제에 대해 먼저 지식을 쌓고 이 지식을 바탕으로 질문적 사고를 끝까지 한번 해 보는 것이라고 했다.

지식의 부족 혹은 질문의 부족. 헛소문(거짓)을 믿어서는 안 된다!

사실 오감이 창조하는 첫 번째 세계는 별로 힘들지 않고, 거의 자동적으로 우리 안에서 완성이 되는 세계라고 했다. 하지만 두 번째 차원의 세계를 개시하고 완성하는 일에는 치열한 노력이 수반되어야만 한다. 해당 문제에 대해 늘 올바른 지식을 찾아서 학습하는 일은 당연히 쉬운 일이 아닐 것이고, 더군다나 부단히 합당한 질문을 찾아 따지고 묻기를 반복하는 일도 강고한 치열함을 필요로 하는 노동이 된다. 그래서 지식을 축적하고 비판적 사고를 실제로 실행하는 일은 지난하고 매우 어려운 작업이 될 수밖에 없다. 이런 이유로 지식이 부족하고, 질문의 치열함도 부족한 경우는 실제로 꽤 자주 발생하게 되는데, 그렇다면 해당 문제에 대한 지식이 부족하거나 질문이 부족하게 되면 현실 세계에선 도대체 어떤 일이 발생하게 될까?

여기선 이런 지식과 질문적 사고의 기능을 한번 화성행 우주선에 비유해 설명해 보도록 하자. 이 경우 지식은 비상을 위한 힘, 즉 연료에 해당되고, 화성 목표 지점까지의 유도 장치는 질문적 사고의 정교함에 비유될 수 있을 듯싶다. 만약 지식(연료)이 모자란다면 우주선은 당연히 화성의 목표 지점에 도달하지 못하고 중도에 지구로 추락해버리고 말 것이다. 반대로 연료(지식)의 양은 충분한데 비판적 사고의 힘이 부족해도(유도 장치가 엉성해도), 우주선은 엉뚱한 방향, 원치 않는 우주 속으로 사라져 버리고 말 것이다. 질문의 정신, 비판적 사고는 곧 지식이란 연료를 불태우면서 우주로 치솟는 우주선에서 그 지식을 올바른 방향으로 정교하게 유도하는 방향판과 유도장치의 역할을 한다고 볼 수가 있다.

지식이 부족하다면 우주선은 지구로 추락할 것이다. 질문이 부족하면 우주선은 달나라로, 혹은 안드로메다로 향하고 말 것이다. 여기서 추락이나 달나라-안드로메다는 엉뚱한 곳, 목표 지점이 아닌 곳을 의미한다. 이 말은 부족한 과학적 사고(지식의 부족과 질문의 부족)는 결국 현실에서 이상한 도착지, 즉 억측과 허구, 왜곡을 생산하게 됨을 의미한다. 그리고 앞서 필자가 논의했던 맥락에서 살펴보면, 이 억측과 허구는 잘못된 가설의 형태를 띠고 나타나게 된다.

필자는 과학적 진실이 아닌 억측이나 허구를 '헛소문' 혹은 '뜬소문'이라고 부르기도 한다. 그리고 학생들에게 결코 이런 헛소문을 믿지 말고, 스스로 판단자가 되어 스스로 판단을 해 보는 경험을 자주 그리고 많이 해 봐야만 한다고 강조한다. 하지만 이는 물론 쉬운 일이 아닐 것이다. 억측–허구–뜬소문과 진실을 분리해내는 작업은 오직 과학으로만 가능한 일인데, 이 과학을 올바로 실행하는 일은 힘이 많이 드는 작업, 각고의 노력과 치열함을 필요로 하는 중노동이 될 수 있다고 했다. 우리 사회의 초미세먼지 문제 혹은 탄소중립 문제, 그린 뉴딜과 에너지 대전환 정책, 수소경제의 문제에 어떤 억측이나 허구, 혹은 뜬소문이 존재한다면, 그 억측이나 허구, 뜬소문은 모두 과학의 부족, 노력과 치열함의 부족, 다시 말해 게으름과 나태함에서 비롯된 것일 수도 있다고 필자는 감히 단언할 수 있다.

그렇다면 우리 사회에선 누가 주로 이런 뜬소문, 헛소문을 생산하는 것일까? 불행하게도 주로 언론, 환경단체, 정책 당국자, 정치권이 이런 헛소문의 주요 생산자들이다. 그리고 일부 전문가들도 헛소문을 생산한다. 일부 전문가도 뜬소문을 생산하는 이유는 그 일부 전문가들이 게으르고 나태하기 때문이다. 뜬소문 중 어떤 것은 아주 악성인 경우도 많다. 이런 악성의 뜬소문을 필자는 가끔 허무맹랑한 유언비어라고도 부르는데, 누가 이런 유언비어를 생산하는가? 얼뜨기 전문가, 사이비 전문가, 유사 과학자들이 생산한다. 여기서 사이비 전문가나 유사 과학자란 전문 지식도 치열한 질문의 노력도 없는 전문가지만 본인 스스로는 본인을 전문가라고 칭하는 일군의 사람들을 뜻한다. 이런 뜬(헛)소문과 유언비어가 세상에 퍼져 나가게 되면, 세상은 매우 혼란스러워진다. 그리고 뜬소문이 지배하는 사회는 더 이상 이성이 지배하는 사회도 아니다. 그리고 이런 헛소문이 사회에 퍼지게 되면 당면 문제의 해결은 더욱더 요원해지고, 상황은 '엉망진창의 시궁창' 속으로 빨려 들어가 버리고 만다.

우리 사회에서 뜬소문을 주로 생산하는 집단이 언론, 환경단체, 정책당국자, 정치권, 사이비 전문가들, 유사 과학자들이라면, 이번엔 이들이 생산한 소문은 누가 주로 소비하는가? 바로 대중이 소비한다. 여기서 소비한다라고 함은, 대중이 그 헛소문들을 믿고 신뢰하고 의지한다는 의미다. 그렇다면 대중은 왜 헛소문을 믿고 신뢰할까? 헛소문이 헛소문인 줄을, 거짓이 거짓인 줄을 모르기 때문이다. 왜 모를까? 지식이 부족하고, 치열한 질문의 노력도 부재하기 때문이다.

지식의 부족과 질문의 부재! 이런 상태에서 대중은 어떻게 행동하는가? 가장 손쉬운 방법, 손쉬운 해결책인 뜬소문에 의존하게 되는 것이다. 이런 뜬소문이란 경우에 따라선 사회 다수의 헛된 견해일 수도 있고, 혹은 본인들이 판단의 기준으로 삼고 있는 정치 혹은 언론 집단의 집단 판단일 수도 있다. 어쨌든 지식과 스스로의 판단이 부족한 사람들에겐 소문이 문제의 원인과 해결의 판단 기준이 되고, 그 사람들은 스스로의 판단도 아닌 견해를 스스로의 판단인양 착각하며 이를 아주 강하게 주장하기도 한다. 난맥과 파행의 시작이고, 이런 과정을 통해 사회 문제의 이데올로기화가 진행되기도 한다.

그렇다면 좀 더 구체적으로 초미세먼지, 기후변화, 에너지 대전환, 그린 뉴딜, 탄소중립과 관련해선 어떤 헛소문들이 우리 사회에서 생산되고 또한 유통, 소비되고 있는 것일까? 아마 다음과 같은 것들이 그 뜬소문들 목록 중의 일부가 될 듯싶다.

1. **환경부와 지자체:** 현재 우리나라의 초미세먼지 상황은 계속해서 큰 폭의 실질적인 개선이 이루어지고 있다. 특히 2020년에 들어와선 매우 의미 있는 개선이 진행되고 있는 중인데, 이는 우리나라 정부와 지방자치단체가 함께 실행하고 있는 '계절 관리제'가 아주 효과적인 역할을 담당하고 있기 때문인 것으로 판단된다.

2. **국회 환경·노동위원회:** 우리나라 초미세먼지 문제의 주범은 매우 명확하다. 바로 노후 경유차와 석탄화력발전소가 바로 그 주범들이다. 따라서 경유차를 전기차로, 석탄화력발전소는 재생에너지 또는 원자력 발전으로 전환하게 되면 우리나라 초미세먼지 상황은 급격한 개선을 아주 쉽게 이룰 수 있을 것이다.

3. **언론과 전문가:** 앞서 2020년에 들어와서 우리나라 초미세먼지 농도가 의미 있는 감소를 시작했다고 했지만, 사실 2015년부터 2019년까지 우리나라 초미세먼지 농도 수준은 OECD 36개국 중 최악의 수준에 머물러 있었다.3 매우 창피한 일로써 우리나라 정부와 환경부는 이 부분에 대해 매우 큰 반성과 분발을 해야만 할 것이다.

4. **언론:** 우리나라에서는 다소 괴상한 정치 진영 사고적 경향을 하나 엿볼 수 있다. 보수 진영은 초미세먼지 문제로 주로 중국만을 비난하는 반면, 진보 진영은 후쿠시마 방출수 문제로 일본 비난에만 열을 올린다. 그런데 여기서 초미세먼지 문제와 관련해선 한 가지 반드시 짚어 보고 넘어가야 할 사실이 있다. 2016년 미국 항공우주청(NASA) 연구팀이 한반도 주변 항공 측정 연구를 수행한 후, 우리나라가 초미세먼지 문제를 해결하기 위해서는 국내 초미세먼지 배출 문제를 먼저 해결해야만 한다고 우리나라 정부에게 정책 조언을 했던 일이 있었다는 사실이다.4 세계 최고의 과학-기술 수준을 자랑하는 미국 항공우주청이 이런 정책 조언을 했다면 도대체 더 할

말이 무엇이겠는가? 다시 한번 강조하지만, 우리나라 초미세먼지 문제는 우리나라의 문제이지 다른 나라가 원인이 되고 있지는 않은 것이다. 그래서 이런 일로 다른 나라를 성급하게 비난하는 일도 가급적이면 자제해야만 할 것이라고 본다.

5. **언론:** 초미세먼지의 독성은 공포스러울 정도로 높아, 그 독성이 담배 연기의 독성마저도 능가하는 것으로 알려져 있다.5 이는 해외 과학자들이 보고한 보건–환경 통계 자료로도 이미 입증이 되어 온 사실이기에, 우리가 마땅히 이 부분에 대해 매우 큰 경각심을 가져야만 할 것이다.

6. **환경단체:** 현재 진행되고 있는 지구온난화는 대한민국을 현재 '기후 지옥'으로 만들고 있고, 그 징후들은 지금 서서히 곳곳에서 그 모습을 드러내고 있는 중이다. 열대야 일수가 계속 증가하고, 태풍은 매년 더 강해지고, 더욱 자주 출현하며, 연간 강수량도 폭발적으로 증가하고, 한반도에서 발견되는 말라리아 모기의 숫자도 매년 증가 일로에 있다. 어쩌면 우리는 지금 '기후 지옥'으로 가는 첫 번째 관문을 열어젖히고 있는지도 모를 일이다.

7. **정부와 국회:** 현시점에서 전기차나 수소 전기차는 핵심이 되는 '친환경차'들이다. 따라서 이들 차종의 적극적 보급은 우리나라 초미세먼지 문제 해결뿐만 아니라, 우리나라에서 탄소중립을 실현하는 데 있어서도 관건이 될 것이다. 정부는 무엇보다도 이들 두 차종의 보급과 관련한 산업 생태계 및 인프라 구축에 보다 과감하게 국가 재정을 선제적으로 투입해야만 한다.

8. **국회 및 환경단체:** 유럽, 특히 EU의 거의 모든 나라들은 2050년까지 탄소중립 달성을 목표로 삼고 있고, 일부 EU 국가들은 이미 상당 부분 이 목표 달성에 근접해 있기도 하다. 우리 정부 역시도 탄소

중립 목표 달성을 위해 2030년까지 재생에너지 발전 비율 목표치를 30~40%로 세우고 있다. 하지만 이 30~40%란 사실 여전히 매우 부족한 목표 수치다. 우리나라의 그린 선도국(green leadership) 위상을 고려해서라도 2030년 50~60%까지 보다 도전적이고 과감한 목표 설정이 필요해 보인다. 그리고 이런 목표치 설정이야말로 우리나라가 2050년까지 재생에너지 발전 비율 100%를 달성함에 의해 탄소중립에 완전히 도달하는 대장정에서 매우 중요한 중간 이정표가 될 것이다.

9. **환경단체:** 미국의 대표 지식인인 제레미 리프킨도 지적했듯, 재생에너지원(源)들인 물, 바람, 태양빛은 모두가 공짜다.6 이 공짜인 에너지, 저렴하면서 고갈의 염려도 없는 청정에너지를 사용하지 않고, 원자력이나 화석화력발전 등의 더러운 발전을 통해 에너지를 얻겠다는 것은 도무지 이해가 되지 않는 매우 비경제적, 비윤리적 발상들이다. 원자력 발전도, 화석연료 발전도 미래에는 모두 '좌초산업군'에 포함될 저물어가는 사양 산업들인 것이다.

10. **청와대:** 우리가 신안군 앞바다에 건설하려고 하는 8.2GW급 풍력발전단지는 단일 풍력발전단지 기준으로 세계 최대 규모가 된다. 이 풍력발전단지는 한국형 원전 무려 6기를 대체할 수 있는 엄청난 용량이고, 이는 우리나라에서 에너지 대전환과 탈원전이란 대장정의 시작을 알리는 거대한 진군나팔이 될 것이다.7

11. **언론 및 국회:** 수소(혹은 그린 암모니아) 경제야말로 재생에너지 발전과 더불어 우리나라가 향후 발전시켜 나아가야 할 미래 에너지의 양대 축이다. 동시에 수소는 에너지 저장이란 측면에서도 매우 유리한 물질이고, 초미세먼지와 기후변화 문제 해결, 탄소중립 실현을 위해서도 핵심이 되는 미래 에너지 물질이다. 따라서 정부는 이

들 수소 관련 기술의 개발과 수소경제(그린 암모니아 경제) 인프라 구축에 재정적으로나 국가 R&D 측면에서 더욱 박차를 가해야만 할 것이다.

12. **전문가:** 에너지 전환과 더불어 굴뚝에서 나오는 지구온난화가스인 이산화탄소를 분리해서 격리하는 기술도 마이크로소프트의 빌 게이츠 회장이 지적했듯 매우 유망한 미래 기술이 될 수 있다. 그리고 포획된 이산화탄소는 아주 유용하게 전기연료(e-연료) 등으로 재사용하는 것도 가능할 것이다. 현재 이 분야 과학과 기술은 매우 빠르게 발전하며 진화하고 있다.

현재 우리 사회를 떠도는 그럴듯한 상기한 소문들은 과연 얼마나 맞고 합당한 것들일까? 필자는 이들 소문들에 대해 이렇게 생각한다. 이들 중 일부는 틀린 말은 아니지만, 우리나라 상황에선 맞지 않는 것들도 있고, 일부는 완전히 틀린 말들도 있다. 무엇이 틀렸고, 무엇이 우리나라의 현 상황에 맞지 않는 것들인지에 대해서는, 이 책 전체를 통해 하나씩 설명을 해 나가도록 하겠다.

만약 당신이 헛소문이나 거짓이 아닌 진정한 현실을 보기를 원한다면, 무엇을 해야만 하는가? 먼저 올바른 지식을 찾고 쌓아야 한다. 그리고 이를 바탕으로 부단하게 따지고 묻고, 질문하기를 반복해야만 한다. 이 과정을 통해 당신이 스스로 얻은 해답만이 헛소문이나 거짓이 아닌 진정한 현실의 질서를 당신에게 선사해 줄 수 있을 것이다. 이런 의미에서 우리 모두는 스스로의 이성을 사용하는 판단자, 스스로 판관이 되어야만 한다.

그리고 바로 이런 이유 때문에 우리나라 학교에서도 수업 시간에 질문을 유도하고, 질문하는 교실을 만들자는 캠페인을 벌이고 있는 것이다. 올바른 사고법을 교육시키는 것은 단순한 지식을 주입적으로 전달하는 것보다 훨씬 더 중요하다. 지식과 질문은 곧 한 나라 교육의 질적 수준을 결정한다. 첫 번째 무장인 지식과 두 번째 무장으로서의 이 질문적 사고의 철두철미함이야말로 세상의 온갖 허구와 거짓, 억측과 왜곡을 베어내기 위한 우리의 교육적 무장(武裝)이 되는 것이고, 스스로 판단하는 판관, 판단자를 양성하는 진정한 교육의 토대가 될 것이다.

사고는 구체적이어야 한다

과학적 사고법의 핵심은 따져 보고 꼬치꼬치 캐묻는 질문적 사고에 있다고 했다. 그리고 이런 사고에선 또한 수치, 숫자를 바탕으로 구체적으로 사고하는 습관도 매우 중요하다. 왜 굳이 숫자를 바탕으로 사고해야 하는가? 숫자란 곧 '구체성'의 다른 이름이기도 하기 때문이다. 만약 사고에서 구체성이 사라진다면 어떻게 될까? 사고는 다시 산으로 간다. 구체성이 없는 사고는 사안의 중요성을 과장하기도 하고 축소하기도 한다. 과장이나 축소는 곧 왜곡의 시발점이다. 구체성이 없는 사고는 또한 관념적이 되고 사변이 될 위험성도 내포하고 있다.

앞 장에서 필자는 숫자를 가지고 정의하고, 사고하는 몇 가지 예를 잠깐 선보인 적이 있었다. '작은' 먼지, '보통'인 공기질 등의 '작은'이나 '보통'이란 형용사 표현은 결코 과학적인 언어가 아니라고 했다. 과학은 숫자로 명징하게 정의된 표현을 기본으로 사용해야만 한다. 초미세먼지 인체 유해성에 관한 표현도 마찬가지다. 초미세먼지는 인체에 '매우 유해하다'. 혹은 지구온난화는 우리에게 '아주 위험한' 것이 될 것이다. 이런 표현법도 사실은 상당히 비과학적인 표현법이다. 도대체 얼마나 유해해야 '매우 유해하고', 얼마나 위험할 때 '아주 위험하다고' 표현할 수 있단 말인가? 이런 유해성과 위험성도 반드시 혹은 가급적이면 수치로 표현되어야만 한다. 예를 들어, 초미세먼지가 인체에 유해한 것이라면 1년 기준 10만 명당 몇 명의 초과 사망자를 발생시키고, 이로 인한 추정 경제 손실액은 그래서 어느 정도인지를 명확히 숫자로 밝혀야만 한다. 그리고 이 초미세먼지에 의한 초과 사망자 수는 지구온난화에 의한 초과(추가) 사망자 숫자보다 더 많은가 혹은 더 적은가의 문제도 정확히 조기 사망자라는 희생자의 '숫자'로 제시되어야만 한다. 그래야 이들 이슈의 경중(輕重)을 보다 구체적으로 판단할 수 있지 않겠는가?

일반적으로 훌륭한 과학자들은 모두 '수치병 환자들'이란 말도 있다. 이 말은 과학자들이 수치나 통계-확률로 비교하고 표현하기를 매우 선호하기 때문에 나온 말이다. 다시 한번 강조하지만, 수치는 구체성의 다른 표현이다. 사고는 반드시 구체적이어야만 한다. 질문도 구체적이어야만 한다. 사고가 구체적이지 않을 때 생각은 다시 소문으로 귀의하게 되고, 관념이 되고, 사변이 된다. 가급적 숫자로 사고하고, 구체적으로 사고하는 습관을 갖도록 노력해 보자!

재생에너지 발전은 탄소를 배출하지 않는다. 맞는 말이다. 그런데 우리나라의 재생에너지 총 시장 발전 잠재량은 그래서 도대체 몇 GW나 되는 것일까? 이 잠재량은 우리나라가 2050년까지 재생에너지만으로 탄소중립을 달성하는 데 충분한 발전량이 되는가? 우리나라 초미세먼지 문제에 있어서도 이웃 나라 중국의 영향은 도대체 몇 퍼센트인가? 이 이웃의 영향은 절대적인가? 아닌가? 이 모든 문제가 모두 '수치'로 질문되어야 하고, '수치'로 답변되어야만 한다. 그래야 질문과 답변 모두에서 비로소 구체성이 생겨나게 되는 것이다.

여담 하나: 세상도 원래 불온한 것이다

과학적 사고법의 핵심 중 하나는 '질문하는 정신'이다. 그리고 이 질문하는 정신이란 곧 회의의 정신이자, 비판의 정신, 또는 부정의 정신이기도 하다고 했다. 이런 질문, 회의, 비판, 부정은 하나의 단계에서 더 높은 단계로 도약하기 위한 힘, 도약과 비약의 도구와도 같은 것이다. 과학적 사고에서 이런 도구적 정신은 매우 중요한 기능을 한다. 그런데 이런 도구적 정신이 정치나 사회, 문화 등 소위 인문과 사회의 영역에서는 어떤 역할과 기능을 하는 것일까?

이 대목에서 문득 밀란 쿤데라의 소설 『참을 수 없는 존재의 가벼움』 중 한 대목이 떠오른다. 소설 속 주인공 중 한 명인 사비나라는 화가의 독백인데, 그녀의 독백은 다음과 같다. "전체주의적인 키치 왕국에서 대답은 미리 주어져 있으며, 모든 새로운 질문은 배제된다. 따라서 전제주의 키치의 진정한 적대자는 질문을 던지는 사람인 셈이다. 질문이란 그 이면에 숨은 것을 볼 수 있도록 무대장치의 화폭을 찢는 칼과도 같은 것이다."8 여기서 '키치(kitsch)'란 단어는 '그럴듯하게 꾸며진 허위나 허상', '아름답게 꾸며진 거짓', 따라서 '알고 보면 싸구려인 허풍' 정도의 의미로 필자가 이해하는 단어다. 위의 독백은 소설 속 주인공 사비나의 말이지만, 필경은 밀란 쿤데라의 독백이라고 보는 것이 타당할 것이다. 이 독백 속에서 밀란 쿤데라는 당시 프라하의 봄이 좌절된 이후, 체코와 소련의 정부가 행하는 그럴듯한 정치 선전, 정치적 광고들, 그 키치들 속의 진실을 똑바로 보기 위해선 날카로운 칼과도 같은 '질문'이 필요하다고 생각했던 듯하다. 질문이란 바로 키치의 이면을 보기 위한 (화폭을 찢는) 칼, 바로 양날의 검과도 같은 것이다. 질문의 역할이란 그것이 과학이든, 문화든, 정치적인 분야든 결코 다른 것은 아닌 듯하다.

우리나라에도 필자가 매우 좋아하는 시인이 한 명 있다. 4·19 혁명의 시인이라고 불리는 김수영 씨인데, 그가 했던 말도 이 대목에서 생각이 난다. "모든 건전한 문화란 원래 불온함을 늘 그 안에 포함하고 있다."[9] 이 말에서 '불온함'이란 단어를 필자는 '질문', '의문'이라고 번역해서 이해한다. 어쩌면 과학뿐만이 아니라 우리의 사회나 시대도 이 부정(질문)의 정신, 그 불온함을 통해서 끊임없이 발전하고, 역설적으로 계속해서 진보해 나가고 있는 것은 혹 아닐까?

김수영 시인이 했던 또 다른 말도 문득 떠오른다. "신문만 보는 사람의 머릿속에선 도대체 무엇이 나올까?"[9] 이 말을 요즘의 2020년대식으로 바꾸어 표현해 보면, '유튜브만 보는 사람의 머릿속에서 과연 무엇이 나올 수 있을까?'쯤으로 해석할 수도 있을 것이다. 신문(유튜브)만 보는 행위는 신문(혹은 유튜브)이 전달하려는 '소문', 그 키치만을 수동적으로 받아들이려는 태도를 지칭하는 말일 것이다. 중요한 것은, 보수적이든 혹은 진보적이든 신문-유튜브의 기사나 주장을 읽고, 그 키치를 곧바로 신뢰하는 것이 아니라, 핵심 사안에 관련된 지식을 능동적으로 찾아 학습하고, 그 신문과 유튜브의 키치에 의심을 품고, 칼과도 같은 질문적 사고를 해야만 한다는 것이다. 이 신문이 혹은 유튜브가 전달하려는 또는 해석하려는 내용은 진실한 것인가? 이 신문-유튜브 해석 이면에서 작동하고 있는 것은 어떤 정치적(사회적) 욕망, 어떤 정치적(사회적) 음모일까? 그리고 이 욕망과 음모는 과연 도덕적으로 올바른 것인가? 올바르거나 타당한 것이 아니라면 그 욕망이나 음모를 극복하기 위해서, 나는 그리고 우리는(우리 시민 사회는) 무엇을 해야만 하는가? 이런 키치에 대한 치열한 질문이 사회에서는 곧 불온함을 낳는다. 치열한 부정, 질문, 불온함, 비판, 이성적이고 과학적인 성찰. 이런 것들은 궁극적으로 우리 사회가 그 불온함을 관통해서 보다 긍정적이고 건강한 사회로 도약하기 위해 우리 시민 모두가 가져야 할 핵심적 키워드, 필수의 덕목일 수도 있을 것 같다는 생각도 든다.

결론으로 돌아가 보자. 질문! 질문이야말로 곧 생각하는 이성의 상징과도 같은 것이다. 이 질문은 오감이 전달하는 현상, 그리고 그 현상에 대한 소문만을 수동적–피동적으로 받아들이려는 태도가 아니라, 보다 능동적으로 그 이면에 존재하는 진실과 질서를 스스로 판단케 하는 자세를 위한 유일한 기제가 된다. 우리는 바로 이 질문을 통해 우리의 지식을 확장시킬 수도 있고, 그 확장된 지식을 바탕으로 또한 올바른 정책을 수립하고, 올바른 사회로 나아갈 수 있는 사회적 지혜의 토대도 마련할 수 있는 것이다.

생각 더 하기 3 지구온난화, 한 번쯤은 질문하며 '불온하게' 생각해 보기

본인에게 혹은 어떤 주체에게 일방적으로 좋고 유리한 선택만을 지속적으로 하는 행위를 영어로 '체리피킹(cherry picking)'이라고 한다. 한 예로 미국 대통령 도널드 트럼프의 이민 정책에서, 캐러밴(caravan)이라고 불리는 가난한 중남미 이민자들에게는 이민을 불허하고, 돈 많은 사업가나 의사, 엔지니어들에게만 선별적으로 이민 허가를 내주는 행위를 CNN 방송이 도널드 트럼프 행정부의 '체리피킹' 이민자 정책이라고 부른 적이 있었다. 사실 굳이 이런 트럼프의 예를 들지 않고 우리나라 정치판을 살펴봐도, 자신의 정치적 주장에 유리한 증거나 진술만을 선택적으로 받아들이며, 자신의 정치적 고집에만 집착하는 경우를 아주 쉽게 목격할 수 있다. 경제 정책에서도 객관적인 통계 자료가 아니라 본인의 주장에 유리한 통계 자료만을 선택적으로 수집해서 본인 주장의 근거로 삼는 일도 비일비재하다. 이렇듯 입맛에 맞는 통계 자료, 입맛에 맞는 진술, 입맛에 맞는 사례만을 수집해서 자신의 주장에 활용하는 행위가 모두 체리피킹 행위가 되고, 이런 체리피킹 행위는 우리가 강조해 온 바, 질문을 게을리함으로부터 생기는 매우 반과학적이고 비이성적인 사고 행위의 전형이 된다.

정치뿐만 아니라 과학의 분야에서도 자기주장에 유리한 증거나 예시만을 아주 고집스럽게 수집하는 행위를 자주 볼 수 있는데, 이것도 체리피킹적 습성이며 사고가 된다. 이 체리피킹적 사고는 늘 우리 사고의 기저에 자리 잡고 있는 고질적·관성적 사고 습관이기도 하다. 그리고 이 사고의 관성에 의문을 품고 질문하는 행위를 필자는 '비판적 사고'라고 부르고 싶다고 본문 2장에서 반복해서 이야기를 했다.

그렇다면 이런 반(反)체리피킹적 사고를 지구온난화라는 거대 담론에도 한번 적용해 보면 어떨까? 지구온난화란 우리가 늘 말해 오는 것처럼 정말로 계속적이고 지속적으로 나쁘고 사악한 결과만을 양산하는 악마나 괴물 같은 것일까? 북극과 남극의 빙상(ice sheet)이 녹아내리고, 그래서 해수면은 상승하고, 북극곰은 삶의 터전을 상실하고, 태풍은 매년 강도와 빈도가 증가하고, 말라리아 발생 지역은 점차 북반구의 북쪽으로 확대되고…. 마치 암울한 지구온난화의 디스토피아(dystopia)가 목전에서 전개되고 있는 듯도 해 보인다. 물론 이 모든 말들이 틀린 말은 아니겠지만, 지구온난화 문제도 한 번쯤은 체리피킹적 사고가 아닌 보다 종합적이고 중립적인 자세로 곰곰이 생각을 정리해 볼 필요도 있을 듯싶다.

먼저 우리나라 입장에서 한번 생각을 해 보자. 우리나라에서 연평균 기온이 2°C 정도가 상승한다면, 이 기온 상승은 과연 우리나라 국민의 생존에 엄청나게 큰 파국적 위협을 가져오는 것이 될까? 누구는 그렇다고 할 것 같고, 누구는 아니라고 생각할 수도 있을 것이다. 일반적으로 사람들은 열에 대한 스트레스(heat stress)보다는 추위에 대한 스트레스에 훨씬 더 예민하게 반응한다. 평균 기온 2°C 상승보다 평균 기온 2°C 하강에 더 많은 사람들이 사망할 수도 있고, 지병이 악화될 수도 있다는 이야기다. 개인의 건강이나 삶의 질이란 측면에서는 2°C 상승이 2°C 하강보단 오히려 유리한 측면도 많아 보인다.

간단한 예로 서울의 연평균 기온이 제주도의 기온이 된다면, 이런 일은 특히나 나이가 많은 어르신들에겐 오히려 생활과 건강이란 측면에선 나쁜 면보단 유리한 측면이 더 많을 것이다. 영토가 넓어 거주지 선택이 자유로운 미국 같은 나라에서는 은퇴자나 나이가 든 경제적으로 여유 있는 직장인들이 뉴잉글랜드나 미네소타, 위스콘신 같은 추운 지방에서 플로리다나 애리조나, 캘리포니아, 하와이주 같은 따뜻한 지역으로 이주를 하곤 한다. 필자 주변의 미국 대학교수들도 나이가 들면 플로리다, 애리조나, 캘리포니아, 하와이, 텍사스 같은 지역의 대학으로 이직을 하곤 하는데, 개인적으로 그 이유를 물어보면, 인생의 마지막 1/3은 추운 지역이 아닌 따뜻한 지역에서 보내고 싶다는 이야기를 자주 하곤 한다. 그래서 플로리다, 애리조나 등 미국의 남쪽 주들에는 의외로 장년 및 노년 인구가 많고, 그것이 이유였는지는 몰라도 2020년 미국 대선에서 이들 지역의 정치 색깔도 꽤 보수적이었던 것으로 기억된다.

일반적으로 기온이 1°C 상승하면 공기 중 습도는 7% 정도 증가를 하게 된다. 온도가 올라가면 당연히 더 많은 양의 물이 증발하기 때문이다. 습도가 7% 증가하면 이는 구름 생성에 영향을 주게 되고, 더 많은 비가 내리게 되는 요인이 된다. 습도의 증가에 의해 더 많이 생성된 구름은 태양빛을 더 많이 우주로 반사(산란)해서 지구온난화를 역행하기도 한다고 1장에서 이야기를 했고, 이를 구름에 의한 '지구냉각(global cooling)' 효과라고 부른다고 했다. 구름이 발생시키는 이 지구냉각 효과는 분명한 사실이지만, 이 부분에 대한 정량적인 계산에는 아직 불확실성도 많다. 사실 우리가 사용하는 기상모델과 기후모델에서도 가장 불확실한 부분 중 하나가 바로 이 구름의 생성과 강수 부분이다.

이 구름의 생성 과정과 구름의 크기, 구름이 뭉쳐서 생기는 강수 그리고 강수의 양 등은 이 책 전체의 주제이기도 한 (초)미세먼지와도 매우 밀접하게 연관되어 있는 주제라고 했다. (초)미세먼지가 구름 형성의 씨앗으로 작용하기 때문이다. 하지만 이 (초)미세먼지 - 온도 - 습도 - 구름 - 강수의 연관이란 주제는 매우 복합적이고 복잡한 연구 영역으로, 비선형 복잡계(non-linear complexity) 문제를 형성한다.10 우리가 알고 있는 또 다른 대표적인 비선형 복잡계 시스템으로는 경제 시스템도 있다.[11] 이런 비선형 복잡계에선 내부 인자들의 상호작용이 너무나도 복잡해 예측이 쉽지 않고, 작은 단초의 미세한 변화가 아주 큰 변화를 야기하기도 한다. 그래서 세계 경제 시스템이나 초미세먼지-온도-습도-구름-강수로 이어지는 기상 - 기후 시스템은 예측이 매우 어렵다. 그리고 동일한 이유로 우리나라 기상 예보에서도 강수 예측이 잘 맞지 않아 기상청이 자주 시민 사회와 언론의 비판을 받기도 한다. 그런데 우리는 사실 이렇게 잘 맞지도 않는 기후 모델의 결과에 기초해서 파리기후협약을 비준하고, 또한 탄소중립을 추진하고 있기도 한 셈이다.

어쨌든 공기 중 습도의 증가는 강수의 증가로 이어진다. 전 세계적으로 보면 지중해 인근 지역 같은 곳에선 가뭄이 더욱 심해질 것으로 예상되지만, 우리나라를 포함한 동아시아에선 미래에 강수량이 증가할 것으로 예측된다. 기상청 계산에 의하면, 남한의 연평균 강수량은 2010년 기준 1,307mm에서 21세기 후반이 되면 1,480mm 정도까지 증가할 것으로 예상하고 있다.[12] 기온과 마찬가지로 강수량의 증가란 것도 곰곰이 생각을 해 보면, 강수량이 감소해서 물 부족 사태를 겪는 경우보단 당연히 상황이 훨씬 좋아 보인다. 강수의 증가란 집중 호우나 태풍과 같은 사태만 아니라면, 사실 쌀을 주식으로 삼고, 벼농사가 주요 산업인 우리나라에 굳이 나쁠 것은 없어 보인다. 우리가 가끔 너무 쉽게 잊고 살지만, 벼는 '습지(늪)식물'이다! 동시에 우리나라는 물 부족 지수(water stress index)에서도 늘 상위권에 위치해 있는 물 부족 국가란 사실도 잊어서는 안 될 것 같다.

물론 기온의 상승과 습도의 상승은 불쾌한 열대야와 폭염 일수를 증가시킬 것이다. 하지만 반대로 혹한 일수는 크게 줄어들 것으로 예상된다.[13] 나쁜 일(열대야 증가)이 증가한다면, 반대로 좋은 일(혹한 일수 감소) 또한 생기는 법이다.

지구온난화에 따른 공기 중 습도의 상승과 강수의 증가는 많은 언론들이 떠드는 것과는 반대로 남극 빙상(Antarctic ice sheet)의 크기를 오히려 일정 부분 증가시켜 왔다. 이 말은 많은 분들에겐 상식에 반하는 엉뚱한 이야기로 들릴 수도 있을 것이다. 지구 온도가 올라가면 당연히 남극 빙상의 얼음이 녹아야 맞는 말일 것 같지만, 남극은 기온이 너무 낮아 지구 기온의 전반적 상승에도 불구하고 빙상이 녹을 만큼의 온도(녹는점)까지 평균 온도가 아직 상승하진 않았다. 반면 남극에 내리는 강수(눈)는 지구온난화로 인해 증가해 왔고, 증가한 강수가 더 많은 얼음을 만들어 남극 빙상은 그 크기가 오히려 조금씩이지만 증가하고 있는 듯 보인다. 물론 북극의 그린란드 빙상(Greenland ice sheet)은 빠른 속도로 녹고 있는 것이 맞다.

하루는 필자의 딸이 매우 불안한 표정을 지으며 앉아 있길래, 무슨 근심이 있느냐고 짐짓 물어보니, 잠을 자다가 꿈에 북극과 남극의 빙상들이 폭포처럼 녹아내려, 전 세계가 홍수로 물에 잠기는 꿈을 꿨다고 투덜댔다. 아마도 많은 분들이 이런 불안 혹은 공포심을 갖고 있을 것으로 안다. 이런 일은 지금으로부터 만 이천 년에서 8천 년 전쯤 지구에서 실제로 일어난 적이 있었다. 마지막 빙하기가 끝날 무렵 북아메리카 대륙 위에 2~3km 두께로 지금의 캐나다와 미국의 북부 주들을 뒤덮고 있었던 거대 빙상들(로렌타이드 빙상과 코디렐라 빙상이라고 부른다)과 북유럽과 북부 러시아를 덮고 있었던 또 다른 거대 빙상들(페노스칸디아 빙상과 바렌츠-카라 빙상이라고 부른다)이 녹으면서 마치 커다란 홍수가 난 것 같이 거대한 물결이 호수 수면을 높이고 바다를 넓히며, 많은 대지가 갑자기 바다와 호수 밑으로 잠겨 버리는 사건이 발생했었다.[14] 이 사건은 성경에서는 노아의 방주 사건으로, 혹은 메소포타미아 지방에서는 길가메시스 설화로 전해져 내려오고 있다. 하지만 이 이야기 속의 과장된 서사와는 달리 이 거대한 빙상들은 지구 온도가 상승했다고 순식간에 모두 녹아내린 것은 아니었다. 빙상들이 상승하는 기온에 모두 녹아 해수면을 상승시키는 데는 최소 천 년 이상의 시간이 필요했고, 이는 과학적으로 증명이 된 사실이기도 하다. 앞서 언급한 북미와 북유럽의 거대 빙상들은 빙하기의 종료와 간빙기의 시작점에서 모두 녹아 사라졌지만, 그린란드 빙상과 남극 빙상만은 간빙기 만 이천 년 이상의 기간 중에도 꿋꿋이 살아남아 오늘에까지 이르고 있는 것이다.

만약 그린란드 빙상과 남극 빙상마저 모두 녹아내린다면 해수면에는 어떤 변화가 일어날까? 해수면은 지금보다 대략 '60m' 정도 더 상승하게 될 것으로 예상된다. 만약 이 일이 빠르고 순식간에 벌어지게 된다면 세상은 아마도 아수라의 지옥으로 변해 버리고 말 것이다. 하지만 이런 일들이 완전히 진행되는 데는 아마도 수백 년에서 천년 이상의 시간이 필요할 것이다. 이는 과거 북미와 북유럽의 빙상들이 녹아내렸던 과학적 증거들로부터도 추정이 가능하다. 그리고 이 수백 년 혹은 천여 년 이상의 긴 기간 동안 아마도 우리 똑똑한 사피엔스 인류는 분명히 지구온난화 위기의 해결책과 적응 대책을 발견해 낼 수 있을 것이라고 필자는 확신한다.

필자가 여기서 하고 싶은 이야기는 지구온난화와 더불어 그린란드 빙상과 남극 빙상의 일부가 비록 녹아내리기는 하겠지만, 그렇다고 엄청난 양의 빙상이 재앙처럼 녹아 해수면이 현저히 상승하는 일이 금세기 내에 발생할 것 같지는 않다는 점이다. 괴담 같은 소문이나 소설('허구'라고 2장에서 이야기를 했었다)보다는 차분히 현실을 인식하고 해결책을 찾아 나선다면 문제를 올바로 해결할 수가 있다. 필자는 여기서 바로 이 말을 하고 싶었다.

지구온난화에 관해 질문적 사고를 해 봐야 할 지점은 많아 보이지만, 마지막 논제로 기후변화와 미생물의 활동성 문제도 한번 살펴보자. 지구 기온이 상승하면 말라리아 등의 질병 발생 지역이 확대되는 것은 어쩌면 당연해 보인다. 말라리아는 모기 매개 질병이고, 모기 서식지는 기온 상승에 따라 확장되는 경향이 있기 때문이다. 하지만 이번 코로나19 사태에서도 목격했듯, 기온의 상승은 바이러스의 활동력과는 오히려 역상관 관계가 있다. 즉 온도가 올라갈수록 바이러스의 활동성과 전파 속도는 현저히 감소한다는 이야기다. 일반론은 이렇다. 기온이 올라가고, 그래서 습해지면 박테리아의 활동이 증가하고, 기온이 낮고 건조해지면 바이러스의 활동이 증가한다. 우리나라에서 독감 바이러스가 기승을 부리는 것도 추운 겨울이고, 조류독감(이 역시도 바이러스가 원인이다)으로 가금류를 키우시는 분들이 살처분의 고통을 겪는 것도 모두 추운 겨울이다. 반면, 여름에는 식중독균과 같은 박테리아의 활동이나, 말라리아, 뇌염, 웨스트나일(West Nile) 바이러스 등 곤충 매개의 질병들이 증가한다. 그리고 이런 상관관계가 어쩌면 2020년 코로나19 방역 모범국 중 뉴질랜드를 제외한 대만, 베트남, 태국 등이 모두 열대 또는 아열대 지역에 위치한 것과도 모종의 연관성이 있는 듯도 싶다.

그런데 도대체 당신은 여기서 지금 무슨 말을 하고 싶은 것인가? 필자가 진정으로 하고 싶은 말! 기후변화를 포함한 모든 현상의 이면에는 늘 양과 음이, 밝은 면과 부정적인 면이 공존한다. 우리가 믿는 혹은 믿고 싶어 하는 바만을 좇아 체리피킹하는 사고, 한쪽 면만을 바라보는 사고는 하지 말도록 하자. 이 말을 여기서 하고 싶었다. 차분히 현상을 응시하고, 이성적으로 진단하고, 침착하게 판단하고, 그 판단이 확실히 내려진 후엔 단호하고 담대하게 행동하면 문제를 올바로 해결할 수가 있다. 이 말이 다소 긴 이 '생각 더 하기 3'에서 필자가 진정으로 하고 싶었던 말이다.

지구의 기후변화에 대해 하고 싶은 말은 매우 많지만, 마지막으로 이 말 하나만을 더 덧붙이자! 지금은 우리가 지구온난화로 많은 걱정을 하며 살지만, 사실 지구의 길고 긴 역사에서 보면, 믿기 어렵게도 우리는 캄브리아기 이래 5.6억 년의 시기 중 가장 추운 시기 하나를 현재 살고 있다. 지금으로부터 대략 3억 년 전 인류가 '석탄기'라고 명명한 시절과, 4억 5천만 년 전쯤 오르도비스기라고 불리는 시절의 말기, 그리고 지질학자들이 신생대 제4기 홀로세라고 명명한 현재는 지구의 지난 5~6억 년 역사 중 가장 추운 시기들에 해당된다. 그리고 석탄기와 신생대 제4기 홀로세(현재)는 지구의 전체 역사에서 이산화탄소 농도마저도 가장 낮은 시절들이기도 하다.15 그런데 우리는 지금 이 춥고 이산화탄소 농도도 낮은 홀로세에서 상승하는 이산화탄소 농도와 상승하는 기온을 걱정하고 있으니, 이런 상황도 역설적이라면 아주 역설적이라고 이야기할 수도 있을 듯싶다.

참고로 공룡들이 번성했던 대략 1억 년 전 백악기 시절의 이산화탄소 농도는 현재 지구 이산화탄소 농도(대략 400ppm)보다 무려 10배가 높은 3,900ppm이었다. 그래서 당시 지구의 평균 온도도 매우 높았었다. 백악기 당시 지구의 평균 기온이 22°C였으니, 지금보다 평균 7~8°C 정도나 더 높았던 셈이고, 그래서 당시의 한반도는 지금의 플로리다반도보다도 더 덥고 습한 땅이었을 것 같다.16 또한, 태풍이 발생하게 되는 바닷물의 임계 온도가 대략 26.5°C인데, 당시에는 이 임계 바닷물 온도보다 온도가 높은 바닷물 지역이 지금보다 훨씬 넓었을 것이다. 그래서 지구의 많은 지역에서 태풍은 아주 일상적인 일이었고, 강도도 더욱 강했을 것으로 추측된다. 가끔 우리는 타임머신을 타고 공룡시대로 시간 여행을 가는 꿈을 꾸는데, 만약 우리가 이 여행을 정말로 실행할 수만 있다면, 우리는 여러 종류의 공룡들을 구경하는 기쁨과 더불어 아마 매우 강력한 태풍들이 만드는 '태풍의 지옥'도 동시에 경험할 수 있을 것이다.16

2부

초미세먼지의 과학,
초미세먼지 정책

3장

초미세먼지의 현황.
이해를 위한 한 방법

망원경을 거꾸로 보지 마라!
Do not put the telescope backward!
– 영미권 속담

"망원경을 거꾸로 보지 마라!(Do not put the telescope backward!)" 망원경을 거꾸로 보면 사물은 항상 실제보다 더 작게 보인다. 그래서 이 영미권 속담은 과거에 일어난 일들에 비해 현재 벌어지고 있는 일들의 중요성을 너무 과대평가하는 생각의 경향을 지적하고자 할 때 주로 사용되어 왔다. 어떤 사회적 현상을 이성적이고 과학적으로 성찰하기 위해서는 당연히 객관적인 지표와 좌표 위에서 그 현상을 평가하는 작업이 필요하다. 우리나라 (초)미세먼지 문제의 역사도 이와 비슷하다. 시민들은 (초)미세먼지 문제가 과거에 비해 심해지고 있다고 불평을 하기도 한다. 과연 이 말은 사실일까? 한 예(例)로부터 이 장을 시작해 보기로 하자.

88올림픽

우리들 기억의 태엽을 한번 1988년도로 감아 보자. 1988년의 한 해 전인 1987년에는 6·10 항쟁이 있었고, 그 결과 대통령 직선제가 쟁취되었다. 동시에 경제는 3저 호황 때문에 폭발적으로 성장했던 시절. 그리고 민주화와 경제적 호황의 정점이었던 1988년은 서울 올림픽이 개최되었던 해로 필자의 기억 속에 남아 있다. 1988년 당시 미국의 NBC 방송사는 서울 올림픽의 미국 내 중계권을 국제올림픽위원회로부터 구입했다. 그 후 NBC의 서울 올림픽 보도와 관련한 일련의 사건 혹은 해프닝이 벌어졌던 것을 필자는 기억한다. 필자는 그 당시 대학원생이었다.

먼저 올림픽 전후로 우리나라에서 처음 실시되었던 섬머 타임제(daylight saving system)가 미국 방송 황금 시간대에 올림픽 경기의 메인 이벤트를 맞춰주기 위한, 당시 한국 정부의 편법이었다는 논란이 있었고, 이어 미국 NBC 방송사의 '편파 왜곡 보도' 문제로도 당시 대한민국은 꽤나 시끄러웠다. NBC 방송사의 기자들이 서울을 취재하면서 서울의 교통 시스템이 어수선하고, 공기질도 매우 나쁘다는 취지의 방송을 한 것이 발단이었던 것으로 기억한다. 이런 NBC의 보도는 88올림픽의 성공적 개최를 열망했고, 올림픽 개최에 매우 큰 자부심을 갖고 있었던 한국 국민의 자존심을 자극했고, 그 결과로 엉뚱한 일들이 벌어졌었다. 잠실 체육관에서 미국과 소련(당시는 소련 연방이 해체되기 전이었다)의 농구 시합이 벌어졌는데, 압도적으로 한국인이 다수였던 관중들이 동맹국인 미국, 'USA'가 아닌 냉전 시대의 적성국 소련을 응원하며 'USSR'을 연호했던 웃지 못할 장면이 연출됐던 것이다.

그렇다면 NBC 방송사가 보도했던 1988년 당시 우리나라의 공기질은 과연 어느 정도였는지를 미세먼지 농도를 기준으로 한번 냉정하게 재평가를 해보도록 하자. 당시 올림픽 전 몇 주 동안 미세먼지 농도, 즉 PM_{10}

의 최고값이 $200\sim400\mu g/m^3$까지 올라 간 일이 있었던 것으로 알고 있다. 그런데 당시 미국인들이 평소에 익숙했던 PM_{10}은 $20\sim30\mu g/m^3$ 정도쯤이었을 것이다. 그렇다면 그 당시 서울의 PM_{10} 피크값 $200\sim400\mu g/m^3$는 미국인들이 평소 익숙하던 농도의 무려 10배가 넘는 농도였을 것으로 짐작된다. 예를 들어 필자는 2017년쯤 실험실 학생들에게 중국 베이징에서 개최되는 학술대회에 가서 발표도 하고, 연구자로서 PM_{10} $200\sim300\mu g/m^3$가 어떤 느낌인지도 한번 체험도 해 보고 오라는 제안을 한다. 그러면 베이징을 방문하고 돌아 온 학생들은 모두들 베이징에서 숨이 턱턱 막히는 체험을 했다고 불평들을 늘어놓곤 했다.

근래 와서 우리나라 연평균 PM_{10}은 2018년 기준으로 대략 $42\mu g/m^3$ 정도로까지 감소했다. 자 그럼 우리도 88년도로 돌아가서 PM_{10} $200\sim400\mu g/m^3$를 접했다고 생각을 해 보자. 아마도 북경에서 돌아 온 필자 실험실의 학생들 그 이상으로 숨이 턱턱 막힌다고 불평들을 늘어놓을 듯도 싶다. 당연히 당시 미국 방송진 눈에도 $200\sim400\mu g/m^3$ 수준의 미세먼지 농도는 그들 인생에서 평생 한 번도 접해보지 못했던 수준의 농도였을 것이다. 당시 우리나라 정부도 이런 문제점들을 인식해서, 요새 중국 정부가 양회(兩會)나 APEC 같은 큰 정치-외교 행사를 주최할 때 쓰는 주요 방식과 유사하게 차량 2부제 실시, 대형 화물차 서울 진입 금지, 수도권 오염 시설 가동 중단 등의 특단의 조치를 취했던 것으로 기억한다.

우리의 주관적 느낌과는 달리 옛 시절 우리나라의 공기질, 미세먼지 농도는 지금보다 훨씬 더 심각한 것이었다. 하지만 그 심각성을 그 당시 우리나라 국민들은 크게 인식하지를 못했었다. 경제 성장이 우선 중요하고, 먹고사는 문제가 우선이라는 생각 때문이었을 것이다. 망원경을 거꾸로 보지는 말자. 이 점을 한번 이 장에서 지적해 보고 싶었고, 이 88올림픽 시절의 공기질에 관한 이야기는 보다 자세한 측정 '수치들'을 바탕으로 다음 절에서 한번 더 자세한 논의를 해 보도록 하겠다.

(초)미세먼지 농도는 감소하고 있는 것이 맞다

현재 우리나라 (초)미세먼지 농도는 감소하고 있는 것이 맞다. 미세먼지 농도인 PM_{10}을 측정하기 시작한 1995년 이후로 PM_{10} 수치는 계속해서 줄어 왔고, 초미세먼지 농도($PM_{2.5}$) 역시도 측정을 시작한 이후로 그 농도가 계속해서 줄고 있는 추세인 것만은 분명해 보인다. 그림 3.1은 대한민국과 서울에서 PM_{10}과 $PM_{2.5}$가 지난 25년 동안 변화해 온 추이를 보여주고 있다.[1] 예를 들어 1995년경 서울의 연평균 PM_{10}은 $80\mu g/m^3$ 정도였지만, 2018년에는 $46\mu g/m^3$ 정도까지 그 농도가 확연히 줄었음을 볼 수가 있고, 서울 지역의 연평균 $PM_{2.5}$ 역시도 2000년 무렵 $40\mu g/m^3$에서 2018년 $23\mu g/m^3$ 정도로까지 꽤 크게 감소했다는 사실도 확인할 수 있을 것이다. 참고로 $PM_{2.5}$를 서울뿐만 아니라 전국적으로 측정하기 시작한 것은 앞에서도 언급했던 바처럼 2015년부터였다.

망원경을 거꾸로 보지는 말자. (초)미세먼지 농도가 줄고 있다는 것은 명백한 사실이고, 몇몇 매스컴에서 2016년쯤 호들갑을 떨었던, '미세먼지가 과거에 비해 더욱 심각해지고 있다'는 괴담은 사실이 아니다. 사실 이런 괴담 수준의 보도가 나왔던 이유도 그림 3.1이 보여주고 있는 바처럼 2012년에 서울과 전국의 PM_{10}이 다소 낮게 측정되었었기 때문에, 2012년 이후부터 2016년까지 PM_{10}이 마치 증가하고 있는 것 같아 보이는 착시 현상이 발생했기 때문이었다. 하지만 2012년의 낮은 PM_{10}은 그해 2012년도의 매우 특별했던 기상(氣象) 현상 때문이었음이 추후 우리나라 과학자들에 의해 밝혀졌다.[2] 즉, 2012년도 우리나라의 바람 속도는 다른 해보다 이상하게 더 빨랐었고, 이 빠른 바람 속도 때문에 미세먼지들이 더 빨리 확산되어 미세먼지 농도가 빠르게 희석되는 현상이 전국적으로 발생했었다. 만약 독자들이 그림 3.1의 2012년도 PM_{10} 농도점을 손가락으로 가리고 그래프를 보게 되면, 전반적으로 보다 확연한 최근의 PM_{10} 감소 추세를 확인할 수 있을 것이다.

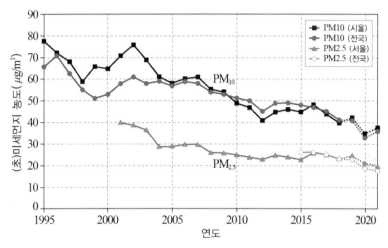

그림 3.1 우리나라의 미세먼지와 초미세먼지 농도(PM_{10}과 $PM_{2.5}$)의 연도별 변동 상황 (광주과학기술원 AIR 실험실 작성)

(초)미세먼지 농도가 계속적인 감소 추세에 있다면, 이는 바람직한 현상이 되겠지만, 그럼에도 그림 3.1과 같은 그래프에서도 그냥 훑어보고 지나치지 말고, 질문해야 할 것이 있다면 꼼꼼하게 질문을 해 봐야만 한다고 필자가 2장에서 강조를 했었다. 그림 3.1에도 우리가 치밀하게 살펴봐야만 할 두세 개 정도의 특이 사항들이 존재한다. 그 첫 번째가 전국과 서울에서 PM_{10}은 2010년 이후로 2019년까지 10년간 확연한 감소 추세를 보인 반면, $PM_{2.5}$는 유사한 감소 추세의 관찰이 다소 어렵다는 점이다. 서울에서 $PM_{2.5}$수치의 연도별 변화를 한번 살펴보면, 농도들이 2010

년부터 2019년까지 10년간 $23\mu g/m^3$에서 $26\mu g/m^3$ 사이를 오르락내리락 하기만 할 뿐, 어떤 확실한 감소 추세를 보여주지는 않고 있다. 반면에 서울에서의 PM_{10} 수치는 특히 2016년 $48\mu g/m^3$에서 2018년 $41\mu g/m^3$까지 확실한 감소를 보여준다. '서울에서 PM_{10}은 확실히 감소한 듯한데, $PM_{2.5}$는 감소를 하지 않았다.' 이 말은 앞서 우리가 1장에서 학습했던 바에 비추어 생각해 보면, 서울에서는 조대입자, 즉 큰 입자들을 중심으로 그 수치가 줄어왔음을 의미한다. 하지만 문제는 이 조대입자들의 인체 유해성은 그리 크지 않다는 데에 있다.

서울에서는 왜 조대입자의 농도만 2019년까지 감소되어 온 것일까? 짐작건대, 이는 2015년 이후 서울시가 실시하고 있는 도로 미세먼지 흡입 차량과 살수차 운영 등 일련의 조치들과 관련이 있어 보인다. 도로 미세먼지 흡입 차량이나 살수차가 제거하는 입자들이 주로 도로 주변의 조대입자들이기 때문이다. 만약 이 추측이 사실이라면, 서울시는 별로 인체 유해성이 높지도 않은 조대 먼지를 제거하기 위해 꽤 많은 시의 예산을 미세먼지 흡입 차량과 살수차에 투입해 오고 있다는 이야기도 성립할 수 있을 듯싶다.

두 번째로 우리가 주목해야만 할 특이 사항은, 전국과 서울에서 $PM_{2.5}$와 PM_{10} 수치가 2020년을 기점으로 아주 급격한 감소를 보여주고 있다는 점이다. 예를 들어 우리나라의 PM_{10}는 2019년 $41\mu g/m^3$에서 2020년 33$\mu g/m^3$로, $PM_{2.5}$는 2019년 $23\mu g/m^3$에서 2020년 $19\mu g/m^3$, 2021년 $18\mu g/m^3$로 대략 17~22%나 감소를 했다. 이는 또 무슨 이유 때문일까? 필자는 이 이유를 2020년부터 시작된 코로나19 팬데믹의 영향 때문이라고 해석한다. 2020년부터 우리나라와 중국에서 본격적으로 시작된 코로나19 팬데믹은 우리나라와 중국의 경제 활동에 엄청난 타격을 주었고, 이 타격으로 경제 활동과 에너지 소비량은 매우 큰 폭으로 감소하였다. 그리고 이 경제 활동의 감소란 결국 화석연료 경제에선 대기오염물질과 지구온난화가스의 배출 축소를 의미하는 것이었다.

이 책의 후반부인 9장과 10장에서 좀 더 자세한 논의를 진행해 보겠지만, 실제로 경제 활동도의 주요 지표 중 하나인 우리나라의 환산이산화탄소(CO_2eq) 배출량도 2020년 6.57억 톤으로, 2018년 7.27억 톤 피크 배출량 대비 10% 정도나 줄어들었다.[3] 이런 경제 위축 상황은 우리나라뿐만이 아니고 중국에서도 발생을 했다. 실제로 중국에서도 코로나19 팬데믹에 의한 축소된 경제 활동의 영향으로 초미세먼지 농도가 2020년 28% 정도 감소했다는 보고도 있어 왔다.[4] 우리나라 초미세먼지 문제에 있어 중국의 영향은 아주 크다(이 점에 대해선 이 책의 4장에서 좀 더 자세히 논의하겠다). 따라서 우리나라의 초미세먼지 농도는 이 중국 경제 활동 축소와 우리나라 경제 활동 축소란 이중의 영향으로 2016년 $26\mu g/m^3$에서 2021년 $18\mu g/m^3$로 31%가 감소한 것이 되고, 이 추세는 2021년에 이어 2022년까지도 계속되었다.

하지만 이런 초미세먼지 농도의 갑작스러운 감소에 대해선 또 다른 해석도 들려온다. 주로 환경부 정책 당국자나 지자체 관계자들이 하는 이야기로, 2020년 초미세먼지 농도 $19\mu g/m^3$의 '엄청난 성취'는 중앙 정부와 지자체가 함께 실시해 온 '계절관리제'와 '비상저감조치' 같은 과감한 대기환경정책의 결과물이라는 것이 그들의 해석이자 주장이다. 글쎄 이런 관리 정책의 효과가 일정 부분 있었을 수도 있었겠지만, 과연 이런 설명이 상황을 얼마나 신빙성 있게 해석하는 것일지 필자는 매우 의심스럽다. 앞으로 계속 논의가 이뤄지겠지만, 계절관리제와 같은 단일 조치만으로 무려 '31%'나 되는 획기적 초미세먼지 농도의 저감은 발생되기가 매우 어렵다. 아니, 필자는 이런 일은 불가능에 가깝다고 생각한다! 이는 코로나19 사태와 같은 전대미문의 충격에 따라 중국과 우리나라에서의 대기오염물질 배출이 충격적으로 축소되었기 때문에 비로소 가능한 일이었을 것이다.

권위주의 정부가 주도하는 중국에서 2020년 코로나19 팬데믹 이후 전개된 일련의 사건과 사태들도 한번 되짚어보자. '2020년도 우한 등 대도시들의 극단적인 봉쇄'를 필두로 해서, '호주 석탄 수입 금지(무역 보복) 조치', 호주 석탄 수입 금지에 따른 '석탄화력발전 제한 조치' 및 석탄 부족에 따른 '전력 송전 제한 조치', 베이징 동계올림픽 개최에 따른 베이징 주변 지역 산업 시설 가동 제한 조치, '중국 부동산 버블 붕괴'로 인한 건설 경기의 퇴조와 이로 인한 철강, 시멘트, 알루미늄 생산 감산, 제로 코로나 정책에 의한 2021년과 2022년도 2차 도시 봉쇄 조치, 인플레이션과 경기 침체에 따른 실업률 상승 등 일련의 정치-경제-에너지 사건들로 인해 2022년 중국 경제 성장률은 3.0% 근처에 머물고 있고, 경제 침체에 따른 중국 청년 실업률도 거의 20~21%에 육박하고 있는 듯 보인다.[5,6,7]

이런 사실들 때문에 아마도 코로나19 사태가 종식되고 중국과 대한민국의 경제가 다시 코로나19 이전 상태로 반등해서 활성화되게 되면, 초미세먼지 농도 역시도 다시 반등해서 뛰어오를 가능성이 매우 높다고 필자는 예상하고 있다. 만약 이런 일이 앞으로 발생한다면 환경부 당국이나 지자체는 다시금 이 반등의 이유를 무엇이라고 변명할 것인가? 어쨌든, 이상의 두 가지 사항들이 그림 3.1의 그래프를 보면서 우리가 한번 더 생각을 모으고, 우리들 스스로에게 질문을 좀 더 해 봐야만 할 사항들이 될 듯싶다.

다시, 88올림픽 시절

자, 여기서는 88년 올림픽 시절 공기질 이야기로 다시 한번 돌아가 보기로 하자. 필자가 느끼기에는 88올림픽은 여러 면에서 우리나라가 선진화되는 커다란 역사적 전환점이었다고 생각되는데, 대기오염의 중요성을 정부와 시민 사회가 인식하기 시작했다는 점도 이들 전환점 중 하나였을 것이다. 그럼 여기서는 그림 3.1에 나타난 1995년도 서울의 연평균 PM_{10}이 $80\mu g/m^3$ 정도였던 것을 고려하면서, 그래프의 추세선을 좀 더 과거인 1988년까지 연장해 보도록 하자(이런 방법을 과학적으로는 외삽법(extrapolation)이라고 부른다). 그러면 1988년 올림픽 당시 서울의 연평균 PM_{10}은 대략 $90{\sim}100\mu g/m^3$ 정도였을 것으로 보인다. 이 1년 평균 $90{\sim}100$ $\mu g/m^3$란 농도는, 현재 중국 충칭 같은 대도시의 1년 평균 농도보다도 더 높은 수치로, 이 수준의 PM_{10}에서는 1년 365일 중 이 평균 농도보다 심하게 농도가 $200{\sim}400\mu g/m^3$까지 높게 올라가는 날이 꽤 자주 발생해야만 이 정도 수치가 가능한 것이 된다. 앞 절에서는 미국 방송사인 NBC의 방송 문제를 예로 들어 설명을 했었지만, 지금 우리들이 88올림픽 시절로 돌아간다면, 숨이 막힌다고 아마도 난리가 날 것이다.

자, 이와 유사한 사실들을 그림 3.2에서 다시 한번 확인해 보기로 하자. 우리나라에는 「대기환경보전법」 하에서 관리하는 6개의 **기준대기오염물질들**(CAPs: Criteria Air Pollutants)이 있다. (초)미세먼지가 첫 번째이고, 독자들도 많이 들어봤을 **오존**(O_3), 아황산가스(SO_2), 이산화질소(NO_2), 일산화탄소(CO), 납(Pb)이 바로 그 6개의 기준대기오염물질들이다. 이들 중 아황산가스, 일산화탄소, 그리고 납의 지난 40년간 공기 중 농도 변화를 한번 살펴보자. 이에 관한 자료가 바로 그림 3.2이다.[1] 그림에서 해당 물질들의 농도들은 지난 40여 년간 엄청난 속도로 감소해 왔다. 이는 우리나라 환경부가 한가하게 놀고 있지만은 않았다는 증거이기도 하고, 중국에서 넘어오는 양이 그동안 크게 줄어들었기 때문에 가능한 일이기도 했을 것이다.

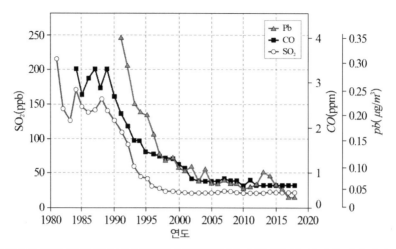

그림 3.2 우리나라의 과거 대기 정책이 이산화황(SO₂), 일산화탄소(CO), 납(Pb)에 대해서는 매우 성공적이었음을 보여주는 그래프(광주과학기술원 AIR 실험실 작성).

자, 그렇다면 다시 한번 그림 3.2에서 1988년도 시점에서의 아황산가스(SO₂), 일산화탄소(CO), 납(Pb)의 공기 중 농도들을 확인해 보자. 아황산가스 농도 150ppb, 일산화탄소 농도 3000ppb(=3 ppm), 납 농도가 $0.4\mu g/m^3$ 정도였다. 이 정도 농도들을 요즘 기준으론 보면 가히 '살인적인' 수준의 농도에 해당한다. 2019년 기준 우리나라 아황산가스 농도가 대략 연평균 5~6ppb 수준이고 일산화탄소 농도는 300~400ppb, 납 농도는 거의 제로라는 사실을 생각해 보면, 우리나라 공기질에선 과거 40여 년 동안 실로 엄청나게 큰 변화가 있었다는 점도 확인할 수 있을 것이다.

1988년 당시 아황산가스와 일산화탄소 농도가 매우 높았던 가장 큰 이유는, 석탄을 기업, 공장 등에서 주 에너지원으로 사용했었고, 가정에서도 연탄을 주(主) 난방 원으로 사용했기 때문이었다. 지금은 기억이 까마득하겠지만, 당시 뉴스에선 어느 가정에서 밤사이 방으로 새어 나온 연탄가스 때문에, 일가족 전원이 일산화탄소 중독으로 사망했다는 뉴스가 자주 방송되곤 했었다. 일산화탄소와 아황산가스 농도는 난방과 취사를 위한 연료를 석탄에서 석유로, 액화가스(LPG)와 천연가스(LNG)로 교체하면서 빠르게 줄어들었다. 납도 휘발유 연료가 무연 휘발유로 바뀌면서 그 농도가 빠르게 줄어들었는데, 우리가 무심코 사용하는 단어 '무연(無鉛)'이란, 한자로 '납이 없다'는 의미이기도 하다.

자, 우리 시계의 태엽을 다시 88년 올림픽 시절로 돌려 우리나라 공기질을 한번 상상해 보자. PM$_{10}$ 연평균 90~100$\mu g/m^3$, 아황산가스 농도 150ppb, 일산화탄소 농도 3,000ppb, 이 정도면 미국 사람들이 와서 아마 숨도 제대로 못 쉬었을 듯싶기도 하다. 그리고 우리에게 그 시절로 돌아가서 살아보라고 하면 아마도 못 살겠다고 아우성을 칠 듯도 싶다. 지금은 세대가 바뀌었고, 시대도 바뀌었다. 88년 이전 세대가 가난과 민주화를 관통한 세대였다면, 그래서 시대의 과제도 아니었던 '공기질'이란 다소 한가로운 주제에는 매우 둔감한 세대였다면, 88년 이후의 세대는 유복한 세대, 가난과 민주화를 모르고 자라난 '소비의 세대'이자, 생활환경과 지구환경의 중요성에도 새로이 눈을 뜨기 시작한 밀레니엄 세대인 것이다.[8] 그래서 어쩌면 새로운 시대, 새로운 세대에겐 새로운 환경 기준, 새로운 공기질의 기준이 필요한 것인지도 모르겠다. 우리나라 공기질은 지난 30~40년간 매우 빠르게 개선되어 온 것이 맞다. 이제 이 새로운 시대, 새로운 세대를 맞아 우리가 앞으로 고민해야 할 점은, 새로운 시대의 핵심 주제들인 공기질과 지구의 기후변화를 우리는 어떻게 개선하고 위기에 어떻게 대처해 나가야 할 것인가가 될 것이다.

농도 감소 곡선

그림 3.1이나 그림 3.2의 농도 추이 곡선들을 유심히 관찰하다 보면, 독자들은 오염물질의 종류에 관계없이 해당 오염물질의 농도가 연도에 따라 감소하는 추이에 어떤 전형성 같은 것이 존재하고 있다는 점도 눈

치를 챌 수 있었을 것이다. 처음에는 오염물질의 농도가 매우 빠르게 감소하다가, 일정 시점이 되면 천천히 그리고 그 이후로는 더 이상 감소하지 않는 경향성 말이다. 필자는 이와 같은 농도 감소의 추이 변화를 3단계로 구분하곤 하는데, 그 3단계를 개략적으로 그려 본 것이 그림 3.3이다.

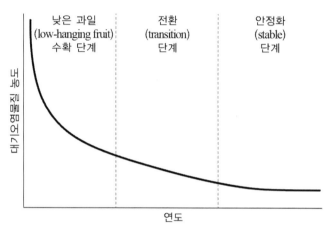

그림 3.3 대기오염물질 농도 저감 곡선

그림 3.3에서 필자는 첫 번째 단계를 '낮은 과일(low-hanging fruit) 수확 단계'라고 명명했다. 이 표현은 다소 서구적 비유에 근거한 표현이기는 하지만, 상황을 설명하는 데 꽤 적합한 듯도 해 보인다. 일반적으로 과실수에 낮게 매달린 과일들은 별다른 수고나 노력 없이도 쉽게 따서 바구니에 담을 수 있다. 수확에 별다른 힘든 노력(즉 비용)이 필요(발생)하지 않는다는 의미이다.

대기오염을 저감하는 단계에서도 비슷한 경우가 발생한다. 대기오염 농도가 매우 높은 단계에서는 저감 수단 중에서 가장 효과가 좋을 것 같은 쉬운 수단을 골라 선택할 수가 있고, 그러면 저감 효과도 매우 빠르게 나타난다. 우리나라의 20~30년 전 당시 아황산가스나 일산화탄소 농도 저감을 예로 들어 생각해 보면 아마도 이 상황이 쉽게 이해가 될 것이다. 당시 주류(主流) 에너지원이었던 석탄이나 목재를, 석유나 LPG, LNG로 대체하면서 이들 아황산가스나 일산화탄소 농도는 매우 빠른 속도로 감소를 했다. 이런 에너지 정책이 바로 전형적인 '낮은 과일 수확 단계'의 정책들이었다.

하지만 대부분의 석탄 연료가 석유나 가스 연료로 대체된 후로는, 아황산가스나 일산화탄소 농도는 더 이상 쉽게 줄어들지 않게 된다. 그리고 이 단계에서 추가적인 저감을 위해서는 보다 더 강력한 대책을 필요로 하게 된다. 여기서 '강력하다'는 말의 의미는 노력과 비용이 많이 들고, 보다 세심하고 세련된 정책이 나와야만 한다는 뜻이다. 이 단계를 '전환 단계(transition stage)'라고 명명해 봤다. 그리고 이 전환 단계마저도 지나고 나면, 웬만한 정책으로는 대기오염물질의 농도가 더 이상 줄어들지 않는 단계에까지 도달한다. 이 단계가 바로 '안정화 단계(stable stage)'다. 이 단계에 들어서게 되면 대기오염물질의 농도 저감을 위해서는 매우 많은 천문학적 비용이 소요되거나, 아니면 완전히 다른 발상의 혁신적 또는 혁명적인 정책들이 필요하게 된다.

오염물질 저감 곡선에서 뒤의 두 단계, 즉 전환 단계와 안정화 단계를 앞의 '낮은 과일 수확 단계'와 비교해서, '중간 높이 과일(middle-hanging fruit) 수확 단계'와 '높은 과일(high-hanging fruit) 수확 단계'쯤으로 비유할 수도 있겠다. 중간 높이와 높게 달린 과일을 수확하기 위해선 당연히 더 큰 노력(비용)이 필요하게 될 것이다. 그리고 이런 상황은 경제학에서 논의되곤 하는 '한계비용체감'의 법칙이란 것과도 아주 유사하다. 즉 낮은 과일 수확 단계에서 높은 과일 수확 단계로 이행해 갈수록, 동일 비용으로 저감할 수 있는 오염물질 농도(혹은 배출량)는 점점 줄어들 수밖에 없기 때문이다.

필자가 보기에 우리나라 (초)미세먼지 농도 저감의 현 단계는 전환 단계 말 또는 안정화 단계에 이미 진입해 있을 것으로 보인다. 이는 그림 3.1과 그림 3.2의 오염물질 농도 곡선 모양을 유심히 살펴보면 보다 명확해질 것이다. (초)미세먼지 농도 추이 곡선의 모양으로 판단했을 때, (초)미세먼지 저감은 '전환 단계 후반' 부근에 있는 듯 보이고, 그림 3.2의 아황산가스(SO_2), 납, 일산화탄소(CO) 경우는 완전히 '안정화 단계'에 접어든 듯 보인다. 달리 이야기하면, 아황산가스 농도를 현 상태에서 더 저감하는 것은 매우 어렵고 또한 비용도 아주 많이 소요되는 대책, 정책이 필요할 것이라는 의미이다.

반대로, 필자가 판단하기엔 중국은 아직도 '낮은 과일 수확 단계'에 있을 개연성이 높다고 본다. 이 말은 우리나라에서 (초)미세먼지 농도 저감에는 비용이 매우 많이 소요되겠지만, 중국에서의 (초)미세먼지 저감은 상대적으로 쉽고 효과도 빠르게 나타날 수 있을 것이라는 의미도 된다. 이와 같은 상황을 고려하다 보면, 우리나라에서 (초)미세먼지 농도의 저감은 쉽지만은 않은 작업이 될 것이라는 다소 불길한 예감도 든다. 그리고 이런 단계에선 이런저런 정책들을 정부가 내놔봐도 투입되는 재정(財政)량에 비해 눈에 띄는 효과가 크게 나올 것 같지도 않다. 그런데 이런 한계 상황에서 그림 3.1을 보면 2020년을 기점으로 우리나라 PM$_{2.5}$가 '격감'을 했다. 그렇다면 이 '격감'은 뭔가 비상 상황, 비연속적인 돌발 상황에 의해 추동되었을 것으로 해석함이 타당할 것이다. 그 비상 상황, 비연속적 돌발 상황이 바로 2020년 시작된 코로나19 사태라는 것이다. 어쨌든 이 문제에 관해서는 이 책의 4장에서도 좀 더 자세히 내용을 다뤄 보기로 하겠다.

동아시아 공기오염 지도

앞 절들에서는 과거 30~40년 전부터 현재에 이르기까지 우리나라에서 (초)미세먼지를 포함한 공기오염물질들의 농도가 시간(연도)에 따라 어떻게 변화해 왔는지에 초점을 맞춰 대기오염의 상황을 살펴봤다. 그렇다면, 이번에는 보다 공시적(共時的)인 시각으로 현재 우리나라를 포함한 동아시아 지역에서 공기오염물질의 분포 현황은 어떻게 될까의 문제도 한번 살펴봐야 할 것 같다. 그리고 아마도 이런 공기오염물질 농도의 공간 분포를 살펴볼 수 있는 가장 유용한 방법 중 하나는 환경인공위성 자료를 활용해서 '우주에서 한눈에' 파노라마 사진처럼 관찰해 보는 것이 아닐까 싶다. 우주에서 대기오염물질의 분포 현황을 '한눈에' 관찰한다는 것은 아주 매력적인 발상으로, 이는 실제로 현재의 기술로도 실현 가능한 방법이기도 하다.

그림 3.4는 미국 항공우주청(NASA: National Aeronautics and Space Administration)이 발사한 TROPOMI라는 환경인공위성 센서에서 측정된 동아시아 지역 이산화질소(NO_2) 농도의 연간 평균 농도의 공간 분포를 보여주는 그림이다.9 필자가 아주 아름답다고 느끼는 이 그림은 2016년 봄

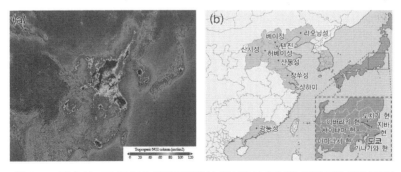

그림 3.4 그림 (a)는 TROPOMI 환경인공위성 센서에서 얻어진 동아시아 이산화질소(NO_2) 농도 분포 지도이다. 그림 (b)는 (a)의 지명들에 대한 설명을 도와줄 동아시아 지역 지도이다(컬러도판 p.354 참조).

우리나라 환경부 산하 국립환경과학원과 미국의 항공우주청이 함께 실시했던 KORUS-AQ(Korea-US Air Quality)라는 항공기를 동원한 집중측정 연구의 미국 측 수석 연구책임자였던, 제임스 크로퍼드(James Crawford) 박사에게서 필자가 사적으로 얻은 것이다.

거듭 이야기하지만, 환경인공위성을 이용해서 공기오염물질 농도의 공간 분포를 감시하는 이유는 그림 3.4처럼 주요 물질 농도의 분포 정보를 한눈으로 관찰할 수 있다는 장점 때문이다. 또한 그림 3.4와 같은 환경인공위성 정보가 없다면, 대기질 관련 자료를 잘 공유하지 않으려고 하는 중국 측의 공기질 현황을 우리가 직접 관찰하고 감시하는 것도 경우에 따라서는 매우 어려운 일이 될 수도 있다. 또한 이와 같은 환경인공위성 자료는 대기질 예보나 대기오염물질 배출량 역추적 등 다양한 연구 분야에서도 두루 매우 유용하고, 가치 있게 활용되기도 한다.

필자는 그림 3.4를 보면서 이 그림이 매우 아름답다고 느낀다. 왜냐하면 이 그림이 매우 많은 양의 정보를 직관적으로 명백한 방식으로 우리에게 제공해 주고 있기 때문이다. 그림으로부터 우리는 이산화질소 (NO_2) 농도가 높은 동아시아의 소위 핫스폿(hot spot) 지역들을 한눈에 확인할 수가 있다. 그림에선 색깔이 붉을수록 이산화질소(NO_2) 농도가 높다는 의미이고, 짙은 파란색일수록 농도가 낮음을 의미한다(흑백 그림 3.4보단 이 책 뒷부분에 첨부된 컬러도판 그림 3.4를 필히 참조하기를 바란다!).

그림 3.4에서는 우선 커다란 크기의 아주 짙은 두 개의 홍색 반점(斑點) 지역을 중국 내에서 확인할 수 있는데, 그 하나는 화북평원(華北平原)의 **징진지**(京津冀)라는 지역을 중심으로 위치해 있고, 다른 커다란 홍색 반점은 상하이(上海)를 중심으로 한 상하이-난징(南京)-항저우(杭州)-쑤저우(蘇州)를 연결하는 지역, 즉 **상해-장쑤성**(江蘇省) **남부 지역**에 위치해 있다.

여기서 징진지 지역이란 베이징(北京)-톈진(天津) 특별시와 허베이성(河北省) 지역을 통칭해 일컫는 명칭으로, 우리나라로 치면 서울-인천-경기의 수도권 지역에 해당되는 지역이다. 인구 1억 5천만 명 정도가 살고 있고, 시진핑 주석이 야심 차게 추진하고 있는 중국 산업화, 중국굴기(中國屈起)라는 중국몽(中國夢)의 최전선 지역이기도 하다. 이 두 홍반(紅斑) 지역들은 사실 중국에서 인구도 가장 많고, 경제 활동의 중심이 되는 지역들이기도 하니, 이 지역의 대기오염이 가장 심하다는 것은 어쩌면 너무나 당연해 보이기도 한다.

그리고 이 두 홍색 반점보단 작지만, 또 다른 선명한 홍반이 홍콩(香港)-광저우(廣州)-센젠(深川)을 잇는 광둥성 지역에서도 나타난다. 이곳은 우리가 흔히 주강 하류 지역(Pearl River Delta)이라고 일컫는 지역이다. 그리고 징진지 지역 홍반과 상하이-장쑤성 남부 홍반 사이에 또한 붉고 노란 오염 지역이 광범위하게 나타나고 있는데, 이 지역이 **산둥성**(山東省)-산시성(山西省)-안후이성(安徽省) 지역으로, 역시 산업활동이 매우 활발한 인구 밀집 지역들이다. 그림 3.4는 환경인공위성으로부터 얻은 동아시아의 이산화질소(NO_2) 오염 농도 분포지만, 환경인공위성으로부터는 다른 오염물질들, 예를 들어 초미세먼지, 아황산가스(SO_2) 등에 대한 동아시아 오염 지도도 또한 얻을 수 있다. 그리고 이들 오염물질들의 공간 분포들도 대체로 그림 3.4의 이산화질소 공간 분포와 매우 유사한 형태를 띤다. 따라서 독자들은 그림 3.4를 동아시아 초미세먼지 농도 분포 지도로 보아도 무방할 듯싶다.

이 책의 4장에서 좀 더 자세한 내용을 살펴보겠지만, 동아시아의 겨울과 봄철 중국에서 우리나라까지 장거리를 이동해 와서, 우리나라 공기질에 큰 영향을 주는 (초)미세먼지는 대략 60~70%가 바로 첫 번째 홍반 지역인 **징진지, 산둥성, 랴오닝성**(遼寧省) **남부** 지역에서 비롯된 것들이다.

그리고 15~20% 정도가 두 번째 홍반인 **상하이-장쑤성 남부** 지역으로부터 발원되어 한반도로 넘어오는 것으로 분석된다.10 그렇다면 그림 3.4에서 확인할 수 있는 두 개의 거대한 중국의 홍반 지역은 우리나라의 (초)미세먼지 농도와 대기질에도 막대한 영향을 준다고 할 수 있겠다. 그리고 이 이유가 우리가 이들 중국 지역들의 대기오염 농도 현황을 값비싼 환경인공위성을 동원해서라도 지속적으로 주의 깊게 감시 및 관찰해야만 할 필요성이 될 듯싶다.

유사한 맥락에서 그림 3.4와 같은 정보를 대상으론 또 다른 방식의 '질문'도 가능하다. 그렇다면, 이들 중국 지역 내의 거대한 홍반의 크기들은 계속해서 커지고 있는가? 그리고 색깔(농도)은 짙어지고(증가하고) 있는가, 아니면 옅어지고(감소하고) 있는가? 이는 우리나라 초미세먼지 농도와 대기오염에 결정적 영향을 줄 수도 있는 변수들이고, 그래서 우리나라 환경당국이 끊임없이 예의 주시해야만 하는 매우 중요한 우리나라 대기환경오염 관련 주요 정보들이 된다.

그림 3.4는 중국뿐만이 아니고, 우리나라 수도권과 도쿄 인근의 꽤 크기가 큰 홍반들도 동시에 보여주고 있다. 우리나라 수도권(서울, 인천, 경기 지역)은 인구가 대략 2천5백만 명이고, 동경도(東京都)와 인근 도시 클러스터(크고 작은 도시들이 몰려 있는 도쿄, 요코하마시, 사이타마현, 가나가와현, 지바현)의 인구는 3~4천만 명 정도인데, 홍반의 크기는 우리나라 수도권의 홍반이 훨씬 더 크다는 사실도 그림 3.4를 통해 확인할 수가 있을 것이다. 그리고 최근 우리나라 수도권의 홍반은 충청남도 화력발전소들(우리나라 석탄화력발전소의 거의 절반이 충청남도에 위치해 있다)의 홍반과 거의 붙어 버리다시피 해 버렸다. 이것이 우리나라 수도권 홍반의 크기가 일본 도쿄 근처 홍반보다 더 커진 이유 중 하나가 된다. 그리고 매년 이런 그림을 그려보면 도쿄 인근 홍반의 크기와 농도(붉은색의 정

도)는 지속적으로 줄어들고 있는 반면, 우리나라 수도권의 홍반 크기와 농도는 정체해 있거나 조금씩 증가하고 있는 경향도 눈에 띈다. 도쿄뿐만 아니라 오사카와 나고야 지역 홍반도 그 크기가 매우 작고, 매년 계속해서 그 크기가 줄어들고 있기도 하다.

이렇듯 일본의 홍반 지역들의 크기가 매년 줄어들고 있는 이유는 무엇일까? 바로 일본 특유의 매우 꼼꼼한 대기관리 정책 때문이다. 다른 정책에서도 비슷하지만, 일본 대기관리 정책의 특징 중 하나는 매우 치밀한 계획과 꼼꼼한 정책 실행에 있다. 반면 우리나라 대기관리 정책은 기획도 늘 무엇에 쫓기듯 정치적 일정에 맞춰 허둥지둥대고, 계획의 실행도 꼼꼼하지 못하고 덤벙대기 일쑤인 경우가 많아서 정책 실효성도 매우 낮은 편이다. 필자는 이런 한일 간의 정책 대비점을 통해 우리가 스스로 반성해야 할 부분은 반드시 반성하고, 일본 정책 당국으로부터 배워야 할 점이 있다면 또한 반드시 배워야만 한다고 생각하고 있다.

마지막으로 중국 **랴오닝성**(遼寧省) 지역도 한번 살펴보자. 랴오닝성 지역의 중심 도시들인 선양(瀋陽), 안산(鞍山), 다롄(大連) 등의 도시들도 최근 매우 빠르게 경제적으로 발전하고 있다. 실제로 이들 도시들은 과거 약 1400여 년 전 고구려와 당나라가 국경을 이루던 지역으로, 이 지역 홍반의 크기도 그 옛날의 고구려−당나라의 국경선을 따라 길쭉한 모양으로 빠르게 성장하고 있다. 그리고 이 지역의 길쭉한 홍반의 크기가 커지는 것과 비례해서 겨울철과 봄철 이 지역으로부터 한반도로 넘어오는 장거리 이동 초미세먼지의 양도 점차 늘어나고 있는 추세다.

환경인공위성은 이상과 같이 여러 방면으로 매우 유용할 수 있는 정보들을 우리에게 제공해 준다. 그리고 우리나라는 2020년 2월 세계 최초로 우주공간 '정지궤도'상에 GEMS(Geostationary Environmental Monitoring Spectrometer)라는 이름의 환경인공위성 센서를 쏘아 올렸다.11 그림 3.4

를 작성하는 데 사용한 미국항공우주청(NASA)의 환경인공위성 센서는 '정지궤도'가 아닌, 지구를 하루에 한 번씩 돌며 동아시아를 하루에 한 번씩만 감시하는 인공위성 센서인 데 반해, 우리나라의 정지궤도 환경인공위성은 지구와 같은 속도로 회전하면서 한반도를 포함한 동아시아 지역만을 집중적으로 한 시간 단위로 연속 감시할 수 있다는 장점을 지니고 있기 때문에, 우리나라 환경부가 이 정지궤도 환경인공위성 센서를 다양한 목적에 매우 유용하게 활용할 수 있기를 기대해 본다.

그리고 여기서는 잠시 한 번 더 이런 환경인공위성과 미국 항공우주청인 NASA의 역할에 대해서도 조금 더 생각을 해 보도록 하자. 많은 분이 미국 항공우주청이 주로 하는 임무가 태양, 달, 목성, 화성 등을 탐사하는 것이라고 생각할 것이다. 하지만 미국 항공우주청이 하는 일에는 태양이나 달, 목성, 화성 탐사 및 은하계 관측 등 천체를 탐구하는 일과 더불어, 우리가 살고 있는 지구의 환경을 감시하는 일도 매우 주요한 임무가 된다. 예를 들어 지구 빙하량의 변화를 감시한다든지, 지구의 대기 및 해양 바닷물의 온도 변화 감시, 지구온난화가스인 이산화탄소 농도 변화 관측 등등… 그리고 그림 3.4와 같은 지구 대기오염물질의 농도 관측도 이런 지구 감시 분야 연구들 중 중요한 일부분이다.

그리고 미국 항공우주청은 이런 지구 감시 활동의 많은 부분을 환경인공위성을 활용해 연구하지만, 동시에 연구용 대형 비행기를 활용하기도 한다. 앞서 언급한 2016년 우리나라에서 실시되었던 KORUS-AQ라는 명칭의 집중측정 연구도 이런 미국 항공우주청 지구 감시 프로그램의 일환으로 진행된 것이었다. 이 연구를 위해 미국 항공우주청은 연구용 대형 비행기와 킹에어(King Air)라는 중형 비행기를 국내로 몰고 와 국내 연구진과 공동으로 집중측정 연구를 수행했었다. 물론 우리나라 어떤 언론은 2016년 '우리나라가 직접 해결하지 못하는 초미세먼지 문제 해결을 위해 미국 항공우주청의 도움을 받기로 했다'는 식의 왜곡된 보도를 하기도 했지만, 이는 당연히 사실이 아니었다.

사실 2016년 당시 미국 항공우주청은 원래 지구환경 감시라는 기관 고유의 연구 목적에 보다 어울리게, 태평양에 엘니뇨 현상이 발생했을 때, 인도네시아나 보르네오섬 열대 우림에서 자주 발생하는 대형 산불과 이 대형 산불에서 발생하는 대기오염물질이 지구 대기와 생태계에 어떤 영향을 주는가라든가, 열대 우림 지역의 울창한 밀림에서 배출되는 휘발성 유기화학물질들은 또한 지구 대기와 기후-환경에 어떤 영향을 끼칠 수 있는가와 같은 전 지구적 차원의 문제에 보다 각별한 관심을 갖고 있었다.

그래서 필자의 기억이 맞다면, 필자가 그림 3.4를 얻었던 제임스 크로퍼드 박사가 제일 먼저 접촉했던 국가는 싱가포르와 태국이었다. 아마도 동남아시아 산불 영향과 열대 우림에서 나오는 휘발성 유기화학물질의 지구 대기 영향을 연구하기 위한 목적에서였을 것이다. 하지만 아무리 친한 우방국 사이라도 타국(미국)의 비행기가 자국(태국과 싱가포르) 영공을 마음대로 비행한다는 것은 그렇게 탐탁한 일만은 아닐 것이고, 특히 해당 국가의 군부는 이런 생각이 아주 강하다. 싱가포르와 태국에서 정부 차원의 비행 허가에 너무 많은 시간이 소요되고, 여기에 점차 지쳐가고 있던 무렵, 우리나라 환경부의 초청이 이루어졌고, 그래서 미국 항공우주청팀은 차선책으로 우리나라로 DC8(대형 연구용 항공기)을 몰고 왔다. 당연히 우리나라는 (초)미세먼지 문제가 핵심 관심 사항이었고, 그렇게 서로의 이해관계가 맞아떨어져서, 한국에서 공동관측 연구가 진행되게 된 것뿐이었다. 그러니 2016년 한-미 공동관측 연구는 반은 우연이었고, 반은 서로의 노력과 이해 덕분이었다고 생각할 수 있을 것이다. 그리고 우리가 미국 항공우주청에게 우리나라의 초미세먼지 문제 해결을 부탁했다면, 당연히 연구 비용도 우리가 지불하는 것이 마땅했을 텐데, 미국 항공우주청은 그들 연구팀의 연구 비용 일체를 스스로 부담했고, 우리나라 연구팀의 소요 비용은 환경부 국립환경과학원이 부담을 했었다.

초고농도 지점들(Hyper local hot spots)

이번에는 우리의 관심을 우리가 생활하고 있는 우리 주변으로 옮겨서 초미세먼지의 현황에 대해 좀 더 디테일한 측면들을 살펴보기로 하자. 일반적으로 대기 과학자들은 실외 초미세먼지의 최고점 농도란 마치 4단의 탑처럼 여러 층의 대기오염물질 농도들이 4단으로 쌓여서 구성된 것이라고 생각하는 경향이 있다. 그림 3.5가 바로 이런 사고법을 설명하고 있는데, 예를 들어 도심의 대로(大路) 주변 초미세먼지 농도가 $90\mu g/m^3$ 정도로 매우 높게 측정됐다면, 이 농도는 4단의 층(層), 즉 지구-지역 배경 농도에, 시골 배경 농도와 도시 배경 농도, 그리고 지역의 국지적 오

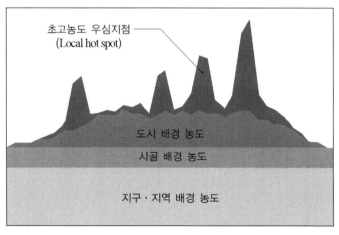

그림 3.5 지구 배경 농도, 지역 배경 농도, 시골 배경 농도, 도시 배경 농도, 초고농도 우심지점의 농도를 설명하는 그림.

염물질의 배출이 더해져서 그림 3.5의 뿔 모양으로 표시된 핫스폿 최고점 농도를 형성하게 된다고 생각을 한다.[12]

그림에서 언급된 표현 중에 '배경 농도'란 용어가 있는데, 이 용어는 달리 '바닥 농도' 또는 '기저 농도'라는 표현을 사용할 때도 있다. 예를 들어, '지구 배경 농도'라고 하면 시베리아 오지나 태평양의 아주 먼 외딴섬같이 배출 오염원이 전혀 없고, 동시에 배출원에서도 아주 멀리 떨어진 지역에서 측정된 지구의 최고 바닥(기저) 농도라는 의미가 되고, '지역 기저 농도' 역시도 비슷한 맥락에서 동아시아나 아프리카 지역, 인도 지역, 남아메리카 지역 등지의 아주 외딴 지역에서 측정된 그 지역의 대표 바닥(기저) 농도라고 생각하면 된다. 우리나라의 경우 '국가 배경 농도'라면 대한민국의 가장 바닥이 되는 최저 농도이므로, 우리나라의 가장 외딴 장소들인 울릉도, 제주도, 백령도 세 지점에서 측정되는 농도들이다. 그리고 '시골 배경 농도'도 우리나라 시골 지역의 바닥 농도로 강원도 평창이나 전라북도 장수 같은 곳에서 측정되는 바닥 농도들이라고 생각하면 되고, '도시 배경 농도'는 도로변이 아닌 서울의 올림픽공원이나 하늘공원처럼 도시 내에서 오염물질 배출원으로부터 일정 거리 밖에 있는 지점의 측정 농도를 뜻하게 된다. 따라서 그림 3.5와 같이 악마의 뿔처럼 솟아난 매우 높은 초미세먼지 농도가 도시의 대로변에서 측정되었다면, 이 농도는 이런 다층의 배경 농도들인 지구-지역 배경 농도에, 시골-도시 배경 농도가 더해지고, 여기에 대로를 달리는 자동차 등에 의해 배출된 공기오염물질들이 더해져서 형성된 것으로 대기 과학자들은 이해하고 해석한다.

우리나라에는 환경부와 지방자치단체가 500여 개 지점에서 측정-운영하고 있는 '에어코리아(AIR KOREA)'라는 국가 대기측정망이 있다. 그리고 이 에어코리아 측정망의 측정소들도 위에서 언급한 4개의 카테고리로 분류를 한다. 즉, 도로변 측정소, 도시 배경 측정소, 시골 배경 측정소, 국가 배경 측정소. 이런 분류법은 우리나라만 특별하게 사용하는 것이 아니고, 미국 등 다른 나라에서도 이런 측정소 분류법을 일반적으로 사용하고 있다. 이들 500여 개 측정소에서는 (초)미세먼지 농도뿐만 아니라 앞서 언급했던 6개의 **기준대기오염물질들**인 오존, 아황산가스, 이산화질소, 일산화탄소의 농도들도 모두 동시에 자동으로 측정되고 있다.

이들 4종류로 분류된 측정소에서 측정되는 기준대기오염물질들(CAPs)의 농도들은 가급적 낮은 것이 시민들의 건강에는 당연히 좋다. 그리고 특별히 인체 건강과 관련해서는 도로변과 같은 지점의 고농도에 상시적으로 노출되는 일은 가급적 피하는 것이 건강 관리라는 측면에서도 매우 중요한 일이 된다. 그림 3.6이 보여주고 있는 바는, 일반적으로 도로변의 오염물질 농도가 도시 배경 농도(예를 들어, 서울의 경우 올림픽 공원 측정 농도)보다 2배에서 많게는 5배까지 더 높게 나타나는 경우가

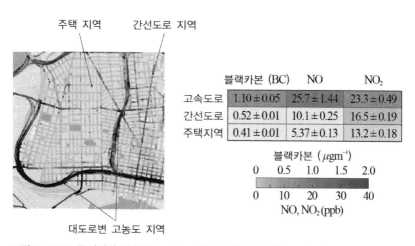

	블랙카본 (BC)	NO	NO$_2$
고속도로	1.10 ± 0.05	25.7 ± 1.44	23.3 ± 0.49
간선도로	0.52 ± 0.01	10.1 ± 0.25	16.5 ± 0.19
주택지역	0.41 ± 0.01	5.37 ± 0.13	13.2 ± 0.18

그림 3.6 도로 주변에서 발생하는 고농도 우심 지역의 사례를 보여 주는 그림이다. Apte *et al.*(2017)[12]의 그림을 바탕으로 광주과학기술원 AIR 실험실에서 다시 그렸다 (컬러도판 p.355 참조).

있다는 점이다. 물론 그림 3.6은 미국의 연구 사례이긴 하다. 하지만 큰 도로변의 **블랙카본**(BC) 농도는 주택가 블랙카본 농도의 2.7배이고, 일산화질소(NO) 농도도 큰 도로변에선 자동차 배출의 영향으로 주택가 농도보다 무려 4.8배가 더 높게 나타난다.[12] 앞서 블랙카본은 국제암연구소가 1급 발암물질로 규정한 아주 골치 아픈 탄소 덩어리 물질이라고 이야기했다. 이 책의 5장에서 보다 자세한 설명을 하겠지만, 자동차 도로변은 디젤-가솔린 자동차에서 배출되고 생성되는 초미세먼지 농도가 특별히 높고, 이들 자동차 배출 초미세먼지들은 인체 산화 독성, 세포 독성, 유전자 독성, 염증 반응 유발 등의 관점에서 볼 때도 아주 강한 독성을 지니고 있기도 하다.

이런 이유 때문에 교통량이 많은 도로 위나 도로변에서 주로 근무하는 직종을 가진 분들이나 도로 이용자들, 예를 들어 교통경찰, 택시·버스 운전사, 오토바이를 이용하는 배달업 종사자, 고속도로 톨게이트 종사자, 대로변 노점업 종사자, 대로변에서 문을 개방한 채 상업 활동을 하시는 분들, 대로변에서 문은 닫아 놓더라도 업종의 특성상 자주 문을 개폐하는 업종(커피숍같이) 등에 종사하시는 분들은 이 점을 유념하면서 마스크를 착용하거나, 실내 공기 정화기 사용과 같은 적극적인 '노출 관리'를 실행하는 것이 인체 건강 관리란 측면에서 매우 필요한 일이 된다.

또한 우리나라의 주요 대도시에서는 '중앙차선제'도 많이 실시되고 있다. 당연히 중앙차선 승객들은 도로 한가운데에 설치된 승강대에서 버스를 기다리고, 타고 내리기를 반복한다. 그런데 중앙차로 승강장에서 측정된 1급 발암물질인 블랙카본 농도는 한적한 주택가에서 측정된 블랙카본 농도보다 무려 7배나 높다는 보고도 있었다.[13] 그리고 중앙차로 승강장에서의 디젤-가솔린차 배출 초미세먼지의 농도도 아마 블랙카본과 비슷한 수준으로 높을 것이다. 이것이 대로 및 대로변이 건강에 매우 위험한 핫스폿이 되는 이유이고, 따라서 마땅히 노출 관리에 매우 각별히 신경을 써야 할 지점이 되는 이유가 된다.

대기오염의 이런 특성 때문에 그림 3.5에서 악마의 뿔처럼 튀어나온 대로변과 같은 핫스폿 지역 또는 핫스폿 지점을 관리하는 일은 시민 건강을 위한 노출 관리에 있어서 매우 중요한 핵심 사항이 된다. 그리고 가끔 이 핫스폿을 의역해서 '공기질 우심지역(憂心地域)'이라고 부르기도 한다. '초고농도 핫스폿(hyper hot spot)'은 '초고농도 우심지점'쯤으로 번역될 수도 있을 것이다.

하지만 이런 초고농도 우심지점(지역)이 다차선 도로 또는 도로변에만 존재하는 것도 아닐 듯싶다. 이런 우심지점 및 지역은 의외로 우리 생활 주변 다양한 곳들에 산재하고 있다. 뒤에서 좀 더 구체적인 논의를 해보겠지만, 상시적인 노천 쓰레기 소각 지역이라든가, 석유화학공장 공단 지역 등도 모두 유해물질 초고농도 우심 지역 또는 우심 지점들이 된다. 그리고 많은 경우 직화 구잇집이나 요리를 많이 하는 주방, 담배 흡연방 등에서도 초미세먼지 초고농도 지점들이 발생한다. 1장에서 필자는 초미세먼지와 대기유해물질들이 '유비쿼터스'한 특징, 거의 모든 곳에 존재하고 있는 특징을 갖고 있다고 했다. 그리고 특히 우리나라의 경우 대부분의 초·중·고등학교들이 도로변에 위치해 있는 경우도 많아, 학생들의 초미세먼지에 대한 노출 관리 역시도 매우 중요한 이슈가 될 수 있을 것이다. 이 문제 역시도 이 책의 뒷장들에서 한 번 더 자세한 논의를 해 보도록 하겠다.

생각 더 하기 4 **초고농도 지점 - 지역 피하기**

본문에서 초미세먼지 농도가 높은 지역 또는 지점을 초미세먼지 핫스폿이라고 정의했고, 이런 지점 혹은 지역에서는 가능하면 노출 관리에 힘을 써야만 한다고 강조를 했다. 이런 회피 행동은 바로 일상생활에서의 노출 관리를 의미하는데, 초미세먼지 농도가 높을 가능성이 있는 지역으로는 교통량이 많은 고속도로나 대로변, 삼겹살 구잇집과 같은 고기구이 또는 생선구잇집, 튀김, 볶음, 혹은 불판 구이 등을 자주 하는 주방 및 부엌 등이 모두 초미세먼지 핫스폿, 초미세먼지 우심지점이 될 수 있을 것이다.

하지만 고농도 핫스폿을 비단 초미세먼지 농도가 높은 지역만으로 한정해서 너무 좁게 정의할 필요는 없을 듯싶다. 그보다는 다양한 원인으로 인체에 유해한 영향을 줄 수 있는 모든 유해물질들의 고농도 지점들을 핫스폿으로 정의하는 것이 보다 실용적인 정의법이라고 생각된다. 그런 유해한 핫스폿으로는 초미세먼지뿐만 아니라, 1~2급 발암물질인 **휘발성 유기화학물질들**(VOCs)이 고농도로 존재하는, 정유·석유화학 공단 지역이나 대중 흡연실 같은 '화학물질 핫스폿'도 있을 수 있고, 코로나19 바이러스가 대유행(pandemic)하는 상황에서는 대중이 많이 모이는 밀폐된 실내 공간도 '생물학적 핫스폿'으로 정의될 수 있을 것이다.

또한 '방사선 핫스폿'도 있을 수 있다. 여러 방송 보도와 신문 기사에서 2021년 도쿄 올림픽 성화 봉송로나 후쿠시마 인근 경기장 주변 등에서 기준치를 초과하는 방사선이 검출되었다는 보도도 있었다.[14] 이들 장소에선 시간당 0.21~0.25μSv의 방사선이 검출되었다고 하는데, 이는 1년 기준으로, 1.8~2.2mSv에 해당되는 양이 된다. 일반인 1년 기준 방사선 피폭 허용량이 1mSv 정도인 것을 고려하고, 1년 동안 이 장소에서 이 정도 방사선에 계속해서 노출된다는 가정하에서, 이는 1년 방사선 허용치의 1.8~2.2배의 방사선에 해당되는 양이 된다. 이런 장소 역시 인체에 유해한 '방사선 핫스폿'으로 우리가 정의해볼 수도 있을 것이다.

참고로 우리가 엑스레이를 한 번 찍을 때 노출되는 방사선이 대략 0.1mSv 정도이고, 컴퓨터 단층촬영(CT)의 경우에는 한 번 촬영에 10mSv, 양전자방출 단층촬영(PET-CT)의 경우에는 한 번 촬영에 무려 20mSv의 방사선에 노출된다. 이 방사선 양들은 일반인 1년 방사선 허용 기준치의 10배에서 20배에 달하는 양이다. 우리가 생활하면서 걱정해야 할 것은 단지 초미세먼지 문제만은 아닐 듯싶다. 이와 같은, '의료 방사능'도 우리가 주의해야만 하는 인체 유해 요소이다. 또한 우리 생활 주변에도 의외로 방사선 수치가 높은 방사선 핫스폿 지점들이 꽤 많이 존재한다.[15,16] 건물이나 도로, 지하공간 등 생활 공간에서 노출되는 방사선은 '생활 방사선'이라고 부르는데, 우리 주변에 존재하는 이런 '생활 방사선 핫스폿'도 아주 다양해서 적극적인 노출 관리를 해야 할 지점들이 된다.

동시에, 작업장에도 방사선 핫스폿들이 존재한다. 특히, 희귀광물들(Earth Rare Metals)을 채굴하고, 정제·제련하는 작업자들이 높은 방사선에 노출될 위험이 있다는 보고도 자주 있어 왔는데, 이는 희귀광물들과 함께 암석 내에 존재하는 토륨(Th)이나 우라늄(U) 등의 방사능 물질들 때문이다. 때로 이들 광산 및 희귀광물 정·제련 작업장의 방사선 수치는 우크라이나 체르노빌 지역 방사선 수치의 무려 2배를 초과한다는 보고도 있었다.[17] 이런 문제들 때문에 초미세먼지나 대기유해물질의 고농도 지역들뿐만 아니라, 생활과 의료, 그리고 작업장 등에서의 방사선 고수치 우심지역들도 우리가 항상 조심하며 관리를 해야만 하는 지점들이 될 듯싶다.

4장

내부의 문제인가?
아니면 외부 요인 때문인가?

———

군주에게 필요한 것은 사자의 용맹과 여우의 지혜이다.[1]
– 마키아벨리

이번 4장에서는 우리나라 (초)미세먼지 문제의 주요 오염원이 어디에 존재하고 있는지에 대해서도 한번 '질문적 논의'를 진행해 보고자 한다. 많은 분들이 아마도 인지하고 있겠지만, 우리나라에서는 이 문제와 관련해서 논쟁 비슷한 것이 있어 왔다. (초)미세먼지 문제의 발생 원인은 우리나라 내부에 있는가? 아니면 외부 요인 때문인가? 여기서 외부 요인이라고 함은 주로 중국으로부터 대기오염물질의 장거리 수송을 지칭하는 말이다. 내부 요인이란 주로 경유차, 석탄화력발전소 등의 국내 배출원을 지칭한다. 내부 요인일까? 아니면 외부 요인일까? 이 4장에서 이 질문에 대한 답을 한번 천착해 보자. 그리고 이런 논의에 만약 어떤 정치적 함의(含意)가 있을 수 있다면, 그것이 무엇인지에 대해서도 한번 살펴보는 시간을 가져 보도록 하자. 자, 그럼 이 논의를 시작하기에 앞서, 우선 한반도가 위치한 동북아시아에서의 전형적인 기상 패턴으로부터 우리의 이야기를 시작해 보는 것이 좋을 듯싶다.

삼한사온(三寒四溫)

우리나라 한반도 주변에서 겨울철에는 주로 대륙(육지) 쪽에서 해양 쪽으로 바람이 불고, 여름철에는 해양에서 대륙 쪽으로 바람이 불게 된다. 이런 현상은 육지와 해양의 비열(比熱)과 열전도도의 차이 때문에 발생하는데, 이런 바람을 '계절풍', 영어로는 몬순(Monsoon)이라고 부른다. 이 계절풍은 과학이고, 계절풍의 방향은 자연 과학의 법칙이기도 하다. 이 말은 계절풍의 존재와 그 방향은 동서고금 관계없는 불변의 진리이기도 하다는 뜻이다.

한반도는 말 그대로 '반도'의 땅이다. 대륙(동아시아)과 해양(북서태평양)의 경계에 위치해 있어, 겨울과 봄에는 주풍(主風)이 북풍, 북서풍 또는 서풍이 되고, 여름에는 남풍 또는 남동풍(동남풍)이 주풍 방향이 된다. '한반도에서 겨울과 봄철이면 바람이 북쪽이나, 북서쪽 혹은 서쪽에서 불어오게 된다.' 이 말을 동북아시아의 지도를 머릿속에 그리면서 한번 생각해 보면, 결국 바람은 중국을 경유해서 올 수밖에는 없다는 말과 동의어가 된다. 만약 지금이 조선시대라면, 이 바람의 방향은 하등 문제가 될 이유가 없을 것이다. 하지만 지금의 중국은 거대한 인구를 가진 거대 산업국가이고, 산업이 필요로 하는 많은 에너지와 많은 인구가 필요로 하는 난방과 취사에 주로 석탄과 천연가스 등 화석연료를 사용하고 있다. 이런 이유로 중국에서 대기오염물질의 발생은 피할 수 없는 문제가 되고, 발생된 대기오염물질들은 겨울철과 봄철 북풍, 북서풍 또는 서풍을 타고 중국으로부터 한반도로 넘어올 수밖에는 없다. 우리는 이런 문제를 '대기오염물질의 장거리 이동' 또는 '대기오염물질의 국가 간 이동' 현상이라고 부른다.

바람이 한반도 북쪽에서 불어오게 되는 경우, 한반도로는 북극의 찬 공기가 내려오는 것이므로 한반도의 기온은 뚝 떨어지고 날씨는 매우 추워진다. 반면에 북서쪽 혹은 서쪽으로부터 바람이 불어오게 되면, 바람이 비슷한 위도의 중국 지역을 통과해서 오는 것이므로, 한반도는 상대적으로 따뜻한 기온이 된다. 옛날 우리 선현(先賢)들은 이 북풍과 북서풍(혹은 서풍)이 3~4일 간격으로 교대하면서 한반도로 불어온다는 규칙성을 발견해 냈고, 이를 '삼한사온(三寒四溫)'이라고 녕녕했었다.

한 6년 전쯤 (초)미세먼지가 막 사회적인 이슈로 크게 부상한 직후에, 필자는 전경련(전국경제인연합회)에서 초청강연을 부탁받고 큰 강당에서 강연을 한 적이 있었다. 당시 청중 대부분은 (초)미세먼지에 대해 잘 모르는 일반인들이 많았고, 몇몇 언론사에서 취재도 나왔었다. 그 강연에서 일반인들의 이해를 돕기 위해 필자가 이런 말을 했던 기억이 난다.

"우리나라 (초)미세먼지의 발생 패턴을 알고 싶으시다면, 삼한사온이란 단어를 기억하시면 됩니다. 삼한(三寒), 즉 삼일이 춥다는 것은 바람이 북풍이라는 이야기고, 사온(四溫), 사일이 온난하다는 말은 바람이 북서풍 또는 서풍이라는 이야기가 되겠지요. 앞 장에서 우리가 살펴봤던 바처럼, 그림 3.4와 같이 환경인공위성에서 찍은 동아시아 오염 지도를 참고로 하면서 생각을 한번 해보세요. 삼한 동안 바람이 북쪽에서 만주 지방을 통과해서 오게 되면, 바람(공기)에는 상대적으로 적은 양의 대기오염물질이 실려 한반도로 넘어오게 될 겁니다. 반면에, 바람의 방향이 북서풍 또는 서풍이 되면, 바람에 화북평원 지대(징진지 지역과 산둥성 등)에서 발생하는 많은 양의 대기오염물질을 싣고 한반도로 넘어오게 된다는 것을 의미하겠지요. 따라서 삼한(三寒) 동안에 (초)미세먼지 농도는 낮고, 사온(四溫) 동안에는 (초)미세먼지 농도가 아주 높아질 수도 있을 겁니다. 따라서 삼한사온이 아직도 맞는 이야기라면, 우리나라의 겨울은 삼한 동안에는 추운 날씨로 고생을 하시게 되고, 사온 동안에는 기온는 비교적 따뜻하나 높은 (초)미세먼지 농도로 고생을 하셔야 될 겁니다. 무척 살기 어려운 시대가 도래한 셈이 되겠지요."

그때는 일반인들 이해의 편의를 돕기 위해 했던 이야기였는데, 그 후 기자들이 이를 응용해서 새로운 신조어를 만들어 놓은 것도 몇몇 언론을 통해 확인할 수가 있었다. 삼한사미(三寒四微)! 삼일은 추운 날씨, 사일은 미세먼지라는 말이다. 우리나라 기자들의 응용력, 조어력(造語力)이 꽤 뛰어나다는 생각을 했다. 하지만 삼한사온은 현재에 와서는 거의 맞지 않는 이야기가 되어 버렸다. 이런 규칙성이 현대에 와서는 사라져 버렸다는 이야기다. 그럼에도 불구하고 필자가 당시 강연에서 삼한사온의 예를 든 것은 일반 청중들이 익숙한 언어로 우리나라 (초)미세먼지 문제의 특성을 이해하기 쉽게 설명하기 위함이었다. 현재 삼한사온의 규칙성은 우리나라에서는 사라졌다. 다만, 추운 날은 (초)미세먼지 좋음 또는 보통, 따뜻한 서울날은 (초)미세먼지 나쁨 또는 매우 나쁨이라는 새로운 규칙성만이 생겨났을 뿐이다. 차라리 한청온미(寒淸溫微)라고나 해야 할까? 겨울철 맑은 날은 반드시 춥고, 따뜻한 날은 (초)미세먼지로 고생할 수 있다는 이야기가 되겠다.

위에서 설명했던 내용들을 그림 4.1과 함께 다시 한번 살펴보기로 하자(흑백 그림 4.1보다 이 책의 뒷부분에 첨부된 컬러도판을 참조하길 바란다). 그림 4.1의 왼쪽 사례가 '북풍' 사례, 즉 '삼한' 사례가 된다. 그림의 화살표로 표시된 바람의 주풍 방향을 보면, 바람이 북쪽에서 불어 찬 공기가 만주 지방을 통해 한반도로 유입되고 있음을 볼 수가 있고, 이럴 때 초미세먼지 농도($PM_{2.5}$)는 매우 낮음도 확인할 수가 있다. 반대로 그림 4.1의 오른쪽 사례가 '서풍' 내지는 '북서풍' 사례로 '사온'의 경우에 해당된다. 보다시피, 화북 평원의 징진지 지역과 산동 반도의 고농도 초미세먼지 공기 덩어리가 서풍과 북서풍을 타고 황해를 건너 우리나라로 유입되어 한반도를 강타하고 있는 것을 볼 수가 있을 것이다. 그림 4.1의 두 사례는 우리나라 환경부가 운영하고 있는 에어코리아(AIR KOREA)라는 웹사이트에서 필자가 화면을 직접 수집한 것으로, 삼한 사례는 2018년 1월 27일 사례를, 사온 사례는 2018년 2월 14일 고농도 사례를 선택했다.[2]

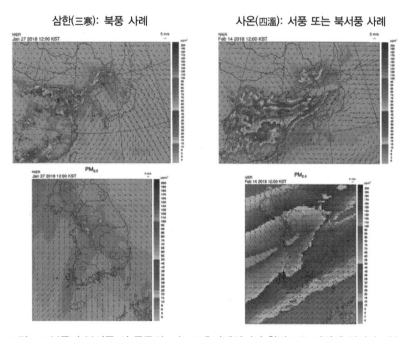

그림 4.1 북풍과 북서풍 시 중국의 고농도 초미세먼지가 한반도로 어떻게 장거리 이송될 수 있을지를 보여 주는 사례들(출처: AIR KOREA). 그림에서 빨간색은 $PM_{2.5}$ 기준 '매우 나쁨', 노란색은 '나쁨', 초록색은 '보통', 파란색은 '좋음'을 나타낸다(컬러도판 p.355 참조).

이런 사례가 반복되다가 그림 4.2와 같은 남풍 사례도 겨울이나 초봄 무렵에 아주 가끔 발생한다(다시 한번 컬러도판 그림 4.2를 참조하자!). 그림

4.2는 2018년 3월 14일 사례인데, 이날은 우리나라 기상 관측 역사상 3월 14일 날씨로는 가장 높은 기온을 기록했던 날이었다. 3월 중순 최고 기온이 무려 서울 21.1℃, 광주 24.8℃를 기록했었다. 이런 따뜻한 날씨는 사실 너무나도 당연했는데, 바람이 남쪽에서 불어오면서 따뜻한 남쪽 공기를 한반도로 가져오니, 기온은 올라갈 수밖에는 없었다. 그리고 이런 경우에는 바람이 중국 화북평원 쪽에서 불어오는 것도 아니었기 때문에, 당연히 초미세먼지 농도도 매우 낮았다. 우리나라 시민들이 오랜만에 추위나 초미세먼지의 고통에서 벗어나 따뜻하고 맑은 공기를 동시에 즐길 수 있었던 매우 희귀한 날이었을 것이다. 하지만 이런 날은 우리나라 겨울과 봄철에 자주 발생하지는 않는다. 매우 예외적인 날이었다는 의미고, 이 같은 예외적인 남풍, 동남풍(혹은 남동풍)과 관련해서는 재미있는 이야기가 하나 전해져 온다.

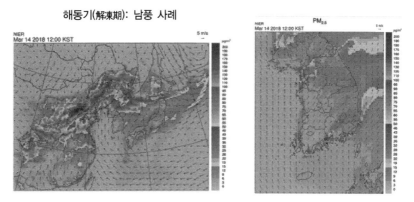

그림 4.2 남풍 시에는 외부의 초미세먼지가 대한민국에는 크게 영향을 주지 않음을 보여 주는 사례이다(출처: AIR KOREA)(컬러도판 p.356 참조).

칠성단, 동남풍을 부르다

필자가 좋아해서 초등학교 시절부터 여러 번 읽기를 반복했던, 중국 역사소설 『삼국지(三國志)』의 클라이맥스 적벽대전(赤壁大戰) 장면에서는 우리가 익히 잘 알고 있는 이야기가 하나 등장한다. 위(魏)나라의 군사 (軍師)로서, 내심으로는 유비를 흠모하고 있었던 방통(龐統)이란 사람이 조조(曹操)에게 건의한 연환계(連環計)는 배를 철선으로 묶어 배로 강 위에 다리를 놓는 작전이었다. 그리고 여기에 더해 오나라에서 거짓 귀순한 황개(黃蓋)라는 장수가 오나라 진영을 공략하는 계책으로 화공(火攻)을 제 안한다. 하지만 이 계책의 문제점은 배들이 나무로 만들어진 탓에 적의 화공(火攻)에는 취약점이 발생할 수도 있다는 것이었다. 하지만 적벽대 전 당시는 겨울이었고, 이 계절에는 당연히 '북서 계절풍'이 주로 불어오 니, 강(江)의 이남에 진을 치고 있는 오(吳)나라로서는 감히 화공을 펼치 기가 어려울 것이라는 점이 또한 이 화공 계책의 핵심이기도 했다.

그런데 이 적벽대전의 클라이맥스에서는 독자들도 아는 좀 묘한 주술 적 과정이 등장한다. 제갈량(諸葛亮)이 갑자기 칠성단을 쌓게 하더니, 신 에게 제사를 지내며 화공을 위한 동남풍을 청(請)하는 장면이다. 그리고 이 청원의 결과는 독자들도 익히 알고 있는 바와 같다. 정말로 갑자기 동남풍이 불어와 오나라의 화공이 성공하고, 위(魏)나라 군대가 패퇴해 서, 중국 전역에 힘의 진공 상태가 발생하고, 이 틈을 타 지금의 쓰촨성 (四川省)을 중심으로 한 파촉(巴蜀) 땅에서 유비가 촉(蜀)나라를 건국해 천 하를 삼분(三分)하게 된다.

이 삼국지의 한 토막 적벽대전 이야기를 필자가 여기서 갑자기 끄집 어낸 이유는, 이 이야기에서 화공의 '불씨'를 '(초)미세먼지'로 바꾸기만 하면 정확히 지금의 동북아시아 (초)미세먼지 상황이 되기 때문이다. 동 북아시아에서 겨울과 봄철이 되면, 북(서)풍이 항상 주풍이라고 앞서 이야기를 했다. 그리고 이런 사실은 옛날 적벽대전이 벌어졌던 1800여 년 전이나 지금이나 별반 다를 바가 없다. 지금 이 (초)미세먼지는 겨울과 봄철 바로 그 북서풍을 타고 지금은 황해를 건너 한(韓)나라, 대한(大韓)민국으로 넘어오고 있는 것이다. 하지만 우리의 현실에는 제갈량이 없다. 칠성단을 쌓아 갑자기 동남풍을 불러 (초)미세먼지의 공습을 막아낼 신출귀몰한 도술을 부릴 도사(道士)는 없다는 이야기다.

사실 위의 이야기도 나관중의 『삼국지연의(三國志演義)』에 나오는 이야기일 뿐이므로, 소설적 상상력이 많이 덧붙여졌을 것이다. 늘 그렇지만 중국 고전 소설은 수많은 과장법으로 점철되어 있다. 하지만 아무리 겨울과 봄철 계절풍의 주풍 방향이 북서풍이라고는 할지라도 그림 4.2처럼 가끔은 남풍이나 남동풍이 부는 경우가 생기고, 위의 적벽대전에선 제갈량이 이를 아주 정확히 알아냈다는 이야기인데, 필자에겐 이 부분도 좀 커다란 무협지 스타일의 허풍으로 들린다. 아시겠지만, 우리나라 기상청의 날씨 예보는 수천억 원짜리 슈퍼컴퓨터와 기상위성, 정교한 수학식으로 구성된 예보 모델 등을 총동원해도 5~6일 후의 기상을 아주 정확히 예측하지는 못한다. 그런데 더군다나 아무런 장비도 정보도 없이 그 옛날 제갈량이 바람 방향의 완전한 역전(逆轉)을 매우 정확히, 그것도 상대가 주도하는 공격이 벌어지는 바로 그 지점, 그 시점에서 예측을 했다는 이야기가 되는데, 기술적으로나 과학적으로는 꿈같은 이야기가 아닐 수 없다. 이런 일이 정말로 그 당시 벌어졌다면 제갈량이 바로 신(神)이거나 엄청난 도술사였을 것이다. 과학을 초월하는 일을 벌였기 때문이다. 하지만 현실계에선 이런 신비한 도술가란 결코 존재하지 않는다. 겨울과 봄, 바람은 북쪽 또는 북서쪽에서 불어오고, 여름엔 바람이 남쪽 또는 남동쪽에서 불어오게 된다. 이는 자연의 섭리이고, 과학이 하는 말이기도 하다. 이 때문에 우리 현실에서는 겨울과 봄철 중국으로부터의 초미세먼지의 공습을 피할 방법은 없다.

그런데 이 정도로 이야기하고 나니, 마치 우리나라 초미세먼지 문제가 중국이란 외생 변수에 의해 모든 것이 좌지우지된다는 말처럼 들린다. 사실일까? 당연히 우리나라 초미세먼지 문제에는 국내 변수도 있다. 그림 4.3은 요즘 많이 논의가 되고 있는 충청남도 화력발전소의 영향을 보여준다. 그림이 보여주고 있는 것처럼 바람이 수도권 쪽이나 대전 쪽으로(즉 내륙 쪽으로) 불게 되면, 주로 해변에 위치한 충청남노 화력발선소로부터 배출되는 초미세먼지와 초미세먼지의 재료 물질들은 당연히 수도권과 충청남도 내륙 공기질에 나쁜 영향을 미치게 된다. 충청남도에는 우리나라 석탄화력발전소 59기 중 대략 절반인 29기의 화력발전소가 밀집되어 있다.

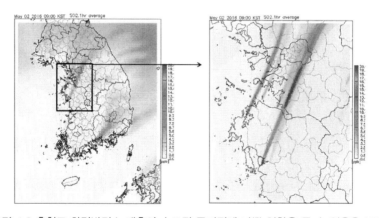

그림 4.3 충청도 화력발전소 배출이 수도권 공기질에 나쁜 영향을 줄 수 있음을 보여주는 대기질 모델링 결과이다(출처: 아주대 김순태 교수). 그림에서 붉은색과 노란색은 발전소에서 배출된 오염물질의 농도가 매우 높음을 나타낸다(컬러도판 p.356 참조).

자, 이제 처음의 질문으로 다시 되돌아가 보자. 우리나라 (초)미세먼지 문제는 내부 요인 때문인가? 아니면 외부 요인, 즉 중국의 영향이 주된 요인인가? 이 문제는 다분히 정치·외교적인 문제가 될 수도 있다. 그렇다면 지금부터는 이 문제를 좀 더 과학적으로 천착해 보도록 하자.

50%가 맞다!

앞서 2장에서 훌륭한 과학자에게는 직업병적인 습관이 있다고 했는데, 그것은 바로 '수치병'이란 것이었다. 과학자는 모든 현상을 늘 정량적으로 숫자를 통해 표현하고 사고(思考)하려는 병을 가지고 있다. 필자도 당연히 이 직업병에 걸려 있고, 그래서 우리나라 초미세먼지 농도에 기여하는 국외 기여도 역시도 숫자, 즉 퍼센티지(percentage)로 표현하는 것을 아주 선호한다. 많은 경우 숫자로 표현하는 것은 곧 구체성, 구체적인 사고가 된다고 했다. 동시에 현상의 중요성을 직관적으로 이해하는 데에도 많은 도움을 준다고 했다. 그렇다면 우리나라 (초)미세먼지 농도에 대한 중국의 기여도는 몇 퍼센트 정도일까? 몇 가지 논란이 있을 수는 있겠지만, 이 수치는 대략 '50%' 정도가 맞을 것으로 보인다. 그런데 이 50%라는 숫자는 경우에 따라선 매우 정치적이고, 또한 정치적으로 활용되기도 한다.

우선 그림 4.4를 한번 살펴보자. 그림 4.4는 수도권에 대해 WRF라는 이름의 기상모델과 CMAQ3이라는 이름을 가진 대기질 모델(위 그림) 그리고 UM이라는 기상 모델과 CMAQ3 모델의 조합(아래 그림)을 활용해서, 국내 (초)미세먼지에 대한 중국의 영향을 2014년 1월부터 12월까지 1년을 대상으로 계산해 본 비교적 최근의 연구 결과다.4 이런 계산에는 당연히 바람의 방향과 바람의 세기 등의 기상 요인들이 매우 중요하다. 그래서 위에서 언급한 모델들 중 WRF와 UM은 모두 기상 예보를 할 때 주로 사용되는 기상 예측 모델들이다. 전자인 WRF는 미국 해양기상청에서 개발한 기상 예측 모델이고, UM은 현재 우리나라 기상청이 기상 예

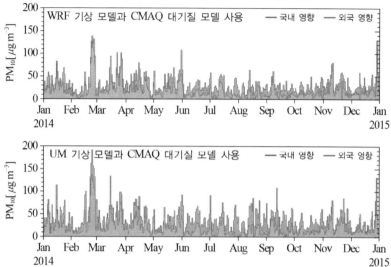

그림 4.4 2014년에 수도권 지역에서 미세먼지 농도(PM₁₀)에 대한 외국 기여도 모델링 실험 결과이다. 다른 종류의 기상 모델인 WRF와 UM을 이용해도 비슷한 결과가 나온다. 주황색 부분은 외부 기여도를, 파란색 부분은 국내 기여도를 각각 나타내고 있다. Kim et al. (2017)[4] 논문의 그림을 기초로 광주과학기술원 AIR 실험실에서 다시 그렸다(컬러도판 p.357 참조).

보 용도로 영국 기상청에서 수입해서 사용 중인 기상 예보 모델이다. 그리고 두 조합에 공통으로 사용되는 CMAQ이란 모델도 미국 환경국(US EPA: US Environmental Protection Agency)에서 개발해 대기질 예보 및 공기질 관련 정책 수립 목적으로 활용하고 있는 품질이 공인된 대기질 모델이다. 이 말은 위에서 연구에 사용되었다고 언급한 WRF, UM, CMAQ 모델들은 모두 믿고 쓸 수 있는, 과학적 검증이 완료된 모델들이고, 따라서 이들 모델들을 사용했다는 것은 현재로선 최선이자 최고의(state-of-the-science) 성능을 갖춘 대기과학 모델들(기상 예측 모델과 대기질 모델들)을 연구에 사용했다는 의미가 된다.

그림 4.4에선 '주황색' 부분이 수도권 (초)미세먼지 농도에 대한 중국

의 영향(기여도)을 나타내고 있고, '파란색' 부분은 국내의 영향을 나타내고 있어, 중국의 기여도를 아주 직관적으로 파악할 수가 있다(컬러도판 그림 4.4를 봐야 '주황색'과 '파란색'을 식별할 수 있다). 그림에서 볼 수 있듯, 11월(Nov)부터 4월(Apr)까지 6개월간은 주황색이 파란색을 압도하다가, 5월(May)부터 10월(Oct)이 되면 파란색 부분이 주황색 부분보다 상대적으로 더 커진다. 결론은 직관적으로 아주 명백해 보인다. 11월부터 4월까지 겨울과 봄철 6개월간은 우리나라 (초)미세먼지 문제에 있어 중국의 영향이 압도적이고, 5월부터 10월까지 6개월간은 국내 영향이 훨씬 더 크다. 앞서 이야기했던 바람인, 바로 그 '계절풍'의 영향 때문이다.

그렇다면, 1년을 평균하면 중국의 영향은 어느 정도일까? 이를 알아보기 위해 이번에는 표 4.1을 살펴보자. 표 4.1은 그림 4.4를 분석한 것과 동일한 방법을 우리나라 16개 지자체에 대해 적용하여, 그 영향을 수치화(과학자의 습관이라고 했다)해서 작성한 표이다. 이 표에 따르면 중국의 영향은 제주도를 제외하면, 인천 64.6%에서 울산 39.6%까지 전국 평균 대략 50% 정도(단순 지역 평균을 하면 53.8%)로 계산된다. 인천에서 중국의 영향이 큰 이유는 무엇일까? 아마도 인천이 지리적으로 중국에서 가까워 황해를 넘어온 대기오염물질들이 인천을 곧바로 직격하기 때문일 것이다. 울산(39.6%), 대구(41.5%), 부산(44.7%) 등에서 중국의 영향이 상대적으로 적은 이유 역시도 이들 지역이 상대적으로 중국으로부터 멀리 떨어져 있고, 소백산맥 등 높은 산맥이 대기오염물질의 이동을 가로막고 있는 이유 때문일 것이다. 제주도에서 중국으로부터 장거리 이송의 영향이 89.0%로 거의 절대적인 이유는 또 무엇 때문일까? 제주도가 중국으로부터 가까운 이유도 있겠지만, 제주도 내에는 대기오염물질의 자체 배출량이 매우 적은 이유가 주된 요인이다. 제주도에는 화력발전소나 대규모 공장 시설 등이 거의 존재하지 않고, 상주인구도 대략 60여

표 4.1 2014년 우리나라 PM$_{10}$에 대한 지자체별, 계절별 해외 배출원의 기여도(출처: Kim et al., ACP, 2017)[4]

지역	겨울 (12, 1, 2월)	봄 (3, 4, 5월)	여름 (6, 7, 8월)	가을 (9, 10, 11월)	연평균
서울	71.3	62.8	32.9	44.5	52.9
부산	61.6	55.0	32.3	29.7	44.7
대구	63.8	53.0	21.7	28.6	41.5
인천	85.7	72.8	40.3	59.6	64.6
광주	70.4	61.8	29.5	25.2	46.7
대전	73.8	60.5	28.2	35.2	49.4
울산	58.8	49.5	23.6	26.3	39.6
경기	80.4	65.1	31.0	49.8	56.6
강원	80.2	69.4	45.7	51.6	61.7
충북	74.4	61.4	29.9	37.0.	50.7
충남	80.2	67.7	32.0	43.8	55.9
전북	75.5	66.2	36.0	32.2	52.5
전남	74.0	67.9	42.0	35.6	54.9
경북	69.8	61.9	38.4	37.7	52.0
경남	68.0	60.8	33.0	28.5	47.6
제주	91.4	94.2	87.2	83.1	89.0

만 명 정도에 불과하다.

그림 4.4와 표 4.1은 미국 해양기상청에 근무하고 있는 우리나라 출신 대기 과학자 김현철 박사와 아주대학교의 김순태 교수가 공동 연구하고, 그 결과를 대기 분야 최고 학술지 중 하나인 유럽 《ACP(Atmospheric Chemistry & Physics)》라는 저널에서 동료 심사(peer review)를 거쳐 게재한 논문에서 발췌한 것이다.[4] 과학계에서 동료 심사를 통과했다는 것은 논문의 과학적 방법론에 큰 문제가 없었음을 동료 과학자들이 인정했다는 의미이고, 그래서 논문 결과의 신뢰도도 매우 높다는 의미가 된다.

전국 1년 평균 우리나라 (초)미세먼지 농도에 대한 중국의 기여도는 대략 50% 정도다. 그리고 표 4.1을 좀 더 자세히 살펴보면, 중국으로부터의 영향이 특히 큰 겨울철(12월, 1월, 2월)에는 지자체별 편차는 있지만, 그 영향이 60~80% 사이에 있음도 확인할 수가 있다. 이 말은 해당 지자체에서 (초)미세먼지 농도에 대한 중국의 기여도가 60~80%, 국내 기여도는 20~40%라는 의미가 된다. 이 정도면 중국의 영향이 겨울철에는 거의 절대적 · 압도적이라고 할 수도 있지 않겠는가?

상기한 분석은 2017년 ACP라는 대기과학 분야 유명 저널에 동료 심사를 거쳐 출판이 되었지만, 2014년, 즉 9년 전을 연구의 대상으로 삼고 있다. 9년 전이라면 그사이 중국 대기오염물질 배출량이 꽤 많이 변했을 수도 있을 것이다. 기여도란 해당 국가의 배출량이 줄어들게 되면, 또한 줄어들 수도 있는 수치가 된다. 따라서 필자도 참여했던 우리나라의 '국가전략 미세먼지 과제'라는 과학기술정보통신부 주관 미세먼지 연구 대형 국책 과제에서는 중국 기여도를 보다 최근 연도를 대상으로 다시 한번 정밀 산정했다. 그 결론은 중국 영향이 대략 1년 평균 기준 '45%' 정도라는 것이었다. 그리고 이 수치는 중국 측 배출량과 우리나라 배출량, 기상 환경 등에 따라 변경 가능성이 존재하기 때문에, 다양한 경우에 대해 계산을 실시해 본 결과, 중국 기여도는 연평균을 기준으로 40~55% 정도에 이른다는 결론에 도달했다. 그리고 우리나라 초미세먼지 고농도 기간의 기여도는 여전히 60~80% 수준까지 매우 높게 계산되었다.

자, 그렇다면 현시점에서 우리나라 (초)미세먼지에 대한 중국의 영향은 과연 몇 퍼센트인가? 1년 기준 대략 40~55% 정도다. 그리고 고농도 사례 시, 혹은 고농도가 자주 발생하는 계절에는 대략 70% 근처(60~80% 사이)일 것으로 추정된다. 이 수치에는 꽤 높은 수준의 '과학적 확신'이 있다. 그리고 이들 수치는 그림 4.4나 표 4.1 이외에도 필자 실험실 및 국립환경과학원 대기질 통합예보센터, 서울대, 아주대, 부산대 등, 여러 연구실에서 다양한 모델과 배출량을 사용하면서 계산한 수치들과도 대략 엇비슷한 수치가 된다.5,6 이들 수치들을 모두 종합하면 알게 되는 사실은, 우리가 비록 여러 종류의 대기질 모델이나 다른 종류의 배출량 자료를 사용한다고 해도 기여도는 대체로 엇비슷하게 산출되는 경향이 있다는 것이다. 그리고 그 수치가 바로 1년 평균 중국의 기여도 대략 50%(40~55%)라는 수치다.

그런데 이 수치에 관해서는 조금은 이상한 뜬소문도 들려온다. 예를 들어 1년 평균 기준 중국의 영향이 50%보다 훨씬 적다는 것이고, 최근에는 '중국의 영향이 '32%'라고 환경부가 중국 정부와 최초로 합의를 했다'는 언론의 보도도 있었다.7 이는 사실일까? 이 '32%'라는 결과는 한·중·일 3개국이 우리나라 환경부 주관으로 진행한 공동연구 프로그램, '한·중·일 장거리이동(LTP: Long-range Transport Program)'이란 프로젝트의 연구 결과인데, 이 연구에서 어떤 일들이 벌어졌었는지는 지면으로 모두 밝히지는 않겠다. 다만, 확실한 것은 중국도 이 기여도 수치를 당연히 줄이고 싶어 한다. 정치적·외교적으로 이 수치들이 상당히 부담스럽기 때문일 것이다.

이 32%라는 수치는 중국, 한국, 일본 연구진이 계산한 수치를 단순히 산술 평균한 값이었다. 중국 연구진이 어떻게 중국의 기여도를 계산했는지는 대충 짐작은 간다. 하지만 정확한 내용과 계산 과정을 투명하게 공개하지 않는다면, 짐작만 할 뿐 사실을 확인−검증할 방법은 없다. 어쨌든 그들은 굉장히 낮은 수치를 들고 왔다. 그러니 산술 평균 수치는 낮아질 수밖에는 없었을 것이다. 세 나라 산술 평균치가 32%. 중국의 수치가 이 수치보다 훨씬 낮았다면, 우리나라나 일본 연구진이 계산한 수치는 이 수치보다 훨씬 높았을 것 아닌가? 과학에 정치의 옷이 입혀지는 순간 수치는 왜곡된다. 여기서 이 32%란 수치는 정치적·외교적·정무적 왜곡을 거친 허구의 수치 혹은 허구일 수 있는 수치라고 필자는 생각하고 있다.

우리는 지금 안정화 단계에 있다

자, 그렇다면 이 45~50%라는 수치가 갖는 의미는 무엇일까? 앞서서도 언급을 했듯이, 2018년 기준 우리나라 초미세먼지 1년 평균 농도($PM_{2.5}$)는 $23\mu g/m^3$ 정도였고, 미세먼지 1년 전국 평균 농도(PM_{10})는 $41\mu g/m^3$ 정도였다. 자, 그럼 이 수치들에 중국의 기여도가 50%라는 사실을 한번 대입해 보자. 만약 우리나라에서 중국의 기여도가 없었다면, 우리나라 (초)미세먼지 농도에는 과연 어떤 일들이 벌어질 수 있을까? 이 계산은 매우 간단하다. 위의 2018년도 농도 수치들을 반으로 나누면 된다. 상기한 (초)미세먼지 농도에 대한 중국 기여도가 50%, 즉 반이라는 의미고, 그래서 이들 수치를 반으로 나누게 되면, 우리나라의 1년 평균 초미세먼지 농도는 $11.5\mu g/m^3$, 미세먼지 기준으론 $20.5\mu g/m^3$가 산출된다. 그렇다면 이 농도들이 중국의 기여(영향)가 만약 없었다면, 우리 국민이 마땅히 누릴 수 있고, 그리고 누려야만 하는 농도 수준이 된다는 이야기다.

그렇다면, 이 $11.5\mu g/m^3$와 $20.5\mu g/m^3$라는 수치를 다른 선진국의 (초)미세먼지 1년 평균 농도와 비교해 보면 어느 정도 수준일까? 이를 살펴보기 위해서 그림 4.5를 한번 살펴보자. 그림 4.5는 OECD 국가들의 국가별 초미세먼지 연평균 농도다. OECD 국가 전체 평균 농도가 $12.5\mu g/m^3$다. 다시 말해, 2018년 기준 중국의 영향이 전혀 없었다고 가정해 보면, 놀랍게도 우리나라 1년 평균 초미세먼지 농도는 OECD 국가들의 평균값보다도 오히려 더 낮고, 벨기에, 네덜란드, 프랑스, 독일보다도 더 낮게 된다.[8]

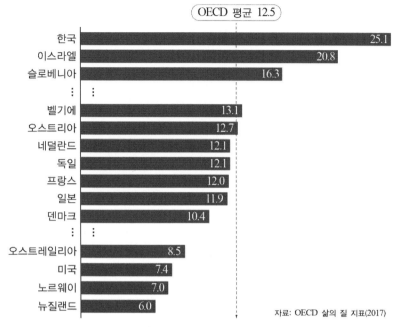

초미세먼지 농도 순위(μg/m³)

OECD 평균 12.5

한국	25.1
이스라엘	20.8
슬로베니아	16.3
벨기에	13.1
오스트리아	12.7
네덜란드	12.1
독일	12.1
프랑스	12.0
일본	11.9
덴마크	10.4
오스트레일리아	8.5
미국	7.4
노르웨이	7.0
뉴질랜드	6.0

자료: OECD 삶의 질 지표(2017)

그림 4.5 OECD 국가들의 연평균 초미세먼지 농도. 대한민국의 초미세먼지 농도가 가장 높은 것으로 알려져 있다.

이상의 사실에 기반해서, 일부 언론이 보도했던 바가 있었던, '우리나라 초미세먼지 농도 OECD 최악 수준'9이라는 보도는 과연 얼마나 공정한 보도였는지도 한번 이성적으로 판단해 볼 수 있겠다. 이 보도는 현상만을 놓고 본다면 틀린 지적은 아니었다. 하지만 내용적으로는 공정한 지적도 아니었다고 생각된다. OECD 국가들 중 타국에서 유입되는 대기 오염물질의 양이 자국에서 배출되는 오염물질의 양과 거의 동등한 수준인 국가는 OECD 국가 중 대한민국이 거의 유일할 것이다. 그렇다면 이런 보도 역시도 외부 국가의 영향을 고려하면서 비교-평가를 해봐야만 보다 과학적이고 공정한 것이 되지 않았을까?

자, 여기에 한 번 더 꼬리에 꼬리를 물고 '질문'을 계속해 보자. 그림 3.3과 같은 오염물질 저감 곡선상에서 우리나라가 현재 어느 상태쯤에 도달해 있는지를 어떻게 판단할 수 있을까? 우리나라는 실질적으로 초미세먼지의 연평균 농도를 $11.5\mu g/m^3$ 수준으로 관리하고 있는 '선진 국가'다. 문제야 물론 많이 있겠지만, 이는 어쨌든 선진국 수준, 즉 단위 (초)미세먼지 저감에 매우 많은 비용이 이미 투입되어 있어야만 비로소 달성이 가능한, 안정화 단계 또는 전환 단계 마지막쯤에 우리나라가 도달해 있음을 의미한다. 이것이 필자가 우리나라의 대기오염물질 저감 단계를 판단하는 또 하나의 기준점이 된다.

실제로도 우리나라 화력발전소나 대형 제철소, 제강 공장, 석유화학 공장들에는 (초)미세먼지 및 (초)미세먼지 재료물질 배출 저감을 위한 전기 집진 장치(electric precipitator), 촉매(catalyst) 장치, 탈황장치와 같은 대형 저감 장치들이 굉장히 꼼꼼히, 그리고 촘촘히 설치되어 있다. 만약 우리가 규제치를 현재보다 한 단계 더 강화한다면, 전기 집진장치의 집진 효율들은 지금보다 한 단계 더 높아져야 할 것이고, 촉매는 두세 단 더 충전되어야 할 것이다. 하지만 이런 작업으로 저감할 수 있는 대기오염물질의 '절대량'은 상대적으로 매우 적은 양이 될 수밖에는 없다. 왜냐하면 우리가 이미 '낮은 과일 수확 단계'를 크게 지났기 때문에, 단위 비용 투입당 큰 저감효과를 기대할 수는 없을 것이기 때문이고, 이 말은 우리의 현재 저감 단계에서는 뭔가 혁명적이고 보다 스마트(smart)한 저감 조치들이 필요하다는 이야기가 될 수도 있다. 이 혁명적이고 스마트한 저감 노력들에는 그렇다면 어떤 것들이 있을지에 대해선 이 책의 7장과 8장, 그리고 9장에서 좀 더 심도 있게 논의를 해보도록 하겠다.

자, 이 절의 결론을 내려보자. 우리는 현재 한계 저감량(단위 투자 비용당 저감할 수 있는 초미세먼지의 양)이 매우 적을 수밖에는 없는 단계에 도달해 있다. 이 단계가 바로 저감의 안정화 단계다. 안정화 단계란 한계 저감량이 거의 최소에 가까워진 단계이기도 하다. 하지만 중국은 앞서 도 언급했듯 아직도 '낮은 과일 수확 단계'에 있을 것으로 추측된다. 그 렇다면, 우리도 당연히 합당한 노력을 계속 경주해야겠지만, 중국의 노 력을 촉구함도 매우 중요한 외교적 노력이 될 수 있을 것이다. 중국은 스스로 대국(大國)이자 지역과 세계의 패권국으로 행동하려고 하고, 또 그렇게 국제사회에서 대섭받기를 원하고 있는 듯 보인다. 그렇다면 (초) 미세먼지 문제와 같은 국제 문제에 있어서도 스스로 책임을 다하고 최 선을 다하는 모습을 국제사회에서 마땅히 보여줘야만 한다. 그것이 스 스로 대국이라고 자부하는 국가로서 취해야만 할 윤리적 자세이자 국제 사회에서의 도리일 것이다.

그런데 다른 한편으로, 우리의 태도나 자세는 또 어떤가? 우리는 아파 트 아래층의 담배 흡연 연기가 우리 집으로 넘어오는 것에는 아주 큰 불평을 하면서, 이웃나라 담배 연기(대기 공해)에 대해서는 불평에 매우 소극적이다. 아래층에 살고 있는 이웃이 혹 힘센 조폭이던가? 아니면 도 덕적 책임 의식을 기대할 수 없는 이웃이라고 미리 포기를 한 것인가? 그런데 또 다른 옆 동네의 이웃이 이번에는 방사능이 포함된 오염물질 을 동네 호수로 희석해서 흘려보내겠다고 한다. 그리고 이에 대해선 또 매우 담대하게 항의를 하기도 한다. 그렇다면 이 옆 동네 이웃에겐 일말 의 도덕적 책임 의식을 우리가 기대하고 있다는 말일까? 필자가 느끼기 에 두 사건에 대한 우리들의 태도에선 다소간의 모순이 감지된다. 여기 서 필자가 느끼는 모순이란 이들 두 환경 문제에 대한 우리의 태도에 매우 소극적인 태도와 아주 적극적인 태도가 큰 원칙도 없이 뒤섞여 있 다고 생각되는 것이다. 우리는 당연히 동네의 이웃들과 조화롭고 평화 롭게 공존해야만 한다. 하지만, 경우에 따라선 우리의 이익과 자존심을 단호히 지켜내야만 할 필요도 있을 것이다. 이 경우 생각해야 할 것이 바로 원칙 있는 용기 그리고 지혜가 아닐까 싶다. 마키아벨리식으로 이야기하자면 '비르투(virtu)'라는 것, '사자의 원칙과 용기, 그리고 여우의 지혜'와 같은 것이다!1 만약 그런 원칙 있는 용기, 여우의 지혜가 없다면 우리의 이익이나 자존심을 지켜낸다는 것도 모두 뜬구름이나 잡는 공허한 허풍과 허언이 돼 버리고 말 것이란 생각도 든다. 그리고 이런 동네 이웃들과의 공존 문제에 대해 독자들, 시민들의 의견은 또 어떤지도 자못 궁금은 하다.

도저한 허무주의

그런데 '중국 기여도는 대략 30% 안팎일 것이다'와 같은 이야기도 환경부 주변에서 가끔 흘러나오곤 한다. 일부 환경단체도 이런 주장을 하곤 한다.10 한·중·일 3개국 LTP 프로젝트의 결과로 중국의 영향이 연평균 32%라는 숫자가 생산되었다는 이야기는 앞서 했던 바가 있었다.7 그런데 우리나라의 국립환경과학원과 미국의 항공우주청이 공동으로 실시했던 KORUS-AQ 집중관측연구에서, 미국 항공우주청 연구진이 계산한 2016년 5월 초에서 6월 중순까지 한 달 반 정도의 우리나라 초미세먼지 농도에 대한 중국 기여도가 '34%'였다.11 표 4.1의 봄-여름철 수치들을 평균해서 보면, 이 34%는 표 4.1과도 일정 부분 맥락이 닿아 있는 수치로 보인다. 사실 2016년 KORUS-AQ 집중측정연구 기간 중에는, 2016년 5월 25일에서 29일까지 4~5일간 작은 규모의 초미세먼지 장거리 이동 사례를 제외하면, 눈에 띄게 큰 장거리 이동 초미세먼지 사례도 거의 없었다. 그럼에도 불구하고 미국 연구진이 계산한 중국 기여도가 34%였다. (초)미세먼지의 장거리 이동이 활발하게 자주 발생하는 달(月)은 주로 11월에서 4월이다. 이 달들이 아닌 5~6월의 기여도가 34%였다.

그렇다면 한·중·일 3개국 LTP 프로젝트의 결과였던 1년 평균 기준 중국의 기여도가 32%라는 이야기는 당연히 설득력이 떨어지는 수치가 된다.

하지만 이 '연평균 기준 중국 기여도 32%'라는 수치도 사실 과정이야 어찌 되었건, 계산을 바탕으로 해서 보고된 최초의 수치였다. 그 이전까지 환경부 주변에서 주장해 온 중국 기여도 30%라는 숫자는 사실 과학적 근거가 전혀 없는 주장이었다. 필자가 무슨 근거로 30%라는 말을 하시느냐고 환경부 관계자에게 물어보면, 그 근거를 당연히 아무도 대답하지 못했다. 모든 주장에서 과학적 근거는 매우 중요한 요소가 된다. 당연하지만 환경부는 행정·정책 조직이지, 과학적인 근거 자료를 생산할 수 있는 연구 조직은 아니다. 환경부 산하 연구 조직은 국립환경과학원이 유일하고, 필자가 알고 있는 한 국립환경과학원 내의 그 어떤 팀도 한·중·일 LTP 프로그램의 결론 이전에 연평균 중국 기여도가 30%라는 근거 자료를 생산했던 팀은 없었다.

그런데 일부 환경단체에서도 연평균 중국 기여도가 30% 혹은 그 이하일 수도 있다는 아주 과감한 주장을 가끔씩 한다.10 그 근거는 무엇인가? 당연히 환경단체도 환경부와 마찬가지로 조직 내에 과학적인 근거 자료를 생산할 수 있는 연구 조직은 없다. 만약 환경단체가 이런 주장을 하려면, 환경단체에 참여하고 있거나 혹은 단체와 관련된 대학 교수들 중 이 일을 담당 혹은 감당할 수 있는 연구 조직의 도움을 반드시 받아야만 한다. 하지만 필자가 알고 있는 한 이 수치를 생산할 수 있는 능력이 있는 우리나라 실험실 중 그 어느 실험실도 30% 혹은 그 이하의 수치를 생산한 일은 단연코 없었다. 그렇다면 이 모든 수치는 과학적 근거가 전혀 없는, 매우 주관적인 가공의 주장이었다는 이야기가 된다. 이런 주장이란 곧 '허구'를 의미하고, 그래서 30%도 허구의 수치라는 이야기가 된다. 그렇다면 왜 이런 정무적이고, 과학에 근거하지도 않은 수치와 주장들이 언급되고, 시중에 유통되고 있는 것일까?

필자는 전자의 경우(환경부의 경우) 그와 같은 행동의 주된 동기가 중국에 대한 정치-외교적 부담에서 비롯되었다고 생각한다. 2018년 아주 추운 겨울 어느 날, 필자가 서울 시청 지하에서 개최되었던 한 미세먼지 토론회에 초청되어 토론과 발표를 했던 기억이 있다. 그때 토론회 중 토론자 한 분이 했던 이야기는 아직도 필자 귀 주변을 뱅뱅거리며 생생하게 맴돌고 있다. "송 교수님께서는 중국의 영향이 50% 근처라고 말씀하셨지만, 그리고 많은 언론에서 이 수치를 바탕으로 중국에 마땅히 요구해야 할 바가 있으면 요구를 해야만 한다고 말들을 하지만, 어차피 중국은 상수 아니겠습니까? 우리는 마땅히 우리가 해야 할 바를 해야만 합니다." 우선 아무리 중국의 영향이 절반이라고 해도, 우리는 우리가 마땅히 해야만 할 바를 해야 한다는 논리에 필자는 진심으로 100% 동의한다. 그런데 '중국은 상수'라는 말에서 느껴지는 이 묘한 느낌은 뭘까? 필자에게 아직까지도 이 말이 귓전을 뱅뱅 맴돌고 있는 이유도, 아마 이 지울 수 없는 묘한 느낌의 여운 때문일 것 같다. '중국은 어차피 상수', 중국은 어쩔 수 없는 언터처블(untouchable)한 존재, 어차피 우리 힘으로 움직일 수 있는 대상이 아니지 않느냐는 의미 아닌가? 무엇인가? 이 환경부에서 온 분의 발언에서 느껴졌던 이 도저한 허무주의, 지극한 패배주의와도 같은 느낌은….

환경부 주변에서 나오는 중국 영향은 아마도 30%라는 주장도 사실은 중국에 대한 대책 요구의 부담감 때문에 생산된 허구의 수치였던 셈이었을 듯싶다. 중국 영향이 50% 혹은 그 이상일 수 있다는 발표가 나오면, 언론이나 시민, 국회, 시민 단체들은 당연히 청와대, 정부와 환경부, 외교부에 중국에 책임 있는 조치를 요구하라고 압력을 가할 것이 분명하다. 정부 입장에서는 중국에 대한 압력에 자신도 없고, 어차피 압력의 실효성도 없다고 미리 판단하는 듯 보인다. 그리고 우리나라 (초)미세먼지 문제 해결을 위해서는 중국과의 협조가 절실하다고 생각하는데, 중국 정부를 압박해 봐야 얻을 것보단 잃을 것이 더 많다는 생각이 그들 사고의 기저에 깔려 있는 듯 보인다. 환경부나 외교부 사고와 행태에서 보여지는 어쩔 수 없는 관성이다.

후자, 즉 일부 환경단체에서 중국 영향을 축소하려는 경향을 보이는 것도 궁극적으로는 국내에서의 감축 노력을 보다 강조하려고 한다는 점에서는 환경부의 입장과 궤를 같이한다고 생각된다. 국내 감축 노력을 강조하는 것은 맞는 주장이다. 그러나 모든 사회적 주장에는 반드시 과학적 근거와 주장에 수반되는 책임이 따른다는 점도 결코 망각하지 말아야 한다. 정부 정책담당자는 기획하고 실행한 정책의 결과에 대해 어느 정도 인사상이든 정치적이든 책임을 지게 마련이다. 하지만 환경단체나 언론은 본인들의 주장에 대해 사실상 어떤 책임도 지지 않는다. 환경단체나 언론의 존립 근거는 시민, 국민을 위해 정론(正論)을 생산하며 정부를 견제하라는 것인데, 언론과 환경단체마저 정론이 아닌 비과학적 사실들을 허구의 수치를 기반으로 주장한다면, 상황은 아주 난감해지고 문제는 총체적 혼란과 파국의 구렁텅이로 빠져들게 된다. 그리고 문제 해결의 첫 단추가 잘못 채워지면, 다시 올바로 단추를 채우는 일은 생각보다 훨씬 어려운 일이 된다.

그런데 이쯤에서 이런 질문도 자연스럽게 생긴다. 중국에 요구할 것은 요구하며, '동시에' 우리는 우리가 할 일은 하는 것이 도대체 왜 불가능한 일일까? 왜 이 너무나도 자명한 명제 앞에서 우리 사회가 갈팡질팡할까? 혹자는 우리가 할 것을 먼저 하고, 나중에 중국에 요구할 것을 요구하자고 하는데,[12] 왜 중국에 요구할 것을 요구하면서, 우리는 우리가 할 일을 '병행해서' 노력하면 안 되는 것인가? 또 다른 혹자는 중국이 문제라고, 중국만을 비난한다. 중국이 바뀌는 것이 보다 중요하다고…. 아주 틀린 말은 아니지만, 그럼 나머지 50%의 국내 기여분은 누구의 책임이란 말인가? 이 나머지 50%는 그냥 방기 혹은 방치해도 되는 문제인가? 또 다른 한편으로, 이 국내 50%의 중요성을 강조하기 위해, 외국 기여도를 축소·왜곡하는 것, 이것도 또한 허구나 기만은 아닐까? 이런 허구나 기만의 생산이 과연 윤리적으로 용납이 될 수 있는 태도인 것일까?

과학적 증거들

이 절에서는 중국으로부터 국경을 넘어, 월경(越境)하는 (초)미세먼지에 관한 필자 실험실의 연구 하나를 소개해 보도록 하겠다. 그림 4.6은 앞서 3장의 그림 3.4처럼 미국 항공우주청의 환경인공위성 센서에서 얻어진 '초미세먼지 광학 농도'(보통 AOD라고 부르는데, 독자들은 이를 그냥 편하게 초미세먼지 농도라고 생각해도 될 것 같다)를 '화북평원' 지역, '황해', '대한민국' 3지역으로 나누어, 2001년부터 2017년까지 17년간, 그 농도의 변화 추이를 분석해 본 것이다.13 이 연구의 목적은 사실 아주 명백하다. (초)미세먼지의 대략 50% 정도가 중국에서 대한민국으로 넘어오고 있다

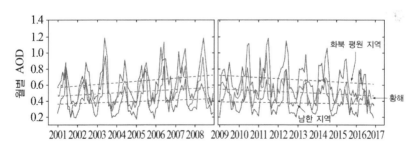

그림 4.6 2001년부터 2017년까지 17년간 환경인공위성을 통해 화북 평원 지역(검은 선), 황해(빨간 선), 남한 지역(파란 선)에서 얻어진 초미세먼지 농도 변화를 분석한 그림이다. 점선들은 변화의 연간 변화 추이선을 나타낸다(출처: 광주 과학기술원 AIR 실험실)(컬러도판 p.357 참조).13

고 했고, 이 중 특히 많은 양이 **화북평원 지역**(징진지, 산둥성, 랴오닝성 남부)에서 대한민국으로, '황해'를 거쳐 넘어오니, 그렇다면 황해에서 (초)미세먼지 농도의 17년간 변화 추이를 분석해 보면, 이들 중국 지역에서 대한민국으로 장거리 수송되어 넘어오는 (초)미세먼지의 양이 매년 줄어들고 있는지, 아니면 늘어나고 있는지를 밝혀낼 수 있지 않을까 하는 의도를 가지고 수행된 연구였다. 다행히도 황해에는 오가는 선박 정도를 제외하면, 대형 대기오염물질 배출원도 크게 존재하지를 않고, 살고 있는 인구도 몇몇 섬을 제외하면 거의 없지 않던가?

그림 4.6에서 검은색 실선과 점선은 화북평원 지역에서 (초)미세먼지 농도의 월간 및 연간 변화 추이선(推移線)을 나타내고, 붉은색 선들은 황해상에서, 파란색 선들은 대한민국에서 (초)미세먼지 농도의 변화를 각각 나타낸다. 그림에서 실선들은 (초)미세먼지의 월평균 농도 변화를, 점선들은 1년 평균 농도 변화의 통계학적 추이를 나타내는데, 이런 통계학적 연평균 추이선 계산을 전문 용어로 '회귀 분석'이라고 부르기도 한다.14 혹 주식 투자를 하시는 독자분들이라면 실선은 대략 20일 이동평균선(MA: Moving Average), 점선은 200일 이동평균선과 비슷한 개념이라고 생각하시면 될 것 같다.

이 연구의 요지는 대략 세 가지 정도다. 첫째, 중국 화북평원 지역의 (초)미세먼지 농도는 2009년까지는 증가했다가, 2009년을 기점으로 감소 추세로 돌아섰다. 이는 중국 당국이 (초)미세먼지 저감을 위해 상당한 노력을 기울였다는 증거가 될 수 있다. 동시에 황해상과 대한민국에서의 (초)미세먼지 농도도 2009년을 기점으로 감소하기 시작한 듯 보인다. 둘째로는 대한민국의 (초)미세먼지(파란색 점선)도 완만하긴 하지만 조금씩 감소하고 있는 것으로 보인다. 원인은 두 가지일 수 있겠다. 우리나라 정책 당국의 노력이 주효했을 수도 있고, 중국에서 황해를 통해 넘어오는 빨간색 점선으로 표시된 장거리 이송 (초)미세먼지의 양이 줄었기 때문일 수도 있다. 그렇다면 우리나라 자체의 노력과 중국의 노력 중, 어떤 노력이 주요 요인일까? 이 점에 대해서, 필자는 후자의 영향이 더 클 것이라고 짐작하고 있다. 왜냐하면 우리나라 (초)미세먼지 농도의 변화 추세 역시 중국 화북평원 지역 (초)미세먼지 농도 증감 추세를 따라, 2009년 이후부터 비로소 감소를 시작한 듯 보이기 때문이다. 우리나라 (초)미세먼지 농도 변화의 주요 동력은 우리나라가 아닌 중국 쪽에 있는 듯 보인다.

셋째, 그렇다면 2009년 이후 우리나라의 (초)미세먼지 저감 노력은 어느 정도로 평가되어야 할까? 이를 평가하기 위해서는 대한민국의 (초)미세먼지 농도의 저감 추세선이 황해상에서의 (초)미세먼지 저감 추세선보다 더 가파르게 감소하는지를 살펴봐야만 한다. 여기서 더 '가파르게' 줄어든다는 것은 일정 기간 동안 우리나라의 (초)미세먼지 농도가 황해에서의 (초)미세먼지 농도보다 더 '빠르게' 줄어들었음을 의미한다. 그림에서 파란색 점선이 빨간색 점선보다 매년 더 가파르게 감소해야만, 우리의 노력이 중국의 노력에 더해져, 대한민국의 노력으로 대한민국의 (초)미세먼지 농도 저감이 이루어졌다고 평가될 수 있을 텐데, 그림 4.6에서 파란색 점선은 빨간색 점선보다 더 빠르게 떨어지고 있질 않다. 물론 앞서 우리나라는 저감 단계에서 안정화 단계에 있다는 지적을 했지만, 그럼에도 불구하고 이 점에 있어서는 우리나라 정책 당국이 분명 반성을 해야만 한다고 생각한다. 대한민국의 (초)미세먼지 농도 감소 속도는 황해상 (초)미세먼지 농도의 감소 속도보다 더 빨라야만 한다. 이것이 우리의 노력을 평가하고 증명하는 지점이 될 것이기 때문이다.

그림 4.6이 암시하고 있는 또 하나의 포인트로는, 검은색으로 표현된 중국의 (초)미세먼지 농도 저감 속도는 우리나라의 (초)미세먼지 농도

저감 속도보다 많이 가파르다(즉, 감소하는 기울기가 더 크다)는 점이다. 이는 3장에서 이미 언급한 바 중국은 여전히 저감의 '낮은 과일 수확 단계'에 있고, 우리는 이미 '안정화 단계'로 접어들었기 때문일 수도 있다. 이 지점이 필자는 역으로 우리가 중국에게 해야 할 말은 마땅히 해야만 하는 이유가 될 수도 있다고 생각한다. 중국이 단위 비용을 투입해서 (초)미세먼지 농도를 저감할 수 있는 여지는 우리나라보다 훨씬 크다. 그리고 우리나라보다 훨씬 쉽게, 적은 비용으로 (초)미세먼지 농도를 저감할 수도 있다. 거듭 이야기하지만, '중국은 상수(常數)'가 결코 아니다. 그들은 오히려 대한민국 (초)미세먼지 문제의 변수(變數), 상황을 결정적으로 변화시킬 수 있는 매우 중요한 변수가 된다.

마지막으로 중국에서 넘어오는 대기오염물질은 당연히 (초)미세먼지에만 국한되어 있지도 않다. (초)**미세먼지**를 비롯해 **오존**, 일산화탄소, 아황산가스, 일부 **휘발성 유기화학물질들**, 다방향족 탄화수소 등 수많은 다종(多種)의 오염물질들이 바람을 타고 황해를 끊임없이 넘어오고 있다. 중국은 이들 대기오염물질의 양을 줄일 수 있는 기술적, 재정적 능력이 분명히 있을 것이다. 이것이 우리 정부와 시민사회가 그들과 지속적으로 대화하면서, 마땅히 해야 할 요구가 있다면 그 요구를 해야만 하는 이유가 될 것이다.

작은 낙수(落水)가 곧 바위를 뚫는다

그런데 우리에게 중국이란 거대한 바위를 움직일 수 있는 어떤 정책적, 외교적 지렛대 같은 것이 혹 있을까? 아마도 가시적 지렛대가 잘 보이지 않는다는 점이 '중국은 상수'라는 식의 이야기가 나오는 결정적 이유가 아닐까 싶은 생각도 든다. 북핵 문제의 해결, 경제-무역 문제 등에서 중국에 크게 의존해야만 하는 우리나라 정부 입장에선 아마도 결정적인 지렛대를 발견해 내는 것이 무척 어려운 일일지도 모르겠다는 생각도 든다.

다만, 이 국경을 넘어오는 대기오염물질에 관해서는 국제 협약의 사례도 존재한다. 필자가 4년 전 한 신문에 기고했던 칼럼에서 소개했던 적이 있었는데,[15] 1970년대와 1980년대, 여러 나라가 다닥다닥 붙어살고 있는 유럽에서는 산성비 문제가 큰 국제적 이슈로 부상했던 일이 있었다. 영국에서 배출되는 아황산가스와 질소산화물이 대기 중에서 황산(황산염)과 질산(질산염)으로 변해, 산성비를 만들면서 노르웨이의 숲을 황폐화시켰었다. 독일(당시 서독)에서 배출된 아황산가스와 질소산화물은 옆 나라 체코슬로바키아의 울창했던 숲을 앙상한 죽은 나무의 숲(deadwoods forest)으로 만들어 버리기도 했다. 전형적인 월경성 장거리 오염물질 문제로, 당시 유럽은 이 문제를 유럽 공동체 차원에서 접근해, '장거리 월경성 대기오염에 관한 국제 협약(CLRTAP: Convention on Long-Range Transboundary Air Pollution)'을 마련하여 공동의 노력, 규제와 협력을 해 오고 있다.

우리나라 외교부, 환경부, 그리고 국가기후환경회의 등이 추진해 오고 있는 '동북아시아 청정 공기 협력체(NEACAP: Northeast Asia Clean Air Partnership)' 도 추측건대 이와 비슷한 협약을 지향하고 있는 듯 해 보인다. 이 동북아시아 청정 공기 협력체에는 현재 대한민국, 중국, 일본을 비롯해 러시아, 북한, 몽고 6개국이 참여하고 있는데, 여기서 핵심국가는 당연히 대한민국, 중국, 일본이다. 우리나라와 일본(특히 규슈 지역)은 중국에서 비롯된 대기오염물질의 장거리 이송으로 특히 많은 고생을 하는 국가와 지역들이다. 이런 협약을 만드는 이유는 앞서 언급한 상호 협조, 규제 혹은 규약을 양자 간에 추진하는 것보다는 다자의 틀 안에서 실행하는 것이 해당 문제의 외교적 해결을 훨씬 수월하게 할 수도 있기 때문이다.

필자의 개인적 견해로는, 기왕에 이런 '청정 공기에 관한 국제적 협력

(International Clean Air Partnership)'을 추진하려면, 이를 동북아시아에만 국한시킬 것이 아니라, 보다 넓은 다자의 틀 안에서 추진하는 것도 한 방법이 될 수 있다고 본다. 사실 국가 간 오염물질의 이동으로 고생하는 나라는 전 세계적으로 비단 우리나라와 일본만 있는 것도 아니다. 국가 간 대기오염물질의 이동이란 이슈는 이미 글로벌한 이슈, 범세계적 문제가 되어 있기도 하다. 스리랑카는 인도 남부에서 기원한 대기오염물질의 월경(越境) 문제로 고민을 하고, 싱가포르, 태국, 말레이시아 등은 인도네시아에서 대규모 팜오일 플랜테이션 조성을 위한 놓은 개간용 산불에서 발생하는 초미세먼지 연무(煙霧)로 불평이 아주 심하다. 베트남과 타이완에서도 중국 남부 지역 발(發) 대기오염물질이 월경을 해서 넘어온다. 유럽의 사례는 앞에서도 이미 언급을 했고, 미국도 멕시코 산불에서 발생한 대기오염을 문제 삼아 왔다.

그리고 꽤 많은 양의 중국발 오염물질들은 태평양을 건너 미국의 서해안까지 넘어가 미국 공기질에 악영향을 준다는 사실도 이미 20세기 말부터 보고가 되어 왔다. 그리고 이 문제를 연구하기 위한 HTAP (Hemispheric Transport of Air Pollutants)이란 국제 과학 프로젝트도 이미 세계 기상기구(WMO) 주관하에 진행이 되고 있다. 차제에 이 모든 과학적·정치적 노력들을 하나의 글로벌한 '환경 외교'의 틀에 담아 통합시키는 노력을 해 보는 것도 매우 바람직해 보인다. 우리나라는 유엔 사무총장을 배출했고, 소위 '외교의 달인'이라고 불리는 반기문 전 유엔 사무총장이 대통령 직속의 국가기후환경회의도 주재했었다. 우리에겐 좀 더 큰 글로벌한 시각이 필요하고, 우리가 동북아에서 지역적으로 경험하고 있는 문제를 보다 '지구 보편적인 차원'의 문제로 승격시켜 주도적으로 문제 해결을 도모해 보려는 노력도 시도해 볼 필요가 있지 않을까 하는 것이 이 문제에 대한 필자의 생각이다.

동시에 우리 과학계도 우리가 할 수 있는 일들을 해야만 한다. 앞서 국립환경연구원과 미국 항공우주청의 공동집중측정연구(KORUS-AQ) 기간 중 미국 연구진이 동기간(2016년 5~6월) 우리나라 초미세먼지 농도에 대한 중국의 영향을 34%로 산정했다고 했다. 중국 정부 당국은 항상 우리나라 과학자들의 과학적 연구 결과를 부정해 왔던 측면도 있어 왔다. 그렇다면 객관적이고 과학적 역량을 갖춘 제3자에게 연구를 의뢰하고 (우리의 능력이 부족해서가 아니라), 그들에게 이 문제의 객관적인 결론을 내게 하는 행위도 의미 있는 과학적·정치적 행동이 될 수 있다고 본다. 예를 들어 독일의 막스 플랑크 연구소와 같은 유럽 최고 연구진의 연구, 그리고 미국 항공우주청과 캘리포니아 버클리대학교, 하버드대학교, 조지아공과대학교 등이 포함된 연구진의 객관적이고 과학적인 연구 결과는, 과학적인 공신력과 더불어 동북아시아 대기오염 문제의 국제적 이슈화에도 일정 부분 기여할 수가 있어서 경우에 따라서는 작지만 적절할 수 있는 지렛대의 역할을 할 수도 있을 것 같아 보인다. 그리고 만약 우리나라 환경부 장관이 중국의 생태환경부 부장과 만날 때, 과학적인 증거에 관한 이야기를 혹 해야만 한다면, 이런 종류의 제3자가 도출한 객관적 자료가 또한 중요한 과학적 근거 자료로 활용될 수도 있지 않을까 싶기도 하다. 이상과 같은 노력들이 비록 작지만 필자가 작은 지렛대가 될 수도 있지 않을까 생각하는 것들이다. 아무리 무모한 듯 보여도 계속해서 떨어지는 낙수(落水)의 힘이 단단한 바위를 뚫을 수 있는 법이다. 필자는 항상 그런 작은 낙수의 힘을 늘 믿고 있다.

논의가 좀 길게 돌아온 느낌이다. 필자가 하고자 하는 논의의 핵심은 이런 것이다. 중국은 정말로 상수인가? 필자가 싫어하는 것은 이 말에 은연중 내재되어 있는 허무적 패배주의, 그리고 수동성이라고 했다. 우리는 보다 능동적일 필요가 있고, 보다 능동적일 수 있다고 생각된다.

고칠 수 없다고, 할 수 없다고 미리 단정하지 말고, 작은 틈새를 찾고, 작은 가능성이라도 붙들고 한번 노력해 보자는 것이다. 그 작은 노력이, 작은 낙숫물이 바위를 쪼개는 힘이 될 수가 있다. 그리고 이 말은 비단 대외적인 노력에 한정해서 하는 말도 아니다. 우리가 아무리 저감의 안정화 단계에 있다고 하더라도, 국내에서의 작은 노력들을 십시일반(十匙一飯) 더 해서, 그림 4.6에서 보였던 파란색의 저감 추세선이 좀 더 아래로 기울어질 수 있도록, 좀 더 가파른 속도로 내려갈 수 있도록 한번 노력을 해보자. 그리고 무엇보다도 이 두 개의 노력, 국내적 감축 노력과 국제적 노력을 '동시적'·'병렬적'으로 한번 실천해 보자. 왜 국내와 국외적인 노력을 순차적으로 혹은 어느 하나에만 집중해서 해야 한단 말인가? 도무지 이해가 안 되는 말과 논리들이다. 이런 말들이 필자가 본 장에서 필히 하고 싶었던 말들이었다.

생각 더 하기 5 | 중국이 이미 초미세먼지를 많이 줄였다고?

우리나라 환경부 장관과 중국의 환경부에 해당하는 생태환경부 부장 사이에는 정기적인 회의가 있는 것으로 알고 있고, 두 장관이 만나게 되면 당연히 동북아시아 초미세먼지 문제가 회의의 주요 의제가 된다. 두 장관 회의에서 어떤 이야기가 구체적으로 오가는지를 딱히 알 방법은 없다. 하지만 가끔씩 들려오는 이야기로, 한·중 간 초미세먼지 문제에 대한 중국 생태환경부 부장 논리의 가장 큰 부분은 다음과 같은 것이라고 전해진다.

중국은 최근 엄청난 노력을 기울여 초미세먼지 농도를 지난 5년간 40% 이상이나 줄여왔는데, 서울에서의 초미세먼지 농도는 그렇게 많이 줄고 있는 것 같지는 않다. 만약 한국 측 과학자들이 주장하는 것처럼, 중국의 초미세먼지가 50% 정도 한국의 초미세먼지 농도에 영향을 주는 것이 사실이라면, 당연히 서울의 초미세먼지도 40%는 아니어도 20% 이상은 감소해야 정상이 아니겠는가? 하지만 그림 3.1과 같은 관측값을 보면 상황은 그렇지 못한 것 같다. 이는 서울이나 한국의 초미세먼지는 한국의 문제이지, 결코 중국의 영향 때문이 아니라는 숨길 수 없는 증거가 될 것이다. 그러면서 제시하는 중국 측의 증거가 그림 4.7과 같은 자료다.16 그림 4.7을 보면 최근 중국 측이 많은 노력을 기울여 초미세먼지 농도가 정말로 40% 이상 저감된 듯해 보인다. 그렇다면 이런 중국 측 논리에 우리나라 환경부나 환경부 장관은 어떻게 화답(대응)하는지도 자못 궁금하다.

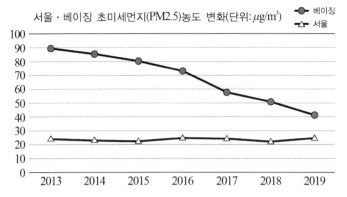

그림 4.7 2013년부터 2019년까지 베이징과 서울에서의 연평균 초미세먼지 농도 (PM$_{2.5}$) 비교. 3장에서 논의했던 바대로 서울에서의 초미세먼지 농도는 2013년에서 2019년까지 큰 변화없이 23~26μg/m^3 사이를 오르락내리락 하고 있다.

자, 사실은 이렇다! 중국이 초미세먼지 저감에 많은 노력을 기울여 온 것은 맞는 말이다. 그림 4.7은 그 증거의 '일부'일 수도 있다. 하지만 문제의 핵심은 그 노력의 대부분이 중국의 인구 밀집 핵심 지역인 징진지 일부 지역과 대도시 지역(상하이나 광저우 지역)에만 집중되고 있다는 것이다. 그림 4.7을 자세히 들여다보면, 이 그래프가 베이징에서의 초미세먼지 농도 측정 자료이지, 중국 지역 전체의 측정 자료는 아니라는 점에 주목해야만 한다. 베이징을 포함한 징진지 일부 지역(베이징, 텐진 및 허베이성의 일부 대도시들)의 초미세먼지 농도는 확실히 줄어들고 있다. 문제는 어떻게 줄었는가 하는 것인데, 물론 석탄을 천연가스 연료로 대체하고, 원자력 발전소를 건설하고, 친환경 전기 자동차를 보급하고, 공장에 공해 저감 장치를 설치하는 등의 노력도 있었지만, 동시에 이 지역 공해 사업장, 공해 산업시설들의 상당 부분을 징진지의 외곽 지역인 산둥성, 허베이성 남부, 허난성, 산시성, 랴오닝성 등으로 의도했던 의도치 않았던 이동시켰다. 그래서 이들 지역의 초미세먼지 농도는 오히려 2~8% 증가를 했다. 이 이야기는 필자의 주장이 아니고, 중국 북경사범대학교(Beijing Normal University) 연구진이 분석해서 국제 저명 저널인 《사이언스 어드밴스(Science Advances)》에 발표한 연구 결과다.[17] 이 논문은 이런 효과를 '의도치 않은 흘러넘침 효과(unintended spillover effect)'라고 부르고 있다. 징진지 핵심 지역을 강하게 누르게 되니(규제를 강하게 하게 되니), 물이 그 주변 지역으로 흘러넘치듯 공해 사업장이나 산업시설들이 주변 지역으로 어쩔 수 없이 이동하게 되었다는 뜻이다.

징진지 핵심 지역은 초미세먼지 농도가 감소했지만 외곽 지역에서는 오히려 증가했다. 그렇다면 화북평원 지역 전체에 걸친 순효과(net effect)는 어떻게 될까? 화북평원 지역은 징진지와 그 외곽의 성(省)들을 모두 포괄하는 지역으로, 앞서 본문에서 장거리 수송을 통해 우리나라 (초)미세먼지 농도에 가장 큰 영향을 미치는 지역이라고 했다. 징진지 핵심 지역의

'감(減)'과 외곽지역의 '증(增)'을 합쳐 효과의 순증감을 분석한 것이 우리가 본문에서 논의했던 그림 4.6이다.

다년간의 환경인공위성 자료를 통계적으로 분석해 보면, 화북평원 지역의 초미세먼지 농도는 매년 줄고 있는 것이 맞는 듯 보인다(그림 4.6의 검은색 점선). 중국의 노력에 분명 치하해야 할 부분이 있는 것도 사실이지만, 중국 생태환경부 부장이 말하는 '40% 이상'이란, 앞서 살펴본 『삼국지』의 허황된 허풍처럼 대단히 과장된 수치로 보인다. 그림 4.6을 보면 감소하는 정도는 대략 10% 이하인 듯 보이고, 화북평원과 한반도 중간에 위치한 황해를 넘어오는 동안 그 감소 폭마저도 더욱 감소하는 듯 보인다(붉은색 점선). 문제는 우리나라의 초미세먼지 농도인데, 초미세먼지 농도가 빠르게 줄지 않는 것은 분명 우리의 노력이 부족한 이유 때문이라고 앞서 여러 번 지적을 했었다(파란색 점선).

모든 문제가 그렇듯 현상의 올바른 과학적 진단은 현상 해결의 올바른 시발점과 초석(礎石)이 된다. 우리나라 환경부도 현상의 올바른 진단에 기초해서 올바른 초미세먼지 문제 해결의 방법을 찾기를 진심으로 바라고, 중국 생태환경부의 주장이나 논리에도 올바로 대응과 반박을 했으면 하는 바람이다.

생각 더 하기 6 **현대판 마법의 구슬들: 초미세먼지, 기상, 기후 예측 모델들**

서양의 동화책이나 판타지 영화를 보게 되면, 마법사가 마법 구슬에게 미래에 일어날 중요한 사건들을 물어보는 장면들을 흔히 볼 수가 있고, 마법사는 그 마법 구슬이 보여주는 환영(幻影)을 통해 미래를 예측하곤 한다. 과거 마법의 시대에서나 현대에서나 미래를 알고 싶어하는 인간의 욕망에는 늘 변함이 없는 것 같고, 그래서 우리는 미래에 어떤 일들 혹은 어떤 재앙이 발생할지를 늘 궁금해하고 이를 미리 알고 싶어 하는 욕망을 지니고 있는 듯 보인다.

서양에서의 이런 마법 구슬은 우리나라에선 아마도 보살이나 점쟁이들의 쌀알이나 젓가락 통 같은 것들에 해당될지도 모르겠다. 하지만 이런 마술적, 신비적 요소들은 모두 봉건시대나 전근대적인 시대의 산물일 뿐이다. 그렇다면 요즘과 같은 후기 산업시대에는 어떻게 무슨 방법으로 미래를 알고자 하는 사람들의 욕망을 충족시킬까? 우리 시대에는 구슬이나 쌀알이 아닌 바로 '과학'으로 미래를 예측한다. 내일과 모래 사이 카테고리5의 거대 태풍이 한반도 남쪽 해안선을 강타하고, 내일 뿌연 초미세먼지 가루가 서울 전역을 온통 회색빛으로 물들이고, 100년 후엔 한반도의 연평균 기온이 무려 3~4°C 정도나 상승할 수 있다고 하는 이 모든 일들은 지금은 마법사의 마법 구슬들이 아닌 수학-과학적 모델들을 통해 예측 가능한 것들의 목록 위에 놓여 있다. 그리고 우리는 이런 수학-과학적 모델들을 각각 기상 예측, 초미세먼지 예측, 기후 예측 모델이라고 부른다.

이들 세 종류의 과학 예측 모델들은 서로 구조가 유사하기도 하고, 기능적으로 서로 연관되어 있기도 하다. 예를 들어, 초미세먼지 예측에서는 기상 예측에서 얻어지는 기상 정보가 밑바탕이 된다. 4장 본문에서도 계절풍의 방향과 세기는 초미세먼지의 이동 방향과 이동량을 계산하기 위한 핵심 정보가 된다고 했다. 만약 북서풍이 산둥성과 징진지 지역을 강하게 불게 되면, 이 북서풍을 타고 한반도의 초미세먼지 농도도 급격한 상승을 보이게 될 것이다.

또한 기상 예측은 기후 예측과 예측 변수란 측면에서 서로 유사한 면이 있다. 두 종류의 예측은 모두 미래의 온도와 습도, 구름과 강수량, 바람의 방향과 속도 등을 예측하는 작업이기 때문이다. 단지 두 예측 사이의 차이가 있다면, 기상 예측은 내일부터 일주일 정도까지의 가까운 미래 날씨를 예측하는 작업인 반면, 기후 예측은 좀 더 긴 시간, 가령 20년, 50년, 100년 후의 평균 날씨를 예측하는 작업이 된다. 즉, 두 예측 사이의 차이는 예측 기간의 차이에서 비롯된다는 뜻이다.

당연히 100년 후의 '기후 예측'은 3~4일 후의 '기상 예측'보단 훨씬 부정확할 수밖엔 없다. 기후 예측의 불확실성이 기상 예측의 불확실성보단 훨씬 더 클 수밖에는 없다는 뜻이다. 기상 예측의 경우도 우리가 꽤 정확하게 예측할 수 있는 기간은 보통 4일 내외 정도다. 그 이후의 예보부터는 정확성이 서서히 떨어져 간다. 그런데 기후 예측이란 하물며 20년, 50년, 100년 후의 날씨를 예측하는 작업이다. 당연히 아주 정확한 예측을 기대해서는 안 될 듯싶다.

만약 상황이 이러하다면, 우리는 사실 잘 맞지도 않는 부정확한 기후 모델의 예측 자료를 근거 삼아 2050년이나 2100년 시점에서의 지구 평균 온도 상승을 예측하고 있다는 이야기도 성립할 수 있을 것이다. 그리고 2015년의 파리기후협약(COP21)은 이런 기후모델의 부정확할 수도 있는 예측 결과를 바탕으로, 지구 온도 1.5°C 이내 상승 억제란 목표를 설정하기도 했었다.

그렇다면 기후 모델은 도대체 얼마나 정확한 것일까? 필자는 '단일' 기후모델의 예측 결과는 대체로 정확하질 않다고 판단한다. 하지만 그렇다고 우리가 미래 기후 예측을 포기할 수는 없는 일 아닌가? 미래의 기후 예측은 인류의 미래가 달린 매우 절실한 문제일 수도 있다. 따라서 이런 기후 예측의 핵심은 아주 정확하지만은 않은 독립된 기후모델 수백 개를 구동한 후, 그 예측값들을 평균하는 방식으로 정확도를 향상시킨다. 이런 수백 개 모델의 평균값을 사용하여 미래의 현상 혹은 현실을 추정-예측하는 기법을 '앙상블 평균(ensemble average) 예측' 기법이라고 부른다.

비록 부정확하더라도 여러 개의 예측을 평균하면 정확도를 높일 수 있다는 앙상블 예측 기법은 19세기 후반에서 20세기 초반에 활동한 인류학자이자 통계학자였던 프랜시스 골턴(Francis Galton)이란 영국인에 의해 처음으로 제안되었다.18 아이큐(IQ)가 200을 넘었었다는 이 천재 학자는 꽤 기인(奇人)이었던 듯싶다. 어느 날 그는 마을 시장 마당에서 황소가 거래되고 있는 것을 우연히 목격했고, 갑자기 그 황소의 몸무게를 예측하는 일이 궁금해졌다. 그래서 주변 사람들 무려 800명에게 그 황소의 몸무게를 질문하기 시작했다. 질문을 받은 사람들은 본인들의 주관적 경험과 느낌을 바탕으로 다양하게 황소의 몸무게를 추측했다. 그 추측들의 대부분은 황소의 실제 몸무게를 정확히 맞추지는 못했지만, 아주 신기하게도 그 800개의 예측된 황소 몸무게를 평균해 보니 단지 1% 정도의 오차만으로 그 황소의 몸무게를 정확히 맞추고 있었다. 소위 말하는 '집단 지성'의 효용성과도 유사한 이 스토리는, 바로 위에서 언급한 앙상블 평균 기법이 상당히 유효한 통계적 예측 수단이 될 수도 있음을 알리는 신호탄과도 같은 것이었다.

그 후 이 앙상블 평균 예측 기법은 미래 기후 예측뿐만 아니고, 기상 예측에서도 활용되어 왔다. 그 대표적인 예가 태풍의 진로 예측인데, '단일' 기상 예측 모델을 통한 태풍 진로 예측은 사실 아주 정확하진 않다. 하지만 다양한 초기 조건을 가진 기상 예측 모델들이 산출한 예측값들을 평균하는 앙상블 평균 예측 기법을 도입하게 되면, 예측된 태풍의 진로는 실제 태풍의 진로와 매우 유사해진다. 주로 9월 발생해서 한반도 근처를 지나가는 태풍의 진로들은 모두 이와 같은 앙상블 평균 기법을 동원해서 예측된 것들이고, 현재 실시되고 있는 우리나라 국립환경과학원의 (초)미세먼지와 오존 예보도 20개 정도의 독립 예측 모델들의 산출값들을 평균하는 앙상블 기법에 의해 예측되고 있기도 하다.

그런데 이런 예측들의 정확도는 앙상블 기법이 도입 말고도, 수학적, 과학적 모델의 정확성과 정교함을 한층 개선함에 의해서도 향상시킬 수 있는 일이 아닐까? 실제로 많은 과학자들은 본인들의 지식을 수학적, 과학적 방정식들로 표현하려고 노력하고, 그래서 기상, 기후, 대기질 예측 모델들 역시도 모두 수학식인 미분 방정식을 기본으로 열역학, 화학, 물리, 대기과학 방정식들이 종합되어 집적되어 있다. 이 수학적, 과학적 지식들은 과거의 수많은 사례들을 연구해 보고, 또한 자료가 필요한 것이 있다면 과학자들이 실험실에서 직접 실험을 해서 얻어낸 자료들을 바탕으로, 자연의 어떤 현상을 구동하는 원칙에 따라 재현할 수 있도록 구성되어 있는 것이다.

우리가 꽤 자주 사용하는 '시뮬레이션(simsimulation)'이란 용어도 사실은 현실-현상을 그대로 '재현(再現)' 혹은 '모사(模寫)'한다는 뜻을 담고 있다. 무엇으로 어디에서 현실을 모사하는가? 바로 컴퓨터상에서 컴퓨터로 현실을 모사하고 재현한다. 이렇게 컴퓨터에서 재현-모사된 세상을 '가상 실재(virtual reality)' 또는 '가상 세계(virtual world)'라고 부른다. 그리고 바로 이 가상 실재, 가상 세계가 현대에서는 과거 봉건 시절 마법 구슬이 보여주었던 그 '환영'의 역할을 하는 셈이다. 우리가 재미있게 봤던 매트릭스라는 영화도 이 가상의 세계에서 일어나는 일들을 관객의 흥미를 끌 수 있도록 재미있게 구성해서 만든 허구적 이야기다. 그런데 이런 시뮬레이션은 현실을 단순히 재생하는 차원을 넘어 비슷한 원리로 미래의 현실을 모사하는 일도 가능하다. 앞서 모델들의 중추(backbone)는 미분방정식이라고 했는데, 그렇다면 이 미분방정식을 현재까지가 아닌 미래의 시간까지 적분한다면, 이것이 곧 미래를 모사하는 일, 즉 '예측'이 될 것 아닌가?[19,20]

그리고 이런 예측을 보다 정교하고 정확하게 만들기 위한 방법이 한 가지가 더 있다. 바로 관측값이란 현재값 또는 현재의 상황을 시뮬레이션의 입력자료로 활용하는 것이다. 일반적으로 현재의 수학-과학적 모델들은 훌륭한 것이기는 하지만 100% 완벽한 것은 못된다. 현재의 과학적 지식에도 늘 한계가 존재하기 때문에, 모델이 미래를 모사할 때도 항상 오차나 오류가 발생하게 마련이다. 따라서 이 오차나 오류를 최대한 줄이기 위해서 과학자들은 시뮬레이션의 중간에 가장 최근의 관측값 혹은 현재(실재)값을 넣어 주는 방식으로 시뮬레이션에 '개입'하게 된다. 그러면 예측은 미래를 '개입'이 없이 예측할 때에 비해 훨씬 더 정확하게 모사하게 된다. 그리고 이 개입하는 행위를 보통 시뮬레이션에서는 '초기 조건을 준다'라고 표현한다. 몇 년 전 행동 경제학에서 유행하던 표현으로 '너징(nudging)'이란 용어가 있었는데, 이 용어도 원래는 시뮬레이션 과정 중 관측값-사실값을 이용해서

시뮬레이션에 '부드럽게 개입'한다는 의미를 지니고 있다.21

이런 개입을 바탕으로 우리의 예측은 그 정확성을 더해 간다. 그리고 여기에 앞서 설명했던 앙상블 평균 기법까지 동원하게 되면, 예측(모사)은 더더욱 정확성을 더해 간다. 예를 들어, 앞서 언급했던 태풍의 진로 예측은 초기 조건에 아주 예민하다. 이런 경우 여러 초기 조건이 개입된 여러 개의 복합-다중 가상 현실을 먼저 계산한다. 그리고 이 가상 현실들을 앙상블 평균한다. 그러면 이 앙상블 평균된 가상 세계는 평균되지 않은 가상 세계들보다 훨씬 더 실제 미래에 가까워진다(혹은 가까워질 확률이 높아지게 된다).

자, 그렇다면 현대의 위대한 마법사들인 과학자들은 미래의 기상, 기후, 대기질(초미세먼지) 예측을 보다 정확히 실행하기 위해 아주 다양한 방식을 동원해 현대판 마법의 구슬들을 정교화하고, 모델(링) 기술들을 진화시키고 있는 셈이다. 기상, 기후, 대기질 모델 자제의 진화, 앙상블 기법의 도입, 현재 관측값의 활용과 개입 등…. 그리고 지금 이 순간에도 미래를 보다 더 정확하게 예측하기 위한 수많은 과학적 노력들이 전 세계의 많은 실험실과 연구실에서 또한 지금도 행해지고 있을 것이다.

찰고지금(察古知今)! 옛것을 고찰하고 이해하고 나면, 현재를 더 잘 헤아릴 수 있다는 옛 선현의 말이다. 현재를 더 잘 이해한다는 말은 곧 가까운 미래를 더 잘 예측할 수 있다는 말과도 같은 말일 것이다. 우리는 과거의 역사를 왜 열심히 배우는 것일까? 아마도 지나간 역사를 잘 궁구(窮究)해서 현재를 더 잘 이해하기 위함일 것이다(察古知今). 그런데 왜 현재를 더 잘 이해하고자 노력하는가? 궁극에는 현재가 어떻게 진행될지, 그 미래가 궁금하기 때문이 아닐까 싶다. 그렇다면 과거를 궁구하는 학문인 역사라는 것도 결국은 태풍의 진로나 미래의 기후변화, 거대 초미세먼지의 도래 시점 및 도래 지점에 대한 궁금증처럼 끊임없이 미래를 알고 싶어하는 인간의 욕망에서 비롯된 학문은 혹 아니었을까? 그래서 영국의 저명 역사학자인 E. H. 카(E. H. Carr) 교수도 역사는 결국 '미래와의 대화'라고 말하지 않았던가?22 그렇다면 이런 의미에서 우리가 기상, 기후, 대기질 예측 모델들을 개발하는 행위 역시도 결국 우리가 미래와 대화하고 싶다는 열망, 바로 그 원초적 욕망에서 추동되어 온 인류 노력의 오랜 산물들은 혹 아닐까?

5장

초미세먼지는 도대체 얼마나 유해할까?

우리가 문명이라고 부르는 것에서 얻은 안락과 편리함이란
혹 파우스트적인 거래의 일부는 아닐까?[1]
- 테오 콜번

5장은 어쩌면 우리의 초미세먼지 논의 중 핵심이 될 수도 있는 장이다. 우리가 초미세먼지를 걱정하는 이유의 근본은 무엇일까? 초미세먼지가 인체에 유해하기 때문일 것이다. 그렇다면 초미세먼지는 어떻게, 도대체 얼마나 인체에 유해한 것일까? 이 문제를 5장에서 자세하게 다뤄보고자 한다. 그리고 이 초미세먼지의 인체 유해성에 대한 논의를 바탕으로, 초미세먼지 문제가 사회의 다양한 측면들과 어떤 맥락에서 어떻게 연관되어 있는지도, 좀 더 큰 숲을 관조하는 마음으로 한번 포괄적으로 '질문적 성찰'을 해 보고자 한다.

초미세먼지의 인체 유해성

초미세먼지는 얼마나 그리고 어떻게 인체에 유해한 것일까? 과학자들이나 예방의학 전공자들은 이런 질문의 답을 주로 보건-환경 통계 자료를 통해 얻곤 한다. 그런데 초미세먼지의 인체 독성과 관련해서 신뢰성 있는 보건-환경 통계 작성을 위한 '기초 자료'를 생산하는 것은 생각보다 매우 까다롭고 어렵다. 이런 이유로 우리나라에서 과거에는 미국이나 유럽에서 생산된 기초 자료를 사용하여 초미세먼지 관련 보건-환경 통계를 작성했었다. 하지만 미국인이나 유럽인과 한국인의 질병 발생 특성이 같을 수는 없을 것이기에, 최근에는 우리나라도 나름대로 기초 자료를 생산하고, 이를 기초로 보건-환경 통계를 작성하고 있다.

초미세먼지는 공기 중에서 호흡이란 과정을 통해 인체로 유입된다. 그래서 초미세먼지는 당연히 호흡기 질환과의 연관성이 가장 클 것으로 생각되지만, 전 세계적으로 많이 사용하고 있는 기초 자료를 바탕으로 살펴보면, 초미세먼지는 폐 관련 질환보다는 오히려 뇌졸중이나 허혈성 심장 질환과 같은 뇌 및 심장 관련 질환을 훨씬 더 많이 발생시키고 있는 것으로 보고되고 있다.[2,3] 이런 연구 결과는 다소간 우리의 상식을 배반하는 연구 결과이기도 하다.

자, 여기서 그림 5.1(a)를 한번 살펴보자. 그림 5.1(a)는 초미세먼지 농도에 따른 병종(病種)별 인구 십만 명당 조기 사망자(premature death) 숫자를 보여주는 기초 자료 곡선이다. 그림 5.1(a)가 보여주는 곡선을 보통 '초미세먼지 농도-조기 사망자 관계 곡선'이라고 부르고, 영어로는 C-R 곡선(Concentration-Response curve)이라고 부르기도 한다. 여기서 '조기 사망'이란 평균 기대 수명 이전에 사망한 죽음을 일컫는 표현이다. 우리나라의 경우 2021년 기준 남성 80.6세, 여성 86.6세 평균 기대 수명 이전의 사망을 조기 사망으로 정의한다.

그림 5.1(a)에서 보듯 뇌졸중(stroke) 및 허혈성 심장 질환(IHD: Ischemic Heart Disease, 주로 심근경색이나 협심증 같은 병들을 일컫는다)에 의한 조기 사망자 수는 만성 호흡기 질환, 폐암, 급성 하기도 염증(ALRI: Acute Lower Respiratory Infection)으로 인한 조기 사망자 수보다 훨씬 더 많은 것을 볼 수가 있다. 그리고 그림 5.1(b)는 그림 5.1(a)의 뇌졸중, 심장 질환, 폐 질

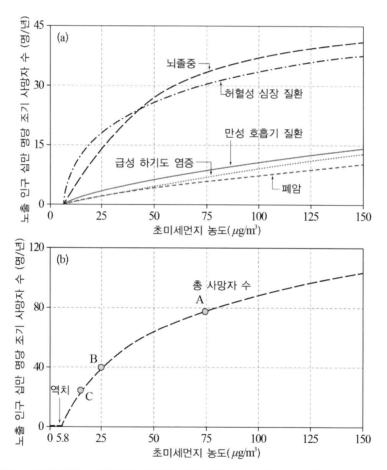

그림 5.1 초미세먼지 농도에 따른 병종별 십만 명당 조기 사망자 수(그림 a)와 총 조기 사망자 수(그림 b). Apte et al.(2017)[2]을 기초로 광주과학기술원 AIR 그룹에서 다시 그렸다.

환 관련 조기 사망자 수를 모두 더했을 때 나타나는 관계 곡선이다.

필자가 국가전략 미세먼지과제에 참여했다는 이야기는 앞서서도 했었는데, 이 과제에 공동 참여했던 서울대학교 의과대학 예방의학과 홍윤철 교수의 연구 결과를 살펴봐도, 초미세먼지 고농도 상황에서 환자가 아닌 일반인들을 대상으로 상시 혈압을 측정했을 때, 수축기 혈압이 10.5~11.3mmHg, 이완기 혈압은 3.6~6.2mmHg만큼 증가하는 경향을 보였다.4 이는 초미세먼지 고농도 발생 시, 고농도 초미세먼지의 호흡이 일반인들 혈압 상승의 원인이 될 수도 있다는 연구 결과이고, 그래서 그림 5.1의 연구 결과와도 일정 부분 상관성이 있어 보인다.

앞서 몇몇 신문에서 '1급 발암물질을 마시며 출근하는 시민들', '우리나라 대기 중에는 발암물질들이 둥둥…'과 같은 다소 살벌한 제목의 초미세먼지 문제 관련 기사들이 나왔다는 언급을 했던 바가 있었는데, 사실 초미세먼지는 과학적으로 암을 유발함에 의해 조기 사망자 수를 증가시키기보다는, 뇌졸중 및 심장 관련 질환을 유발함에 의해 조기 사망을 훨씬 더 많이 증가시키고 있다. 만약, 기자들이 보다 정확한 과학적·의학적 지식을 갖고 신문 기사를 작성했다면, '우리나라 대기 중엔 뇌졸중, 심장 문제 유발 물질들이 둥둥…'이나, 또는 '뇌졸중, 심장 질환 원인 물질을 매일 마시며 출근하는 시민들'로 기사의 제목이나 내용이 수정되었어야 했을 것이다.

그림 5.1의 곡선들은 앞서 언급을 했던 바대로 북아메리카 및 유럽인들을 대상군(群)으로 해서 만들어진 '기초 자료'이다. 또한 그림 5.1의 곡선들은 특정 연령대에 대한 자료의 예시이기도 하다. 당연히 노약자나 어린아이와 같은 질병 취약군이나 영양 상태가 안 좋은 국가의 사람들은 초미세먼지 농도에 훨씬 더 예민하게 반응하는 것으로 알려져 있어서, 그림 5.1의 그래프가 보다 더 위쪽으로 올라갈 수도 있다. 이 말은

같은 초미세먼지 농도에서 조기 사망자 숫자가 더 많이 발생될 수도 있다는 이야기가 된다. 실제로 그림 5.1의 급성 하기도 염증에 의한 조기 사망자 곡선은 5세 이하 어린이에게만 적용되는 기초 자료이기도 하다. 이 말은 어린이들은 초미세먼지에 의한 급성 하기도 염증에 아주 민감하고 취약할 수도 있다는 의미가 되겠다.

자, 다시 5장 최초의 질문으로 돌아가 보자. 초미세먼지는 우리 건강에 어떤 문제를 일으키는가? 뇌졸중, 심장 관련 질환과 폐 질환을 주로 발생시키는 것으로 보인다. 하지만 임신 중인 여성이 초미세먼지에 노출되었을 때, 태아 건강에 나쁜 영향을 줄 수도 있고, 우울증이나 불면 등 정신 건강 관련 질환과도 관계가 있을 수 있다는 연구 결과도 학계에서는 끊임없이 발표되고 있는 것으로 알고 있다.[5,6] 초미세먼지가 우리 건강에 어떤 나쁜 영향을 주는지에 대한 연구는 현재 진행형이지만, 일단 독자들은 다소 보수적인 관점에서, 그림 5.1을 머릿속에 저장해 두는 것이 이 5장 전체 내용의 맥락을 이해하는 데 많은 도움이 될 것이다. 필자는 그림 5.1이 초미세먼지의 인체 독성과 관련한 가장 기초적이며, 현재까지는 가장 공신력 있는 연구 결과라고 생각하고 있다.

그림 5.1과 같은 자료는 초미세먼지의 인체 독성을 평가하는 데 우리가 흔히 참고하는 보건-환경 통계 자료의 조기 사망자 관련 수치를 생산하기 위한 기초 자료로 사용된다. 자, 그렇다면 이와 같은 기초 자료를 사용해서 세계보건기구(WHO)와 우리나라 환경부가 작성·발표하는 보건-환경 통계 중 초미세먼지에 의한 조기 사망자 수를 한번 살펴보도록 하자. 앞서 과학자들에게는 늘 '수치병'이라는 불치병이 있다고 했는데, 당연히 보건 통계학자나 예방의학자들 역시도 초미세먼지의 유해성을 조기 사망자 숫자로 표현하는 것을 선호한다.[7]

세계보건기구 보고서에서 언급된 우리나라 대기오염에 의한 조기 사망자 수는 2017년을 기준으로 17,300명이었다.8 이 수치를 우리나라 인구 백만 명당 조기 사망자 수로 환산해 보면 346명(10만 명 기준으로는 34.6 명) 정도가 된다. 우리나라 환경부 보고서에는 대기오염에 의한 연간 조기 사망자 수를 2015년 기준 12,900명 정도로 보고하고 있고, 이는 인구 백만 명당으로는 258명이 되는 수치다.9 조기 사망자 숫자에 이렇듯 차이가 존재하는 이유는 이런 종류의 보건-환경 통계 자료 생산에 꽤 큰 불확실성이 있다는 의미도 된다. 그리고 이런 수치를 언급하거나 인용할 때는 한 가지 주의해야 할 점도 있는데, 이들 숫자는 '대기오염'에 의한 조기 사망자 수치이지, '초미세먼지'에 의한 조기 사망자 수치는 아니라는 점이다. 초미세먼지로 인한 조기 사망자 숫자는 대략 우리나라 현상황에서 대기오염 사망자 수의 90~92% 정도를 차지하고 있다고 알려져 있다. 나머지 8~10% 사망 원인에는 오존에 의한 사망 등 다른 다양한 원인들이 포함된다.

그런데 여기서 우리가 언급하고 있는 백만 명당 조기 사망자 수 258명 또는 346명이란 구체적으로 초미세먼지가 그래서 어느 정도의 인체 유해성을 가지고 있다는 의미일까? 이런 통계 숫자가 매우 중요하긴 하지만, 일반인들이 이해하기에 아주 친절한 수치 같아 보이지는 않는다. 그래서 초미세먼지(또는 대기오염)에 의한 조기 사망자 수를 우리가 익히 잘 알고 있는 담배 흡연에 의한 조기 사망자 수와 비교하는 방법으로, 대기오염(혹은 초미세먼지)이 얼마나 유해한지를 한번 살펴보기로 하자. 일종의 상대적인 인체 유해도 비교법인데, 이 방법이 초미세먼지의 인체 유해성을 일반인들이 직관적으로 이해하기엔 제법 괜찮은 방법일 듯도 싶다.

그래서 담배 연기와 초미세먼지 중 어느 것이 더 유해하단 말인가?

담배 흡연의 인체 유해성과 대기오염의 인체 유해성을 비교 평가해 보는 작업에는 꽤 타당한 측면이 존재한다. 담배 흡연과 대기오염물질의 호흡은 두 과정 모두 호흡이라는 과정을 통해, 폐를 거쳐 인체에 유해한 성분이 흡수된다는 공통의 메커니즘을 가지고 있기 때문이다. 이런 유사한 메커니즘 때문인지는 몰라도, 가끔 '초미세먼지가 담배 흡연보다도 더 위험하다'는 신문 기사가 나오기도 했었다.[10] 그런데 이 말은 과연 사실일까?

그런데 담배 흡연과 대기오염 사이에는 꽤 큰 차이점도 존재한다. 먼저 담배 흡연과 대기오염의 경우 호흡 때 인체에 들어오는 오염물질의 종류와 농도에서 차이가 나고, 둘째로는 대기오염은 호흡을 하는 한에는 대기 중의 오염물질을 체내로 계속해서 '수동적'으로 받아들여야만 하는 과정인 반면, 담배 흡연은 '능동적(의도적)'으로 담배를 피우지 않는다면, 고농도의 유해물질들을 체내로 받아들이지 않을 수도 있는 '선택적 과정'이라는 점에서 큰 차별성이 있다. 그리고 이 두 번째 차이점은 아주 중요한 변별점을 만들 수 있다. 자 그럼, 대기오염물질의 인체 유해성 또는 조기 사망률과 관련해서는 다음의 장면들을 한번 분석하며, 이 문제의 해석적 분석을 시도해 보도록 하자.

그림 5.2는 필자가 오스트리아의 비엔나에서 매년 개최되는 유럽지구과학연합(EGU: European Geophysical Union) 회의에 참석한 후, 귀국하는 길에 공항 면세점을 둘러보면서 문뜩 눈에 들어온 피사체들을 직접 찍은 사진이다. 말보로와 카멜 담뱃갑 사진들인데, 담뱃갑들에 나오는 글귀와 그림, 메시지들이 흥미롭기도 하고 다소 섬뜩하기도 해서, 직업의식이 발동한 필자가 스마트폰으로 촬영한 것들이다.

먼저 말보로 담뱃갑 위에는 매우 흥미롭고, 섬뜩한 글귀가 쓰여 있다.

그림 5.2 해외에서 판매되고 있는 말보로(Marlboro)와 카멜(Camel) 담뱃갑 사진들. 담배 흡연의 위험성을 경고하는 글귀와 사진들이 보인다(필자 촬영)(컬러도 판 p.358 참조).

"Smoking causes 9 out of 10 lung cancers"는 "10명 중 9명의 폐암 환자는 담배 흡연 때문이다"라는 의미다. 이런 문구는 일반적으로 해당 정부가 담배 흡연의 위험성을 흡연자에게 반드시 사전 경고해야만 한다는 법률적 강제 조항 때문에, 말보로를 생산하는 담배 회사가 담뱃갑 위에 의무적으로 새겨 넣은 것일 것이다. 이 "10명의 폐암 환자 중 9명이 담배 흡연 때문"이라는 숫자도 담배 회사가 직접 적어 넣은 숫자임에 비추어 볼 때, 과학적 근거가 매우 확실한, 회사 입장에서는 거부할 명분이 없는 과학적-의학적 연구 결과로부터 생산된 숫자일 것으로 보인다.

그렇다면 이런 숫자도 그냥 무심히 지나치지 말고, 2장에서 언급했듯 따지고 묻는 질문을 한 번 더 해보자. 10명 중 9명의 폐암이 담배 흡연 때문이라면, 그럼 나머지 한 명의 폐암 환자 발생은 무엇 때문일까? 아마도 이 추론의 결론이 그렇게 어려울 것 같지는 않다. 흡연이 아니라면, 실외-실내 대기오염 호흡 외에는 생각할 수 있는 다른 마땅한 원인이 없을 듯싶다(물론 석면 노출이나 라돈 노출에 의한 폐암의 가능성이 일부 있을 수는 있겠지만, 이 숫자는 아주 제한적일 것이다!).[11] 즉 10명의 폐암 환자 발생 중 9명 정도는 담배 흡연 때문이고, 1명 정도는 실내-실외 대기오염이 발병 원인이 된다. 그렇다면 흡연에 의한 폐암 발병률은 대기오염(실내 공기오염 포함)에 의한 폐암 발병률의 9~10배가 된다는 결론에 도달한다. 하지만 이것은 폐암 발병률에 관한 고찰이다. 앞 절에서 초미세먼지에 의한 폐암 사망률은 뇌졸중이나 심장 질환에 의한 사망률보다는 훨씬 낮다는 이야기를 했었다.

그리고 여기서는 담배의 인체 유해성도 이번 기회에 그림 5.2를 통해 다시 한번 확인해 보자. "흡연은 실명(失明)의 위험을 높인다(Smoking increases the risk of blindness).", "흡연은 당신의 태아를 죽일 수도 있다(Smoking can kill your unborn child).", "흡연은 심장 마비를 일으킨다(Smoking causes heart attacks).", "흡연은 혈관 장애를 유발한다(Smoking clogs your arteries)." 그리고 "흡연이 구강암을 발생시킬 수 있다"는 사진도 보인다.

자, 그럼 흡연과 초미세먼지의 인체 유해성을 앞에서 인용했던 대기오염에 의한 조기 사망자 통계 자료를 통해 한번 확인해 보기로 하자. 세계보건기구(WHO)에서 작성한 우리나라의 2017년 기준 대기오염으로 인한 조기 사망자 수는 인구 백만 명당 346명 정도라고 했다. 그렇다면 2017년 기준 우리나라에서 흡연으로 인한 초과 사망자 수 추정치는 어느 정도나 될까? 대략 인구 백만 명당 1,234명 정도다.[12] 이 말은 흡연으로 인한 초과 사망자 수는 대기오염으로 인한 조기 사망자 수의 대략 3배에서 4배 수준이 된다는 말처럼 들린다. 그렇다면 담배 흡연은 대기오염보다 3~4배 정도 더 유해하다는 것일까?

하지만 필자는 이런 숫자들도 그냥 무심히 지나치지 말고 한 번 더 생각하는 습관을 가져야만 한다고 제안했었다. 필자가 앞서 대기오염과 흡연의 가장 큰 차이점은, 대기오염은 호흡을 하는 이상 대기 중에 섞여 있는 대기오염물질들을 우리 몸으로 어쩔 수 없이 받아들여야만 하는 매우 수동적인 과정인 반면, 흡연은 능동적(의도적)으로 담배를 피우지 않는다면 우리 몸으로 오염물질이 들어오지 않을 수도 있는 '선택적 행동'이라는 점을 지적했었다. 바로 이 담배 흡연의 선택성을 고려한다면, 담배 흡연자 통계의 분모(分母)가 뭔가 좀 이상하다. '단순 인구 백만 명당' 1,234명의 조과 사망자가 발생하는 것이 아니라, '흡연 인구 백만 명당' 초과 사망자 수를 분모로 설정해서 계산해야만 흡연의 인체 유해성을 좀 더 올바르게 평가할 수 있지 않겠는가? 담배 흡연으로 인한 사망자는 간접흡연자를 제외하면, 당연히 담배 흡연자 중에서 발생할 것이기 때문이고, 이는 코로나19 바이러스의 치명률(fatality rate)을 계산할 때 역시도, 사망자 수를 총 국민 수가 아니라 감염자 수로 나눠서 계산해야만 올바른 치명률 정보를 계산할 수 있는 것과 같은 이치다.

우리나라의 평균 흡연율은 2012~2016년 기준 대략 23.9~25.8% 정도로 알려져 있다.13 대략 우리나라 국민 4~5명 중 1명 정도가 담배를 피운다는 이야기고, 이를 고려해서 '흡연 인구 백만 명당 초과 사망자 수'를 다시 계산해 보면, 연간 흡연 인구 백만 명당 5,000명 정도가 흡연에 의해 초과 사망한다는 사실을 알 수가 있다. 이 수치는 앞서 언급한 대기오염에 의한 조기 사망자 346명의 14.5배 수준이다. 그렇다면 담배 흡연의 유해성은 폐암 발생 기준으로는 대략 대기오염물질 인체 유해성의 10배쯤이고, 초과 사망자 수를 기준으로 분석해봐도 14.5배 수준이 된다는 이야기이다.

담배 흡연은 건강 유해성이란 측면에서 당연히 대기오염보다 훨씬 더 유해하다. 대략 10배 이상 더 유해하다고 보면 될 것이다. 따라서 '초미세먼지가 담배 흡연보다 더 유해하다'는 이야기도 당연히 허구가 된다.10 이 책은 당연히 초미세먼지의 유해성과 위험성을 경고하기 위해 쓰여지고 있다. 하지만 아무리 그렇다고 해도, 초미세먼지 문제에 대한 경고와 강조가 또 다른 과장과 허구을 생산해서는 곤란할 것이다. 허구를 진실과 분변(分辨)해 내는 작업이 곧 과학과 과학자의 역할이라고 했다. 담배 흡연은 초미세먼지 흡입보다 더 유해하다. 따라서 흡연자는 마땅히 담배 흡연에 대해 매우 큰 경각심을 가져야만 할 것이다.

권위 있는 서널에 발표된 한 논문에 따르면, 하루 한 개비 담배를 피우는 것은 $PM_{2.5}$(초미세먼지 농도) $667\mu g/m^3$에 노출되는 것과 거의 동등하다는 연구 결과도 있었다.3 무려 $PM_{2.5}$ $667\mu g/m^3$다! 이는 어마무시한 수치, 무시무시한 농도가 아닌가? 만약 실외 초미세먼지 농도가 $200\mu g/m^3$ 정도로만 올라가도 우리나라에선 난리가 난다. 이 정도 농도에선 서울에서 남산 타워는 물론이고, 한 아파트에서 길 건너 아파트 건물 윤곽조차도 잘 보이질 않게 된다. 육교도 전광판도 신호등도 가로수도 가로등도 뒷산도 모두 희미해져 버린다. 그런데 담배 흡연은 무려 초미세먼지 농도 $667\mu g/m^3$에 노출되는 행위와 같다고 한다. $667\mu g/m^3$ 정도의 초미세먼지 농도에서라면 숨도 턱턱 막힐 것이다. 그리고 앞서서도 언급했듯 혈압도 수직 상승할 것이다. 그래서 담배 흡연이란 아주 위험하고 무모한 행위가 되는 것이다.

담배 흡연과 초미세먼지 흡입 중 어느 것이 더 위험할까? 이 질문도 애당초 비교가 되질 않는 우문(愚問)이었다. 당연히 담배 흡연이 훨씬 더 위험하다. 하지만 이 질문엔 매우 중요한 함정이 있다! 초미세먼지와는 달리 담배 흡연은 피할 수가 있는 문제다. 담배는 단지 안 피우면 그만인 '개인적인' 차원의 문제이기 때문이다. 반면에 초미세먼지 문제는 우리가 피하고자 한다고 해서 피할 수 있는 종류의 문제가 아니다. 바로 초미세먼지가 '유비쿼터스'한 존재이기 때문이다. 초미세먼지는 어느 시간, 어느 장소에나 존재하고 있다. 그래서 그 농도가 매우 높다면, 국가 차원, 지자체 차원에서 공기 중의 농도를 저감할 수밖에는 없는, 그런 '사회적 차원'의 문제, 우리나라에선 '사회적' 재앙이 되는 것이다. 개인 적인 문제와 사회적 차원의 문제! 이것이 이 두 문제 사이의 명백한 차 이점, 초미세먼지 문제의 심연이 되는 것이다.

국가 간 행위로 국민 8,650명이 매년 추가로 사망하고 있다

여기서는 다시 그림 5.1로 돌아가 다소 심각할 수 있는 문제점들을 좀 더 살펴보도록 하자. 그림 5.1과 같은 관계 곡선들에는 초미세먼지의 인 체 유해성과 관련해서 우리가 주목해서 살펴봐야만 할 아주 많은 정보 가 담겨 있다. 우선 그림 5.1(b) 하단에 '$5.8\mu g/m^3$'로 표시된 숫자가 눈에 띌 것이다. 이 수치를 보통 '역치 농도'라고 부른다. 역치 농도란, 공기 중 초미세먼지 농도가 이 농도를 초과해야만 비로소 인체 건강에 문제 를 일으키기 시작하는 농도를 의미한다. 이 초미세먼지 역치 농도도 연 구에 따라 그 수치가 조금씩 다른데, 지금은 대략 $5.8\text{~}8.0\mu g/m^3$ 정도로 생각되고 있다.[2] 그리고 이 수치를 달리 해석해 보면, 우리나라가 초미 세먼지 문제로부터 완전히 안전하고 자유로워지기 위해선, 초미세먼지 연평균 농도를 이 역치 농도 이하, 즉 $5.8\text{~}8.0\mu g/m^3$ 이하까지 저감해야 만 한다는 의미도 될 것이다. 이 $5.8\text{~}8.0\mu g/m^3$ 정도의 초미세먼지 농도 는 대략 '지구 배경 농도' 수준의 농도이기도 하다. 이런 역치 농도 연구 를 기반으로 세계보건기구(WHO)도 초미세먼지 안전 농도 가이드라인 을 연평균 $5\mu g/m^3$로 설정했고, 이 목표 달성을 위한 잠정 목표 4단계(최 종단계) 농도값을 $10\mu g/m^3$로 제안한 바도 있었다.[11]

둘째, 앞서 언급했던 바처럼 초미세먼지가 인체에 주로 발생시키는 질병은 뇌졸중과 허혈성 심장 질환이라고 했다. 그림 5.1(a)에서 볼 수 있듯, 두 병종이 초미세먼지가 발생시키는 조기 사망자 수의 70% 이상을 차지하고 있고, 나머지를 만성 호흡기 질환, 폐암, 급성 하기도 염증이 차지하고 있다. 그런데 초미세먼지가 발생시키는 주요 병종인 뇌졸중과 허혈성 심장 질환에 의한 조기 사망자 수와 초미세먼지 농도와의 관계 곡선을 유심히 살펴보면, 그 관계가 직선이 아니고 위로 볼록한 곡선 모양이다. 이 위로 '볼록한 곡선' 모양이 별것 아닌 것처럼 보일지 몰라노, 이 모양에는 매우 중요한 의미가 도사리고 있다.

그림 5.1(a)의 다섯 곡선을 합친 것이 그림 5.1(b)라고 했는데, 그래서 그림 5.1(b)도 그림 5.1(a)의 곡선들 마냥 위로 볼록한 모양이 된다. 자, 여기서 예를 하나 살펴보자. 현재 연평균 초미세먼지 농도가 $75\mu g/m^3$ 정도인 국가(중국, 점 A)가 초미세먼지 농도를 $25\mu g/m^3$만큼이나 줄여, 연평균 초미세먼지 농도 $50\mu g/m^3$를 달성했다고 해 보자. 이런 상황에서 인구 십만 명당 조기 사망자 수에는 어떤 변화가 일어날까? 조기 사망자 수는 77명에서 68명 정도로 9명 정도가 줄어들게 된다. 반면에 현재 연평균 초미세먼지 농도가 $25\mu g/m^3$ 정도인 나라(대한민국, 점 B)가 초미세먼지 농도를 $25\mu g/m^3$의 절반 정도인 $12\mu g/m^3$ 정도를 줄여, $13\mu g/m^3$까지 저감한다면, 인구 십만 명당 조기 사망자 수는 35명에서 20명 정도로 무려 15명이나 줄어들게 된다. 이 사실은 무엇을 의미할까? 그림 5.1(b)의 그래프가 위로 볼록한 곡선 모양인 관계로, 초미세먼지 농도에 따른 저감의 편익(이익)이 농도 수준에 따라 크게 달라질 수 있다는 점이다. 대한민국(점 B)에서는 단위 저감당 편익(인구 십만 명당 조기 사망자 수 감소폭)이 중국(점 A)보다 훨씬 더 크다. 우리나라가 현 상황에서 왜 초미세먼지 농도를 필사적으로 저감해야만 하는지에 대한 매우 강력한 동기를 그림 5.1(b)가 보여주고 있다고 필자는 확신한다.

셋째, 그림 5.1(b)는 초미세먼지 문제가 왜 대한민국이 당면한 최고의 사회 현안 중 하나인지도 또한 보여주고 있다. 그림 5.1에서 필자는 '십만 명당' 조기 사망자 숫자들을 언급했고, 현재 글로벌 이슈이자 이 책의 주요 주제들 중 하나인 지구온난화에 의한 추가 사망자 숫자도 인구 '십만 명' 단위로 그 추정치가 존재하고 있다. 마이크로소프트의 회장인 빌 게이츠(Bill Gates)의 최근 저서 『기후 재앙을 피하는 법』에는 2050년경에 지구온난화에 따른 전 세계 추가 사망자가 십만 명당 대략 **14명**꼴로 발생할 것이란 추정치가 언급되어 있다. 그리고 이 추정치는 21세기 말 무렵에는 십만 명당 75명까지 증가할 것으로 예상되고 있다.[14] 2050년 기준 십만 명당 14명의 추가 사망자는 매우 안타까운 일이다. 하지만 이런 수치는 실제에 있어선 대부분 가난한 나라에서 발생할 확률이 매우 높다. 우리나라는 이제 선진국에 진입했고, 2050년이 되었을 때 이정도 규모의 희생자가 우리나라에서 발생할 가능성은 그리 높아 보이지 않는다. 그리고 무엇보다도 이 수치는 지금 2020년대도 아닌 30여 년 후에나 발생할 예상 희생자 수치다. 하지만 그림 5.1(b)에서 볼 수 있는 초미세먼지에 의한 '지금 현재 바로 여기서'의 조기 사망자 숫자는 무려 십만 명당 **35명**이나 된다. 어느 것이 현재 기준에서 더 시급한 문제일까? 물론 순서를 매기는 일이 좀 우스워 보일 수는 있겠지만, 현재 벌어지고 있는 조기(추가) 사망자 숫자라는 측면에서만 본다면 두 문제는 비교가 되질 않는 문제일 것이다. 두말할 것도 없이, 초미세먼지 문제의 해결이 지금으로서는 우리에게 훨씬 더 시급한 문제로 보인다.

더더군다나, 이 초미세먼지에 의한 조기 사망자 수치는 2030년이 되면 1만 7천 명 수준에서 2만 1천 명 수준으로 오히려 대폭 증가할 것이라는 연구도 있어왔다.[15] 현재 우리나라에서 빠르게 진행 중인 인구 고령화 문제 때문인데, 고령화되는 인구 구조하에선 같은 초미세먼지 농도에서 더 많은 조기 사망자 숫자가 발생될 수 있다. 당연히 노인들은 젊은이들보다 초미세먼지나 코로나19 바이러스 모두에 훨씬 취약할 수밖에는 없다. 그리고 이 2만 1천 명이란 희생자 수치는 십만 명당 무려 **42명**이나 되는 숫자라는 점도 기억해 두었으면 좋겠다.

넷째, 그림 5.1(b)에서 우리나라가 초미세먼지 농도를 **점 B**(연평균 농도 $25\mu g/m^3$)에서 **점 C**(연평균 $13\mu g/m^3$)로 저감할 수만 있다면, 연평균 십만 명당 조기 사망자 수가 대략 절반으로 줄어들 것이라고 했다. 그리고 이 사실을 앞서 4장에서 살펴본 '중국으로부터 상거리 수송되는 초미세먼지 농도가 우리나라 초미세먼지 농도의 절반 정도를 차지한다'고 했던 말과 결합해서 생각을 해보면, 이것이 의미하는 바가 무엇인지도 더욱 명확해질 것이다. **점 C**는 바로 중국으로부터 초미세먼지의 장거리 수송이 만약 없었다면 우리가 마땅히 누려야 하고, 누릴 수 있는 대한민국의 초미세먼지 연평균 농도가 된다.

현재 우리나라의 연평균 초미세먼지 농도 $23{\sim}25\mu g/m^3$ 정도 수준에서 조기 사망자 수가 총 17,300명 정도라고 한다면, 중국으로부터 초미세먼지의 국경 간 이동이 만약 사라진다면, 17,300명이라는 숫자는 대략 8,650명 정도로 감소될 수 있을 것이다. 그리고 이를 달리 해석해 보면, 중국으로부터의 초미세먼지 국경 간 이동으로 인해 8,650명 정도의 조기 사망자가 '매년' 우리나라에서 추가로 발생하고 있다는 의미도 되는 것이다. 중국으로부터의 초미세먼지 장거리 수송으로 인해 매년 대한민국에서 무려 8,650명이나 되는 국민이 뇌졸중, 허혈성 심장 질환이란 병으로 초과 사망한다! 어쩌면 우리는 이런 상황을 중국발 초미세먼지에 의한 **'국가 간 미필적 살인 행위'**라고 부를 수도 있을 것 같다. 그리고 이 사망자 숫자는 1년에 한정된 숫자도 아니고 매년 반복되는 수치다. 10년이면 무려 8만 6천 명. 이런 사망자 숫자는 전쟁에서나 나올 법한 숫자가 아닌가? 우리는 지금 대포나 미사일만 쏘지 않을 뿐, 전시(戰時) 상황하에 있는 것은 혹 아닐까 싶은 생각마저도 든다. 상황이 이런데도 혹자는 한가하게 '우리는 우리의 할 일만을 묵묵히 하자!'라든가, '먼저 우리가 할 일을 한 후에 중국에 요구할 것이 있으면 요구하자!'16라고 반복적인 이야기를 한다. 우리의 상황이 중국에 대해 이렇게 한가한 말을 할 수 있는 상황인지도 다시 한번 묻고 싶어지는 대목이다.

법정 스님은 왜 폐암으로 돌아가셨을까?

이 절에선 화제를 좀 바꿔서 법정(法頂) 스님의 열반에 관한 이야기를 좀 해 보도록 하자. 법정 스님은 필자가 존경하는 스님이셨는데, 어느 날 갑자기 열반하셨다는 소식에 깜짝 놀랐던 기억이 있다. 열반하신 세속적인 이유는 폐암이었던 것으로 필자는 기억한다. 산속 맑은 공기 중에서 생활하셨을 스님이 왜 하필이면 폐암으로 열반을 하신 것일까? 스님이 혹여 담배 흡연을 좋아하셨을까? 글쎄, 필자가 아무리 법정 스님의 폐암 원인이 궁금은 해도, 법정 스님이 혹 담배를 좋아하셨을까 하는 세속적인 궁금증을 갖고 있지는 않다. 그럼에도 "법정 스님은 왜 폐암으로 돌아가셨을까?"라는 화두(話頭)를 던지는 이유는 필자가 초미세먼지와 대기오염의 인체 유해성과 관련해서 지적하고 싶은 사항이 한 가지 있기 때문이다. 이 절에서는 "법정 스님은 왜 폐암으로 돌아가셨을까?"라는 이 선(禪)문답 화두의 답을 선종(禪宗)적인 방법이 아닌, 다소 교종(敎宗)적인 방법으로 구해 보도록 하자. 과학적 자료를 통해 학습을 하면서 그 이유를 추적해 보자는 말이다.

이 추적을 위해서는 먼저 필자가 좋아하는 텔레비전 프로그램인 〈나는 자연인이다〉에서부터 실마리를 찾아보는 것이 좋을 것 같다. 〈나는 자연인이다〉라는 방송을 시청하다 보면, 법정 스님이 생활하셨을 법한 장소, 공기가 맑고 풍광도 좋은 곳에서 걱정도 근심도 없이 속세와 격리된 채, 안빈낙도(安貧樂道)하며 살아가는 자연인의 모습이 마냥 부럽기도 하다가, 필자의 직업의식 때문에 자꾸 눈에 거슬리는 장면들도 늘 두어 가지가 눈에 띈다. "어, 저러면 안 되는데" 하는 부분들 말이다.

그 눈에 거슬리는 첫 번째가 산지의 개간(開墾)이다. 자연인들은 거의 대부분 집과 주변, 꽤 넓은 산악 부지의 숲을 베어 내고 그 장소에 자연인들의 생활을 위한 채소밭이나 집, 정원 등의 생활 공간을 마련한다. 그래서 방송사 드론이 촬영한 공중 사진을 보면 자연인 집 주변은 마치 머리에 탈모증이 생긴 것처럼 나무 없이 파인 불규칙한 흉터들이 등장하곤 한다. 그런데 앞서 1장에서도 언급했듯, 나무란 곧 이산화탄소가 고정(fixation)된 것이고, 기체 이산화탄소는 지구온난화가스라고 했다. 공기 중에서 지구온난화 작용을 하는 이산화탄소가 나무로 고정되어 빽빽한 숲을 만들고, 이 숲으로 인해 지구온난화가 지연되는 효과가 발생하고 있는 것인데, 이런 숲을 역으로 개간하는 행위는 나무라는 이산화탄소 탱크의 밸브를 다시 공기 중으로 활짝 열어젖히는 것과도 같은 행동이 된다. 우리가 남미의 아마존이나 동남아시아 수마트라섬, 보르네오섬의 화전이나 개간을 걱정하는 것도 이 열대 우림에 저장된 막대한 양의 이산화탄소가 공기 중으로 다시 방출되어 지구온난화에 기여하게 되는 것을 걱정하기 때문이다. 그래서 이 자연인의 산지 개간이 필자 눈에 거슬리는 첫 번째 사항이 된다.

그리고 두 번째가 필자가 진정으로 지적하고 싶은 핵심 사항인데, 프로그램에서 거의 모든 자연인들이 행하고 있는 나무 난방, 나무 취사의 문제다. 자연인들은 거의 예외 없이 산에서 수집해 온 나무를 난방 연료로 사용하고, 취사에도 사용한다. 결론부터 먼저 말하자면, 나무를 이용한 취사, 나무를 이용한 난방은 초미세먼지와 대기오염 문제의 가장 커다란 원흉 중 하나가 된다.

그림 5.3을 한번 살펴보자. 그림 5.3은 다양한 배출원에서 발생된 초미세먼지 입자들을 인체 폐 세포에 노출시키는 방법으로 세포 독성, 염증 반응, 유전자 독성, 산화 스트레스 등 다양한 종류의 인체 독성을 실험해 본 결과다.[17] 그림에서 동그라미의 크기가 크다는 것은, 해당 인체 독성이 동그라미의 크기에 비례해서 강하다는 것을 의미한다. 그림 5.3이 보여주는 바처럼, '생명체 소각'으로 표시된 소나무 줄기 연소나 볏짚 연소 등에서 배출되는 초미세먼지의 세포 독성, 염증 반응, 유전자 독성, 산화 스트레스는 디젤 및 가솔린 자동차에서 배출되는 초미세먼지의 독성 다음으로 강한 것이다. 가장 강력한 인체 독성을 가진 초미세먼지가 디젤–가솔린 자동차에서 배출된 초미세먼지이고, 두 번째로 강력한 독성을 지닌 초미세먼지는 바로 나무 연소, 볏짚 연소 등에서 발생되는 초미세먼지가 된다는 뜻이다.

그렇다면 이들 초미세먼지 입자들이 특별히 강한 인체 독성을 갖게 되는 이유는 뭘까? 답은 1장에서도 살펴봤던 탄소계 성분들, 즉 **블랙카본**과 **유기염 입자**의 농도가 이들 초미세먼지들 중에 특히 높기 때문이다. 디젤 및 가솔린 자동차에서 배출되는 초미세먼지와 나무 연소에서 배출되는 초미세먼지에는 다량의 **탄소계 성분**들이 포함되어 있다. 반면, 1장에서 우리가 역시 논의했었던 무기염 성분들인 황산암모늄($(NH_4)_2SO_4$)과 질산 암모늄(NH_4NO_3)은 인체 독성이 크게 높지 않다는 것도 그림 5.3을 통해서 확인할 수가 있을 것이다(이들 입자들에 대해선 그림 5.3에서 동그라미들이 거의 보이지 않을 정도다!). 또한 동아시아 황사는 아니지만 애리조나 황사 입자나 도로변의 비산 먼지(도로 먼지)도 모두 인체 독성이 상대적으로 낮은 입자들이다. 다시 한번 강조하지만, 나무 난방, 나무 취사는 인체에 매우 유해한 고(高)독성의 초미세먼지 입자를 발생시키는 행위들이다.

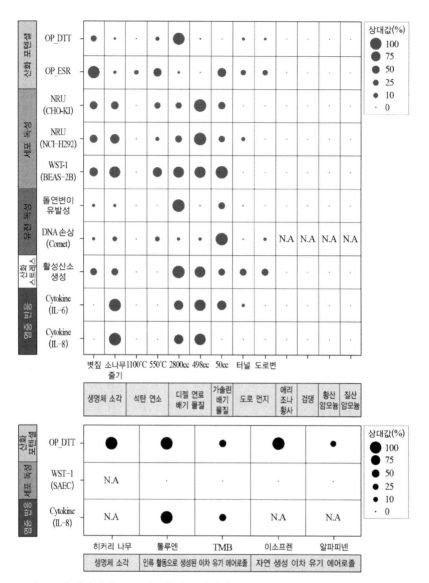

그림 5.3 우리나라의 주요 발생원별 초미세먼지의 인체 독성을 보여주는 그림. 동그라미가 클수록 해당 인체 독성이 크다는 것을 의미한다. Park et al., Scientific Reports(2018)[17]을 기초로 광주과학기술원 AIR 그룹에서 다시 그림을 그렸다.

그런데 여기에는 상황을 더욱 비관적으로 악화시키는 요소가 한 가지 더 추가된다. 나무 난방과 나무 취사는 비단 고(高)독성의 초미세먼지만을 배출하는 것뿐만 아니라, 고독성 기체 인체 유해물질들도 다량으로 배출한다. 이런 기체 인체 유해물질들의 목록에는 우리가 이 책을 통해 계속해서 인체 유해성을 강조하고 있는 **휘발성 유기화학물질들인** 포름알데하이드와 벤젠, 아크롤레인, 아세트알데하이드, 그리고 벤조피렌(Benzopyrene), 시안화 수소 같은 물질들이 모두 포함된다.[18]

나무 난방과 나무 취사에서 발생하는 이들 기체 인체 유해물질들의 인체 독성을 알아보기 위해선 아마도 표 5.1이 필요할 것 같다. 표 5.1은 국제암연구소가 분류한 화학물질들 천여 종을 필자가 생활 현장이나 직업적인 노출 빈도가 높을 수 있는 물질들만을 골라 표로 간략하게 정리해 본 것이다.[19] 국제암연구소는 발암 가능성이 있는 화학물질들을 인체 임상 관련 증거와 동물 실험 관련 증거들을 기준으로 5등급으로 분류한다. 1급 발암물질(그룹1: 발암성에 대한 인체 임상 증거가 충분한 물질들), 발암 의심 물질(그룹2A: 동물 관련 증거는 충분하나, 인체 임상 관련 증거는 부족한 물질들), 발암 가능 물질(그룹2B: 동물 및 인체 관련 발암성에 관한 증거가 아직은 불충분한 물질들), 발암 가능성이 낮은 물질(그룹3), 발암 가능성이 없는 물질(그룹4)이 바로 그 5등급 분류다.

표 5.1이 보여주고 있듯, 나무나 볏짚을 태우는 행위에서 배출되는 물질들인 초미세먼지, 포름알데하이드와 벤젠, 그리고 벤조피렌은 모두 1급(그룹 1) 발암물질들이고, 아세트알데하이드는 발암 가능 물질(그룹 2B), 아크롤레인은 그룹 3에 속한 물질이다. 표 5.1은 나무를 연소시키는 행위에 반복적으로 노출되면, 당연히 인체 건강에 유해한 영향이 있을 수밖엔 없다는 것을 과학적으로 보여주고 있다. 하지만 인체 발암성만이 인체 독성의 전부가 되는 것만도 아니다. 앞에서 예로 든 몇 가지 화

표 5.1 세계보건기구(WHO) 산하 국제암연구소(IARC)에서 분류한 발암물질들과 그 발암 등급

	일반 생활 물질	휘발성 유기화학물질	다방향족 탄화수소	살충제/ 제초제	석유화학산업
그룹 1	초미세먼지, 포름알데하이드, 술(음주), 담배 흡연, 석면, 비소, 6가 크롬, 카드뮴, 다이옥신, 중국식 염장생선, 실내 석탄 난방, 디젤 연소가스, 니코틴, 블랙카본(BC)	벤젠, 트라이크로로에틸렌	벤조피렌	린데인	1,3 부타디엔, 비닐크로라이드, PCBs, 코르타르
그룹 2A	아크릴아마이드, 적색육	스타일렌	다이벤조안트라센	DDT, 알드린, 디알드린	히드라진
그룹 2B	클로로포름, 아세트알데하이드, 가솔린 연소가스, 아이소프렌	에틸벤젠, 메틸이소부틸케톤	나프탈렌, 크라이센, 벤조페난트로센	크로로데인, 헵타클, 카바졸, 파라치온	멜라민, 에틸아세테이트, 퓨란
그룹 3	염색약, 커피, 차, 카페인, 콜레스테롤, 인쇄 잉크, 메틸글라이옥살, 사카린, 리모넨	톨루엔, 자일렌, 아이소프로필알코올	페난트로센, 플로렌, 안트라센	엔드린, 수데인3	염산, 아닐린, 페놀, 아크롤레인
그룹 4					카프로락탐

* 표에서 **굵은 글씨**로 표시한 물질들은 이 책에서 논의가 이루어진 화학물질들을 의미한다.

학물질의 인체 독성에는 암을 발생시킬 수 있는 능력뿐만 아니라 동시에 신경계 교란, 인체 장기 염증 반응 유발 등의 다양한 인체 유해성도 포함되어 있다.[20,21]

이렇듯 나무 연소에서 다량의 고독성 초미세먼지와 기체 인체 유해물

질들이 배출됨에도 불구하고, 필자가 보아 온 많은 자연인은 거의 예외 없이 나무 난방, 나무 취사를 하고 있었다. 그리고 이런 나무 난방과 나무 취사가 만약 실내에서 벌어질 경우, 상황은 더더욱 최악으로 발전하게 된다. 이 경우 자연인들은 실내를 빠져나가지 못하고 축적된, 고농도의 고독성 초미세먼지와 기체 인체 유해물질들에 직접 노출되어, 이들 고농도의 독성물질들을 실내에서 호흡해야만 한다. 전 세계적으로는 저개발국가들 및 개발도상국들에서 실내 난방 및 실내 취사를 위해 나무나 말똥과 같은 동물의 배설물들을 많이 연소하는데, 이런 고체 연료의 실내 연소는 해당 국가 국민 조기 사망의 가장 큰 원인이 되고 있기도 하다.[11]

또한 앞서 필자는 담배 흡연의 인체 유해도가 초미세먼지 인체 유해도의 10배 이상이라는 사실을 지적을 했던 바가 있었다. 그 이유의 일부로서 화학적 발암 유해성 역시도 표 5.1을 보면, 그 독성을 쉽게 추론해 볼 수가 있다. 담배 흡연에서는 보통 4,000여 종의 유해물질이 배출된다고 알려져 있고, 그중 배출량이 많은 화학물질들이 일산화탄소(CO)와 니코틴, 그리고 타르다.[22] 표 5.1에는 니코틴도 1급 발암물질이고, 앞서 나무를 연소하는 행위에서 발생된다고 언급했던 1급 발암물질들인 포름알데하이드, 벤젠, 벤조피렌, 2B그룹 발암물질인 아세트알데하이드, 3그룹 물질인 아크롤레인 등이 모두 담배 흡연으로부터도 배출된다. 여기에 더해, 표 5.1에서 주로 석유화학산업에서 배출되는 1급 발암물질로 분류한 비닐클로라이드(Vinyl Chloride)는 담배 흡연에서도 배출되는 가스이고, 일상 생활 관련 1급 발암물질로 분류한 카드뮴과 비소, 살충제로 분류한 2A그룹 발암물질인 DDT, 석유화학산업 배출로 분류한 3그룹 소속 물질인 페놀 등이 모두 흡연 행위로부터도 배출되는 화학물질들이다. 그리고 이들 화학물질들은 암을 유발하는 발암 독성뿐만 아니라 신경계

이상, 인체 염증 반응 유발 및 장기 손상 유발 등의 각종 부작용도 함께 지니고 있다.[20,21]

그리고 여기에 더해 흡연에서 배출되는 초미세먼지는 담배 흡연이 마른 풀잎을 태우는 행위와 비슷하다고 가정했을 때, 그림 5.3에서 생명체 소각(볏짚 소각)에서 발생하는 초미세먼지와 유사한 독성 특징들을 가질 것으로도 예상된다. 이 모두를 종합해 보면, 왜 담배 흡연이 공기 중의 초미세먼지보다 10배 이상 강력한 인체 독성을 갖게 되는지도 화학 독성학이란 측면에서 충분히 유추해 볼 수 있을 것이다.

이상의 내용을 보고 어떤 느낌이 드는가? 너무 살벌하지 않은가? 이런 이유 때문에 담배를 피우는 행위는 가끔 자살행위와도 비교가 되곤 하는 것이다. 프랑스의 유명한 소설가 프랑수아즈 사강이 마약 불법 소지 혐의로 법정에 섰을 때 했다는 말. "타인에게 피해를 주지 않는 범위 내에서라면, 나에겐 나를 파괴할 권리도 있다." 글쎄, 그 나를 '파괴할 권리'라는 것이 이 담배 흡연에도 적용될 수 있는 말일까?

자, 다시 화제를 〈나는 자연인이다〉로 돌려 보자. 프로그램에서 자연인들은 채식을 많이 하고, 맑은 공기 속에서 생활하며, 자연이 제공하는 온갖 약초(藥草)들을 섭식하면서도, 이 모든 생활의 장점들을 모두 상쇄하고도 남을 만큼의 나쁜 생활 습관이 있었는데, 그 생활 습관이 바로 (실내) 나무 난방과 나무 취사였다. 나무 난방과 나무 취사는 마땅히 피해야만 하는 나쁜 생활 습관인 것이다.

자, 이제 우리의 본래 화두로 다시 돌아와 보자! '법정 스님은 왜 폐암으로 돌아가셨을까?' 사실은 필자도 이 화두의 답을 모른다. 다만, 필자 생각에 법정 스님도 자연인들과 비슷한 생활을 하셨을 것 같고, 그래서 나무 취사, 나무 난방에 혹 자주 노출되었다면, 나무 연소 중에 발생하는 고농도의 초미세먼지와 기체상 인체 유해 독성물질에 자주 노출되었을 확률은 아주 높았을 것으로 짐작된다. 그리고 아마도 이것이 스님 폐암의 한 원인으로 작용하지는 않았을까라고, 필자가 〈나는 자연인이다〉를 보며 몇 번인가 추측해 봤던 기억은 난다.

자, 다시 한번 강조를 하고 싶다! 실내에서 행해지는 나무 연소는 인체 건강에 아주 유해한 물질들을 다량으로 배출한다. 그리고 이 실내 나무 연소를 비롯한 실내 석탄 연소, 실내 말똥 연소 등은 저개발국가들과 개발도상국가 조기 사망자 발생의 가장 큰 원인으로 지목돼 왔다.[11] 그래서 표 5.1을 보면 '실내 석탄 난방' 행위 역시도 1급 발암물질 배출원으로 표시되어 있는 것이다. 그런데 이 실내 석탄 연소, 나무 난방은 반드시 저개발국가들이나 개발도상국들에서만 문제가 되고 있는 것만도 아니다. 필자 경험으로 미국이나 캐나다에서 중산층 이상이 거주하는 개인 주택들에도 낭만적인(?) 나무 장작 난방 시설이 꽤 많이 설치되어 있고, 아일랜드에선 저급 석탄의 일종인 토탄(peat)으로 하우스 난방과 빵을 굽는 전통도 있다. 그리고 스코틀랜드의 하이랜드 지방 명품 위스키들은 토탄 연소 증기를 이용하며 생산되고 있기도 하다.

그리고 우리나라의 경우에서는 최근 실내 난방을 위한 화목난로 사용과 열 생산을 위한 나무 펠릿 연소 등이 계속적으로 증가하는 추세에 있다.[23] 이 증가의 이유는 이들 나무와 나무 펠릿을 우리 정부가 재생에너지(바이오매스)의 카테고리에 넣어 관리를 하고 있기 때문이다. 하지만 실내 나무 연소뿐만 아니라 열 생산을 위해 대단위로 사용되는 나무 펠릿 연소는 많은 양의 초미세먼지와 고독성의 기체 인체 유해물질들을 다량으로 공기 중으로 배출하는 공정들이라고 했다. 따라서 나무나 나무 펠릿 사용을 장려하는 이런 재생에너지 정책은 마땅히 수정되어야만 하고, 시민들 역시 이들 오염원들을 반드시 피해야만 한다.

그런데 이런 실내 나무 연소는 산사(山寺)나, 〈나는 자연인이다〉의 배경이 되는 산중(山中) 또는 열 생산을 하는 지역난방공사 등에서만 벌어지는 일도 결코 아니다. 사실은 우리 생활의 여러 곳에서 거의 매일 벌어지고 있기도 하다. 가장 대표적인 공간은 바로 직화 구잇집이다. 아시다시피 직화 구이에는 숯이 사용된다. 그리고 숯을 태우는 행위 역시 일종의 나무 연소다. 이 숯불 직화 구이 과정에서는 '불완전 연소' 과정도 꽤 자주 발생한다. 손님들은 고기가 타거나 빨리 익는 것이 싫을 때, '불문(火門)'을 줄여달라고 요구한다. 불문을 줄인다는 이야기는 산소 공급을 줄인다는 이야기고, 산소 공급이 줄어들게 되면 불이 약해지고 고기는 덜 타면서 천천히 익게 될지는 몰라도, 이 과정은 불완전 연소공정에 한 발짝 더 가까워지게 되는 것이다.

그리고 이 과정에서는 나무가 불완전 연소하는 것에 더해 숯불 위의 고기도 타게 된다. 이 '타는' 모든 과정, 나무가 타고, 낙엽이 타고, 석유와 석탄이 타고, 고형 폐기물이 타고, 담배가 타고, 촛불과 향불이 타고, 소고기가 타고, 삼겹살이 타고, 양꼬치가 타고, 대창-곱창이 타고, 생선이 타는 이 모든 과정에서 초미세먼지는 아주 유비쿼터스하게 배출된다고 했다. 초미세먼지뿐만이 아니라 앞서 살펴본 수많은 기체 인체 독성화학물질들도 다량으로 유비쿼터스하게 배출된다. 여기에 더해 지구온난화가스인 이산화탄소도 배출된다. 불을 이용해서 태우는 과정은 우리 인류에겐 분명 편리하고 유익한 과정이지만, 1장에서 살펴봤듯 동시에 가장 커다란 인간의 '대상적 행위'가 되기도 한다고 했다.

필자도 가끔 실험실의 대학원 학생들과 회식을 위해 삼겹살집에 들르곤 하고, 그럴 때면 간이 초미세먼지 측정기로 식당 내 초미세먼지 농도를 주인 몰래 살짝 측정해 보곤 한다. 이때 간이 측정기에 측정되는 초미세먼지 농도는 $200 \sim 400 \mu g/m^3$를 아주 쉽게 넘어간다. 그리고 손님들이 식당 내에 아주 꽉 찬 상태라면, $600 \sim 900 \mu g/m^3$까지도 올라간다. 앞절에서 담배 한 대를 피우는 행위는 초미세먼지 농도 $667\mu g/m^3$에 노출되는 행위와도 같다고 했다. 우리는 삼겹살집에서 (비록 담배를 안 피우더라도) 담배 연기와 함께 소주와 맥주를 마시며 회식을 즐기고 있는 셈인 지도 모른다. 그리고 이런 이유에서 삼겹살 구이, 소고기 구이, 양고기-양꼬치 구이, 막창-곱창 구잇집들은 모두 우리가 앞서 3장에서 언급했던 가급적이면 피해야만 하는, 초미세먼지 '초고농도 우심 지점(hyper local hot spot)'들이 되는 것이다.

다시 여담 하나: 화식(火食) 인류, 화석연료

자 여기까지 이야기를 하다 보니, 누군가는 필자에게 혹 이런 질문을 할 수도 있겠다는 생각이 문득 든다. 당신은 왜 불을 사용하는 문명 행위에 이토록 부정적인가? 아니, 이렇게까지 해서 당신이 궁극적으로 언고자 하는 바는 도대체 무엇인가? 당신은 혹 디스토피아적인 세계관을 가진 염세주의자인가? … 물론 필자는 염세주의자는 아니다. 그렇다고 낙천주의자도 아니다. 그냥 평범한 과학적 실용주의자일 뿐이다.

위에서 언급해 온 조금은 살벌할 수도 있는 정보들에도 사실은 아주 소박한 과학적 실용주의가 담겨져 있다. 우리 주변에는 초미세먼지 문제뿐만이 아니라, 우리가 생활에서 간과하고 있는, 그래서 지금보다 조금 더 신경을 써야만 하는 인체 유해물질들이 생각하는 것보다 훨씬 광범위하게, 유비쿼터스하게 존재한다는 사실을 대중에게 알리고 강조하고 싶었을 따름이다. 이런 강조의 이유도 사실은 아주 단순하다. 독자들이 표 5.1에서 주어진 정보들을 토대로 이들 인체 유해화학물질들에 대한 노출을 최대한 줄이는 생활 습관을 보다 일상화해 주었으면 하는 바람에서다. 초고농도 지역 또는 초고농도 우심 지점은 가급적 생활에서 피하고, 표 5.1에서 나타난 인체 유해물질들과의 접촉이나 호흡도 가급적 최소화하려는 노력이 필요하다. 어차피 우리는 불의 문명 속에서 살아가야만 하고, 그렇다면 이들 물질에 대한 노출을 100% 차단할 수는 당연히 없을 것이다. 하지만 가급적 최소의 양에 노출되도록 '노출을 관리'할 수는 있다고 본다. 노력(관리)하는 것과 노력하지 않는(관리하지 않는) 것 사이에는 궁극적으로 매우 큰 차이가 발생할 수도 있다는 점을 분명히 명심했으면 좋겠다.

현대 문명이란 어차피 불의 문명이라고 했다. 소고기, 삼겹살, 양고기, 생선 등을 불로써 요리하는 화식(火食)에서 배출되는 인체 유해물질에 대한 노출 관리는 개인 차원이나 가족, 소규모 집단 단위에서 행해질 수 있는 일일 것이다. 반면에 대규모 연소공정들에서 발생하는 초미세먼지나 지구온난화 같은 문제들은 지역 공동체나 지구 공동체 차원의 문제들이 된다. 초미세먼지 문제도 그렇고 지구온난화를 일으키는 주범인 이산화탄소도 모두 '불의 사용', '불의 문명', 바로 연소 행위들을 통해서 배출되는 물질들이다. 우리 문명에서 만약 불의 사용이 없었더라면, 현재 진행 중인 지구온난화도 초미세먼지 문제도 아주 심각하게 발생하지는 않았을 수도 있다. 하지만 우리 인류의 문명을 어찌 불의 사용을 제외하고 설명할 수 있단 말인가? 특히, 우리 인류 생존에 필수적인 열과 에너지는 인류에게는 필수재라고 앞서 1장에서도 강조를 했었다. 이 필수재인 열과 에너지를 얻기 위한 과정에서 초미세먼지 문제와 지구온난화 문제가 발생하는 것이고, 또한 무수한 인체 유해물질들도 세상으로 쏟아져 나오고 있는 것이다. 지금 이 순간에도 인류 문명이 하늘을 향해 건설한 수많은 공장과 발전소 굴뚝들에선 엄청나게 많은 양의 대기오염물질, 다량의 지구온난화 물질이 끊임없이 방출되고 있지 않은가?

이런 불의 사용은 역사적으로는 대략 160만 년 전 호모 에렉투스(Homo Erectus) 시대부터 시작됐다. 인류 역사에선 매우 혁명적인 순간이었고, 비로소 인류(호모 에렉투스)가 다른 동물과는 다른 생활 방식으로 생활을 영위하기 시작한 순간이었다. 신화(神話)적으로 보면, 프로메테우스가 신들의 전유물이었던 불을 인간 세상에 전해준 순간이기도 했다. 그때부터 인류는 불로부터 얻는 열과 에너지, 화식의 편익과 기쁨을 알게 되었을 것이다. 추위와 어둠의 공포로부터도 해방되었고, 음식을 익혀 먹음으로 해서 바이러스나 박테리아 등 미생물에 의한 질병 감염 문제로부터도 해방됐을 것이다. 탄 맛의 기쁨, 탄 맛의 유혹도 발견했을 것이다. 그 후 160만 년 전부터 기원후 1750년 산업 혁명 이전까지의 시기는 '나무(목재)의 시대'였다. 인류는 목재를 불로 태워 열과 에너지를 얻었다. 그러다가 점차 영악하게 진화한 침팬지들은 한 단계 높은 차원의 에너지 연료도 발견하게 된다. 그것이 화석연료다. 그리고 지금은 이 화석연료가 기본이 되어 전 세계 79억 명의 인류를 부양하고 있는 것이다.

하지만 화석연료에 불을 갖다 대는 순간 이산화탄소가 해방된다고 했다. 화석연료는 나무와 같이 탄소가 고정된 물질이다. 화석연료의 대표격인 석탄은 대략 3억 5천만 년 전부터 2억 8천만 년 전까지 인류가 석탄기(carbonaceous period)라고 명명했던 7천만 년의 기간 동안, 공기 중의 이산화탄소가 고정돼서 석탄으로 오랜 시간 동안 땅속에 묻혀 잠을 자고 있던 물질이었다. 그런데 인류라는 이름의 영리한 침팬지 무리들이 이 물질들의 유용성을 발견해 냈고, 에너지와 열을 얻겠다고 연소 행위를 통해 이산화탄소를 다시 공기 중으로 해방시키기 시작했다. 거의 3억 년을 석탄의 형태로 갇혀 땅속에 묻혀 있던 이산화탄소가 인간과 불의 도움을 얻어 다시 공기 중으로 해방되고 있다. 그리고 이 해방의 과정 중에서는 엄청난 양의 초미세먼지와 인체 유해가스 물질들도 동시에 공기 중으로 해방된다고 했다. 그리고 이 과정으로 인해 통계에 잡히지 않은 수많은 숫자의 인류(침팬지들)가 연소 과정 중에 배출된 오염물질들로 인해 지난 160만 년 동안 죽어갔을 것이다.

하지만 이제 이 지혜롭고 영리한 존재, 호모 사피엔스는 석탄의 문제, 화석연료의 문제점도 빠르게 눈치를 챘다. 물론, 사용하기도 쉽고 대기오염물질과 이산화탄소의 배출도 적은 액체 석유와 기체 천연가스(LNG)도 속속 발견해 냈지만, 종국에는 이 기나긴 인류의 에너지 여정에서 대기오염물질과 이산화탄소 배출을 완전히 제거해버릴 최후의 연료를 찾아 나선 것이다. 그것이 바로 태양광 발전과 풍력발전 등으로 대변되는 재생에너지 또는 지속가능에너지라고 불리는 에너지원(源)들이다.

160만 년 전 목재에서 시작된 인류의 에너지 여정은 목재에서 석탄으로, 석탄에서 석유로, 석유에서 천연가스로, 그리고 종국(終局)에는 천연가스에서 재생에너지로 가속 페달을 밟으며 진화해 왔다. 목재-석탄-석유-천연가스-재생에너지는 이 순서대로 대기오염물질과 이산화탄소 배출의 규모가 작다. 특히 재생에너지 발전의 경우 대기오염물질과 이산화탄소의 배출은 거의 제로가 된다. 대기오염물질과 이산화탄소의 배출 없이 얻을 수 있는 에너지란 곧 에너지 유토피아를 의미한다. 그 에너지 유토피아의 세계가 어쩌면 조만간 우리들의 목전에서 완벽히 구현될 수도 있을 듯싶다. 하지만 이런 꿈의 세상, 에너지 유토피아를 구현하는 데 있어서는 많은 문제점과 난관들도 존재할 것이다. '유토피아'란 단어의 원래 의미도 '실제로는 이 세상에 없는 땅'이라고 하지 않던가? 이는 유토피아의 구현이 그만큼 어려운 일이 될 수도 있다는 것과 같은 말일 듯도 싶다. 바로 이 재생에너지에로의 전환에서 나타나는 여러 문제점에 대해선 이 책의 8장과 9장, 그리고 10장에서 좀 더 자세한 과학적 논의를 해보도록 하겠다.

우리는 하루 2만 리터의 공기를 호흡한다

　이 생각 더 하기에서는 우리가 가볍게 듣고 넘겼을 법한 말들 이면에 존재할 수 있는 사실들에 대해서도 한 번쯤 더 생각해 볼 수 있는 시간을 가져보도록 하겠다. 요즘은 좀 뜸해졌지만, 몇 년 전까지만 해도 소위 미세먼지 전문가라는 사람들이 대중을 대상으로 하는 강연에서 다음과 같은 말을 하는 경우가 잦았다.

　"여러분들은 물을 하루 평균 2리터씩 드십니다만, 공기는 하루에 어느 정도의 양을 호흡하시는지 혹 아십니까? 무려 하루에 2만 리터씩을 호흡하고 계십니다. 그리고 그 2만 리터 공기에는 초미세먼지가 가득하지요? 얼마나 이 초미세먼지 문제가 우리 건강에 심각한 영향을 줄 수 있을지 아마 짐작하실 수 있으실 겁니다." 우리가 하루 호흡하는 공기의 양이 하루 섭취하는 물의 양의 무려 일만 배나 되니, 언뜻 듣기에 이 말은 아주 그럴듯하게 들린다. 하지만 필자는 본문에서도 여러 번 이야기했듯 조금은 까칠한 인간이다. 그래서 들었던 궁금증, "2만 리터씩, 하루에 호흡한다는 그 공기 중 우리가 흡입하는 초미세먼지 양은 그래서 과연 얼마나 될까?" 궁금하다면, 계산을 해보면 된다. 하지만 이 계산 과정은 꽤 복잡해서 이 지면에서는 과정들을 모두 자세히 소개하지는 않겠다.24

　다만 이 계산을 위해서는 두 가지의 일반적 가정들이 필요하다. 첫째, 우리가 계속해서 노출되는 대기 중 $PM_{2.5}$가 평균 $30\mu g/m^3$ 정도라는 것이고, 둘째, 실제 하루 공기 호흡량은 사람마다 다르긴 하지만, 어쨌든 우리가 하루에 2만 리터씩의 공기를 호흡하고 있다는 것이다. 이런 가정들을 생각하면서 계산을 수행해 보면, $PM_{2.5}$의 하루 체내 침적량은 대략 $150\mu g$ 정도로 계산된다. 하지만 이 수치가 우리의 피부에 직접적으로 와 닿는 그런 친절한 수치들은 아닐 것 같아서, 이 양을 우리가 일반적으로 복용하는 하루분 비타민C 알약 1,000mg과 한번 비교해 보면, 비타민C 1,000mg의 0.015% 정도에 해당되는 양이 된다. 우리가 공포스럽게 초미세먼지로 가득 찬 공기 2만 리터를 매일 호흡한다고 해도, 하루 우리 몸속으로 유입되는 초미세먼지의 양은 $150\mu g$ 정도이고, 그리고 이처럼 적은 양의 초미세먼지가 우리 몸속에서 뇌졸중과 심장 질환, 폐암 발병의 위험을 높이고 있는 셈이다.

　그런데 필자의 과학적 까칠함이 또 한 번, 이 초미세먼지 하루 인체 침적량을 요새 한참 문제가 되고 있는 미세플라스틱의 경구 섭취량과 비교해보자고 유혹한다. 앞서 전문가들이 우리가 하루 호흡하는 공기량이 하루 마시게 되는 물의 양보다 무려 일만 배나 많다고 했는데, 그 1/10,000 양의 물을 통해서도 우리가 꽤 많은 양의 미세플라스틱을 섭취하고 있을 것이기 때문이다. 물론 인체 독성이란 측면에서 우리가 호흡하는 '흡입(호흡) 독성'과 입을 통해 섭취하는 '경구 독성'은 당연히 동일하지는 않다. 비교는 단지 필자의 궁금증을 해소하기 위함일 뿐이다.

　최근 한 호주 연구진이 연구 결과를 하나 내놨는데, 한 달 동안 한 사람이 섭취하는 평균 미세플라스틱의 양이 대략 20g쯤 된다는 내용이 있었다.25 필자가 가끔 시청하는 미국 방송사 CNN의 베키 앤더슨(Becky Anderson)이란 뉴스 진행자도 이 미세플라스틱 문제를 언급하며, 우리가 보통 1주에 5g 정도를 먹게 된다고 이야기하는 것을 듣다 보면, 이 한 달 평균 미세플라스틱 섭취량 20g은 꽤 신빙성이 있는 숫자인 듯 보인다. 그리고 이 20g이란 양은 우리가 사용하는 플라스틱 빨대 24.5개에 해당되는 양이기도 하다(플라스틱 빨대 1개의 무게는 필자가 필자 실험실에서 측정한 바로 대략 0.82g 정도였다). 이는 여러분들이 한 달에 플라스틱 빨대 24.5개를 원치 않지만 먹으며 살아가고 있다는 의미도 된다. 한 달 동안 먹게 되는 미세플라스틱의 양은 20g이고, 한 달 동안 호흡으로 인체에 유입되는 초미세먼지의 양은 4.5mg이다. 매일 2리터를 마시게 되는 물과 음식 등을 통해 인체로 들어오게 되는 미세플라스틱 섭취량이 매일 20,000리터 공기를 호흡함에 의해 체내로 유입되는 초미세먼지 흡입량보다 무려 4,444배 정도나 더 많다.

아시겠지만, 우리 위(胃)의 pH(산성도)는 대략 1.0에서 2.0 정도로 매우 강한 산성을 띠고 있다. 우리 인류가 진화하는 과정에서 음식물과 함께 우리 몸속으로 들어오는 바이러스나 박테리아의 위협을 제거하기 위해 위가 pH 1.0~2.0의 강한 산성을 갖게끔 진화했다는 이야기를 동료 진화생물학 교수에게 들었던 기억이 난다. 이 이야기는 우리가 섭취하는 한 달 평균 20g의 미세플라스틱이 pH가 1.0~2.0인 위 안에서 평균 30분에서 2시간을 체류하며, 산성 위액 속에 담겨 있다가 소장과 대장으로 빠져나가게 된다는 의미이기도 하고, 동시에 이 과정에서 미세플라스틱 내의 가소제나 난연제와 같은 성분들이 산성 위액 속에서 플라스틱 밖으로 녹아 나올 수도 있다는 이야기로도 들린다. 아니면, 우리가 먹게 되는 생선의 알이나 내장들, 조개들은 탕이나 국 속에서 '100°C 이상'의 온도로 끓여진다(끓는점 오름 현상 때문에 100°C 이상에서 끓는다). 당연히 이 해물들 안에 존재할 작은 미세플라스틱 입자 내의 화학물질들도 이 100°C 이상의 온도에서 분명 국물 안으로 흘러 나올 개연성이 높을 듯하고, 우리는 결국 그 국물 안의 화학물질을 섭취하게 될 것이다.

인체 독성이란 측면에선 어떨지 잘 모르겠다. 하지만, 2만 리터 공기에서 흡입하는 초미세먼지의 양보단 2리터 물에서 섭취하는 미세플라스틱 양이 훨씬 더 많을 것 같다. 그리고 이 많은 양의 미세플라스틱이 우리 인체 내에서 과연 어떻게 작용할지는 과학적 연구가 좀 더 필요할 것으로 생각된다.

6장

실내 공기오염

영국에서 일요일 아침 토스트 몇 개를 굽고 나면,
당신은 악명 높은 인도의 델리 공기질 속을 여행하게 될 것이다.[1]
— 《The Guardian》

'Let's take fresh air in!' 이 말은 '창문을 열어 신선한 공기(fresh air)를 실내로 들어오게 하자'는 영어 표현이다. 그런데 이 말에는 하나의 전제가 필요할 듯싶다. 그 전제란 실외 공기는 실내 공기보다 항상 더 신선해야만 한다는 것이다. 그래야만 환기를 통해 실외와 실내의 공기가 교환되고, 이 과정에서 우리가 편익(이익)을 얻게 될 수 있기 때문이다. 그런데 실외 공기는 정말로 실내 공기보다 항상 더 신선한 것일까? 그런데 공기가 '신선하다(fresh)'는 것의 정의는 또 무엇인가? 사실 '신선하다'는 용어도 과학적인 용어는 아닌 듯하다.

우리가 실내공기를 답답하다고 느끼는 이면에는, 초미세먼지나 다른 대기오염물질들보다도 이산화탄소와 온도가 더 큰 역할을 하고 있다. 5장에서 언급됐던 많은 수의 대기유해물질들은 사실 '침묵의 살인자'란 표현이 어찌 보면 타당할 수도 있을 만큼 무색·무취한 경우가 대부분이다. 그리고 이들 유해물질들은 호흡으로 우리가 이 물질들을 흡입한다고 해도, 우리 인체에 어떤 자각 증상을 즉각적으로 동반하지도 않는다. 하지만 이산화탄소의 경우 그 농도가 증가하게 되면, 우리의 몸에서 일정 부분 반응이 나타나게 된다. 인간은 산소를 마시고 이산화탄소를 내뱉는다. 이를 호흡이라고 한다고 했는데, 이 호흡 때문에 사람들이 밀집한 폐쇄된 공간에서는 이산화탄소 농도가 매우 빠른 속도로 증가하게 된다. 그리고 이산화탄소 농도가 증가하게 되면 졸리고, 머리에 통증도 생기고, 집중력은 떨어지고, 심하면 구토를 할 것 같은 느낌마저 들게 된다.

이산화탄소 농도가 높게 올라갈 수 있는 장소로는 사람들을 빽빽하게 실어 나르는 출퇴근 시간의 지하철 안을 생각해 볼 수 있다. 일반적으로 지구온난화를 일으키는 이산화탄소의 실외 평균 농도가 대략 410ppm 정도다. 하지만 승객들로 붐비는 출퇴근 지하철 안이나, 학생들로 꽉 찬 학교 교실 또는 불(火)로 일을 하는 주방 등에서는 이산화탄소 농도가 800ppm에서 높게는 2,000~3,000ppm까지도 상승한다. 그래서 많은 분들이 사람들이 콩나물시루같이 꽉 들어 찬 출퇴근 지하철이나 버스 안에서 가끔 머리가 지근거리고, 속이 울렁거리는 느낌을 받았을 수도 있다.

또 문제가 되는 것은 학교의 교실인데 많은 학생이 모여 호흡을 하다 보면 이산화탄소 농도도 증가하게 되고, 이러한 이산화탄소 농도의 증가는 학생들의 학습 집중력 저하로 이어지기도 한다. 차 안에서 오랜 시간 운전을 할 때 졸음운전을 방지하기 위해 가끔씩 환기를 하라는 것도 이 이산화탄소 농도의 증가 때문에 나오는 이야기다. 호흡에 의해 실내 이산화탄소 농도가 증가하면 졸음이 오고 집중력에도 방해가 생긴다. 교실 창문을 가끔씩 열고 환기를 하라는 것도 비슷한 맥락에서 수업의 집중도를 높이는 방법이 될 수가 있다. 필자는 위에서 언급한 '신선한' 공기란 과학적으론 이산화탄소 농도와 공기 온도가 낮은 공기로 정의할 수 있지 않을까 하는 생각도 든다.

'Let's take fresh air in!' 하지만 문제는 이산화탄소를 환기시키려고 창문을 여는 순간, 실외의 초미세먼지와 대기오염물질들도 실내로 침입해 들어올 확률이 높아진다는 것이다. 그렇다면 이들 대기오염물질들은 일종의 초대 받지 않은 손님, 불청객이 되는 셈인데, 실내 공기오염, 과연 무엇이 문제일까? 이 문제를 한번 이 장에서 살펴보도록 하자.

실내 공기오염은 사실 실외 공기오염이다

야외 공사장 같은 곳에서 일을 하거나 교통경찰과 같은 직업을 갖고 있지만 않다면, 우리는 대부분의 시간을 실내에서 더 많이 보낸다. 미국의 한 연구에서도 일반 성인 기준으로 생활하는 시간의 90%를 실내에서 보낸다는 보고도 있었다.[2] 물론 이 90%란 수치엔 취침 시간도 포함된다. 이런 이유로 혹자는 실외 공기오염보다도 실내 공기오염이 더 중요하고, 그래서 우리의 공기질 정책도 실외보단 실내 공기오염에 좀 더 초점이 맞춰져야만 한다고 주장하기도 한다. 하지만 우리가 실내 공기오염에 대해 논의할 때 제일 첫 번째로 인식해야 할 사실은, 실내 공기오염도 기본적으로는 실외 공기오염에서 비롯된다는 것이다.

실외 공기는 창틈과 창을 열고 닫는 행위, 문틈과 문을 열고 닫는 행위를 통해 실내로 '침입'한다. 필자는 앞 문장에서 '침입'이라는 표현을 사용했는데, '환기'란 표현이 능동적으로 외부 공기를 실내로 유입시키는 의도된 행위를 지칭하는 표현이라면, 침입이란 비의도적으로 실외 공기가 실내로 유입되는 경우를 일컫는 표현이 된다. 실외 공기의 비의도적인 실내 유입 비율을 그래서 '침입률(infiltration ratio)'이라고 부르는

데, 이 침입률은 일반적인 아파트, 개인 주택, 사무실, 또는 공공 공간 등에서 대략 0.6에서 0.8 정도나 된다. 이 말을 해석해 보면, 실외 공기 중 초미세먼지 농도가 $100\mu g/m^3$라고 한다면, 동시간 실내 초미세먼지 농도는 $60\mu g/m^3$에서 $80\mu g/m^3$ 정도가 될 수 있다는 뜻이다.

이런 실외 공기의 실내 침입은 앞서 서론에서도 언급했었던 런던 스모그 기간 중의 유명한 일화에서도 확인할 수가 있다. 1950년대 런던에서 스모그가 아주 심할 때면, 스모그가 영화관이나 연주회 공연장 안으로까지 '침입'을 해서 영화 상영과 연주회 공연이 중단되었을 정도였다.

2019년 초 아마도 1월 중순쯤이었던 것 같은데, 필자가 모 일간지 환경담당 전문 기자에게서 전화를 받았던 적이 있었다. 해당 일간지의 환경 특집으로 (초)미세먼지 관련 연재물을 기획하고 있다는 것이었고, 이를 위해 국립환경과학원의 도움을 얻어 시내 몇몇 곳에서는 젊은 기자들이 직접 (초)미세먼지 실제 측정도 실시했다고 했다.

기자: 교수님 저희가 오늘 광화문에서 PM_{10}을 측정했는데, 측정값이 무려 $120\mu g/m^3$나 나왔습니다.

필자: 예, 오늘도 미세먼지 농도가 꽤 높지요. 창문 밖이 아주 뿌옇군요!

기자: 그런데 저희가 스타벅스 매장 안에서도 미세먼지 농도를 측정을 해 봤는데, PM_{10}이 아주 높더라구요? 측정 농도가 무려 $90\mu g/m^3$나 나왔어요. 저희가 측정을 잘못한 것일까요? 실내의 미세먼지 농도가 왜 이렇게 높지요?

필자: 원래 실내 공기 중의 미세먼지 농도는 그렇게 낮지를 않습니다. 실내 미세먼지 농도가 $90\mu g/m^3$가 측정되었다면, 실외 공기가 실내로 '침입'했기 때문입니다. 더군다나 스타벅스 같은 커피숍에서는 많은 손님들이 들어가고 나가기를 반복하고, 그 사이 문의

개폐도 이루어지죠. 이 문을 열고 닫을 때, 손님들뿐만 아니라 미세먼지도 실내로 들어오게 됩니다. 초대받지 않은 불청객이 되는 셈이죠.

기자: 그런데 저희가 삼성 본관에 가서도 미세먼지 농도를 측정해 봤거든요. 같은 날 측정했는데 농도가 그럼 왜 $40\mu g/m^3$ 정도밖에 안 나오나요? 이상한 것 같아요. 저희가 잘못 측정을 했을까요?

필자: 음, 아마도 삼성 본관은 스타벅스만큼 사람들이 많이 들락거리지는 않는 장소이니, 외부 공기 침입률이 낮아서 그럴 수도 있을 것 같고, 그래도 $40\mu g/m^3$라면, 오늘 실외 미세먼지 농도에 비해 매우 낮은 수치인데, 혹 삼성 본관 빌딩은 최근 지은 건물이니, 전체 건물의 공조-환기 시스템을 가동할 때 미세먼지를 헤파필터와 같은 필터링 시스템으로 제거한 후, 공기를 건물 실내로 공급할 수도 있을 것 같네요.

기자: 아니 그런 것도 가능한가요?

필자: 최근 지은 건물들은 동·하계 모두 에너지 효율을 높이기 위해 이중창을 설치하고, 실내에서 실별로 창문을 개폐하는 방식이 아니라 건물 전체 공기를 중앙 환기(중앙 공조) 시스템에 의해 공급하도록 설계되어 있기 때문에, 실외 공기 침입에 대한 기밀성이 아주 높지요. 그리고 실외 공기는 공기 청정기를 통해 미세먼지를 제거(필터링)한 후 공급하는 것도 가능하므로, 실내 미세먼지 농도를 비교적 낮게 유지할 수 있는 겁니다.

기자: 그렇다면 삼성 같은 부자 빌딩에서는 빌딩 전체에 공급하는 공기의 미세먼지 제거가 가능하다는 이야기인데, 그럼 미세먼지, 공기 문제에서도 양극화가 진행되고 있다는 이야기가 아닌가요?

필자: 허, 그것은 좀 과한 해석 같군요! 삼성 빌딩에 근무하시는 분들

중에는 사무직도 많고, 청소나 건물을 관리하시는 분들도 계실 테고... 만약 삼성 본관 빌딩이 공기 공조 시스템을 통해 미세먼지를 제거하고 깨끗한 공기를 빌딩 내로 공급하는 것이 사실이라면, 그것은 우리나라 건물들의 실내 공기 관리 시스템이 궁극적으로 지향해야 할 아주 올바른 방향이라고 생각됩니다. 우선 실외 공기 침투에 대한 기밀성을 높이는 일이 첫 번째이고, 두 번째로는 빌딩 내의 실내 공기 안전을 위해 (초)미세먼지 필터가 장착된 적극적 공기 공조-환기 시스템을 설치 및 가동하도록 하는 조치들을 확대해 나가는 방향으로 환경부 실내 공기질 정책이 실행되어야만 한다고 생각하고 있습니다.

많은 학부형들 역시 학교 초미세먼지 문제에 대한 걱정이 많은 것으로 알고 있다. 그리고 앞서 언급했던 바대로, 많은 초·중·고등학교들은 초고농도 지역(지점)일 수도 있는 도로변에 위치해 있다. 학교 건물의 경우에는 대부분이 삼성 빌딩이나 대형 백화점 같은 곳에 설치된 중앙식 공기 공조-환기 시스템이 설치되어 있지도 않다.3 이 말은 대부분의 학교 학급에서는 창문을 열어서 자연 환기를 해주어야만 한다는 의미가 된다. 환기를 주기적으로 해주어야 하는 이유는 앞서서도 설명했듯, 많은 학생이 창문을 닫고 수업을 하게 되면 이산화탄소 수치도 올라가고, 실내 온도도 올라간다. 이산화탄소 농도의 증가와 실내 온도의 상승은 집중력 저하, 노곤함, 졸음 등의 문제를 유발해 학습 효율을 저하시킬 수 있기 때문이다.

그렇다면 고농도 (초)미세먼지가 발생한 날, 학교에서는 어떤 조치를 취해야만 하는가? 먼저 창문을 열어 충분한 환기를 한 후 창문을 닫고, 학급별로 개별 공기 청정기를 가동해서 내부로 침입한 (초)미세먼지를 제거해주어야만 한다. 이때에도 기밀성을 유지하기 위해 창문은 가급적 이중창으로 교체하는 것이 맞을 것 같다. 여기서 이중창이 필요한 이유는 크게 두 가지다. 첫째, 실외 (초)미세먼지의 침입률을 낮추고, 기밀성을 높이려는 것이 주된 이유다. 이중창의 기밀성은 단일 창문보다 훨씬 좋은 것으로 알려져 있고, 이 이중창이 설치되면 실외 초미세먼지의 침입률을 0.4에서 0.5 정도로까지 떨어뜨릴 수가 있다.4 두 번째 이유는, 우리나라 (초)미세먼지 시즌이 주로 11월부터 4월까지 추운 계절이라는 점에 착안하여, 학급 내 난방 에너지의 손실률을 줄이는 에너지 절감 차원에서도, 이중창으로의 교체는 필수 사항이라고 생각된다. 그리고 뒤에서 좀 더 자세히 살펴보겠지만, 이런 에너지 절감 대책이 결국 (초)미세먼지 대책도 되고, 탄소중립 대책도 된다고 할 수도 있다.

또한 (초)미세먼지 정책에 대한 시민 공청회 같은 행사에 참석해보면, 많은 경우 학부형 분들이 (초)미세먼지 농도가 높은 날 학생들이 운동장에서 체육 시간을 갖는 것이 과연 안전한지 걱정들을 많이들 하시는데, 만약 (초)미세먼지가 매우 나쁨 수준(초미세먼지 기준 $75\mu g/m^3$ 초과)으로 높게 올라가는 날만 아니라면, 실외에서 학생들이 건강하게 뛰어놀게 하는 것이 올바른 정답이라고 생각된다. 운동을 함으로 해서 얻는 건강상의 이익이, (초)미세먼지로 인해 잃게 될 건강상의 손해를 상쇄하고도 많이 남는다고 보기 때문이다.

(초)미세먼지에 대해서는 세계보건기구(WHO)도 그렇고, 선진국들도 모두 '1년 평균' 기준과 '24시간 평균' 기준만을 정해 놓고 있다. 이 말은 (초)미세먼지 기준에는 '한 시간 기준'은 없다는 이야기도 된다. 그리고 이 기준을 달리 해석해 보면, (초)미세먼지는 하루 또는 1년 동안의 평균 노출량이 보다 중요하다는 의미로도 해석될 수 있다. 학생들이 1시간의 체육 시간 동안 어느 정도 수준의 (초)미세먼지 농도에 노출되었다고 해

도 아주 심각하게 걱정할 필요는 없다는 의미이기도 하다. 참고로 또 다른 주요 **기준대기오염물질**인 오존의 경우는 1시간 기준과 8시간 평균 기준이 있다. 이 말을 달리 해석해 보면, 오존의 경우는 1시간 노출로도 건강에 해가 될 수 있다는 의미로도 해석이 가능하다. 대기오염물질의 기준은 늘 해당 대기오염물질의 유해성을 참고로 해서 결정된다. 따라서 기준이 무엇이냐에 따라 달리 행동을 취하는 것도 시민들 지혜로움의 한 대목일 수도 있을 것 같다.

다시 한번 강조하지만, 실내 공기오염의 기본은 실외 공기오염이다. 특히 4장에서 언급했던, 초고농도 지역인 대로변에서 상업 활동에 종사하시는 분들의 경우 자동차 운행에서 배출되는 높은 농도의 대기오염물질과 초미세먼지의 침입을 피할 방법이 사실상 마땅치가 않다. 대로변에서는 실외 농도의 60%에서 80%가 실내로 침입한다고 했다. 사실 대로변이란 유동 인구가 많아서 목이 아주 좋은 상업 활동 공간이 되기도 하지만, 동시에 대기오염 노출 관리에도 매우 각별한 신경을 써줘야만 하는 공간이 되기도 한다.

실내 공기오염은 가장 먼저 실외 공기오염이 밑바탕이 된다. 우리가 반드시 명심해야만 할 대목이다. 하지만 그렇다고 이것이 전부인 것만도 아니다. 실내에도 얼마든지 다양한 공기오염물질 배출원들이 존재할 수 있고, 경우에 따라서는 아주 심각한 문제들을 야기시킬 수도 있기 때문이다.

실내에도 오염원은 많다

실내에도 당연히 오염원들이 존재한다. 그리고 어떤 실내 오염원은 경우에 따라 아주 심각한 문제를 유발하기도 한다. 그중 가장 심각한 문제가 5장 초미세먼지의 유해성에서도 우리가 논의했던, 실내 나무 소각,

실내 나무 연소 행위들이다. 이 나무 연소는 매우 유해한 인체 유독성 초미세먼지와 고독성 기체 화학물질들을 배출한다고 했다. 환기도 되지 않는 밀폐된 실내 공간에서는 초미세먼지를 포함한 이들 유해물질들이 매우 고농도로 축적되기 때문에, 실내 나무 연소란 반드시 피해야만 하는 행동이 된다.

여기서 이와 관련된 보건-환경 통계 자료를 하나 살펴보도록 하자. 앞서도 언급했던 보건-의료 분야 유명 저널인 《란셋》에 발표된 한 연구에 의하면, 2010년 기준 나무나 석탄, 초식동물의 대변과 같은 고체 연료들의 실내 연소로 인한 전 세계 조기 사망자 숫자가 무려 350만 명으로 추산된다는 보고가 있었다.5 그리고 이 수치는 또 다른 여러 연구에서 추정하고 있는, 전 세계 '실외' 초미세먼지에 의한 조기 사망자 숫자인 320만 명을 오히려 초과하는 숫자가 된다.5,6 참고로 2010년 기준 전 세계 말라리아와 에이즈(HIV-AIDS)에 의한 사망자 수가 각각 120만 명과 150만 명이라는 것을 생각해 보면,5 이들 실내 고체 연료 연소와 실외 초미세먼지 문제의 해결이 우리 인류에게 주어진 마땅히 해결해야만 할 주요 당면 과제라는 사실은 더 이상 강조할 필요도 없는 사실인 듯 해 보인다.

전 세계적으론 이 실내 고체 연료 사용이 큰 당면 과제가 되고 있는 것도 사실이지만, 우리나라만을 대상으로 살펴보면 실외 초미세먼지 문제에 따른 조기 사망자 숫자는 실내 고체 연료 사용에 따른 사망자 숫자를 훨씬 초과한다. 앞서도 설명을 했듯, 우리나라에서는 에너지원(源)으로 실내 고체 연료를 사용하는 가구 숫자가 현재로는 아주 많지는 않기 때문인데, 상기한 《란셋》의 연구에서도 일본, 한국, 싱가포르 등 아시아 고소득 국가들의 경우 실내 고체 연료 사용은 해당국 조기 사망 원인 순위 중 42위 정도에 불과하다는 보고를 하고 있기도 하다.5

하지만 앞서 '자연인'의 예에서 언급했듯, 저렴한 가격 때문에 요즘 사용이 계속 늘어나고 있는 화목난로나 목재 펠릿 연소 등은 사실 대기오염이나 국민의 건강이란 관점에서는 결코 안전한 에너지원들이 아니라고 했다.7 그리고 이 화목 난로와 목재 펠릿 연소로부터는 많은 양의 대기오염물질이 실내뿐만 아니라, 실외로도 난로의 화통과 열 발전소의 굴뚝을 통해 배출된다고 했다. 화목난로, 목재 펠릿 등은 실내 공기오염 뿐만 아니라, 실외 공기오염의 주요 원인이 되기도 한다는 이야기이고, 따라서 우리는 이 부분에 대해서도 매우 높은 경각심을 가져야만 할 것으로 생각된다.

두 번째로 중요한 실내 공기오염원이 있다면 그것은 당연히 담배 흡연이다. 요즘 우리나라에서 실내 흡연은 많이 사라진 상태지만, 아직도 적지 않은 숫자의 흡연자들이 아파트나 오피스텔, 사무실, 실내 골프 연습장, 노래방 등 밀폐된 실내 공간에서 담배 흡연을 즐기곤 한다. 담배 흡연이란 일차적으론 흡연자가 담배 연기를 직접 흡입하는 과정이지만, 흡연자가 내뱉는 담배 연기와 담배 연소 행위에서 배출된 연기가 실내에서 제삼자에게 노출된다면, 제삼자의 건강에도 나쁜 영향을 줄 수 있는 간접흡연의 위험성도 또한 도사리고 있다. 담배 흡연은 흡연을 하시는 분들의 사정도 물론 있겠지만, 매우 유해한 행위가 된다는 점을 거듭 강조하고 싶다. 다시 한번 강조하지만, 담배 흡연은 실외 초미세먼지의 호흡보다 10배 이상 더 인체에 유해한 행위가 된다고 했다.

이 흡연 문제의 심각성 또한 보건 통계 자료를 기준으로 한번 살펴보자. 전 세계적으로 담배 흡연에 의한 초과 사망자 수는 2010년 기준 약 570만 명으로 추정되고 있다.5 그런데 이 570만 명은 직접 흡연에 의한 조기 사망자 숫자이고, 여기에 간접흡연 추정 조기 사망자 수 약 60만 명을 더 하게 되면, 630만 명 정도가 전 세계적으로 담배 흡연 때문에 초과 사망하는 셈이 된다.5 630만 명이란 실로 엄청난 숫자이고, 그래서 이 담배 흡연은 아시아 개발도상국들이나, 아시아 고소득 국가들의 구별 없이 공히 해당 국가 조기 사망 원인 중 2위에 랭크되어 있기도 하다. 담배 흡연에 의한 사망자 수는 실내 고체 연료 사용과는 달리, 국가 소득수준의 높고 낮음에도 관계없는 '문화' 또는 '사고방식'의 문제가 되는 셈이다. 흡연에 따른 조기 사망자 문제의 해결은 사실 실외 초미세먼지 문제의 해결보다 10배, 아니 100배 이상 더 쉬울 수도 있다. 단지 흡연에 대한 개인들의 사고방식을 바꾸거나, 혹은 담뱃값을 충격적으로 올리는 강제적 방식도 상당히 유효한 해결책이 될 수 있기 때문이다.

그리고 여기에 한 가지 더 첨언하고 싶은 것은, 실외 초미세먼지의 유해성이 담배 흡연보다 더 크다는 오보의 생산 문제다.8 이런 오보는 왜 자꾸 생산되는 것일까? 통계를 잘못 사용하기 때문이다. 보고서에 따라서는 실내-실외 공기오염에 따른 조기 사망자 숫자를 더해 대기오염으로 인한 사망자가 전 세계 기준 670만 명, 흡연에 의한 초과 사망자 수는 620만 명이라고 보고하는 경우가 있다. 그래서 대기오염이 흡연보다 위험하다는 이야기가 곧잘 생산되곤 하는 것이다. 하지만 670만 명에는 실내 고체 연료 사용에 따른 조기 사망자 350만 명에, 실외 대기오염에 따른 조기 사망자 320만 명이 더해져 있다. 실외 초미세먼지에 의한 전 세계 사망자 수는 흡연 사망자 수치보다 절대 크지는 않다. 그래서 이런 수치들을 사용할 때면 매우 꼼꼼히 숫자들을 확인하고 따져 본 후에 기사를 써야만 한다. 그렇지 않으면 오보를 생산하게 되는 것이다.

또 하나 중요한 세 번째 실내 배출원으로는 역시 5장에서 언급했었던 여러 종류의 구이가 있다. 아무리 진공 흡입 시설이 좋은 삼겹살 구이, 고기구이 식당이라고 해도, 이런 식당의 초미세먼지 농도는 매우 쉽게 $400{\sim}800\mu g/m^3$에 도달한다고 했다. 그리고 $400{\sim}800\mu g/m^3$라는 무시무시한 초미세먼지 농도는 공중 담배 흡연실 내에서의 초미세먼지 농도쯤이 될 것이라고도 했다. 마땅히 가급적이면 피해야만 하는 초고농도 지점, 핫스폿 우심지점이 바로 삼겹살 구이, 고기구이, 대창–막창 구이, 양꼬치–양고기 구이 집이 되는 셈이다.

마지막으로 불(火)로 일을 하는 부엌도 주요 고농도 우심지점이 된다. 만약 부엌 프라이팬(fry fan) 위에서 고등어구이나 삼치구이 혹은 삼겹살 구이를 하게 된다면, 초세먼지 농도는 부엌 환기 시설을 가동한다고 해도 $400{\sim}800\mu g/m^3$까지 빠르게 상승할 것이다. 혹자는 이런 부엌 또는 조리 시설에서의 대기오염물질 배출을 '요리 매연'이라고 부르기도 하는데, 이 부엌 요리로부터의 위험성을 영국 《가디언(The Guardian)》지의 한 기자가 아주 재치 있게 표현한 기사를 최근 읽었다. '영국에서 일요일 아침 토스트 몇 개를 굽고 나면, 당신은 전 세계에서 실외 대기질이 가장 안 좋은 것으로 악명 높은 인도의 델리 공기질 속을 여행하게 되는 셈이라고…'.[1] 일요일 어느 날 아침 토스트 몇 장을 굽고, 기자가 실내의 초미세먼지 농도를 측정해 봤더니 $143{\sim}200\mu g/m^3$ 정도의 농도가 나왔고, 이 수준이면 인도 델리의 초미세먼지 농도 수준이었다는 이야기였다. 그런데 토스트 몇 장을 굽고 이 정도였다면, 하물며 삼겹살을 굽고, 꽁치를 굽는 일은 더 말할 필요조차도 없을 것 아닌가?

화학물질들과의 위험한 동거

그림 5.1의 담뱃갑 사진들을 필자가 촬영했던 장소가 EGU라는 '유럽 지구과학연합' 학회에 참석하고 돌아오는 비엔나 공항 면세점이었다고 했다. 이 비엔나에서 개최됐던 EGU 학회 기간 중에는 지구환경과 기후변화를 포함한 다양한 주제들에 대한 많은 발표들이 있었고, 그 발표들 중 한 세션(session)에서는 미국 가정집의 실내에서 측정된 공기오염 분

석 사례에 관한 발표도 있었다. 이 세션에서는 특히 미국 캘리포니아 버클리대학교 화학과 알렌 골드스타인(Allen Goldstein) 교수의 발표가 필자의 주목을 끌었다. 연구 발표는 비록 미국의 사례이기는 해도, 실내 공기오염에 관해 참고할 수 있는 유용한 사항들을 포함하고 있어 그 요점들만을 간략히 여기서 소개해 보려고 한다.

미국인들도 잠자는 시간을 포함 70%의 시간을 가정에서 보내고 있고, 90%의 시간을 실내에서 생활한다. 따라서 실내 공기질 문제는 미국에서도 매우 중요하다. 필자가 알렌 골드스타인 교수의 발표를 경청하며 놀랐던 수치는 앞서도 몇 번 언급했던 **휘발성 유기화학물질들**(VOCs)의 실내 농도 수치였다. 휘발성 유기화학물질들은 그림 1.1에서 초미세먼지 중 유기염(OAs) 생성의 주요 원인 물질이 된다는 설명을 했던 바가 있었고, 5장에서는 그들 중 상당수가 또한 건강에 유해한 발암성, 신경계 교란, 인체 장기 염증 유도 등의 인체 독성을 가지고 있다는 설명도 덧붙였었다. 알렌 골드스타인 교수의 발표에 따르면, 그의 연구팀이 대상으로 삼았던 가정집 실내에서 측정한 전체 휘발성 유기화학물질들의 총 농도가 무려 100~500ppb였다. 물론 여기에는 아주 유해하지는 않은 휘발성 유기화학물질들의 농도도 포함되어 있었지만, 이 수치가 놀랄 만큼 높은 수치인 것만큼은 분명해 보인다.

알렌 골드스타인 교수의 연구에 의하면, 이 휘발성 유기화학물질들은 주로 4개의 주요 실내 배출원들에서 배출되는 것으로 추정되는데, 그 첫 번째가 우리가 앞서 살펴보았던 불(火)로 일을 하는 부엌에서의 요리 과정이고, 두 번째 배출원이 청소와 세탁이다. 청소와 세탁에서도 사실 꽤 많은 양의 합성 유기화학물질들이 사용된다. 그리고 세 번째 배출원이 향수와 화장품 등의 개인 생활용품들이다. 특히 남성과 여성 향수에는 리모넨(limonene)이라는 감귤 냄새가 나는 휘발성 유기화학물질이 많이 섞여 있는데,9 이 리모넨도 초미세먼지의 유기염(OAs)을 실외에서 매우 잘 형성하고, 동시에 실내에서는 빛을 만나 분해되면서 포름알데하이드라는 1급 발암물질을 생산하기도 한다. 그리고 네 번째 배출원이 실내의 목재나 플라스틱 물질들이다. 예를 들어 플라스틱 물질들 안에는 플라스틱 제품들을 제조할 때 많이 사용하는 가소제(plasticizer)로 '프탈레이트'라는 물질이 포함되어 있는데, 이들 프탈레이트들이 시간이 지남에 따라 서서히 실내 공기 중으로 새어 나온다는 것이다. 이 프탈레이트는 '환경호르몬'으로도 분류되는 물질로, 중국산 플라스틱 장난감에서 기준 농도 이상이 배출된다는 보고도 많이 있어 왔다. 그리고 아이들의 경우 모든 장난감을 입으로 가져가 빠는 습관이 있어 매우 특별한 주의를 요한다는 바로 그 환경호르몬 물질도 이 프탈레이트이다.10

부엌에서 불을 사용하는 요리 행위, 청소 행위, 향수나 화장품의 사용, 목재와 플라스틱류 등에서 많은 휘발성 유기화학물질들이 배출되고, 이들 휘발성 유기화학물질들은 또한 햇빛에 의해 분해되면서 1급 발암물질로 분류되는 포름알데하이드, 그룹 2B 발암물질군에 속하는 아세트알데하이드, 여러 종류의 프탈레이트 등을 생산하며, 다양한 종류의 휘발성 유기화학물질들로 가정집 실내에 존재하게 된다. 그리고 알렌 골드스타인 교수 연구팀의 측정에 의하면 이들의 총 농도가 무려 100~500ppb나 된다는 것이다.9,10,11

그렇다면 우리나라의 실내 가정집 공기 중 휘발성 유가화학물질들의 농도는 어느 정도나 될까? 우리나라에서 가정집 공기질에 관한 공신력 있는 연구 결과는 필자가 과문(寡聞)한 탓도 있겠지만, 좀처럼 찾아보기가 힘들었다. 하지만 중국 연구진이 발표한 논문을 살펴보면, 중국 주요 도시의 일반 가정집에서 측정된 **포름알데하이드** 농도가 무려 54.0$\mu g/m^3$였다는 보고가 있었다.12 그리고 포름알데하이드와 더불어 대표적인 1급 발암물질이라고 필자가 누차 강조해 왔던 **벤젠**의 실내 농도도 $5.8\mu g/m^3$, **톨루엔** 농도는 $16.9\mu g/m^3$가 측정됐다. 이런 수준의 농도라면 중국 주요 도시의 가정집 1급 발암물질의 총 실내 농도는 중국의 실외 초미세먼지 농도 수준이 될 듯싶다. 그리고 이런 실내 공기질 상황은 우리나라라고 크게 다르지도 않을 것이란 생각도 든다.

또한 1급 발암물질인 포름알데하이드는 우리나라에서는 새집 증후군 (SHS: Sick House Syndrome)을 일으키는 대표 물질로도 잘 알려져 있는데, 주로 새 건물을 건축할 때 사용되는 접착제 등에 많이 포함되어 사용되고 있는 물질이기 때문이다.[13] 동시에 이 포름알데하이드를 포함하는 **휘발성 유기화학물질들**은 어린이들에게 아토피성 피부염을 일으킨다는 보고도 있어서, 2003년 우리나라에서 「실내공기질 관리법」이 처음 만들어지게 되는 계기를 만들었던 물질도 바로 휘발성 유기화학물질들이었다. 따라서 우리 모두는 이 물질들의 관리에 각별한 신경을 써야만 하고, 우리나라 환경부도 이 화학물질들의 실내 농도 관리에 또한 만전을 기해야만 할 듯싶다.

누군가는 가정을 스위트 홈(sweet home)이라고 이야기했다지만, 글쎄 이 세상에 정말로 안전한 곳이 있을까? 5장에서도 언급을 했지만, 어차피 우리가 현대 문명 속을 살아가야만 한다면, 합성 유기화학물질들과의 동거는 어쩔 수 없는 우리의 숙명과도 같을 것이다. 사실 현대 문명이 불(火)과 화석연료, 화석 원료 물질 사용에서 벗어난다는 것은 상상할 수조차 없는 일이 되었다. 불을 사용하는 부엌, 세제와 살균제, 향수와 화장품, 플라스틱, 이 모두는 결국 화석연료이자 화석 원료인 석유에서 추출되는 물질들이기 때문이다.

환기하시라

그렇다면 우리는 어떻게 해야 한단 말인가? 기존의 공기 청정기는 주로 (초)미세먼지 필터만을 장착하고 있어, 위에서 언급된 기체 휘발성 유기화학물질들을 걸러내지는 못한다. 그렇다면 방법은 환기 외에는 딱히 답이 없을 듯싶다. 시민들은 주기적으로 환기를 해주어야 한다. 물론 환기 중 실외 대기오염물질이 실내로 유입되어 들어올 수도 있다. 그래서 환기 후에는 창문을 닫고, 내부로 침입한 (초)미세먼지를 공기 청정기를 이용해 다시 제거해주어야만 한다. 가끔 활성탄이라는 검은색 목탄 같은 물질이 방이나 식당, 사무실 구석 선반 위 등에 올려져 있는 것을 볼 수 있는데, 이 활성탄은 앞서 설명한 실내 휘발성 유기화학물질들이나 냄새 물질 등을 흡착해서 제거하는 능력이 매우 뛰어나다. 비록 완벽히 제거하지는 못하겠지만, 그래도 실내에서 기체 오염물질의 농도를 저감하는 하나의 방법은 될 수도 있겠다.

필자는 빗물 소리를 듣는 것을 아주 좋아한다. 특히 빗물 소리가 처마를 때리는 소리, 호수에 떨어지는 소리, 웅덩이를 적시는 소리, 천둥 치는 소리 등 자연의 소리는 마음을 편하게 하고, 가끔 명상에 젖어 들게 하는 힘도 있는 듯하다. 비가 와서 좋아하는 동물은 탄자니아 세렝게티 평원의 초식동물들만은 아니라는 이야기도 된다. 갑자기 이 무슨 뜬금없는 낭만적 헛소리를 하는 것인가 하고 반문할 수도 있겠지만, 빗소리, 천둥소리를 제대로 감상하려면, 가급적 창문은 열어 놓는 것이 좋다. 창문을 열어 놓으면 당연히 환기가 이루어진다. 하루 기준 강수량이 5~10mm 이상이 내리게 되면, 상당 부분의 실외 초미세먼지는 빗물에 씻겨 낮은 수준으로 떨어진다. 초미세먼지뿐만이 아니라 오존 등의 농도도 낮은 수준으로 내려간다. 그리고 이는 환기에는 최고의 순간이 왔다는 반가운 신호가 된다. 그래서 내 주변 분들에게 가급적이면 빗소리를 창문을 활짝 열어젖히고 마음껏 즐기라고 조언한다. 또 많은 분들이 비가 오고 나서도 그다음 날 하루 정도는 초미세먼지가 거의 없는 화창한 거리와 청명한 공기를 경험한 일도 많을 것이다. 비가 오고 하루나 이틀 후까지도 환기에는 아주 좋은 절정의 환경이 제공된다. 빗소리를 최대한 즐기고, 그 후의 쾌적한 절정의 상쾌함도 창문을 활짝 열고 즐기면 좋을 것이다.

우리가 (초)미세먼지나 합성 유기화학물질들과의 동거를 영구적으로 끊어내는 것은 사실상 불가능한 일이 될 것이다. 그렇다면 최대한 현명하게 그들과의 접촉을 최소화하며 생활하는 것이 어쩌면 현대 문명을 살아가는 우리들의 지혜라면 지혜가 될 것이다. 비가 오는 날, 그리고 그다음 날, 이 푸르른 날들에는 우리 창문을 활짝 열고 환기를 하도록 하자!

생각 더 하기 8 공기정화탑은 단지 정치적 상징 조형물일 뿐이다

6장 본문에서 필자는 실내 초미세먼지 정화를 위해서는 적절한 필터가 장착된 공기청정기를 사용해야만 한다고 조언을 했다. 그렇다면 이런 공기 정화시스템을 이용해서 이번에는 '실외' 공기도 정화를 할 수 있지 않을까? 이런 아이디어의 연장선상에서 제안되어 온 것이 소위 '실외 공기정화탑'이란 아이디어다. 하지만 결론부터 먼저 이야기하자면 실외 공기정화탑이란 작동하지 않는 불능의 아이디어가 된다.

특별히 필자가 초미세먼지와 정치, 또는 어떤 사회 문제와 정치의 연관 관계를 생각할 때면, 제일 먼저 머리에 떠올리게 되는 것이 바로 이 실외 초미세먼지 정화탑이란 것이다. 실제로 이 실외 공기정화탑은 아이디어 차원에서만 머무르지 않고, 중국과 인도의 도시들에 이미 설치가 되어 있기도 하다. 그림 6.1 왼쪽에 보이는 것이 중국 시안(西安)에 설치된, 유명한 100m 높이의 초미세먼지 실외 정화탑이고, 그림 6.1의 가운데 사진은 네덜란드 기업이 북경에 설치했다는 높이 7m짜리 실외 공기정화탑, 그리고 오른쪽 그림은 인도 뉴델리시에 최근 건설된 실외 공기정화탑이다.

초미세먼지 정화탑이 실외 초미세먼지를 일정 부분 제거할 수 있다는 것은 아주 틀린 말은 아니다. 하지만 이런 실외 초미세먼지 정화탑으로 제거할 수 있는 초미세먼지 처리량이란 실외에 존재하는 초미세먼지의 총량에 비해선 너무나 보잘것없이 적은 양이 된다. 이런 상황을 수원대학교 장영기 교수가 한 신문의 칼럼에서 제시했던 비유를 들어 한번 설명해 보자.14 우리가 초미세먼지 정화탑 수십 혹은 수백 대를 설치해서, 서울 혹은 전국의 초미세먼지를 저감하겠다고 시도 하는 것은, 마치 양수기 수십 혹은 수백 대를 동원해서 한강물을 모두 퍼내겠다고 시도하는 것과 하등 다를 바가 없는 무모한 발상이자 행동이 된다. 물론 양수기로 한강물을 일부 퍼 올릴 수는 있겠지만, 양수기로 퍼 올린 물 바로 그 옆에 거의 무한대로 존재하는 다른 물이 방금 퍼 올린 물의 자리를 다시 채우게 될 것이다. 비슷하게 우리가 실외에 초미세먼지 정화탑을 설치-가동해서 초미세먼지를 일정 부분 제거를 할 수는 있다고 하더라도, 그 옆에 존재하는 거의 무한량의 초미세먼지가 즉시 그 자리를 다시 채우게 된다. 이것이 실외 초미세먼지 제거용 정화탑으로는 실질적인 효과를 기대하기가 매우 어려운 이유가 된다.

그림 6.1 왼쪽 사진은 중국 시안시(市)에 건설된 100m 높이의 공기정화탑, 가운데 사진은 베이징에 네덜란드의 '스튜디오 루즈가르드'라는 기업이 설치한 7m 높이의 공기정화탑, 오른쪽 사진은 인도 뉴델리에 최근 건설된 공기정화탑이다(출처: 연합뉴스)(컬러도판 p.358 참조).

혹자는 이런 반문을 할 수도 있겠다. 그렇다면 실내 공기청정기는 왜 효과가 있다는 것인가? 실내 공기청정기는 제한된(밀폐된) 실내 공기 중에 존재하는 제한된 양의 초미세먼지만을 제거하기 때문에 효과를 볼 수가 있는 것이다. 실내 공기 청정기의 경우에는, 몇 분 혹은 십여 분 정도만 가동해도, 좁은 아파트 공간 내의 실내 공기를 한 번쯤은 빨아들인 후, 헤파필터라는 매우 촘촘한 필터로 공기 중의 초미세먼지를 제거한 후에, 깨끗한 공기만을 실내로 다시 내보내게 된다. 이를 다시 장영기 교수의 비유법을 빌려 필자 방식으로 설명해보면 이런 것이다. 양수기 수십 대로 한강물을 모두 빼내겠다는 것은 매우 우매한 발상이지만, 그 옆의 조그만 물 웅덩이 하나 정도의 제한된 양의 물을 빼내겠다는 것은 아주 효율적인 발상이 된다. '어느 정도 용량'의 양수기만 있다면, 웬만한 물웅덩이에서 물을 모두 빼내는 것은 늘 가능한 일이 될 것이다.

위에서 필자는 '어느 정도 용량'에 강조점을 두었다. 아무리 제한된 크기의 물웅덩이라도 양수기의 용량이 너무 적다면, 그 물을 제한된 시간 내에 모두 퍼내지는 못할 수도 있다. 몇 달 전 필자가 한 스타벅스 커피숍을 방문했을 때, 좀 묘한 광경을 목격했었다. 젊은 남녀 둘이 나란히 마주 앉아서 데이트를 즐기고 있었는데, 아이스커피 두 잔 사이로 요즘 많이 유통되고 있는 머그(mug)잔 크기의 휴대용 공기 청정기가 파란불과 함께 켜져 있었다. 이 장면은 무척이나 아름다웠지만, 사실 이 정도 휴대용 초미세먼지 청정기로는 큰 효과를 기대하기가 무척 어렵다. 스타벅스라는 실내 공간의 크기에 비해 휴대용 공기 청정기의 용량이 너무나도 작기 때문이다. 실외 초미세먼지 정화탑도 같은 이치에서 효과가 없다고 생각하면 된다. 더군다나 6장 본문에서도 설명했듯, 스타벅스 같은 곳은 손님들의 출입이 매우 빈번해서 외부 초미세먼지의 내부 침입률이 매우 높을 수밖에는 없는 공간이다. 스타벅스 매장 정도의 넓은 공간, 그리고 손님들의 출입이 빈번한 장소에서는 휴대용 초미세먼지 공기청정기보다 훨씬 큰 용량의 실내 초미세먼지 청정기가 필요하다. 이는 마치 1,000평 사무실 공간을 12평형 용량의 히터로 모두 난방할 수는 없는 것과도 같은 이치이다.

그렇다면, 여기서 의문도 하나 생긴다. 중국에서는 별 효과도 없는 실외 초미세먼지 정화탑을 왜 많은 도시에 설치하고 있는 것일까? 중국 정부나 지자체들은 그것들이 별 효과가 없다는 것을 정말 모르고 있는 것일까? 아니, 필자가 알고 있는 중국의 대기오염 및 초미세먼지 연구팀들의 지적 능력은 매우 뛰어난 편이다. 다른 분야에서처럼 미국과 유럽에서 교육을 받은 많은 수의 대기 과학자, 대기 공학자들이 본국(중국)으로 돌아가, 자리를 잡고 연구를 수행한다. 그래서 중국 정책 당국도 이 실외 초미세먼지 정화탑이 별 효과가 없다는 사실을 매우 잘 인식하고 있을 것이라고 필자는 믿고 있다.

하지만 중국 대도시의 초미세먼지 농도가 세계 최악 중의 하나로 악명이 매우 높다는 점, 그래서 초미세먼지 문제에 대한 중국 인민들의 불평 또한 매우 높다는 점에 비추어 볼 때, 중국 대도시들에 설치된 실외 초미세먼지 정화탑은 일종의 고도의 정치적 상징물, 상징 조형물로서 기능하고 있다고 필자는 생각한다. 중국 정책 당국, 공산당은 인민의 건강 문제에 이 정도로 높은 관심을 갖고, 해결에 만전의 노력을 경주하고 있다는 것을 상징적으로 보여주는 일종의 정치적 선전물, 2장에서도 잠시 언급했던 일종의 '정치적 키치'란 의미다. 마치 천안문 광장에서 중국 공산당의 창시자 마오쩌둥의 거대한 초상화가 큰 교회 예배당의 예수님 초상화처럼 인민을 보살피는 중국 공산당을 상징하는 거대 상징 정치 기제로 설치되었듯 말이다.

우리나라에서도 여러 번, 실외 초미세먼지 정화탑을 지자체에 설치하거나 전국적으로 건설하려는 정책적 시도가 있었다. 앞서 2장에서도 이야기를 했지만, 과학자나 전문가 중에도 실력이 없고, 지식과 질문에 게으른 과학자, 교수, 전문가들은 우리나라에도 많이 있다. 필자의 기억으로 실외 초미세먼지 정화탑이 처음 정치적 화두로 떠오른 것은 2017년 대통령 선거의 A 후보 대선 공약으로부터였다. 당연히 그 후보의 공약 배후에는 대기 과학자, 자문 교수 그룹이 있었다. 실력 없고 무책임한 과학자와 정치적 목적이 결합해서 우리나라 실외 초미세먼지 정화탑에 관한 논의가 처음으로 시작됐고, 만약 이 A 후보가 대통령에 당선되었다면 전국에 100m 높이 초미세먼지 정화탑이 육상 풍력발전기 또는 송전탑처럼 방방곡곡에 빽빽이 식수되었을지도 모를 일이다. 이런 실외 초미세먼지 정화탑이 전국에 수백 개 건설되었다면 실질적 효과는 없어도, 정부나 혹은 해당 정치인이 국민과 시민의 건강을 위해 무엇인가 노력하고 있다는 아주 좋은 상징으로는 작용할 수 있고, 이 상징은 곧 표와 지지율로 연결될 수도 있었을 것이다.

필자도 가끔 실외 초미세먼지 정화탑에 관한 자문 요청을 지자체로부터 받는다. 물론, 실외 초미세먼지 정화탑은 효과가 없는 세금 낭비, '세금 먹는 하마'라고 조언을 드린다. 초미세먼지 정화탑은 건설에도 비용이 많이 들지만 운용에도 비용이 따른다. 필자가 경험했던 경우는 지자체 관계자들이 실외 초미세먼지 정화탑이 별 효과가 없다는 사실을 모른 채 중국의 시안(西安)시 사례만을 참고하고 사업을 추진했던 경우였다면, 효과가 없음을 알면서도 추진하는 사례도 많다. 필자가 너무 과민한 것인지도 모르겠지만, 지자체장들이나 국회의원 같은 정치인들은 실외 초미세먼지 정화탑의 실질적인 효과보다는 정치적인 효과에만 더 주목하는 경향이 있다. 여기서 정치적 효과란 본인들이 각종 선거에서 얻을 표의 수나 지지율 등 잿밥에 더 관심이 많다는 뜻이다. 실질적 효과에 대한 확신도 없이 대단위의 예산(재정)을 동원해서 본인의 지자체에 초미세먼지 정화탑을 건설하자는 이야기는 마치 대기 중에 '4대강 보'를 건설하자는 이야기처럼 허무하고 무책임하게 들린다. 실수는 한 번이면 족(足)할 것이다.

실외 초미세먼지 공기탑 외에도 효과를 기대하기 어려운 아이디어들은 아주 많다. 예를 들어 중국 란주(蘭州)시는 초미세먼지 제거를 위해 정화용 물 대포를 시 곳곳에 설치했는데, 공기정화탑과 같은 이유로 별 효과가 없다. 이 아이디어는 우리나라에서도 가끔 회자되는 헬리콥터 여러 대를 동원해 서울시나 지자체 상공에서 스프링클러 식으로 물을 뿌리자는 인공 강수 아이디어와도 비슷하다고 생각되는데, 튀는 아이디어인 것은 맞지만 이 역시도 큰 효과를 기대하기는 어려운, "언 발에 오줌 누기"식의 발상이다. 그런데 이런 비과학적이고 매우 정치적인 발상의 아이디어가 어디 초미세먼지 대책에만 국한된 문제이겠는가? 우리 사회 다양한 사회 문제들에는 늘 다양한 정치적 아이디어들이 생겨난다. 우리가 추구하는 재생에너지에로의 전환, 재생에너지 발전 문제에서도 이런 정치적 발상들은 아주 많다. 이런 이야기들은 추후의 장들에서 좀 더 자세히 나눠 보도록 하겠다.

7장

과학이 할 수 있는 최선의 해답

난 단지 최후의 수단에 대한 당신의 질문에
과학이 할 수 있는 최선의 대답을 들려 주고 싶었을 뿐이오.[1]
– 도스토옙스키, 『카라마조프가의 형제들』

　　초미세먼지 농도 저감을 위한 최고이자 최선의 정책은 재생에너지에
로의 에너지 대전환이라는 이야기는 앞서서도 줄곧 강조를 해 왔었다.
하지만 이런 에너지 대전환이란 것이 몇 년 내에 빠른 속도로 완수될
수 있는 성격의 사업은 아닐 것이다. 에너지 대전환이란 우리나라의 에
너지 인프라를 화석연료 중심에서 재생에너지 중심으로 송두리째 갈아
서 뒤엎는 일과도 같은 거대 공사다. 이런 거대 공사가 몇 년 내에 손쉽
게 달성될 수는 당연히 없을 것이다. 이 거대 공사에는 많은 시간과 비
용과 노력이 필요하다. 이 에너지 대전환에 대한 보다 밀도 있는 논의는
이 책의 8, 9, 10장에서 보다 본격적으로 해보기로 하고, 이 7장에서는
그렇다면 재생에너지 사회로의 전환에 대한 우리들의 노력들과 더불어,
우리가 이와 동시에 수행해야만 할 효과적인 초미세먼지 정책들에는 어

떤 것들이 있을 수 있을 것인가에 대해서도 한번 논의를 진행해 보는 것이 좋을 듯싶다.

먼저 초미세먼지 정책에는 두 가지 종류의 정책, '노출 관리'와 '배출 관리' 정책이 있을 수 있다. 하지만 노출 관리는 필요한 조치일 수는 있어도, 초미세먼지 문제의 근본적인 해결책이 될 수는 없을 것이라는 점을 인식하는 것도 중요할 것 같다. 초미세먼지의 보다 근본적인 해결을 위해선 배출을 저감해서 이 배출의 저감을 농도의 저감으로 연결시켜야만 한다. 그래야 우리의 모든 임무가 비로소 완결될 수 있는 것이다. 이를 병의 치료에 비유해서 설명해 보면, 노출 관리란 마치 병의 증상을 관리하는 대증치료법(對症治療法)과도 비슷한 반면, 병의 완치, 즉 근원치료(根源治療)를 위해서는 배출을 저감시켜 이것을 농도의 저감으로 완수해야만 우리 사회가 비로소 초미세먼지로부터 완전히 안전한 사회로 진입할 수 있게 되는 것이다. 병을 치료할 때에도 늘 대증치료법와 근원치료법을 병행하듯, 초미세먼지 문제도 노출 관리와 배출 관리는 당연히 병행되어야만 한다.

하지만 이 배출 관리에 있어 중요한 핵심은 앞서도 누차 강조를 했듯 우리나라가 이미 배출 관리의 안정화 단계에 도달해 있다는 점이 될 것이다. 이 말을 다시 병의 치료에 비유해 설명해 보면, 병의 완치를 위해 쓸 수 있는 좋은 약들을 꽤 많이 써 봤는데, 병이 더 이상의 차도를 보이지는 않는 상황과도 비견될 수 있을 듯싶다. 그렇다면 이런 안정화 단계, 더 이상 병의 치료가 진전을 보이지 않는 상황에서는 도대체 무엇을 어떻게 더 할 수 있을까? 앞 장에서도 언급했던 바처럼, 이런 안정화 단계에선 뭔가 보다 혁신적이고 스마트한 해법과 사고가 필요하고, 이를 위해서는 초미세먼지 문제를 다시 과학적 원점에서부터 재검토해 보는 작업도 필요할 것 같다.

그리고 이 7장은 초미세먼지 농도의 저감을 위한 정책과 전략을 논의하는 장으로 매우 중요하긴 하지만, 이해가 다소 어려울 수 있다는 점도 미리 언급을 해 두자! 초미세먼지 저감을 위한 '과학 기반의 정책'에 관심이 많으신 분들에겐 필독을 권하지만, 내용의 이해가 다소 어렵다면 7장을 그냥 건너뛰어도 책 전체를 이해하는 데 큰 문제는 없을 것이다.

일이관지: 정치 논리가 아니고 과학이다

비단 초미세먼지 정책뿐만 아니라, 우리나라의 많은 정책들에 있어서 전략적인 사유 혹은 근원적인 사고가 부재하다는 사실은 어제오늘 지적되어 왔던 이야기만은 아닐 것이다. 긴 호흡으로, 큰 그림을 그리는 능력이 우리나라 정책 당국자나 정치인들에겐 늘 매우 부족하다. 물론 여기에는 여러 이유가 있을 수 있다. 그중 하나가 정책 담당자나 업무 책임자가 행정부 내에서 수시로 부서를 옮기고, 큰 그림을 그려야 하는 정부마저도 굉장히 다른 전망과 철학을 가진 여야(與野) 정당들이 교차로 집권하는 상황에서, 전략적으로 일관된 사고를 기대하는 것 그 자체가 사실은 기대난망한 일일 수도 있겠다는 생각은 든다. 그러다 보니 많은 정책에서 수많은 시행착오가 반복되고, 하지만 시행착오 후에도 학습효과가 별로 보이지 않는 대책들이 되풀이 되며, 문제가 터지면 늘 미봉적으로만 대응하려고 하는, 이런 정책의 즉흥성, 즉자성, 부재한 장기전략, 이런 것들이 교차하고 있는 것이 현재 우리나라의 정책 상황이라면 너무 과도한 해석인 것일까?

혹자는 아무리 정권이 바뀌더라도 외교와 안보만큼은 일관성을 유지해야 하고, 국가의 큰 이익을 위해 큰 그림, 전략적 사고를 해야만 한다는 말을 하곤 한다. 매우 맞는 말이라고 생각한다. 그런데 그 일관성이란 것도 사실은 전략과 원칙이 확고해야 생기는 것이라고 한다면, 초미세먼지 문제 해결책에도 뭔가 큰 그림, 큰 전략, 혹은 큰 원칙 같은 것이 있어야만 할 것 같다. 그래야 일관된 전략적 방향성이 생겨나게 될 것인데, 그런 일관성은 그렇다면 어디에서 찾을 수 있을 것인가?

"오도(吾道)는 일이관지(一以貫之)하다"[2]는 공자님의 『논어(論語)』에 나오는 말이다. 하나로서 모든 것을 관통하는 일관된 방향, 일관된 원칙이 있어야만 한다는 말로 필자는 이해하고 있는데, 그렇다면 초미세먼지나 탄소중립, 에너지 정책에서도, 일이관지하는 전략 혹은 원칙이 무엇인가 있어야만 할 것 같다. 그리고 그 원칙이란 마땅히 비정치적이고, 비당파적인 것이어야 할 것이다. 그래야만 정치에서 독립되어 정권이 바뀌더라도 일관되게 해당 정책을 추진할 수 있을 것 아닌가? 필자는 그 비정치적이고, 비당파적인 원칙이 바로 '과학'이라고 생각한다. 정치나 이념에 편향되지 않은 채 과학으로 과학이 말하는 바에 따라 문제에 대한 정책과 해결책을 수립하는 것, 이것이 곧 우리나라 정책에 일관성과 통일성을 부여할 수 있는 기반이 될 수 있지 않을까? 자, 그렇다면 이 장에서는 그 과학에 기반한 원칙들, 과학에 기반한 초미세먼지 정책들을 하나씩 찾아 살펴보도록 해야겠다.

주목해야 할 연계: CAPs-HAPs-GHGs 연계

우리가 과학적으로 일이관지하는 초미세먼지 문제 해결의 전략과 원칙을 확립하기 위해서는 먼저 확장된 시야와 전망이 필요하다. 이 말은 우리가 초미세먼지 문제 해결에 집중은 하더라도, 너무 초미세먼지 문제 해결에만 과도하게 집착하는 것은 지양해야 한다는 말이기도 하다. 초미세먼지 문제란 우리 사회가 현재 직면하고 있는 좀 더 폭넓은 문제들 중 어쩌면 작은 미시적 현상일 수도 있다. 우리가 초미세먼지 문제의 보다 근원적인 해결 전략을 숙고해야만 한다면, 초미세먼지 문제 해결이라는 어떻게 보면 상대적으로 좁은 울타리에서 벗어나서, 좀 더 큰 연관의 핵심을 보며, 큰 문제의 솔루션을 찾아내려는 노력과 작업도 동시에 필요할 듯 보인다. 자, 바로 그 작업을 위해 그림 1.1로 잠시 다시 돌아가 보도록 하자.

그림 1.1을 보면, 초미세먼지를 생성하는 원인 물질들은 배출원에서 직접 배출되어 초미세먼지를 형성하게 되는 블랙카본(BC)과 질소산화물(NO_X), 아황산가스(SO_2), 휘발성 유기화학물질들(VOCs), 암모니아(NH_3) 등과 같은 기체상의 초미세먼지 재료 물질들이었다. 자연적으로 발생하는 초미세먼지들인 흙먼지, 해양염 등을 제외한다면, 전체 초미세먼지의 대략 75~85%가 이들 물질들로부터 직·간접적으로 생성된다. 그렇다면 초미세먼지 농도의 저감을 위해서는 이들 초미세먼지 물질의 직간접 배출을 우선 저감해야만 하는 것은 너무나도 당연한 일이 될 것이다.

그런데 여기서 한 가지 더 유의하며 살펴봐야만 할 사실은, 이들 초미세먼지 재료 물질들 중 **질소산화물**과 **휘발성 유기화학물질들**은 **오존**(Ozone)이라고 불리는 인체 유해 대기오염물질도 초미세먼지와 더불어 동시에 생성시키고 있다는 사실이다. 여기서 오존이란 물질은 서론에서 로스앤젤레스 스모그를 설명하며 이미 소개를 했었고, 5장에서 언급했던 질병들 중 특히 만성 폐쇄성 호흡기 질환(COPD)을 일으키는 물질로도 악명이 매우 높다.[3] 인체에 질병을 유발하는 독성을 '인체 독성'이라고 부르는데, 오존은 인체 독성뿐만 아니라 '식물 독성(phytotoxicity)'도 지니고 있다. 오존 분자가 식물 잎사귀들과 접촉하게 되면, 그 식물의 잎사귀들을 죽게 만든다.[4] 잎사귀가 죽으면 당연히 나무마저도 죽게 될 것이다. 서론에서 소개했던 로스앤젤레스 대기오염 사건에서도 시 주변 나무숲을 폐허로 만든 범인은, 역시 서론에서 언급했던 팬즈(PANs)란 물질과 더불어 이 오존이 아주 큰 역할을 했었다. 그리고 이 팬즈란 물질 역시도 오존처럼 **질소산화물**과 **휘발성 유기화학물질들**의 공기 중 반응을 통해 생성된다. 이런 오존과 팬즈의 식물 독성 문제 때문에 우리나라와 동아시아에서 주요 식량원인 쌀, 보리 생산이 저감되고 있다는 보고도 줄곧 있어왔다.5 벼나 보리도 당연히 식물이기 때문에 오존과 팬즈의 식물 독성 영향에서 자유로울 수는 없기 때문이다. 자, 그렇다면 이상의 이야기를 한번 종합해서 정리해 보자. 질소산화물과 휘발성 유기화학물질들은 초미세먼지뿐만이 아니고 오존과 팬즈도 생성한다. 그리고 이들 오존과 팬즈라는 대기 물질들은 인체 독성과 더불어 강력한 식물 독성도 지니고 있다.

초미세먼지와 오존, 그리고 팬즈를 생성하는 중요한 재료 물질들 중 하나가 바로 휘발성 유기화학물질들이다. 그리고 이 휘발성 유기화학물질들 중 많은 부분을 차지하는 물질은 독자분들도 많이 들어 보셨을 식당에서 음식 조리 시 사용하는 프로판가스, 휴대용 버너에 자주 사용되는 부탄가스와 같은 것들이 있다. 하지만 이들 프로판, 부탄가스들은 그 자체로는 인체 독성이 거의 없다(물론 고농도의 부탄가스를 학생들이 고의로 흡입해서 사회 문제로 가끔 대두되기도 하지만, 저농도의 부탄가스는 일반적으로 인체 독성이 거의 없다고 보면 된다). 하지만 휘발성 유기화학물질들 중에는 인체 독성이 아주 높은 물질들도 다수 포함되어 있는데, 앞서 1장에서 향초 캔들(candle) 냄새가 나는 '아로마' 물질이라고 소개했었던, 그리고 5장의 표 5.1에서는 인체에 매우 유해한 화학물질들이라고 강조했었던 **방향족**(芳香族) **화학물질들**이 바로 그들로서 **벤젠, 톨루엔, 자일렌, 에틸벤젠** 등이 이 방향족화학물질들의 대표 물질들이다. 여기에 더해 6장에서 새집증후군과 아토피 피부염 등을 유발시키는 1급 발암물질로 또한 소개했던 **포름알데하이드**와 역시 1급 발암물질인 **1,3-부타디엔** 등이 모두 인체 고독성 휘발성 유기화학물질들의 목록에 포함되어 있다.6,7 이들 물질들은 백혈병과 같은 암 유발은 물론이거니와 신경 독성, 장기(臟器)

손상, 인체 염증 등도 유발시키는 고독성의 유해 유기화학물질들이다. 그리고 이들 강한 인체 독성을 가진 휘발성 유기화학물질들은 동시에 초미세먼지, 오존, 그리고 팬즈를 생성시키는 능력도 아주 탁월하다.

자, 이상의 내용들을 곰곰이 생각해 보면, 우리는 여기서 두 가지의 결론을 우선 내릴 수도 있을 듯싶다. 첫째, 우리가 해결해야만 할 공기의 문제들에는 초미세먼지 문제만 있는 것은 아니다. 대기 중에는 많은 종류의 인체-식물 독성물질들이 유랑(流浪)을 하고 있다. 둘째, 이들 대기독성물질들은 생성 과정에서 서로 상호 간에 연결되어 있는 듯 보인다. 그렇다면 이 상호 연결의 고리들을 보다 과학적으로 이해한 후, 이들 연결의 핵심 고리를 확실하게 끊어내는 것이 바로 우리가 모두(冒頭)에서 언급했던 원칙, 즉 과학에 기반한 정책 전략이 될 수 있지 않을까? 자, 근본을 다시 한번 생각해 보자! 대기 정책에서 우리의 원칙적인 최상위 목표는 무엇인가? 바로 '대기오염으로부터 국민의 생명과 건강을 최대한 보호'하는 것이 우리의 최고이자 최상위의 목표가 된다.

우리나라 환경부는 물론이고 전 세계적으로도 위에서 언급한 여러 대기오염물질들을 보다 효과적이고 체계적으로 관리하기 위해 대기물질 관리군(群)이란 것을 설정해 놓고 있다. 그 대기물질 관리군들의 목록은 아래와 같다.

1. CAPs(Criteria Air Pollutants): **'기준성 오염물질'**이라고 부른다. (초)미세 먼지와 오존, 이산화질소(NO_2), 아황산가스(SO_2), 일산화탄소(CO), 납(Pb) 6개 물질들을 일컫지만, 이 중 핵심은 당연히 초미세먼지와 오존이다.

2. HAPs(Hazardous Air Pollutants): **'대기독성(유해)물질'**이라고 부른다. 앞서 언급했던 방향족 화학물질들과 1,3-부타디엔, 포름알데하이드

등이 가장 대표적인 **대기독성물질들**이다. 나라마다 보통 30종에서 280여 종을 지정해서 관리한다. 대기독성물질이기 때문에 'Air toxics'라는 영어 별칭도 가지고 있다.[8]

3. GHGs(Green House Gases): **'지구온난화 물질'**이라고 부른다. 우리가 1장에서 이미 살펴봤듯, 이산화탄소(CO_2)와 메탄가스(CH_4), 아산화질소(N_2O) 등을 지칭하는 개념이지만, 염화불화탄소(CFCs), 수소화염화불화탄소(HCFCs) 등의 물질들도 모두 지구온난화 물질들이다.

자, 그렇다면 여기서 예를 하나 살펴보자. 우리가 초미세먼지 농도 저감을 위해 석탄화력발전소를 풍력발전소로 대체한다면 이 경우에는 공기 중에서 과연 어떤 일들이 벌어지게 될까? 이런 조치로 블랙카본, 질소산화물, 휘발성 유기화학물질들의 배출이 제거됨과 동시에 이산화탄소의 배출도 중단된다. 이유는 질소산화물, 휘발성 유기화학물질들, 블랙카본은 지구온난화가스인 이산화탄소와 동일한 석탄화력발전소라는 연소공정을 통해 '공(共)배출'되는 물질들이기 때문이다. 따라서 이 예에서 풍력발전기를 설치함에 의해 기준성 대기오염물질인 초미세먼지와 지구온난화 물질인 이산화탄소가 동시에 저감되게 된다는 사실은 사실 별개의 두 문제가 아닌, 같은 이야기의 다른 측면, 즉 동전의 양면과도 같은 이야기가 된다. 이와 같이, 하나의 조치로써 초미세먼지의 저감과 이산화탄소 저감을 동시에 얻을 수 있는 이중의 편익(이익)을 '공편익 (co-benefit)' 또는 '부수 편익(collateral benefit)'이라고 부른다.[9]

그런데 이런 공편익 효과란 이산화탄소와 질소산화물, 초미세먼지 농도 저감에만 적용되는 이야기도 아닐 듯싶다. 예를 들어 초미세먼지 농도 저감을 위해 그 재료 물질인 휘발성 유기화학물질의 배출을 저감하게 된다면, 우리는 여기서 어떤 공편익 효과들을 기대할 수 있을까? 기대되는 공편익 효과는 기준성 대기오염물질들인 초미세먼지와 오존 농도 저감뿐만 아니라, 대기독성물질(HAPs) 농도의 저감 효과까지를 동시에 기대할 수 있게 된다. 휘발성 유기화학물질들 중 많은 물질들이 또한 대기독성물질들이기도 하기 때문이다.

아하! 그렇다면, 바로 이 지점에서 우리가 확신할 수 있는 한 가지 사실이 있을 것 같다. 우리가 관리하고자 하는 다양한 범주의 대기오염물질들은, 대기 안에서의 생성 과정, 독성 작용, 배출원 관리란 관점에서 서로 얽힌 채 서로 연계되어 있다. 이 전체 상호 얽힘의 연계 관계를 필자는 'CAPs-HAPs-GHGs 연계(nexus)', 즉 '기준성 대기오염물질-대기독성물질-지구온난화 물질 연계'라고 부르고 싶다. 그리고 이 CAPs-HAPs-GHGs 연계를 올바로 이해하는 것은 우리가 초미세먼지 문제뿐만 아니라 우리나라 공기질에 존재하는 다양한 문제들을 보다 종합적이고 균형감 있게 해결할 수 있는 총체적인 문제 해결의 핵심을 제공할 수가 있다. 자, 그렇다면 이 연계에 대한 기본적 인식을 바탕으로 이 장의 핵심 주제인, 과학에 기반한 보다 스마트한 정책 수단들을 지금부터 한번 찾아보기로 하자.

정밀 핀셋 타격

CAPs-HAPs-GHGs 연계를 염두에 두고, 이들 중 특별히 CAPs와 HAPs의 연계점을 고려하면서 초미세먼지와 오존(CAPs), 그리고 대기독성물질들(HAPs)의 농도를 동시에 저감할 수 있는 삼중의 공편익 효과를 지닌 과학적 해결책을 한번 천착해 보자.

이 논의를 위해 작성한 것이 표 7.1이다. 표 7.1은 국내외 대학의 실험실에서 얻은 실험값들을 기본으로 필자가 정리한 것인데,[10,11,12] 대기 중에 존재하는 초미세먼지 생성 재료 물질들 중 특히 중요한 휘발성 유기화학물질들의 화학종(種)별 '초미세먼지 생성률', 'HAPs(대기독성물질)

표 7.1 주요 휘발성 유기화학물질별 초미세먼지 생성률, 독성물질 여부, 발암성, 오존 생성 능력 비교

휘발성 유기 화학물질들	초미세먼지 (유기염) 생성률[1]	HAPs 여부	발암성 (IARC기준)	오존 생성률 (POCP)[2]	비고
프로판 (Propane)	0.0	-	-	약함(14)	
부탄 (Butane)	0.0	-		중간(31)	
벤젠 (Benzene)	1.29	○	IARC 그룹1	약함(10)	표 5.1 참조
톨루엔 (Toluene)	0.44	○	IARC 그룹3	중간(44)	표 5.1 참조
자일렌 (Xylene)	0.12~0.39	○	IARC 그룹3	강함(72-86)	표 5.1 참조
1,3-부타디엔 (1,3-Butadiene)	0.13	○	IARC 그룹3	매우 강함(113)	표 5.1 참조
사이클로헥산 (Cyclohexane)	0.15	-	-	중간(28)	
헥산 (n-Hexane)	0.0	-	-	중간 (40)	

주의: 상기한 유기염 생성률, 오존 생성 포텐셜 수치들은 대기 중 질소산화물(NOX)의 농도에 따라 달라질 수도 있다.
1. 단위: $(\mu g/m^3)/ppb$; 2. 괄호 안의 숫자는 각 휘발성 유기화학물질들에 대한 오존 생성률(POCP: Photochemical Ozone Creation Potential) 수치를 나타낸 것이다. 숫자가 클수록 해당 물질이 오존을 더 잘 생성함을 의미한다.

여부'와 '발암물질 여부', '오존 생성률' 등으로 나누어 정리해 본 것이다. 우선 두 번째 열(列)의 초미세먼지 생성률을 살펴보자. 여기서 초미세먼지 생성률이 0이란 의미는 해당 휘발성 유기화학물질이 공기 중에서 초미세먼지를 전혀 생성하지 못한다는 의미다(즉, 해당 물질은 초미세먼지의 재료 물질이 아니라는 의미다). 반대로 생성률이 1이란 의미는 해당 휘발성 유기화학물질 1ppb가 초미세먼지 $1\mu g/m^3$를 생성하게 된다는 의미를

갖는다. 따라서 이 숫자가 크면 클수록 해당 물질은 초미세먼지 중 특히 독성이 매우 강한 '유기염' 성분을 더 많이 생산할 수 있다는 의미가 된다.

예를 하나 들어 보자. 우리 동네의 식당에서 주방 요리용으로 많이 사용하는 액화석유가스(LPG)의 주요 성분은 프로판가스이고, 휴대용 버너의 일회용 캔에 담아 주로 사용하는 가스는 부탄가스라고 했다. 표 7.1을 보면, 이 두 가스들은 초미세먼지를 전혀 생성하지 못하는 초미세먼지 생성률이 제로인 물질들이다. 또한 이들 프로판과 부탄가스는 환경부가 지정한 대기독성물질(셋째 열)도, 국제암연구소가 규정한 발암물질(넷째 열)도 모두 아니다. 단지, 부탄가스의 경우 POCP(Potential Ozone Creation Potential)로 표시된, 오존 생성률이 중간 정도의 수치(POCP 수치 31)를 나타내고 있을 뿐이다. 이 숫자들의 의미를 분석해 보면, 부탄가스의 경우 공기 중에서 오존을 일정 부분 생성시킬 수는 있겠지만 초미세먼지를 생성시키지는 못하고, 그렇다고 부탄가스가 인체 독성이 있는 물질도 아니라는 이야기가 된다. 이상의 내용으로부터 판단할 수 있는 것은 프로판이나 부탄가스가 비록 우리 생활 속에서 꽤 많은 양이 사용되고 또한 공기 중으로 배출 및 누설되고 있긴 하지만, 이들 배출을 우리가 크게 걱정할 필요는 굳이 없을 것이라는 사실이다.

반면 앞 절에서부터 누차 강조해 왔던, 향긋한 향초 '아로마' 냄새와 더불어 강력한 인체 독성을 지니고 있다고 소개했던 방향족(芳香族) 화학물질들인 **벤젠, 톨루엔, 자일렌**과 같은 물질들은 어떨까? 이들은 초미세먼지(독성 유기염)의 생성률이 높고(벤젠 1.29, 톨루엔 0.44, 자일렌 0.12~0.39), 국제암연구소가 지정한 1급 및 3급 발암물질들이며, 동시에 간 독성, 신경 독성 및 신체 다양한 부위의 염증을 유발하는 물질들이고, 거기에 더해 오존 생성률까지도 높다(톨루엔 44, 자일렌 72~86). 이 말을 달리 해석해 보면, 방향족 화합물질들인 벤젠, 톨루엔, 자일렌 등을 우리나라 공기에서 제거하는 바로 그 지점에서, 초미세먼지 농도의 저감, 오존 농도의 저감, 대기독성물질 농도의 저감이란 삼중의 공편익 효과를 기대할 수 있을 것이라는 의미가 된다.

하지만 여기에서는 한 가지 주의할 점도 있다. 대기 정책에 있어서는 해당 대기오염물질의 '단위 농도당' 인체 독성과 초미세먼지 생성률, 오존 생성률 등이 아무리 높다고 하더라도 이들 물질들의 대기 중 농도가 막상 매우 미미하다고 하면, 이들은 대기 정책의 우선 대상에서 당연히 제외될 수도 있다는 점이다. 이는 중세의 위대한 연금술사이자 독성학의 아버지라고 불리는 파라켈수스가 한 말과도 일맥상통한다. "이 세상의 독(성)은 결국 용량(농도)에 의해 결정"되기 때문이다. 즉 벤젠, 톨루엔, 자일렌의 인체 독성이 아주 높고, 초미세먼지와 오존 생성률이 아무리 높다고 해도 이들의 농도가 대기 중에서 매우 낮다면, 우리가 굳이 이 물질들을 대상으로 특별한 대기 정책을 펼칠 하등의 이유는 없다는 것이다. 결국 독성은 '농도'가 결정하기 때문이다! 그렇다면, 우리나라 대기 중에서 이들 물질들의 농도는 어느 정도나 될까?

실제로 2016년 미국의 항공우주청(NASA)과 우리나라 국립환경과학연구원이 공동 실시한 KORUS-AQ라는 집중측정연구 기간 중, 서울 올림픽공원에서 측정된 톨루엔의 최고 농도값이 무려 12ppb까지 올라갔던 일이 있었고, 이 농도를 본 국내외 연구진들이 이 농도에 크게 경악했던 일이 벌어졌었다. 왜냐하면 외국 선진국의 경우 대도시 평균 톨루엔 농도는 대략 1~2ppb 정도에 불과하기 때문이다.[13]

우리나라 과학자들이 측정해서 국제 저널에 발표한 서울시에서의 벤젠과 포름알데하이드 평균 농도도 각각 $1.55\mu g/m^3$와 $3.70\mu g/m^3$, 톨루엔, 자일렌 농도들은 $18.36\mu g/m^3$, $5.10\mu g/m^3$이었다.[14,15] 이들 인체 유해 방향족 화학물질들과 포름알데하이드의 농도값들을 모두 합해 보면, 우리나라 연평균 $PM_{2.5}$인 대략 $23\mu g/m^3$를 오히려 훨씬 초과하는 수치가 계산된다. 거듭 강조하지만, 벤젠과 포름알데하이드는 국제암연구소(IARC)가 규정한 1급 발암물질들이고, 톨루엔과 자일렌은 3급 발암물질이자, 빈혈 유발, 간 및 신경 독성, 피로 유발, 목·눈·코 염증 유발 등의 독성이 보고된 **대기유해물질들**(HAPs)이라고 했다.

여기에 더해, 서울의 대기 중에 가장 흔하게 존재하고 있는 톨루엔(평균 농도가 무려 $18.36\mu g/m^3$다)은, 5장의 그림 5.3 하단 두 번째 열에서도 볼 수 있듯, 대기 중의 초미세먼지 내에서 특히 독성이 강한 '유기염'을 생성하고, 이 톨루엔발(發) 유기염은 우리 몸에서 강한 산화 포텐셜과 인체 염증 반응을 불러일으킬 가능성이 크다. 이런 사실들을 모두 종합해 보면, 톨루엔이란 물질은 기체상에서도 유독하고, 초미세먼지도 활발하게 생성하며, 그 생성된 톨루엔발 유기염 역시도 매우 강력한 인체 독성도 갖고 있다는 이야기가 된다. 그리고 이런 특징은 비슷한 종류의 화학물질들인 벤젠, 포름알데하이드, 자일렌 등에서도 모두 발견되는 현상들이다. 그렇다면 우리가 우선적으로 해야 할 일은 무엇인가? 바로 이들 물질들을 타깃으로 과학적 저감 노력을 '핀셋 집중'하는 것이어야 하지 않겠는가?

그렇다면 이 정책의 핀셋 집중을 위해서는 이들 휘발성 유기화학물질들이 도대체 어디에서 배출되고 있는지를 먼저 살펴봐야만 할 것 같다. 이를 위해 그림 7.1을 한번 살펴보자. 그림 7.1은 필자의 실험실에서 국내에서 많이 사용되고 있는 시너(thinner)의 용도별 조성을 가스 크로마토그래피와 질량분석기라는 장치를 사용해서 분석해 본 것이다. 여기서 시너란 주로 페인트 등에 섞어서 사용하는 용제를 말하는데, 보통 일반인들이 솔벤트(solvent)라고도 부르는 물질이다. 그림 7.1을 보면 확연히 알 수 있듯, 아파트 같은 건물 외부 페인트칠에 사용하는 시너의 67%가 톨루엔('Tol'로 표시된 연두색)이고, 나무 가구의 페인트칠에 사용하는 시

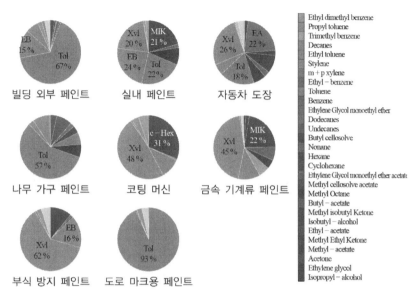

그림 7.1 우리나라에서 사용되는 주요 용도별 시너(thinner)의 조성들. Tol은 톨루엔, Xyl은 자일렌, EB는 에틸벤젠, MIK는 메틸이소부틸케톤, c-Hex는 사이클로헥산, EA는 에틸아세테이트를 의미한다(컬러도판 p.359 참조).

너에는 57%, 포장도로의 마크용으로 사용하는 솔벤트에는 무려 93%가이 톨루엔 성분이다. 그리고 하늘색으로 표시된 자일렌('Xyl'로 표시된 부분)도 부식 방지용 페인트 용제에 62%, 금속 기계류 페인트 솔벤트에 45%나 포함되어 있다. 또 다른 방향족 화학물질인 보라색으로 표시된 에틸벤젠('EB'로 표시되어 있다)도 실내 페인트용 시너에 24%, 빌딩 외부 페인트용 솔벤트에는 15%, 부식 방지 페인트 용제에 16%가 포함되어 있다. 이들 톨루엔, 자일렌, 에틸벤젠은 주로 시너에 다량이 포함되어 있고, 시너와 섞어 사용하는 페인트의 주요 구성 성분물질들이기도 하다. 이에 반해, 또 다른 방향족 1급 발암물질인 벤젠은 주로 자동차 연소 과정에서 배출되는 것으로 알려져 있다.[16]

자, 이상의 논의가 의미하는 정책적 목표점을 보다 명확히 해보기 위해 그림 7.2로 넘어가 보자. 그림 7.2는 표 7.1의 휘발성 유기화학물질별 초미세먼지 생성률과 오존 생성률 그리고 2016년 KORUS-AQ 집중측정연구 기간 중 서울의 올림픽공원에서 측정된 휘발성 유기화학물질들의 농도들을 모두 종합해서, 초미세먼지(유기염)와 오존 생성에 기여하는 각 휘발성 유기화학물질들의 화학물질별 기여도를 백분율로 계산해 본 것이다(그림 7.2도 뒤의 컬러도판을 참조하자!). 그림 7.2의 왼쪽 그림에서 아주 직관적으로 확인할 수 있는 것처럼, 서울 올림픽공원에서 초미세먼지 내 독성 유기염 형성의 80% 이상이 **톨루엔**(toluene), **벤젠**(benzene), **에틸벤젠**(ethylbenzene), **자일렌**(xylene) 등 방향족 화학물질에서 비롯되고 있다. 그림 7.2에서 '초록색'으로 표시된 막대들은 모두 바로 그 방향족 화학물질들의 기여도를 표시하고 있는 것이다.

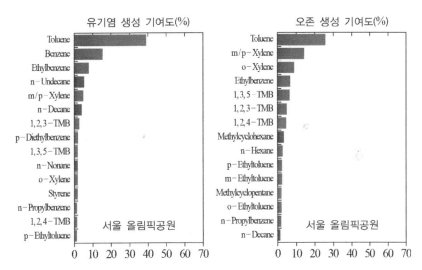

그림 7.2 서울 올림픽공원에서 KORUS-AQ 집중측정연구 기간 중 측정된 휘발성 유기화학물질들의 화학종별 유기염 및 오존 생성 기여도를 백분율로 표시한 그림이다. 표 7.1의 자료를 기준으로 계산이 실행되었다. **초록색 막대들**은 모두 **'방향족 화학물질들'**의 기여도를 나타낸다(컬러도판 p.360 참조).

오존의 상황도 이와 아주 비슷하다. 서울 올림픽공원에서 오존 형성에 기여하는 물질의 70% 이상도 바로 그 방향족 화학물질들이다. 이 방향족 유기화학물질들의 기여도 역시 그림 7.2의 오른쪽 그림에서 초록색 막대로 표시되어 있다. 그림에서 보듯 **톨루엔**(toluene), **자일렌**(xylene), **에틸벤젠**(ethylbenzene) 순서로 오존 형성에 많은 영향을 주고 있다는 것이 확인된다. 그리고 다시 한번 거듭 강조하지만, 이들 방향족 유기화학물질들은 대부분 발암성을 지니고 있고, 인체 신경계-면역계 이상, 염증 반응 등을 불러일으키는 **대기독성물질들**(HAPs)이기도 하다고 했다.

이상의 논의를 모두 종합해 보면, 결론은 아주 명백해 보인다. **초미세먼지 농도의 저감**과 **오존 농도 저감**, 그리고 동시에 **대기독성물질 농도 저감**, 이 삼중의 공편익을 달성하기 위해 방향족 유기화학물질들을 첫 번째 타깃으로 저감해야 하는 것은 너무나도 자명한 과학적 논리의 귀결점 같아 보인다. 그리고 이들 방향족 유기화학물질들의 주요 배출원에 대해서는, KORUS-AQ 집중측정 연구에서 측정된 자료 분석을 위해 모였던 2018년 여름 캘리포니아대학교 어바인회의에서 이소벨 심슨(Isobel Simpson) 박사 역시도 대부분이 페인트-시너 사용에서 발생되고 있는 것으로 추정했었다.[16]

'정밀 핀셋타격!' 필자가 애용하는 이 말은 어떤 현상을 과학적으로 분석한 후, 가장 효과적이고 공편익 효과도 확실한 타깃을 정해 정책의 우선순위를 두고 핀셋형 집중 정책을 실시하자는 취지의 말이다. 일거삼득(一擧三得)이고, 'one stone three hares!(돌 하나로 세 마리 산토끼를 한꺼번에 잡다)'의 상황이라면, 당연히 전략적 정밀 핀셋 타격의 핵심 목표물도 이들이 되어야 함은 과학적·논리적으로 너무나도 당연하고 자명한 것이라고 할 수 있지 않겠는가?

휘발성 유기화학물질 저감에서 많은 공편익이 생길 것이다

하지만 필자 말과 논리들이 아무리 그럴듯하게 들린다고 할지라도, 독자들은 삐딱하게 비판적 질문들은 계속해서 던져봐야만 한다고 했다. 필자가 필자 스스로에게 이런 비판적 질문을 던져봤을 때, 아마 두 가지 정도의 의문점들이 상기한 필자 주장에 대해 자연스럽게 생길 것 같다.

첫 번째 의문점! 그림 1.1로 돌아가서 초미세먼지 생성 과정들을 다시 한번 곰곰이 생각해 보면, 초미세먼지를 생성하는 물질들로는 휘발성 유기화학물질들 이 외에도 질소산화물도 있고, 아황산가스와 암모니아도 있었다. 그런데 당신은 왜 휘발성 유기화학물질 저감 문제에만 이토록 과도하게 집착하는지 뭔가 균형이 좀 안 맞는 것 같고 이상한 것 같기도 하다. 다른 재료 물질들인 질소산화물, 아황산가스, 암모니아 등은 전혀 중요하지 않다는 의미인가? 두 번째 의문점! 휘발성 유기화학물질들이 주로 페인트와 시너에서 배출된다고 해보자. 그렇다면 실내에서 도장(塗裝) 작업을 하는 자동차나 가구 페인트 작업이라면 혹시 몰라도 (실내 작업장에서는 이들 물질들의 배출 저감이 그래도 가능은 하겠지만), 아파트 외관을 칠하고, 조선소 야외에서 작업하는 선박 도장에서는 페인트와 시너 배출을 도대체 어떻게 제거하자는 말인가? 이 선박 도장도 실내에서 해야 한다는 말인가? 거대한 선박 도장을 실내에서? 이것은 말도 안 되는 헛소리가 아닌가?

우선 두 번째 의문에 대한 답변을 먼저 해보도록 하자. 당연히 아파트나 거대 선박의 도장 작업을 실내에서 행하는 것은 불가능한 일에 가까울 듯싶다. 따라서 이런 경우 해답은 아마도 페인트-시너 성분 재(再)디자인에서 그 해답을 찾아야 하지 않을까 생각된다. 현재 거의 모든 페인트들은 유성(油性) 페인트들이다. 즉, 기름(油)성이란 의미다. 유성 페인트들이기 때문에 페인트 액상 성분과 시너에 톨루엔, 자일렌, 에틸벤젠과 같은 기름 성분들이 많은 양 들어가게 되는 것이다. 만약 이들을 수성(水性) 페인트로 전환할 수만 있다면, 이것은 우리의 문제 해결에 매우 중요한 전기, 게임 체인저가 될 수도 있다고 본다.

혹시 이런 수성 페인트에로의 전환 작업이 페인트의 성능을 지나치게 저해하게 된다면, 페인트 유성 액상 성분이나 시너의 주요 성분들을 톨루엔이나 자일렌이 아닌 초미세먼지 생성률과 인체 독성이 낮은 다른 유성 물질로 대체하는 것도 좋은 친환경적 대안이 될 수 있을 것이다.

그림 7.3은 이와 같은 성분 재디자인이 가야 할 좋은 예를 제시하고 있다고 생각된다. 그림 7.3은 페인트-시너는 아니지만, 우리나라에서 출판에 사용되는 옵셋 잉크(offset ink)의 성분을 분석한 것이다. 당연히 잉크도 사람들이 책을 읽으면서, 다양하게 접촉하는 물질이다. 책을 읽으며 잉크 냄새를 맡을 수도 있고, 무심결에 침을 바르며 책장을 넘길 수도 있기 때문이다. 따라서 잉크 성분도 당연히 안전한 성분으로 구성

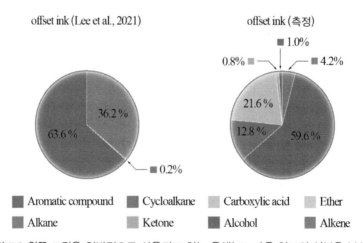

그림 7.3 왼쪽 그림은 일반적으로 사용되고 있는 옵셋(offset)용 잉크의 성분을 분석한 것이고, 오른쪽 그림은 친환경 옵셋 잉크의 성분을 분석한 것이다. 왼쪽 그림에서 빨간색으로 표시된 방향족 유기화학물질들(aromatic compounds)의 양이 오른쪽 그림에서 1% 미만으로 획기적으로 줄었다는 사실을 확인할 수 있다(컬러도판 p.360 참조).

이 되어야만 한다. 왼쪽 그림은 필자 실험실에서 일반 시중의 옵셋잉크를 구입해 성분을 분석한 것이고, 오른쪽 그림은 '친환경' 옵셋 잉크의 성분을 분석한 것이다.17 왼쪽 그림에선 벤젠, 톨루엔, 자일렌, 에틸벤젠 등의 빨간색 표시 방향족 화학물질들이 무려 63.6%였지만, 오른쪽 그림에서는 1% 미만으로 대폭 줄어들면서 방향족 화학물질 성분들이 주로 알코올 성분으로 대체되었음을 확인할 수 있다. 일반적으로 알코올 성분들은 방향족 화학물질에 비해 인체 독성은 낮고, 초미세먼지 생성 기여율도 훨씬 적다. 따라서 잉크가 사람들과 생활 속에서 밀접 접촉할 확률이 높다는 점에 비추어 봤을 때, 이런 비독성-친환경 잉크의 개발은 매우 바람직한 방향이고, 다양한 페인트와 시너들에도 이와 유사한 성분 재디자인이 적용될 수 있기를 기대해 본다.

또한 많은 분이 주유소에서 주유를 할 때면, 주유 펌프 부근에 '유증기 회수 시설 가동'이란 스티커가 부착되어 있는 것을 볼 기회도 있었을 것이다. 이 VRS(Vapor Recovery System)라는 이름의 유증기 회수 시설도 휘발유나 디젤 주유 시 증발하게 되는 벤젠, 톨루엔, 자일렌 등을 포함하는 휘발성 유기화학물질들을 진공 펌프를 이용해 회수하는 장치다. 대략 주유 중 배출되는 휘발성 유기화학물질들의 60~80% 정도를 회수할 수 있는 것으로 알려져 있다. 주유소에 이런 장치의 설치를 확대해야 하는 이유도 기본적으로는 방향족 유기화학물질들을 포함한 휘발성 유기화학물질들이 인체에 아주 유해하고, 초미세먼지와 오존 생성의 원흉도 되고 있기 때문이다.

자, 그럼 여기서는 다시 한번 앞서 언급했던 첫 번째 질문으로 돌아가 보도록 하자. 필자는 무슨 이유로 초미세먼지 중 무기 성분의 재료 물질인 질소산화물, 아황산가스, 암모니아보다 유기염 생성의 재료 물질인 휘발성 유기화학물질들 문제에 이토록 과도하게 집착하는가? 그림 1.1

을 설명하면서 당신은 이들 무기 성분들이 초미세먼지에서 차지하는 비중이 무려 40~50%나 된다고 하지 않았던가? 맞는 말이다! 그런데 이 질문에 대한 답변도 사실은 1장과 5장의 논의 안에 이미 포함되어 있었다. 1장에서 이미 초미세먼지 성분들 중 '유기염' 성분이 '무기염' 성분들보다 건강에는 훨씬 더 유해하다고 했고, 그림 5.4를 살펴봐도 디젤차나, 톨루엔 등에서 비롯된 유기염이 질산염, 황산염보다 우리 인체에는 훨씬 더 유해하다는 것을 발견할 수 있을 것이다. 당연히 우리는 초미세먼지 농도를 줄이려는 노력을 기울이더라도, 시민들의 건강에 보다 유해한 물질에 초점을 맞춰 우선적인 저감 노력을 기울여야만 할 것 아닌가? 이것이 필자의 첫 번째 질문에 대한 첫 번째 답변이다.

두 번째 답변! 하지만 그럼에도 불구하고 우리는 초미세먼지 중 무기 성분 생성의 재료 물질들인 질소산화물, 아황산가스 농도의 저감을 외면하지는 말아야 한다. 다만, 대기 중 이들 질소산화물과 아황산가스 배출 저감에는 휘발성 유기화학물질 저감에 비해 훨씬 많은 비용이 소요될 것이라는 데에 문제가 있다. 왜 그런 것일까? 자, 다시 이 책 3장의 그림 3.3을 상기해보길 바란다. 그림 3.3을 설명하면서, 필자는 현재 우리나라의 배출 저감 단계가 전환 단계의 후반 혹은 안정화 단계에 이미 도달해 있을 것이라는 언급을 누차에 걸쳐서 했었다. 그리고 이 이야기는 바로 질소산화물과 아황산가스 배출 관리에 해당되는 언급이었다.

우리나라의 대형 화력발전소, 제철소, 대형 화학공장 등에는 질소산화물과 아황산가스 배출 저감을 위한 시설들이 이미 빽빽이 그리고 꽤 촘촘히 설치가 되어 있다고 했다. 가솔린, 디젤차에도 유로5, 유로6 배출 기준을 거치면서, 삼원촉매장치(TWC: Three-Way Catalyst), 배기가스 재순환 장치(EGR: Exhaust Gas Recirculation), 디젤 가스 산화촉매장치(DOC: Diesel Oxidation Catalyst), 디젤입자필터(DPF: Diesel Particle Filter) 등이 이미 촘촘하게 설치되어 왔다. 우리가 질소산화물과 황산화물의 배출을 더 줄여야만 한다는 것은 당위이고 맞는 말이 되겠지만, 배출 관리의 안정화 단계에서는 단위 배출 저감당 소요되는 비용도 매우 가파르게 상승할 것이라고 했다. 바로 한계비용체감의 법칙이 적용되기 때문이다.

그런데 반대로, 방향족 화합물을 포함하는 휘발성 유기화학물질들 저감에는 상대적으로 많은 비용이 소요될 것 같지는 않다. 질소산화물과 황산화물 배출 저감과는 달리 휘발성 유기화학물질 배출 저감은 사실 우리 사회에서 이제까지 별로 시도된 바조차도 없었기 때문이다. 이 말은 휘발성 유기화학물질 저감은 아직도 3장에서 언급했던 바, 낮은 과일 수확 단계에 머물러 있을 개연성이 꽤 크다는 이야기도 된다. 아주 큰 비용을 들이지 않고도 꽤 큰 효과를 기대할 수 있다면, 당연히 이런 조치부터 우리가 실행해야만 하는 것 역시 논리적·과학적 사고의 당연한 귀결점이 되지 않겠는가? 이것이 필자의 첫 번째 질문에 대한 두 번째 답이다.

자, 그리고 이 절을 끝내기에 앞서 잠시 표 7.1의 1,3-부타디엔(1,3-butadiene)과 벤젠(benzene)에 관한 이야기를 마지막으로 한 번만 더 해 보도록 하자. 이 1,3-부타디엔과 벤젠은 거듭 이야기했듯, 국제암연구소(IARC)가 규정한 '1급 발암물질들'이고, 담배 흡연 과정에서도 발생되는 매우 유해한 고독성 화학물질들이다. 여기서 벤젠의 경우 2016년 KORUS-AQ 집중측정연구 기간 중 매우 높은 농도가 우리나라 A 석유화학공단에서 측정되었다. 그리고 이 석유화학공단에서는 벤젠 농도가 톨루엔 농도를 오히려 초과하기도 했었다. 서울과 같은 대도시에서는 방향족 화학물질들 중 톨루엔, 자일렌 등의 농도가 벤젠 농도보다 항상 더 높은 경향을 보이지만, 석유화학공단에서는 거꾸로 벤젠의 대기 중 농도가 더 높게 상승하는 경향이 있다.

1,3-부타디엔은 또 어떤가? 국제암연구소가 규정한 1급 발암물질이면서 신경 독성까지 가지고 있는 휘발성 유기화학물질이고, 주요 배출원은 석유화학공장이다. 부타디엔은 주로 탄성이 있는 고무 플라스틱을 합성할 때 원료로 사용된다. 우리가 폴리부타디엔이라고 부르는 물질은 부타디엔을 원료로 탄성을 가진 고무 성분의 플라스틱 물질을 만들었다는 의미로, 부타디엔은 우리나라 화학산업의 근간이 되는 대표 화학물질들 중 하나이다. 문제는 이 1,3-부타디엔이 표 7.1에서 보듯, 조미세먼지(독성 유기염) 생성률도 높고(0.13), 오존 생성률도 높다는 것이다(무려 113이다!). 거기에 국제암연구소가 규정한 발암성 1급과 동시에 신경 독성물질임을 감안하면, 이 물질도 당연히 배출 관리가 필요한 물질이 된다.

다행히도 1,3-부타디엔은 많은 인구가 몰려 사는 대도시에서는 그 농도가 아주 희박하다. 그런데 당연하겠지만(고무 플라스틱 생산의 원료 물질이므로) 울산, 대산, 여수 등 석유화학공단 지역에서는 이 1,3-부타디엔의 농도가 아주 높다. 이 때문에 석유화학공단 지역 주민과 화학 공단 내 근로자의 건강이 매우 걱정되는 것이고, 4, 5장에서 지속적인 언급을 했었지만, 이런 문제들 때문에 석유화학공단은 유해 화학물질 초고농도 위험-우심 지역도 되는 것이다.

과잉 투자: 아황산가스 제거에 수조 원이 낭비되고 있다

여기까지 논의 과정에서 필자는 휘발성 유기화학물질과 관련한 두 가지의 주장을 했다. 첫째, 휘발성 유기화학물질을 저감하는 것에서 매우 다양한 공편익 효과가 발생할 수 있을 것이라는 점과, 둘째, 그 공편익을 극대화하기 위한 전략으로 특히 방향족 유기화학물질에 대한 맞춤형 핀셋 저감 전략이 수립되어야 한다는 점을 강조했다. 실제로 홍콩에서도 이런 휘발성 유기화학물질 배출 저감 노력을 다년간 실시해서 대기 중 휘발성 유기화학물질의 농도를 거의 절반 수준으로 저감했다는 사례가 보고된 바도 있었다.18

그렇다면, 이번에는 보다 전통적인 초미세먼지 농도 저감 노력으로 아황산가스와 질소산화물 배출을 저감하는 것은 그 효과가 어떨지도 한 번 생각을 해 보도록 하자. 현재까지 우리나라의 초미세먼지 및 오존 농도 저감 노력은 이상하리만치 이 두 가지 무기물질의 배출 저감에만 집중되어 왔다는 이야기는 앞에서도 했었다. 그림 1.1에서도 논의했듯, 아황산가스는 주로 석탄화력발전소 등 석탄을 사용하는 공정에서, 그리고 질소산화물은 일반 연소공정이나 자동차 등에서 주로 배출된다. 하지만 이들 아황산가스나 질소산화물은 그 자체만으로는 인체에 아주 유독한 독성물질들은 아니다. 특히 아황산가스는 비록 **기준성 오염물질**(CAPs)의 목록에 올라 있긴 해도 그 자체로는 발암물질도 아니고 오존을 생성하지도 않는다. 질소산화물도 인체 유해성이 아주 높지는 않고, 다만 유독한 초미세먼지와 오존을 생성하는 데는 일정 부분 관여는 한다. 따라서 이들 중 어느 한 물질에 우리가 먼저 핀셋 집중을 해야만 한다면 당연히 아황산가스보다는 질소산화물 배출 저감에 집중하는 것에서 보다 큰 이익(편익)을 기대할 수가 있을 것이다.

그리고 질소산화물 배출 저감이 아황산가스 배출 저감보다 더 큰 이익(편익)을 발생시킬 수 있는 이유는 한 가지가 더 있다. 실제로 아황산가스가 초미세먼지(황산염)를 생성하는 데에는 온도와 햇빛의 강도, 그리고 구름과 안개의 존재 유무가 매우 중요한 역할을 한다.19 특히 온도가 높고 햇빛 강도가 센 여름철에는 아황산가스가 황산염으로 매우 잘 변환된다. 동시에 아황산가스는 안개와 구름 내부에서도 황산염으로 변환되는데, 이들 황산염은 구름과 안개의 수분이 증발하고 나면 곧바로 초미세먼지 황산염이 된다. 문제의 핵심 중 하나는 우리나라가 초미세먼지 고농도로 고생하는 시즌인 겨울과 봄철에는 햇빛도 상대적으로 강하지 않고, 온도는 낮고, 더군다나 매우 건조한 계절이라서 구름과 안개의 형성도 상대적으로 활발하지 않다는 점이다.

초미세먼지 고농도 시즌인 우리나라의 겨울과 봄철은 모든 조건에서 황산염 생성에 유리하질 않다. 더더군다나 아황산가스가 황산염으로 변환되는 데에는 상대적으로 꽤 긴 시간이 필요하기도 하다. 과학적 분석에 의하면 이 변환에는 대략 4~7일 정도가 필요하다. 그리고 날씨가 추우면 추울수록 이 기간은 점점 더 길어지는 경향도 있다. 문제의 핵심은 아황산가스가 포함된 공기 덩어리가 우리나라, 한반도 땅 위에서 머무는 평균 기간이 대략 1.5~2일 정도에 불과하다는 사실이다. 당연히 1.5~2일은 4~7일보다 훨씬 짧은 시간으로, 이 말은 아황산가스는 우리나라 안에서 배출되더라도 우리나라 공기 중에서 황산염으로 변환되는 생성률이 아주 낮을 것이라는 말과도 같은 것이다.

과학적 사실이 이렇다면, 정책적으로는 과연 국가나 해당 산업체가 막대한 비용을 투입해 가면서까지 이 아황산가스 배출 저감 시설을 설치하는 것이 과연 환경 전략적으로 맞는 것일까를 한번 따지고 의심해 봐야만 한다. 한전을 포함한 자회사들, 포항제철 같은 대규모 사업장들에선 바로 이 '탈황 시설'이라고 불리는 아황산가스 저감 시설에 수조 원 단위의 투자를 진행하고 있다는 소문도 들려오기에 하는 이야기다. 필자 생각으로 이 탈황 시설에 투입되는 비용당 초미세먼지 농도 저감 효과는 아무리 생각해 봐도 너무나도 낮을 것 같다. 아니, 어쩌면 이 수조 원은 거대한 낭비에 투자되고 있는지도 모를 일이다.

반대로 질소산화물은 아황산가스와는 다르게 구름과 안개 속에서 초미세먼지의 또 다른 주요 성분인 질산염(NO_3^-)을 생산하는 경향이 아주

약하다. 또한, 질산염은 황산염과는 대조적으로 온도가 낮으면 낮을수록(추우면 추울수록) 더 잘 생성되는 경향도 있다. 그래서 우리나라의 겨울과 봄철은 많은 양의 질산염이 생성되기에 아주 좋은 조건이 형성된다. 그리고 결정적으로 질소산화물이 질산염으로 변환되는 기간도 24시간 이내로 아주 짧은 편이다. 이 말은 우리나라에서 배출된 질소산화물은 결국 우리나라 안에서 질산염을 생성시킬 것이라는 말이 된다. 이런 사실들을 모두 종합해 보면, 결론도 아주 명확할 듯싶다. 우리 정부와 산업체가 이런 과학적 사실에 근거해서 집중 '핀셋 투자'해야 할 대상은 '탈황 시설'이 아니라 질소산화물 저감 시설인 '탈질 시설'이 되어야만 한다는 것이다.

우리나라에서 배출되는 아황산가스는 질소산화물과는 달리 상당 부분이 한반도 내에서 초미세먼지 황산염으로 변환되지 않은 채 그냥 한반도를 빠져나갈 확률이 매우 높다. 그리고 아황산가스는 그 자체로 독성도 높지 않고 오존 생성에 관여하지도 않는다. 따라서 우리나라에서는 겨울과 봄철은 물론 여름철에도 아황산가스의 배출보다는 질소산화물 배출 저감에 보다 핀셋 집중하는 것이 더 큰 환경 전략적 효과와 이익을 기대할 수 있을 것으로 보인다.

과학에 기반한 대내적 노력: 타깃 정하기

우리는 가끔 인구가 아주 밀집한 지역, 예를 들어 수도권 같은 곳의 주요 대기오염원은 아마도 자동차일 것이라고 다소 선험적(先驗的)인 추측을 하는 경향이 있다. 국회에서 개최되는 초미세먼지 토론회 같은 곳에서 국회의원들의 발언을 경청해봐도, "결국은 디젤차, 노후 차, 화력발전소가 주범 아닌가?"라는 매우 단정적인 발언을 자주 듣곤 한다. 수도권 인구 대략 2,550만 명에, 자동차 등록 대수 대략 천만 대 정도가 대한민국 전체 면적의 11.8% 정도밖에 안 되는 비좁은 수도권 땅 안에 빽빽이 밀집되어 있으니, 직관적으로는 자동차를 수도권 대기오염의 핵심 주범으로 생각하는 것도 전혀 무리는 아닐 것이다. 더군다나 이 수도권의 핵심 중 핵심인 좁디좁은 서울은 대한민국 전체 국토 면적의 0.6%밖에 안 되는 땅 위에 거의 천만 명이 312만 대의 차량을 운행하면서 살고 있다. 서울은 교통의 지옥이고, 대기오염의 지옥이고, 또한 초미세먼지의 지옥일 것도 같다.

하지만 몇몇 통계 자료와 과학적 자료들을 수집하고 종합하다 보면, 이 역시도 사실과는 다소 거리가 먼 착각이자 인지의 오류인 것으로 보인다. 이 대목에서 그림 7.4를 한번 살펴보도록 하자. 그림 7.4는 2017년 겨울과 봄 기간, 우리나라 PM$_{10}$과 PM$_{2.5}$의 지자체별 순위를 1위부터 30위까지 표시해 본 것이다. 그림에서는 색깔이 짙어지면 짙어질수록 (초)미

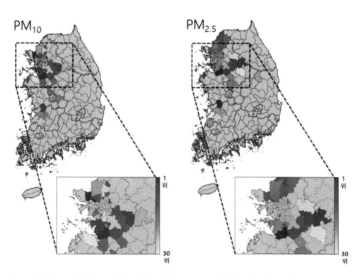

그림 7.4 2017년 겨울과 봄철 기준 우리나라 미세먼지와 초미세먼지 농도(PM$_{10}$과 PM$_{2.5}$)의 지자체별 순위 지도. 색깔이 진할수록 순위가 높음(즉, 농도가 높음)을 나타낸다.

세먼지 농도의 지자체 순위가 높다는(즉, 공기질이 나쁘다는) 의미가 된
다. 이 그림에서 발견할 수 있는 사실은 첫째, 초미세먼지 농도가 높은
상위 지자체가 전국적으로 볼 때, 서울 주변 경기도 지역에 빽빽이 몰려
있다는 사실이고, 둘째, 경기도의 초미세먼지 농도는 전체 국토 면적
0.6%에 천만 명의 인구가 밀집해 거주하고 있는 서울보다도 오히려 더
높다는 점이다. 이는 뭔가 우리의 일반적인 예상을 배반하는 결과로 보
인다.

그림 7.5는 그림 7.4를 해당 기간 지자체별로 (초)미세먼지 농도에 따
라 내림차순 막대그래프로 정리해 본 것이다. 그림 7.4와 그림 7.5를 살
펴보면 서울이 초미세먼지의 지옥이 아니라, 그 주변 경기도 지역들이
오히려 초미세먼지의 지옥인 듯 보인다. 그리고 그림 7.4를 차분히 들여

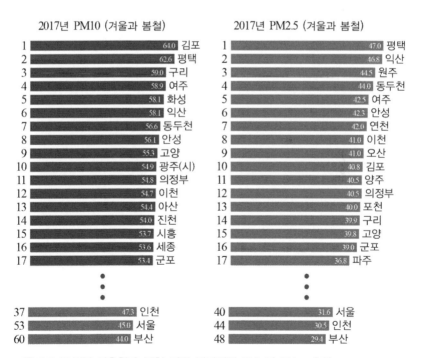

2017년 PM10 (겨울과 봄철)		2017년 PM2.5 (겨울과 봄철)	
1	64.0 김포	1	47.0 평택
2	62.6 평택	2	46.8 익산
3	59.0 구리	3	44.5 원주
4	58.9 여주	4	44.0 동두천
5	58.1 화성	5	42.5 여주
6	58.1 익산	6	42.3 안성
7	56.6 동두천	7	42.0 연천
8	56.1 안성	8	41.0 이천
9	55.3 고양	9	41.0 오산
10	54.9 광주(시)	10	40.8 김포
11	54.8 의정부	11	40.5 양주
12	54.7 이천	12	40.5 의정부
13	54.4 아산	13	40.0 포천
14	54.0 진천	14	39.9 구리
15	53.7 시흥	15	39.8 고양
16	53.6 세종	16	39.0 군포
17	53.4 군포	17	36.8 파주
37	47.3 인천	40	31.6 서울
53	45.0 서울	44	30.5 인천
60	44.0 부산	48	29.4 부산

그림 7.5 2017년 겨울철과 봄철 기준 지자체별 PM$_{10}$과 PM$_{2.5}$ 순위

다보고 있노라면, 초미세먼지 농도가 낮은 서울과 인천을 초미세먼지 농도가 높은 그 주변 지자체들이 오른쪽과 왼쪽을 한 입씩 베어 낸 도넛 형태로 감싸고 있는 듯한 모양을 보여 주고 있다.

그리고 이 모양은 앞서 어딘가에서 한번 봤었던 것 같은 기시감도 불러일으킨다. 그렇다! 이 상황은 앞서 '생각 더 하기 5'에서 필자가 언급했던 중국 화북지방의 초미세먼지 농도 상황과도 매우 유사하다. 중국 화북지방에서도 초미세먼지 농도가 낮은 베이징, 톈진 지역을 초미세먼지가 높은 산둥성, 허베이성, 랴오둥성, 산시성 등이 도넛처럼 감싸고 있다고 했다.

이들 그림과 표를 좀 더 꼼꼼히 들여다보고 있노라면, 두어 가지의 의문 또는 확신도 생겨날 듯싶다. 첫째, 초미세먼지 고농도 사례에서는 초미세먼지 농도의 60~80%가 중국에서 넘어온다고 했다. 이 국경을 넘어오는 고농도 초미세먼지 공기 덩어리의 규모는 아주 커서 우리나라 경기도 그리고 중부 지방 전체를 뒤덮고도 남는 규모다. 그림 4.1을 다시 한번 살펴보면, 중국에서 넘어오는 고농도 초미세먼지 공기 덩어리의 대략적인 규모와 크기를 아마 짐작할 수 있을 것이다. 그렇다면, 2017년도 겨울과 봄철에 중국에서 넘어오는 이 초미세먼지의 영향이 서울과 경기도에서 지자체별로 큰 차이를 나타냈을 확률은 그렇게 높아 보이지는 않는다. 하지만 그림 7.4는 초미세먼지 농도 분포에서 서울-인천과 주변 경기도 지자체들 사이의 확연하고 규칙적인 초미세먼지 농도에서의 차이를 보여 주고 있다. 그렇다면 이 차이는 도대체 어디서 발생하는 것일까? 당연히 이 차이는 '국내' 오염물질의 배출량 차이에서 발생하는 것일 개연성이 아주 높다.

둘째, 그렇다면 수도권 초미세먼지 발생의 주요 원인이 정말로 자동차 배출 때문일까 하는 의심도 생긴다. 좁은 지역에 자동차들이 밀집되어 있기로는 서울만 한 곳이 우리나라엔 없을 것이고, 이는 부산이나 인천도 마찬가지일 텐데, 이들 도시들의 $PM_{2.5}$ 수치는 서울 40위, 인천 44위, 부산 48위로 매우 낮다. 그림 7.4와 그림 7.5를 보면, 서울 주변 수도권에서 초미세먼지 농도가 높은 지자체들은 평택, 동두천, 김포, 여주, 안성, 오산, 이천, 의정부, 군포와 같은 곳들이다. 그렇다면, 이들 지역들에선 서울, 인천과 달리 무슨 일인가가 벌어지고 있음이 분명해 보인다. 도대체 이들 지자체에선 무슨 일이 벌어지고 있는 것일까? 무슨 일 때문에 평택, 여주의 $PM_{2.5}$는 $47.0\mu g/m^3$와 $42.5\mu g/m^3$로, 서울의 $31.6\mu g/m^3$보다 10~15$\mu g/m^3$만큼이나 더 높단 말인가? 무엇이 원인일까? 그 원인을 파악할 수 있다면 문제의 해결책도 자연스럽게 도출될 수 있지 않을까? 그리고 여기에는 짐작되는 몇 가지의 원인들이 있다.

첫 번째가 농업 잔재물 소각이다. 소위 말하는 논두렁, 밭두렁 태우기부터, 나무 소각, 볏단 소각, 보릿대 소각, 비닐하우스 잔재 소각, 농촌 폐기물 소각 등이 모두 이 범주에 포함된다. 그림 7.6은 경기 연구원에서 근무하는 김동영 박사가 추산한 2014년 기준 우리나라와 경기도 지역 농업 잔재물 소각 활동의 분포도이다.[20] 수도권을 중심으로 살펴보면, 서울과 인천의 경우는 태울 농업 잔재물 자체가 거의 없기 때문에, 소각 활동도 거의 없는 것을 볼 수가 있다. 하지만 서울과 인천시를 둘러싼 지역의 농업 잔재물 소각 활동은 그림 7.4의 초미세먼지 고농도 지역들과 묘하게 겹쳐 있다. 특히 평택군, 안성군, 화성군, 이천군, 여주군, 파주군의 농업 잔재물 소각이 특별히 많음을 볼 수가 있는데, 이들 지자체들은 겨울과 봄철 초미세먼지 농도들도 높은 지자체들이다.

이 농업 잔재물 소각 활동을 줄이는 것은 초미세먼지 농도 저감을 위한, 어쩌면 가장 손쉽고 비용도 거의 들지 않는 해결책이 된다. 관련 공무원(군청, 동·면사무소 직원과 지방자치 경찰) 등의 지도와 계도 활동 강

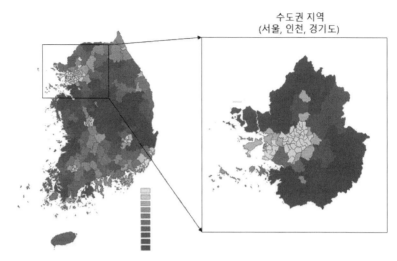

수도권 지역
(서울, 인천, 경기도)

그림 7.6 농업 잔재물 소각에 따른 미세먼지 배출량 지도(출처: 김동영 박사, 경기 연구원).[20]

화만으로도 꽤 큰 효과를 거둘 수도 있기 때문이다. 예를 들어, 감시 드론 하나를 100~150m 높이까지 띄우게 되면, 굉장히 넓은 지역의 농업 잔재물 소각과 산불 감시가 가능해진다. 하지만 그림 7.6을 전국적으로 확대해 봤을 때, 이들 지자체들만 농업 잔재물을 소각을 하는 것도 아닌 것 같다. 이 말은, 농업 잔재물 소각 이외에도 다른 요인들이 추가로 작용하고 있다는 의미가 될 수 있다.

그래서 두 번째로 추측되는 요인이 대·중·소규모 공장들로부터의 배출이다. 그림 7.7은 경기도에 산재해 있는 1~5종 산업체 업장들의 분포도이다.[21] 여기서 1~5종 산업체는 주로 에너지 사용량에 따라 분류되는데, 1~2종은 에너지를 많이 사용하는 대규모 공장을, 3~5종은 에너지 사용량이 상대적으로 적은 중소규모 사업장을 의미한다. 그림에서 확인할 수 있듯, 많은 1~5종 산업체들이 서울 남쪽으로는 평택, 오산, 안성, 이천, 여주 지역에, 서울 북쪽으로는 김포, 파주, 동두천 지역에 밀집되

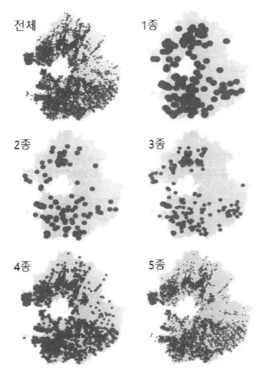

그림 7.7 경기도 지역 1종에서 5종 산업제의 분포도(가운데 하얀색 부분이 서울 지역이다).

어 있다. 이들 업장들은 필자가 앞서 묘사한 바처럼 마치 오른쪽과 왼쪽을 한 입씩 베어 낸 도넛의 형태로 서울 주변을 둘러싸며 분포하고 있다. 그리고 그 업장 분포 역시도 묘하게 $PM_{2.5}$ 고농도 지자체의 분포를 매우 닮았다.

특히 문제가 되는 것은 3종 이하 중소규모 공장들인데, 이들 작업장들은 포항제철이나 대형 화력발전소들과는 달리 대기오염 저감 장치를 설치 및 운용할 만큼의 재정적 여력이 없는 경우가 대부분이다. 이들 중소규모 업장들과 함께 우리가 또한 주목해서 살펴봐야 할 업종들이 불을 사용하는 업종들인 숯가마 공장, 숯가마 찜질방, 화목난로 및 나무 펠릿 사용 업소, 그리고 수도권 교외에 산재해 있는 중규모 이상의 고깃집(고깃집에서도 상당한 양의 대기오염물질들, 요리 매연이 배출된다고 했다) 등이 그림 7.4에서 서울과 인천 주변의 경기도 지역에서 두 입 베어 낸 도넛 모양으로 초미세먼지 농도를 끌어올리고 있는 범인들의 일부일 것으로 추정된다. 이들 업체들에서 배출되는 대기오염물질의 저감에는 농업 잔재물 소각 단속과는 달리 비용이 꽤 많이 소요될 것으로 예상된다. 우선은 드론 활용과 경찰이나 지자체 공무원들이 순찰과 계도 활동을 강화해서 배출을 감시하는 것도 중요하겠지만, 근본적으로는 업체에 합당한 저감 시설을 설치-운영하도록 정부와 지자체가 지원-관리 체계를 정비, 강화해 나가야 할 필요가 있을 것이다.

필자는 앞서 5장에서 농업 잔재물 소각과 화목 난로, 나무 펠릿 소각, 고깃집의 불완전 연소 등으로부터 발생하는 초미세먼지와 기체상 오염물질들은 인체 독성이 특별히 강력하다고 강조를 했었다. 그런데 이 나무 펠릿 소각 문제에는 우리나라 정부의 정책도 한몫 거들고 있다. 우리나라 정부는 나무 펠릿과 산업체-생활 폐기물 연료 등을 '신재생에너지'로 분류하고, 이 연료들에 크레디트(credit)를 부여하는 에너지 정책을 오랫동안 시행해왔다. 이런 이유로 우리나라는 지난 5년간 거의 1조 원어치 이상의 폐목재, 폐가구를 외국에서 수입해온 폐목재, 폐가구 수입 분야의 강국이 되어 버렸다.[22] 하지만 이런 나무 펠릿 연소나 화목 난로와 같이 목재를 태우는 연소 행위에서는 석탄을 연소시키는 것만큼의 독성 대기오염물질들이 배출된다. 이것이 우리 시민 시회가 우리나라의 에너지 분류법 및 신재생에너지 관련 법-행정 체계를 수정하도록 정부와 정치권에 강력한 압력을 넣어야 할 이유이자 동기가 된다고 필자는 생각하고 있다.[23]

그리고 여기에 더해, 앞서 **방향족 유기화학물질들**을 포함하는 **휘발성 유기**

화학물질들 문제도 다시 한번 강조하고 넘어가도록 하자! 서울과 인천을 두 입 베어 낸 도넛처럼 둘러싸고 있는 중소규모 산업체들에서는 앞서 언급한 불로 일을 하는 업종뿐만 아니라, 중소규모 페인트-솔벤트 사용 업장(業場)들도 산재해 있다. 가구 제작소, 인쇄소, 접착제 사용 업체, 작은 규모의 도장(塗裝) 시설, 중소규모 자동차 수리·정비 업소 등등… 그림 7.8은 필자의 실험실에서 정리한, 우리나라 시도별 페인트-시너(솔벤트) 사용량 통계 자료다. 이 자료에서 경기도는 연간 무려 46,873톤의 페인트-시너를 사용하고 있는데, 이는 압도적인 전국 1위가 된다. 그리고 이 양은 서울 연간 8,592톤, 인천 연간 10,238톤과 비교했을 때, 4.6배에서 5.5배에 이르는 엄청난 양이다. 앞서 언급한 대로, 페인트-시너에서 주로 배출되는 휘발성 유기화학물질들, 특히 방향족 유기화학물질들은 초미세먼지 내 독성 유기염 형성의 매우 중요한 원료가 된다고 했다.

그리고 마지막으로 짐작할 수 있는 원인으로 축산과 농업 활동에서 배출되는 암모니아 가스의 문제가 있을 수 있다. 이 암모니아 가스는 주

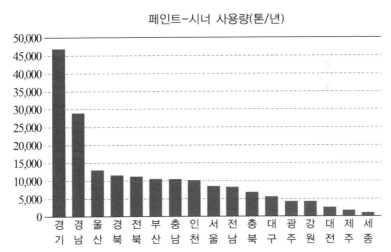

그림 7.8 우리나라 지자체별 페인트-시너 사용량 통계(출처: 광주과학기술원 AIR 실험실 작성).

로 소, 돼지, 닭 등 가축의 분변이나 농사에서 사용되는 암모니아계 질소 비료로부터 주로 배출된다고 앞서 설명했던 바가 있었다. 그리고 이 암모니아 가스의 주요 배출 지역 분포도도 PM$_{2.5}$ 고농도 지역 분포와 묘하게 겹쳐져 있다.

그림 7.9는 다시 한번 미국 항공우주청(NASA)의 크리스(CRIS)라고 불리는 적외선 환경인공위성 센서에서 측정된 자료를 이용해서, 한국환경정책·평가연구원(현 환경연구원)에 근무하고 있는 심창섭 박사가 재구성한 우리나라 암모니아 농도 분포 지도다(이 지도도 가급적 컬러도판을 참조해 보자!). 이 그림에서 확인할 수 있듯, 경기도 남쪽 지자체들인 평택군, 안성군, 이천군, 여주군의 암모니아 농도가 매우 높다.

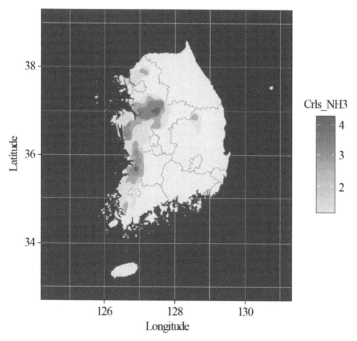

그림 7.9 크리스(CRIS)라는 인공위성 센서에서 측정된 우리나라의 암모니아 농도 분포 지도이다(출처: 심창섭 박사, 한국환경정책·평가연구원)(컬러도판 p.361 참조).

사실 축산 분야에서의 암모니아 가스 배출 저감은 농업 잔재물 소각 다음으로 비용 부담이 크지 않다. 암모니아 가스는 물에 매우 잘 녹는 성질을 가지고 있고, 우리나라는 다행인지 불행인지 동물 복지에 크게 신경을 쓰질 않는다. 닭, 돼지를 좁은 계사, 돈사 안에 가둬놓고 사료를 주며, 마치 단백질 공장처럼 밀집 축사를 운영한다. 이런 종류의 밀집형 돈사, 계사에서는 앞서 언급했던 주유소에 설치하는 유증기 회수 시설처럼 진공 펌프를 이용해서 암모니아 가스를 흡입–포집하는 것이 아주 용이할 수 있다. 그리고 포집된 암모니아 가스를 물에 녹여 버리면, 아주 저렴한 방법으로 암모니아 가스 배출을 저감할 수 있다.

　다만 암모니아 가스의 저감에는 몇 가지의 난점도 있어 보인다. 자세한 과학적 내용들은 다소 복잡해서 여기서 상세하게 내용 전체를 설명하기는 어려울 듯싶다. 우리나라의 경우 암모니아 농도가 전반적으로 너무 높은 관계로 암모니아 농도를 상당 부분 저감하더라도, 이것이 곧바로 초미세먼지 농도의 저감으로 연결될 것 같지는 않다. 이 말은 암모니아 농도를 현 수준에서 30~40% 이상 줄여야만, 그때부터 초미세먼지 농도도 서서히 줄어들 것이라는 뜻이다. 어쨌든 이런 난점에도 불구하고 암모니아 가스 저감 문제도 다소 장기적인 안목에서 문제를 차분히 연구해 볼 필요는 있을 것이다.

　자, 그럼 그림 7.4, 그림 7.6, 그림 7.7, 그림 7.9를 한자리에 모아 놓고, 집중해서 한번 함께 바라봐 보자. 그러면 분포 밀도와 초미세먼지 농도들이 공간적으로 상당 부분 겹쳐져 있음을 볼 수 있을 것이다. 이런 겹쳐짐을 과학적으론 '공간 상관성'이라고 부른다. 그렇다! 경기도에서 초미세먼지 농도가 높은 지자체들과 농업 잔재물 소각, 1~5종 산업체들 위치, 암모니아 배출 등은 공간적으로 강하게 상관되어 있다. 물론 이런 '상관성'이 곧바로 '인과성'을 의미하지는 않는다. 하지만 이런 상관성이란 전자와 후자의 요인들이 서로 원인과 결과의 관계로 묶여 있을 확률이 매우 높음을 시사하고 있는 것도 사실이다.

그리고 필자는 앞서 우리나라 초미세먼지 농도의 연평균 50% 정도가 외부 영향 때문이고, 나머지 50%는 국내 기여분일 것이라고 말해 왔다. 그리고 이 국내 기여분 50%는 바로 우리의 노력으로 줄여 나가야만 한다고 했다. 그렇다면 어떤 구체적 지표를 통해 우리의 노력을 증명할 수 있을까? 예를 들어 $PM_{2.5}$ 고농도 지자체들인 평택, 오산, 안성, 이천, 여주, 파주, 동두천 등 서울을 둘러싸고 있는 이들 지자체에서의 농업 잔재물 소각 관리, 중소규모 산단에서의 휘발성 유기화학물질 배출 관리, 화목난로 관리, 펠릿 사용 업장 관리 등을 통해 $PM_{2.5}$를 저감할 수 있다면, 이 지점이 바로 우리나라에서 우리 내부 노력의 치열함을 평가할 수 있는 구체적 평가 지표가 될 수 있을 것이라고 필자는 생각하고 있다.

필자는 앞서 3장에서부터 우리나라의 초미세먼지 저감이 전환 단계의 마지막 또는 안정화 단계에 있을 것이라는 언급을 해왔다. 이 저감의 안정화 단계란 전통적인 배출 저감 정책이 아황산가스와 질소산화물 배출 저감에 집중되어 왔기 때문에 했던 말이었다. 아황산가스와 질소산화물 배출에서는 현재 상태 그 이상의 저감이 쉽지도 않고, 비용도 많이 소요될 것이며, 그리고 무엇보다도 이들 정책으로는 큰 정책적 효과를 기대하기도 어려울 것이다. 특히 겨울철과 봄철 아황산가스 배출 저감은 비용 대비 편익도 아주 적을 것이다. 하지만 휘발성 유기화학물질들, 특히 방향성 유기화학물질들의 표적 저감 같은 정책은 여태껏 제대로 시도조차 해 보지 않았던 정책이다. 이는 이들 물질들의 농도 저감은 아황산가스와 질소산화물의 배출 저감과는 달리, 아마도 우리나라에서 낮은 과일 수확 단계에 여전히 머물러 있을 수도 있다는 강한 심증을 갖게 한다. 아마도 이것이 우리가 이 항목들에 우리의 정책적 역량을 한번 핀셋 집중해 봐야 할 가장 큰 이유가 될 것이다.

'CAPs-HAPs-GHGs 연계' 사고, 가장 근본적인 정책을 향하여

7장의 서두에서 필자는 초미세먼지 농도 저감을 논의할 때, 초미세먼지 농도 저감뿐만 아니라, **기준성 대기오염물질**(CAPs)과 **대기독성물질**(HAPs) 농도 전반의 저감을 동시에 고려하는, 공편익이 극대화된 정책 전략을 계획하고 수행해야만 한다는 점을 특별히 강조했었다. 우리나라 대기 정책의 최상위에는 다른 무엇보다도 '국민의 건강 보호'라는 대명제가 늘 자리매김하고 있고, 최소한의 비용으로 이 목적을 최대한 달성해야만 한다는 공리주의적 원칙 또한 매우 중요할 것이라고 생각된다. 이런 사고법이 보다 큰 사고법이고, **CAPs-HAPs 연계** 사고의 결론이 된다. 그리고 여기에 더해 이번엔 **지구온난화 물질**(GHGs)의 저감 효과까지를 포함하는 확대된 사고를 한 번 더 해 보도록 하자. 그러면 이것은 **CAPs-HAPs-GHGs 연계** 사고가 된다.

대기오염물질(CAPs)와 대기독성물질(HAPs)의 가장 큰 배출원은 무엇인가? 바로 불을 사용하는 불의 공정들, 바로 연소공정들이다. 석탄과 석유와 천연가스를 태우는 화력발전소들, 가솔린차와 경유차, 중대형 산업용 보일러를 사용하는 공장들 등. 그리고 이들 연소공정-연소공장들에선 대기오염물질(CAPs), 대기독성물질(HAPs)들과 더불어 이산화탄소로 대표되는 지구온난화 물질(GHGs)도 함께 배출된다고 했다. 그렇다면 이들 대기오염물질들, 대기독성물질들, 그리고 지구온난화 물질들을 우리 사회에서 모두 함께 제거할 수 있는 방법은 없을까? 앞서 이야기했듯, 이들 물질들의 배출 원인이 바로 불의 사용, 불의 공정들이므로 불의 사용, 즉 태우기를 중지하는 것이 바로 그 방법이 될 수 있을 것이다. 그래서 우리 사회에서 이 태우기를 중지하는 행위는 어쩌면 혁명을 불러올 것이고, 그 혁명이 바로 **재생에너지 혁명**이 되는 것이다.

이 재생에너지 혁명이란 곧 석탄화력과 천연가스 발전을 태양광과 풍력, 수력발전으로 대체하는 것이다. 태양광, 풍력, 수력발전으로부터 생산되는 에너지(전기)를 **재생에너지**(renewable energy)라고 부른다고 했다. 이들 재생에너지의 가장 큰 특징은 불 없이, 무엇인가를 태우지 않고도 생산되는 에너지라는 점이 될 것이다. 그리고 태양빛은 물론이지만, 바람이나 높은 곳에 위치하는 물의 위치 에너지도 사실은 모두 태양 에너지에서 비롯되는 에너지들이다. 그리고 이 태양 에너지는 고갈도 되지 않는다. 따라서 이 태양의 에너지를 다양한 방법으로 수확한 후, 이동 수단인 자동차 역시 전기차, 수소 전기차로 전환하고, 산업과 생활마저도 모두 전기화하게 된다면, 우리 사회는 화석연료 기반의 사회에서 재생에너지 기반의 사회로 완전히 전환되게 되고, 이 커다란 전환을 우리는 '**에너지 대전환**(Energy Transition)'이라고 부른다고 했다.24,25 에너지 대전환이 이루어지게 되면, 발전과 산업, 생활과 교통 부문 모두에서 연료의 근원을 원천적으로 탈바꿈시킴으로써 세상의 모든 나쁜 물질들인 기준성 대기오염물질들, 대기독성물질들, 지구온난화가스들의 배출이 우리 사회에서 완전히 사라져 버리게 되는 것이다.

생각이 여기에 이르게 되면, 우리가 가지고 있는 많은 문제들의 근원적인 해결책이 바로 에너지 대전환이 되고, 여기서 우리 사회가 빠르게 재생에너지 기반 사회로 전환되어야만 하는 역사적 당위성도 발견하게 된다. 그래서 우리 정부도 빠르게 파리기후협약(COP21)을 비준하고, 2050년까지 탄소중립을 실현하겠다는 선언도 했던 것이다.26 탄소중립 선언이란 2050년까지 우리나라에서 이산화탄소 배출을 순(net)제로로 만들겠다는 선언이다. 이산화탄소 배출이 순제로가 되면 초미세먼지나 오존, 대기독성물질들의 농도도 더불어 대폭 줄어들게 될 것이다. 이런 효과를 공편익 효과라고 부른다고 했다.

그래서 이전 문재인 정부에서는 에너지 대전환의 실천적 방안으로 2020년 7월 **그린 뉴딜**(Green New Deal)이란 새로운 비전도 꺼내 들었다.27 이 그린 뉴딜이란 과거 1930년대 세계 대공황이 절정을 치닫던 시절, 미국 프랭클린 루스벨트 대통령이 케인즈주의에 영향을 받아, 대규모의 고용과 유효 수요를 창출하고자 사회 기반 시설에 과감하게 국가 재정을 투입했던 것처럼, 우리도 코로나19 시대, 기후위기 시대를 맞아 새로이 고용을 창출하고, 경제에 자극을 주며, 당면한 우리나라 에너지 대전환을 촉진하기 위해 재생에너지 기반 인프라에 과감하게 국가 재정을 투입해 보자는 일종의 매니페스토였다. 그리고 이 그린 뉴딜이란 의제(agenda)는 현재 미국 바이든 민주당 정부의 주요 정책 공약 사항이기도 하다.28 바야흐로 미국도 우리나라도 에너지 대전환을 위한 그린 뉴딜의 시대로 접어들고 있는 것처럼 보인다. 그린 뉴딜도 에너지 대전환도 이제는 시대의 의제, 돌이킬 수 없는 메가트렌드(mega-trend)로 자리 잡아가는 듯한 느낌이다.

이상의 논리와 문맥하에서라면, 에너지 대전환, 탄소중립, 그린 뉴딜, 그리고 이 책의 핵심 주제인 초미세먼지 문제는 서로 다른 문제가 아니고 서로가 얽혀 있는 연계된 문제들이 된다. 이 얽힘의 핵심에 대해 사고해 보는 것이 다시 한번 강조하지만, 'CAPs-HAPs-GHGs 연계' 사고라고 했다. 많은 의식 있는 시민들, 정부 정책 당국자, 시민 단체, 언론들도 이 점을 올바로 인식하는 것이 매우 중요하다고 생각된다. 하지만 필자가 국가기후환경회의나 여러 회의에 참석하다 보면 정책당국, 환경단체, 언론의 인식은 여기까지가 상한선인 듯 보인다. 무엇이 문제일까? 우리가 고려해야 할 복잡한 문제가 더 있을까? 당연히 우리가 당면한 문제는 훨씬 더 많고, 크고, 훨씬 더 복잡하다. 자, 그렇다면 우리나라가 당면한 에너지 대전환의 문제점이 무엇인지도 비판적−질문적 이성을 동원하며, 8장, 9장과 10장에서 한번 보다 본격적 · 근본적 · 구체적으로 천착해 보아야만 할 것 같다.

생각 더 하기 9   이산화탄소 배출 저감을 생각해 본다

이번 '생각 더 하기 9'에서는 지구온난화가스로서 우리나라 이산화탄소의 저감 계획에 대해 한번 생각을 해보기로 하자. 우리나라 국가 에너지 계획에는 당연히 이산화탄소 저감 계획이 연관되어 있을 수밖에 없다. 우리나라 국무조정실/환경부 산하 온실가스 종합정보센터 발표에 의하면, 2018년 기준 우리나라의 환산 이산화탄소(CO_2eq.) 배출량은 7억 2,760만 톤이었다. 2015년 파리에서 체결된 파리기후협약, 신기후체제하에서 우리나라가 국제 사회에 이행을 약속한 이산화탄소 감축량은 수차례의 변경을 거쳐서 2030년까지 2018년 이산화탄소 배출량 대비 40%를 감축하는 것으로 결론이 났다. 온실가스 종합정보센터 계산 2018년도 우리나라 환산 이산화탄소 배출량이 7억 2,760만 톤이니, 이 이산화탄소 배출량의 -40%라면 2030년까지 2억 9,104만 톤 배출 감축이 우리나라 탄소중립의 중간 목표가 되는 셈이다.29

그렇다면, 이 -40% 저감이란 실제로 어떤 의미 혹은 어떤 느낌을 지니고 있는 수치일까? 이 수치가 직접적으로 우리의 피부에 선뜻 와 닿는 수치는 아닐 것 같아서, 다음의 예를 한번 살펴보는 것도 우리의 이해에 꽤 도움이 될 듯싶다. 1998년 우리나라가 IMF 금융위기를 거치며 경제가 거의 붕괴되다시피 했던 시절, 당시 이산화탄소 배출 감소량이 그 직전 해인 1997년 대비 단지 '14%' 감소에 불과했었다.30 이는 무슨 이야기일까? 우리가 2030년까지 이 40% 이산화탄소 배출 저감이란 목표를 달성하기 위해선, 어쩌면 IMF 경제 위기 때 느꼈던 그 두 배 내지 세 배 이상의 위기의식을 가지고, 그야말로 비장하고 피눈물 나는 노력을 기울여야 이 수치를 겨우 달성할 수 있을 것 같다는 이야기다. 아니, 어쩌면 IMF까지 거슬러 올라갈 필요조차도 없을 듯싶다. 2020년 우리나라는 미증유의 코로나19 사태로 경제가 매우 큰 타격을 입었음에도 국가 공식 통계상 환산 이산화탄소 배출량은 6억 5,700만 톤으로, 2018년 대비 단지 9.6% 정도 감소에 불과했을 뿐이었다. 우리가 체감했던 그 엄청난 경제적 타격에도 불구하고 줄어든 이산화탄소 배출량이 고작 9.6% 정도였다니….

이런 수치를 해석하다보면, 우리가 설정한 이산화탄소 저감 목표의 온전한 달성이란 우리가 코로나19 사태 때의 그 공황적 경제 상황 훨씬 이상으로 경제 활동을 축소해야만 이 국가적 목표를 달성할 수 있다는 의미이기도 할 듯싶다. 물론 이 목표를 달성하기 위해 경제 활동을 40~50% 정도씩 축소할 수는 없을 것이다. 경제 활동은 먹고사는 생계와 직결되는 문제다. 만약 경제 활동을 그렇게 축소할 수 없다면, 2030년 사용할 전체 에너지의 대략 40% 그 이상을 재생에너지원에서 얻어 내야만 한다. 그래서 문제의 핵심은 다시 본문

7장 말미에서 언급했던 에너지 대전환으로 돌아오게 된다.

우리는 2030년까지 경제 활동의 위축이나 축소 없이 과연 이 이산화탄소 감축 목표를 온전히 달성해 낼 수 있을까? 이 감축 목표의 달성을 위해서는 정부와 산업계 전체가 매우 치열하고 꼼꼼하고 절실한 실천 계획을 세워야만 할 것이다. 하지만 이따금 이 40% 감축에 대해 2030년까지 달성은 도저히 불가능할 것이란 회의론도 자주 들려온다. 그리고 또 다른 한편에서는 이 40% 감축이 너무 적은 수치이니, 우리나라의 그린 리더십 선도국 위상을 고려해서라도 이 수치를 더욱더 상향 조정해야만 한다는 주장도 있다. 글쎄 어느 주장이 맞는 것일까?

그런데 필자에겐 이런 생각도 든다. 이런 목표 수치란 도대체 얼마나 중요한 것일까? 목표 수치가 물론 중요하긴 하겠지만, 만약 구체적인 실천 계획이 부재하다면, 이런 수치란 결국 모두 맹목이며 공염불이고 또한 허상은 아닐까? 위의 주장을 하는 단체나 언론은 본인들의 주장을 하기에 앞서, 차라리 이 40% 감축의 구체적 실천 계획이 도대체 무엇인지를 먼저 정부에 따지고 질문해야 하는 것이 합당한 일의 순서는 아닐까? 아니, 과연 우리 정부는 어느 정도의 구체적이고 치밀한 실천 계획을 가지고 이런 목표를 제시한 것일까? 아니면, 실천 계획이 정말로 있기는 한 것일까? 필자로서는 사실 이 부분이 가장 궁금한 대목이다.

생각 더 하기 10   뭐? 굴뚝에서 이산화탄소를 분리하겠다고?

앞서 이야기한 지구온난화가스로서 이산화탄소의 배출을 저감하는 방안으로는 크게 두 가지 방법을 생각해 볼 수가 있다. 첫째로는 이산화탄소 발생 자체를 아예 원천 차단하는 방법이 있을 수 있고, 둘째는 연소 과정에서 발생하는 이산화탄소를 굴뚝에서 분리해서 격리, 저장하는 방법도 있다. 전자의 대표적 사례가 태양광 발전, 풍력발전, 원자력 발전 같은 것이라면, 후자와 같은 기술은 '탄소 포집 및 격리, CCS(Carbon Capture & Sequestration) 기술'이라고 부른다.

혹자는 석탄화력이나 천연가스 발전에서 발생하는 이산화탄소를 굴뚝에서 분리, 포집해서 이를 지중(地中)에 저장-격리할 수도 있다고 하는데, 이는 후자인 CCS 기술을 일컫는 말이다. 하지만 이 CCS 기술과 관련해서 우리나라에서의 핵심적 문제는 이산화탄소를 분리할 수는 있어도, 격리 혹은 저장할 수 있는 지중(地中) 공간이 거의 존재하지 않다는 점이 될 것이다. 분리된 이산화탄소는 보통 원유가 채취되고 남은 지중 공간 등에 다시 채워 넣어 저장-격리하는 것이 최선의 방책이 된다. 이런 아이디어의 사업이 미국 등에서 이미 진행 중인 것도 사실이지만, 우리나라의 경우 지중 저장 공간이 거의 존재하지 않기 때문에, 분리-포집된 이산화탄소의 처리를 위해서는 천연가스와 마찬가지로 이산화탄소를 고압 저장 장치가 장착된 대형 선박을 통해 미국이나 중동으로 천연가스처럼 역으로 싣고 나가야만 할 것이다. 이산화탄소 지중 저장을 위한, 이와 같은 국제 이송은 관련 물류비와 같은 경제적 측면을 고려해 봤을 때, 우리나라에서는 거의 난센스에 가까운 아이디어가 될 것이고, 그래서 이 기술의 경제성에 대해서는 보다 신중한 접근과 평가가 필요해 보인다.

포집된 이산화탄소를 동해 포항 앞바다 같은 곳의 지하에 밀어 넣어 격리-저장하는 실험도 우리나라에서 시도는 되고 있는 것으로 알고 있다. 하지만 이런 시도에는 몇 년 전 발생했던 포항 지진과 같은 '지진의 위험성'도 도사리고 있다. 이산화탄소의 지중 저장, 지열발전, 셰일오일 개발 등은 모두 비슷한 원인의 지진을 유발할 수 있다. 이런 측면들이 우리나라에서는 CCS 기술이 큰 의미를 갖기는 어려운 이유가 될 것이고, 이 말을 다시 한번 더 생각해 보면, 이산화탄소 저감을 전략적으로 실행하기 위해서는 앞서 이야기했던 첫 번째 방법, 즉 이산화탄소의 발생 자체를 원천적으로 방지하는 방향으로 우리의 노력이 이루어져야 한다는 의미도 될 것이다.

이런 이유와 논리의 연장선상에서 또 다른 어떤 혹자는 CCS에 U가 더해진 CCUS 기술의 개발을 주장하기도 한다. 여기서 U란, '이용(Utilization)'을 의미한다. 이산화탄소를 분리, 포집 후 격리가 우리나라에선 매우 어려우니, 포집된 이산화탄소를 이용해서 뭔가 유용한 물질, 예를 들어 생물학적인 광합성의 과정을 통해서 유용한 식물-생물 자원을 생산할 수도 있지 않겠냐는 주장이다. 하지만 앞서 '생각 더 하기 9'에서도 언급했듯, 우리나라 국가 배출 환산 이산화탄소 양이 2018년을 기준으로 무려 7억 2,760만 톤이었다는 점을 상기해 보길 바란다. 이 국가 단위로 배출되는 엄청난 양의 이산화탄소 중 과연 몇 퍼센트, 얼마만큼을 소규모 생물 자원 생산 같은 방법으로 '이용(Utility)'할 수 있단 말인가?

이산화탄소가 발생된 후, 이를 굴뚝에서 분리, 포집하겠다는 발상은 어떤 의미에서는 마치 엎지른 물을 다시 주워 담겠다는 시도와도 같은 맥락의 말이라고 필자는 생각한다. 다소간 무모한 행위라는 뜻인데, 이를 열역학 제2법칙의 문맥에서 해석해 보면, 엎지른 물(굴뚝에서 발생한 이산화탄소)은 엔트로피가 이미 증가한 상태이고, 이 엎지른 물을 주워 담는 행위(이산화탄소의 분리 및 포집)는 엔트로피를 다시 작은 상태로 되돌리는 행위로, 이 되돌림의 과정에서는 다시 매우 많은 양의 에너지를 필요로 하게 된다. 중요한 것은 물을 엎지르지 않는 것(이산화탄소를 발생시키지 않는 것)이다. 엎지른 후 울며 주워 담으려고 하는 행위는 에너지 전략적으로 매우 의미가 없는 행위가 돼 버린다. 복수불반분(覆水不返盆)! 엎지른 물은 결코 주워 담을 수 없다는 중국 주(周)나라 시대 고사에서 유래된 말이다. 이 열역학 제2법칙에 관한 이야기 역시도 이 책의 3부 9장에서 보다 더 심도있게 논의를 해보도록 하겠다.

3부

탄소중립을 위한 책략

8장

에너지 대전환

돌이 모두 없어져서 석기 시대가 끝난 것이 아니다.
더 좋은 기술이 석기 시대를 종료시킨 것이다.[1]
— 토니 세바

앞선 7장의 논의에서 필자는 초미세먼지와 대기오염, 기후변화가 갖는 연관 관계를 포괄적인 안목으로 고려하면서, 초미세먼지 저감 대책에서도 그 최적의 대책을 찾아봐야만 한다는 점을 강조했다. 오로지 초미세먼지 저감에만 너무 과도하게 집착해서 생각하다 보면 정책적 시야가 협소해지게 되고, 그래서는 큰 그림, 큰 물고기를 놓칠 수도 있다. 이것이 CAPs−HAPs−GHGs 연계를 고려하면서 정책적 사고를 해야만 하는 중요한 이유가 된다. 하지만 이 역시도 어쩌면 좁고 편협한 시각일 수 있다. 초미세먼지 대책은 CAPs-HAPs-GHGs 연계를 넘어 한 단계 더 넓은 연계와도 맞닿아 있다. 그것이 이 장에서 우리가 논의하고자 하는 '초미세먼지−기후변화−에너지 연계'다. 앞의 CAPs-HAPs-GHGs 연계가 대기오염과 지구온난화 문제에 국한된 상대적으로 좁은 울타리 내에서의 연계였다면, '초미세먼지-기후변화-에너지' 연계는 여기서 한 걸음 더 나아가 국가 에너지 체계와 탄소중립 전략까지를 모두 포괄하는 거대 담론이 된다. 이 확장된 연계, 거대 담론에 관한 논의를 이 8장에서부터 한번 시작해 보기로 하자.

초미세먼지-기후변화-에너지 연계

앞에서도 설명을 했던 바처럼, 초미세먼지 원인 물질들의 배출은 많은 경우 지구온난화 물질들의 배출과 그 배출원을 공유한다. 그 공유 배출원들 대부분은 가솔린·디젤자동차나 석탄·천연가스 화력발전소, 산업용 중대형 보일러들과 같은 내연(內燃) 공정들이다. 이들 내연 공정들을 대신해서 풍력과 태양광, 수력발전 등으로 전기를 생산하고, 그리고 그 생산된 전기로 자동차를 구동하고 공장과 기계들을 운용할 수만 있다면, 우리는 생활과 재화 생산, 서비스 활동 등의 거의 모든 과정에서 어떤 대기오염물질이나 이산화탄소도 배출하지 않는 대기오염물질 배출 제로, 이산화탄소 배출 제로의 생활을 영위할 수도 있게 될 것이다. 우리가 사용하는 전기를 석탄이나 석유, 천연가스 등의 화석연료 대신 풍력, 태양광, 수력 등 소위 재생가능한 에너지원에서 획득하고, 그 전기를 기반으로 전기차와 공장을 구동하는 등 사회 전반을 재생에너지 기반으로 전환하는 사회적 대전환을 '에너지 대전환(energy transition)'이라고 부른다고 했다.

에너지 대전환이 이루어진 사회는 지구온난화의 핵심 물질인 이산화탄소 배출을 획기적으로 억제함으로 해서 지구 온도의 상승을 억제할 수 있다. 그리고 에너지 대전환 사회에서는 초미세먼지의 생성도 또한 억제된다. 태양광 발전, 풍력발전 등은 전력 생산 과정 중 그 어떤 초미세먼지 원인 물질들도 배출하지 않기 때문이다. 따라서 에너지 대전환은 초미세먼지 문제와 지구온난화 문제를 동시에 해결할 수 있는 가장 근본적인 해결책이 될 수가 있다. 이런 에너지 대전환을 통한 초미세먼지 문제와 기후변화 문제의 동시적 해결이야말로 우리 사회가 궁극적으로 이뤄내야 할 과업이자 가치이고, 이것이 곧 우리의 **초미세먼지-기후변화-에너지 연계** 사고의 핵심이 된다.

우리 사회를 초미세먼지와 대기독성물질들, 지구온난화 물질들이 모두 사라진 안전한 유토피아 사회로 전환시켜 나가는 가장 근본적인 해결책이 바로 에너지 대전환인 셈이고, 이 에너지 대전환의 현실적인 실천 방략이 곧 **그린 뉴딜**이 될 것이라고 했다. 석기 시대가 세상에 돌들이 모두 사라져서 끝난 것이 아니듯, 화석연료 시대 또한 화석연료가 모두 사라져야 끝나는 것은 아닐 것이다.1 에너지 대전환과 그린 뉴딜이란 어쩌면 우리 시대의 거대한 추세이자 시대의 당위인지도 모르겠다.

초미세먼지-기후변화-에너지 연계 사고의 출발점은 그래서 에너지 문제, 특히 재생에너지 발전의 문제로 그 핵심이 옮겨 가게 된다. 어떻게 하면 우리는 이 재생에너지 발전을 우리 사회에서 최대한 경제적이고 효율적으로 실현할 수 있을까? 이 문제를 생각함으로부터 우리의 고민과 질문은 다시 시작된다.

고민의 시작점

우리의 고민과 질문은 이런 것이다. 그렇다면 우리는 어떻게 에너지 대전환을 우리 사회에서 효과적으로 실현하고 완성해 낼 수 있을까? 그냥 묻지도 따지지도 않고, 큰 원칙도 없이 태양광 발전소를 짓고, 풍력 발전기를 설치하고, 전기차를 보급하면 되는 것일까? 그러면 온갖 난개발에, 천문학적인 재정 낭비와 무분별한 토목사업, 환경오염 등이 발생할 수도 있을 듯싶다. 재정이란 결국 시민들의 세금이고, 난개발에 의한 환경 파괴는 우리가 후대에게 물려줄 유산을 파괴하는 행위가 될 수도 있다. 곰곰이 생각하고, 따지고 들어가 보면, 우리 대한민국에서 에너지 대전환을 완성한다는 것이 생각만큼 쉬운 일은 아닐 수도 있다는 생각도 든다. 왜 그럴까? 여기서 우리의 고민은 다시 시작된다. 반복해서 하는 이야기지만, 고민은 비판적 이성이 작동하기 시작하는 순간이라고 했다. 자, 그럼 우리나라에서 에너지 대전환이란 사회적 당위성을 갖고 있는 과업에 어떤 문제, 어떤 난점들이 존재하고 있는지를 한번 따지고 들어가 보자.

필자는 우리나라의 에너지 대전환에 있어서 고려해야 할 주요 핵심어들은 '발자국', '이용률', '국가 에너지 효율성 전략', 이 세 가지라고 생각한다. 첫 번째 핵심어, '발자국'이라 함은 재생에너지 생산을 위해 태양광이나 풍력발전기가 설치될 때 필요한 부지라고 생각하면 되는데, 문제가 되는 것은 이 발자국(부지)의 면적이다. 이 부지를 굳이 발자국이라고 부르는 이유는, 영어로 이를 'footprint'라고 부르기 때문이다. 물론 이 'footprint'라는 영어 단어에는 발자국이란 뜻과 더불어 '어떤 장치의 설치 공간'이란 뜻도 있다. 따라서 우리가 논의하는 문맥에서는 footprint가 후자의 뜻으로 사용되는 것이겠지만, 편의상 이 책에서는 우리에게 보다 친근한 단어인 발자국이란 단어도 사용해 보도록 하겠다.

두 번째 핵심어인 '이용률'은 영어로 'capacity factor'라고 부르는 것이다. 이 용어도 정확히 표현하자면 '최대 또는 전격 발전용량(capacity) 대비 실제 발전 비율'이라고 다소 길게 번역하는 것이 가장 정확하겠지만, 이 번역도 책에서 자주 사용하기에는 아무래도 너무 긴 듯싶다. 그래서 이 용어의 적당한 한국말을 찾아 고민을 하던 중, 몇몇 분들이 capacity factor를 간단히 '이용률'로 번역해서 사용하는 것을 들은 적이 있었다. 생각해 보니 적당한 번역인 것도 같아서 이 용어를 이 책에서도 사용하기로 했다.

예를 들어, 어느 주택에 설치된 태양광 발전기의 발전용량(capacity)이 3KW였다고 해 보자. 하지만 이 태양광 발전기가 3KW의 발전 성능을 늘 발휘하는 것은 아니다. 이 3KW라고 하는 수치는 태양광 패널의 '최고 (전격) 성능값'이다. 이 최고 성능값이 나오려면 패널이 24시간 강한 햇빛에 노출되어야만 하는데, 현실은 그렇지 못하다. 무엇보다도 태양광 패널은 밤에는 발전을 할 수가 없다. 구름이 있거나 비가 오는 낮에도 발전 효율은 떨어진다. 겨울에는 여름보다 태양빛이 강하지도 않다. 그래서 우리나라의 태양광 패널 이용률은 1년 평균 기준으로 대략 15% 정도에 불과할 뿐이다.[2] 지구상 그 어디에서도 태양광 패널의 이용률이 100%인 곳은 당연히 있을 수가 없다.

다만, 우주에서 태양광 발전을 한다면 이때의 이용률은 꽤 높은 수치에 도달할 수도 있을 것이다. 인공위성에 실린 태양전지 패널은 항상 낮 시간에 노출될 수도 있고, 우주에선 매우 강한 일사량이 존재하며, 구름이나 비도 우주에는 존재하지 않기 때문이다. 이것이 많은 선진국이 우주 태양광 발전을 연구하고 있는 이유 중 하나이다. 하지만 이곳 대한민국에서의 태양광 패널 연평균 이용률은 단지 15%에 불과하다. 풍력발전기도 상황은 비슷하다. 풍력발전도 바람이 불지 않거나 바람 속도가 느리면 발전량이 현저히 적어지고, 바람이 초속 6.5m 이하로 떨어지면 발전의 '경제성'도 사라진다. 우리나라 풍력발전기의 이용률도 대략 1년 평균 기준 25~35% 정도가 고작이다.[3] 이용률은 사실 많은 사람에게 혼동을 주고, 이 때문에 많은 오해를 불러일으키기도 한다. 하다못해 대통령도 혼동을 하고, 유명 토론 프로그램에 나온 주요 정치인들이나 전문가들마저도 혼란을 겪는다. 이 이용률이 갖는 의미에 대해서는 뒤에서 보다 자세한 설명을 해 보도록 하겠다.

그리고 마지막 핵심어로 '국가 에너지 효율성 전략'은 우리나라의 전체 국가 에너지 시스템이 최고의 효율을 추구하게끔 큰 에너지 전략과 정책이 기획-설계되어야만 한다는 의미이다. 만약 이 효율성 전략이 부재하다면, 에너지 발전과 에너지 사용, 재정의 효율성, 환경오염 등에서 엄청난 국가적 낭비가 발생하게 될 수도 있다.

자, 그렇다면 위에서 필자가 언급한 세 개의 주요 핵심어들을 중심으로 우리의 고민(이성 작용)을 한번 시작해 보도록 하자. 우선 우리나라에너지 대전환에 있어서 여러 고민의 부분들을 발자국과 이용률을 중심으로 논의해보고, 이를 바탕으로 국가 에너지 시스템 효율성 전략도 한번 그 의미의 맥락을 짚어 보는 시간을 가져 보도록 하자.

태양빛과 바람, 물은 공짜라고?

"재생에너지 발전에 사용되는… 바람, 태양빛, 물은 모두 공짜다!"4 미국의 미래학자인 제레미 리프킨이 『그로벌 그린 뉴딜』이란 그의 최근 저서에서 했던 말인데, 사실 이 말은 오해를 불러일으키기 아주 쉽다. 물론 태양빛과 바람을 재생에너지 발전에 사용함에 대해 우리는 그 어떤 비용도 지불하지는 않는다. 따라서 태양빛과 바람은 공짜가 맞다. 하지만 인간은 식물처럼 피부로 광합성을 해서 에너지를 생산할 수 있는 그런 존재가 아니다. 이 말은 우리가 태양빛과 바람에서 전기를 생산하려면, 필연적으로 그 태양빛과 바람을 우리가 사용할 수 있는 에너지 형태인 전기나 또는 열로 바꾸는 변환(conversion)의 과정이 필요하다는 말이 되는데, 이 변환의 과정은 결코 공짜가 아니다. 그리고 이 변환은 그렇게 저렴하지도 않다.

한 예를 들어 이 이야기를 시작해 보도록 하자. 우리나라의 에너지 대전환을 위해, 전 문재인 정부가 그린 뉴딜 사업을 전개하겠다는 선언을 했다는 이야기는 앞서 했었다. 그린 뉴딜 사업의 일환으로 정부는 전라남도 신안군 앞바다에 8.2GW급의 해상 풍력 단지를 조성할 예정이고, 이를 위해 2030년까지 48조 원을 투자 및 유치할 것이란 발표도 했었다.5 문재인 전 대통령도 2021년 2월 초 신안군 임자대교에서 거행된 '세계 최대 해상 풍력 단지 협약식'에서, "여기서 생산될 전기량은 한국형 신형 원자로 6기에서 생산되는 양에 해당할 것이다"라는 언급을 했다.6 여기서 언급된 한국형 신형 원자로는 APR1400을 말하는 것이고, 이 APR1400은 발전용량이 1.4GW 정도이므로, 8.2GW 해상 풍력 단지가 완성되고 나면, 한국형 원전 6기에 해당하는 전기를 생산할 수 있다는 말이 맞는 말인 것처럼 들린다. 하지만 여기서 우리는 앞서 필자가 언급했던 '이용률'이란 것을 반드시 고려해야만 함을 잊지 말아야 한다. 앞서 필자는 우리나라 풍력발전기의 연평균 이용률이 대략 30% 정도이며, 이를 고려하면 신안군의 8.2GW 해상 풍력 단지는 대략 1.4GW 한국형 원전 2기, 즉 2.5GW(=8.2GWx30%) 정도의 전기만을 생산할 수 있을 뿐이다. 문재인 전 대통령이 임자대교 앞에서 2021년 2월 초에 행한 연설에서의 발언 혹은 언급은 재생에너지 발전 '이용률'에 대한 대통령 비서진의 무지에서 비롯된 것이었다고 필자는 추측하고 있다. 그리고 동시에 재생에너지 발전을 논함에 있어서도, 이 이용률에 대한 고려가 반드시 필요하다는 것을 보여준 매우 좋은 사례라고 생각하고 있다.

자, 여기서 사고를 멈추지 말고, 이 예시를 한번 더 생각해 보고, 질문을 계속해 보자! 앞서 신안군 앞바다에 8.2GW의 해상 풍력 단지 조성을 위해서는 '48조 원'이 투입될 예정이라고 이야기했다. 생산되는 전기량만을 고려했을 때, 이 말은 이 48조 원이 한국형 원전 2기를 대체하기 위해 투자된다는 의미로도 읽힐 수 있다. 그런데 우리나라 3세대 원전 APR1400의 건설 비용은 대략 대당 3~4조 원 가량이다.7 그렇다면 8.2GW

풍력 단지에서 생산되는 전기량과 동일한 전기를 생산하기 위해 한국형 원전을 건설한다면, 6~8조 원 정도가 필요한 셈이 된다. 이는 산술적으로 신안군 앞바다의 풍력발전단지 조성에 필요한 48조 원의 14.5% 정도 (중간값 기준)에 해당되는 금액일 뿐이다.

물론 신안군 해상풍력 단지 조성에는 송배전 시설, 전기저장 장치 등의 건설비가 포함되어 있고, 향후 운영에서 석탄, 천연가스, 우라늄과 같은 연료 비용이 추가되지 않는다는 매우 중요한 상점이 있기는 하나. 하지만 태양빛과 바람, 물이 공짜라고 해서 재생에너지(풍력발전 전기)가 공짜가 되는 것은 결코 아니라는 것이다. 아니, 이 해상 풍력단지 조성 사업의 경우 오히려 바람을 전기로 바꾸는 데 원전보다 산술 계산만으로도 6.8배 정도의 건설비(혹은 초기 비용)가 더 투입되어야만 하지 않는가? "태양빛, 바람, 물은 공짜다!"라는 제레미 리프킨의 말은 그래서 너무나도 낭만적이고 낙관적인 견해로 들린다. 그보단 매우 평범한 말, "이 세상, 저 태양 아래 공짜란 없다!"는 말이 훨씬 더 가슴에 와 닿는다. 이 세상 모든 것에는 반드시 비용이 따르고, 그래서 낭만 소설과 같은 낙관은 매사에 늘 금물이다. 이것이 필자가 제레미 리프킨의 『글로벌 그린 뉴딜』이란 책을 읽으며 느꼈던 독후감의 일부다. 이 책은 다소 낭만 소설과도 같은 순진한 일면을 지니고 있다.

재생에너지는 매우 깨끗한, 청정에너지는 맞다. 하지만 절대로 공짜가 아니다. 아니, 현재 기술 수준에서는 오히려 매우 값비싼 에너지로 봐야만 한다. 이것이 필자가 이 8장에서 첫 번째로 지적하고 싶은 부분이다. 재생에너지가 비싼 에너지라는 사례는 사실 얼마든지 제시할 수가 있다. 해상 풍력단지가 조성되는 전라남도 신안군 옆 해남군의 바닷가에는 필자도 가끔 방문하는 '솔라시도'라는 우리나라 최대의 태양광 발전단지(solar farm)도 위치해 있다. 98MW 발전용량에 세계 최대라는

306MWh의 에너지 저장 장치로 구성되어 있는데, 이를 건설하기 위해 총 3,440억 원이 투입되었다.8 다시 한번 98MW에 우리나라 태양광 패널 '이용률 15%'를 적용하고, 비례식을 이용한 간단한 선형 계산을 해보면, 이런 태양광 발전소를 건설해서 1.4GW 한국형 원전에서 생산되는 양과 동일한 양의 전기를 생산하기 위해서는 무려 27조 원의 건설비가 투입되어야만 한다는 사실도 확인할 수가 있다. 대략적으로 신안군 해상 풍력 단지와 비슷한 건설 비용(초기 비용)이 확인된다. 다시 한번 강조하지만, 현 단계에서 재생에너지는 매우 비싼 에너지이고, 또한 재생에너지 발전을 고려할 때 이용률을 고려하는 것을 절대로 빼먹어서는 안 된다.

이번엔 또 다른 키워드인 '발자국' 문제도 위의 '솔라시도'의 예를 통해 한번 살펴보도록 하자. 그림 8.1(a)가 바로 그 해남 솔라시도의 전경 사진이다. 98MW 태양광 발전 패널과 306MWh의 전기 저장 장치(일종의 대용량 배터리로 Energy Storage System(ESS)이라고도 부른다)를 건설하기 위해 사용된 총 부지면적이 축구장 190개 정도라고 소개되어 있다. 축구장 190개의 면적은 대략 1.36km² 정도이다. 자 그렇다면 다시 이런 태양광 발전소로 한국형 원전 1기가 발전하는 전기를 생산하기 위해서는 어느

그림 8.1 (a)는 해남에 건설된 우리나라 최대 98MW 발전용량의 태양광 발전 단지인 솔라시도 전경이다(출처: 솔라시도 홈페이지). (b)는 전라북도 장수군 천천면에 건설되고 있는 태양광 발전 단지이다(출처: 한국일보)(컬러도판 p.361 참조).9

정도의 태양광 발전소 발자국 면적이 필요한지를, 태양광 패널의 평균 이용률 15%를 고려하면서 계산을 해보면, 축구장 15,200개 면적, 즉 108.5km²가 필요하다. 우리나라 서울시의 전체 면적이 605km²라는 사실을 고려해 본다면, 이는 서울시 전체 면적의 18% 정도를 태양광 패널로 빼곡하게 뒤덮어야만 한국형 원전 1기가 생산할 수 있는 전기를 태양광 발전 단지가 실질적으로 생산할 수 있다는 이야기가 된다. 만약 서울시 면적을 빈틈없이 빽빽하게 태양광 패널로 완전히 뒤덮는다면, 아마도 한국형 원전 5.5기가 생산하는 전기를 생산할 수 있을 것이다. 그런데 서울시 정도의 면적을 태양광 패널로 빼곡하게 뒤덮는다는 것은 과연 어떤 의미일까?

우리나라의 총 국토 면적이 대략 10만km² 정도이므로 605km² 정도의 면적은 상대적으로 꽤 작은 면적이라고 생각될 수도 있을 것 같지만, 우리나라는 좁은 땅에 5,200만 명이라는 거대한 인구가 밀집해서 살아가는 인구 밀집 국가라는 점을 잊어서는 안 된다. 사우디아라비아나 미국, 호주처럼 배후에 사막이나 황무지와 같은 거대 유휴부지도 거의 없다. 이런 사정을 가진 우리나라의 경우 태양광 패널이 어떤 곳에 설치될 수밖에 없는지를 보여주는 사진이 그림 8.1(b)다. 사진은 전라북도 장수군 천천면 산지를 깎아서 개발되고 있는 태양광 발전소를 보여주고 있다.9,10 독자들은 이 사진을 보며 무엇을 느낄 수 있는가? 무엇인가 잘못되고 있다는 느낌이 들 것이다.

먼저 나무는 앞서 줄곧 강조를 해왔던 것처럼 그 자체로 이산화탄소 덩어리, 탄소 저장 창고라고 했다. 광합성을 통해 대기 중 기체인 이산화탄소가 고체인 나무로 고정된 것이 곧 나무이고 숲이다. 그런데 이산화탄소 배출을 억제한다는 논리와 명분하에서 건설되는 태양광 발전소가 멀쩡한 숲을 도려내듯 잘라내고 건설된다는 것은 뭔가 논리나 이치에 맞아 보이지를 않는다. 숲의 나무를 잘라내는 행위는 이산화탄소 저장 탱크의 밸브를 활짝 열어 놓는 행위와도 같다고 했다. 물론 태양광 발전소를 20~25년 정도 운영하면서 발전한 전기와 동일한 양을 석탄화력발전소로 발전했을 때, 태양광 발전소 건설을 위해 베어 낸 나무에 고정되었던 이산화탄소보다 훨씬 많은 양의 이산화탄소가 배출되게 되므로, 그림 8.1(b)와 같이 숲을 파괴하는 방식의 태양광 발전소 건설이 나름 정당화될 수도 있을지는 모르겠다. 하지만 숲의 가치가 어찌 이산화탄소 저장소 정도에만 국한되는 것이겠는가?

그런데 태양광 발전소가 그림 8.1(b)처럼 '산'으로 가는 이유는 뭘까? 결국은 저렴한 지대(地代)를 따라 설치되고 있기 때문이다. 앞서 필자가 발자국 문제를 지적했는데, 재생에너지는 치명적으로 넓은 발자국 면적을 필요로 한다. 따라서 지대가 비싼 지역에는 결코 건설될 수가 없는 것이 태양광 발전소다. 태양광 발전소를 서울시 강남구 한복판에 건설할 수는 없지 않겠는가? 그러다 보니, 그림 8.1(b)처럼 지대가 싼 장수군 산악 지역을 찾아 개발하거나, 그림 8.1(a)처럼 해남군의 논밭 지대를 찾아 개발하게 되는 것이다. 실제로 그림 8.1(a)와 같이 태양광 패널이 평지에 건설될 때는 지대가 싼 농촌 지역을 찾아 고추밭, 마늘밭, 보리밭, 논 위에 건설된다. 농산물이 산출되는 땅이 태양광 발전소로 변하는 셈인데, 그렇다면 이번에는 우리가 에너지를 식량(먹거리)과 서로 맞바꾸고 있는 셈이 된다.

우리나라에는 그림 8.1(b)와 같은 난개발을 막기 위해 환경부의 '생태환경 1등급지 개발 제한', '야생동물 보호에 관한 법률', 그리고 '산림청 지형변화지수규제', '환경영향평가' 등의 제도적 장치들이 도입되어 있다.[11,12,13] 그래서 사실 이런 모든 제도들이 엄격하게 적용된다면, 우리나라 산악지역에서 태양광 발전소나 육상 풍력발전소를 건설할 수 있는 부지는 사실 얼마 남지 않게 된다. 사정이 이렇다 보니, 앞서 언급한 그린 뉴딜 같은 정부의 전략적 정책이 발표되면 이 규제들이 완화되고(혹자는 이것도 경제 활성화를 위한 '규제 완화' 또는 '규제 철폐'라고 부르기도 한다), 그 후 난개발이 발생하고, 그러다가 이에 대한 반대 여론이 비등하게 되면 다시 규제가 강화되기를 반복한다. 이는 근본적으로는 재생에너지 발전에 큰 발자국 면적이 필요하고 우리나라 땅은 협소하기 때문에 발생하는 어쩔 수 없는 문제라고 필사는 생각하고 있다.

그렇다면 이 지점에서 자연스럽게 생기는 의문도 하나 있을 것이다. 우리나라의 산림, 생태계, 논·밭을 최대한 보존하면서 우리가 개발할 수 있는 '태양광 발전 최대 잠재량'은 도대체 얼마나 될까? 표 8.1은 한국환경정책·평가연구원(현재 환경연구원)과 한국에너지공단이 발간한 보고서와 에너지 백서가 제시하고 있는 우리나라 최소 경제성 기준 태양광 발전 최대 잠재 용량들이다. 각기 102.2GW와 369.0GW의 시장발전 잠재 용량이 존재하고 있다고 추정하고 있다.[12,13] 이 잠재 발전 설비량의 수치가 꽤 커 보인다고는 해도, 이 수치에 '이용률 15%'를 적용하는 것을 결코 잊어서는 안 된다고 했다. 이 이용률을 고려하고 나면, 실제 전력 발전용량은 15.3GW와 55.4GW로 축소된다.

그런데 두 연구 기관이 추정하는 태양광 시장 잠재 용량 수치에 이토

표 8.1 재생에너지 최소 경제성 기준 발전 잠재 용량 추정

연구 수행 기관	재생에너지 발전		
	태양광(GW)	해상풍력(GW)	육상풍력(GW)
한국환경정책 평가연구원	102.2 (138.6TWh)[1]	44.4 (127.7TWh)	15.0 (34.5TWh)
한국에너지공단	369.0 (495.0TWh)	41.0 (119TWh)	24.0 (52.0TWh)

1. 괄호 안의 숫자들은 해당 발전 설비 용량을 통해 1년간 발전할 수 있는 총 전력 생산량을 의미한다.

록 큰 차이가 존재하는 이유는 도대체 무엇일까? 그 이유는 아마도 두 연구 기관의 기관명에서 추측해 볼 수 있듯, 한국환경정책·평가연구원의 연구는 한국에너지공단의 연구에 비해 '환경과 생태계 보존'에 큰 방점을 찍으며 잠재량을 다소 보수적으로 추정했고, 후자의 연구는 우리나라의 '최대 가용 재생에너지 자원'에 더 큰 강조점을 두며 연구를 다소 공격적으로 진행했기 때문인 것으로 짐작된다. 이 말은 우리가 한국에너지공단 '2020 에너지 백서'의 다소 공격적인 최대 시장 잠재 설비 용량만을 좇아 태양광 패널을 설치하게 된다면, 아마도 한국환경정책·평가연구원이 개발을 우려했던 지역까지 산림과 생태계, 그리고 논과 밭을 파괴하면서, 태양광 패널을 설치해야만 한다는 의미도 될 듯싶다. 어쨌든 필자는 우리나라 태양광 발전의 시장 최대 잠재 설비 용량이 두 기관이 제시한 수치의 중간쯤 그 어딘가에 존재하고 있을 것이라고 추정하고 있다.

그렇다면, 다시 한번 이어지는 의문 하나! 이 정도 태양광 발전 패널을 설치하려면 도대체 어느 정도의 부지(발자국) 면적이 필요한 것일까? 이 질문에 대한 답이 표 8.2다. 한국환경정책·평가연구원과 한국에너지공단이 제시한 태양광 발전 최대 잠재량을 현실화하기 위해서는, 해남군 솔라시도 태양광 발전단지의 자료를 기준으로 각각 $1420.6km^2$과 $5129.1km^2$의 발자국 면적이 필요하고, 이는 우리나라에 존재하는 500여 개 골프장의 총면적($441km^2$ 추정) 대비 3.2배와 11.6배, 서울시 전체 면적($605km^2$) 대비 2.3배와 8.5배에 해당하는 면적이 필요하다는 이야기가 된다. 서울시 전체 면적의 8.5배, $5129.1km^2$는 경기도 전체 면적($10,195km^2$)의 대략 절반에 해당하는 면적이다. 경기도 면적이 우리 국토의 대략 10%이므로 전체 국토의 5%를 태양광 패널로 가득 덮고 나면, 우리나라가 한국에너지공단이 추정한 369GW의 태양광 발전 설비 용량을 갖출

표 8.2 우리나라 재생에너지 시나리오별 설비 용량 및 필요 부지 면적

시나리오 작성 기관	재생에너지 설비 용량 (단위: GW)	필요 부지면적		서울시 면적[1] 대비 발자국 면적 비율 (단위: 배)
		태양광발전 (단위: km²)[2]	풍력발전 (단위: km²)[3]	
한국환경 정책평가 연구원	태양광 102.2 풍력 59.4 (300.8TWh)	1,420.6	8,880.0(해상) 3,000.0(육상)	2.3(태양광) 14.7(해상풍력) 5.0(육상풍력)
한국에너지 공단	태양광 369.0 풍력 65.0 (666.0TWh)	5,129.1	8,200.0(해상) 4,800.0(육상)	8.5(태양광) 13.6(해상풍력) 7.9(육상풍력)
탄소중립 위원회	태양광 536.7 풍력 65.0 (891.0TWh)	7,460.5	13,000.0(해상) 4,800.0(육상)	12.3(태양광) 21.5(해상풍력) 7.9(육상풍력)

1. 605km² 기준
2. 태양광 발전의 경우 솔라시도 태양광 발전단지 자료를 근거로 필요 부지 면적을 산정했다.
3. 풍력발전 필요 부지 면적은 에너지 용량밀도 5MW/km²를 기준으로 계산했다.

수 있고, 이를 통해 495TWh의 전력을 연간 생산할 수 있을 것으로 추정된다. 이 발전량 수치 495TWh가 갖고 있는 의미에 대해서는 추후 10장에서 좀 더 자세한 논의를 해 보도록 하겠다. 그런데 우리나라 전체 국토 면적의 무려 5%를 태양광 패널로 도배하겠다는 것은 과연 가능은 한 일일까?

필자는 서울에서 회의가 잦고, 이 회의 참석차 광주–김포 간 비행기를 자주 이용하곤 하는데, 화창한 날이면 꽤 높은 비행 고도에서 창밖으로 많은 수의 골프장을 목격할 수가 있다. 골프장도 가급적 싼 지대를 좇아 주로 산간 지역에 조성된다는 측면에선 태양광 발전 단지와 비슷한 측면이 있다. 그런데 이런 골프장을 물끄러미 비행기에서 바라보고 있노라면, 이 골프장의 골프 코스들은 필자가 고등학교를 다니던 시절 두발 단속이란 이름하에 학생 부장 선생님이 바리캉(옛날 기계식 이발기구)이란 장비로 학생들 머리에 내놓았던 일명 '바리캉 도로'의 흉측한 모

습을 연상시킨다. 긴 머리 사이로 짧은 잔디처럼 내놓은 짧은 머리의 바리캉 도로! 산간지대에 건설된 골프장 코스들을 비행기에서 내려다보면, 골프장 코스들은 그 바리캉 도로의 흉측한 모습과 매우 닮아 있다.

만약 우리가 한국에너지공단이 추정한 우리나라 태양광 발전 시장 잠재력을 모두 현실화하게 된다면, 아마도 광주에서 서울로 올라가는 비행기 안에서 이 흉측한 골프장 숫자의 11~12배에 달하는 골프장과 동일 면적의 태양광 발전 단지를 보게 될 것 같다. 그리고 이 증가된 숫자의 태양광 발전단지는 그나마 잔디로라도 덮인 골프장이 아니라, 광물질 폴리실리콘 패널로 덮여 햇빛에 번뜩이고 있을 것이다. 이런 상상을 계속하다가 보면, 우리나라 금수강산은 어쩌면 누더기가 되지 않을까 하는 생각도 들게 된다. 이 '누더기'라는 말에 혹 큰 저항감이 생기신다면, 그림 8.1(b)를 다시 한번 더 보기를 권하고 싶다.

그렇다면 풍력발전은 어떤가?

그렇다면 풍력발전은 어떨까? 특히 해상 풍력발전이란 아무도 살지 않고 지대(地代)도 없는 넓은 바다 위에 풍력발전기를 설치하는 일이 아닌가? 하지만 앞에서도 잠시 언급을 했듯, 우선 경제성 있는 풍력발전을 위해서는 최소 경제 풍속 이상의 바람이 불어줘야만 한다. 이 최소 경제 풍속 값이 대략 연평균 6.5m/s(초속 6.5m) 정도다.14 그리고 그림 8.2(a)는 우리나라의 연평균 풍력자원 지도다.15 그림을 자세히 들여다보면(이 그림도 컬러도판을 참조하자!), 우리나라에서 경제성이 있는 최소 경제 풍속 이상을 보유하고 있는 지역이 아주 많지 않고, 대략 세 지역 정도에 한정되어 있음도 확인할 수 있을 것이다. 제주도 주변 해상 지역, 전라남도 서남 해상 지역, 그리고 강원도와 경상북도의 산간-산맥 지역이 그 지역들이다. 앞서 신안군에 해상 풍력 단지가 건설되고 있는 이유도 바

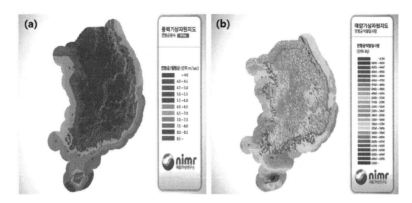

그림 8.2 (a)는 우리나라 풍력 자원, (b)는 태양광 자원 지도이다. 연평균 풍속은 지상으로부터 80m 높이에서의 풍속을 표시한 것이고, 태양광 자원 지도는 연평균 직달 일사량을 표시한다(출처: 국립기상연구소 자료실).15 그림 (b)에서는 태양광 발전의 경우 대한민국 서쪽 지역보다는 동쪽 지역, 즉 영남 지역과 강원도 일부 지역이 전라도, 충청도, 경기도보다는 유리한 조건을 갖고 있음도 보여주고 있다(컬러도판 p.362 참조).

로 전라남도 서남 해상 지역에 질 좋은 풍력 자원이 존재하고 있는 이유 때문이기도 하다.

하지만 여기서도 좀 더 정치(精緻)하게 고려해야 할 기술적 사항들이 존재한다. 풍력발전기는 최소 경제성 있는 풍속 요건만 갖춰졌다고, 그 지역에 무조건 묻지도 따지지도 않고 건설할 수 있는 종류의 것이 아니다. 기술적으로 한 개의 풍력발전기에서 발전할 수 있는 전기의 양은 풍속의 3제곱과 블레이드(풍력발전기의 날개)가 돌아가는 원의 면적에 비례한다.14 즉, 풍속이 빠르면 빠를수록, 그리고 블레이드가 돌아가는 풍차의 회전 면적이 넓으면 넓을수록 더 많은 전기를 생산할 수 있다는 이야기다. 예를 들어, 블레이드 지름 125m인 풍력발전기는 블레이드 지름이 100m인 풍력발전기에 비해 같은 풍속에서 1.6배($=125^2/100^2$) 더 많은 전기를 생산할 수가 있다. 이런 이유 때문에 풍력발전기는 그 크기를 계속해서 증가시키는 방향으로 기술의 진보가 이루어지고 있다.

현재 우리나라에 많이 도입되어 설치되고 있는 3.0MW급 풍력발전기의 블레이드 지름은 대략 100m이고, 5.0MW 풍력발전기의 블레이드 지름은 125m다. 풍력발전기의 크기가 커지게 되면, 터빈과 블레이드를 얹어 지탱하는 타워(tower)라고 부르는 지지대의 높이도 같이 높아져야만 한다. 3.0MW 풍력발전기의 경우 지지대 높이가 100m이고, 5.0MW 풍력발전기의 경우 지지대의 높이만 대략 130m에 달하게 된다. 그리고 최근 제너럴 일렉트릭(GE: General Electric)사에서 개발해 상용화를 앞두고 있는 것으로 알려진 Haliade-X라는 12MW 발전용량의 풍력발전기는 블레이드 직경이 220m, 타워 높이는 무려 260m나 된다. 타워 높이 260m는 블레이드 허브(날개의 중심)까지의 높이이므로, 이 허브 높이에 블레이드 반지름 110m를 더하게 되면, 풍력발전 시 블레이드 상단의 높이가 무려 370m까지 올라간다는 계산이 나오는데, 참고로 우리나라 63빌딩의 높이가 249m이고, 프랑스 파리의 에펠 타워는 첨단부의 높이가 324m다. 이런 사실들을 고려해 보면, 개개의 풍력발전기란 중후장대 산업이고, 작은 규모의 발전소라고 생각할 수도 있을 것이다. 따라서 이들 풍력발전기는 당연히 매우 비싼 시설물들이 된다. 정치한 기술적 고려 없이 함부로 마구 건설해서는 안 되는 이유이기도 하다.

자, 이제 앞서 풍속의 문제로 다시 돌아가 보자. '한 풍력발전기가 발전하는 전기의 양은 풍속의 세제곱에 비례한다'는 이 말은 매우 중요한 의미를 내포하고 있다. 예를 들어, A라는 해상 지역의 연평균 바람 속도가 6.5m/s이고, 다른 지역 B의 연평균 풍속이 8.5m/s라면, 동일한 풍력발전기로 발전할 수 있는 전기의 양은 B지역의 풍력발전기가 A지역의 풍력발전기보다 무려 $2.24(=8.5^3/6.5^3)$배나 더 많게 된다. 이를 달리 설명해 보면, B지역에 설치된 1대의 풍력발전기는 A지역에 설치된 동일한 풍력발전기 2.24대에서 생산하는 전기를 생산할 수 있다는 이야기다. 이 결과는 매우 중요할 듯싶다. 앞서 설명한 대로 풍력발전기는 중후장대 산업의 결과물로, 그 자체로 매우 비싼 소형 발전소와도 같은 것이라고 했다. 동일한 전기 생산을 위해 그 숫자를 줄이면 줄일수록 당연히 큰 비용을 절감할 수 있게 된다. 국제재생에너지국(IRENA: International Renewable Energy Agency) 보고서에 따르면, 1MW 해상 풍력발전기 초기 건설 비용은 경우마다 차이가 매우 크지만, 2020년 시점에서 5백만 달러(62.5억 원, 1달러 1,250원 기준)쯤으로 보고되고 있다.[16] 그렇다면 3.0MW 풍력발전기라면 187.5억 원, 5.0MW 풍력발전기에는 312.5억 원 정도의 초기 건설비용이 소요되는 셈이다. 이런 비싼 풍력발전기라면 당연히 최고의 풍속 조건을 가진 곳을 찾아 최적 설치를 해야만 큰 비용을 절약할 수 있게 된다.

자, 그렇다면 그림 8.2(a) 컬러도판으로 돌아가 다시 한번 생각을 해보도록 하자. 우리나라에 풍속 자원이 좋은 지점들이 정말로 많이 존재하는가? 풍속 자원이 우수한 지역이 생각보다 그렇게 많지도 않은 듯싶다. 강원도와 경상북도 산간 지역, 바람 자원이 좋은 곳들은 어떤가? 이 지역들은 태백산맥, 소백산맥의 정상부 지역들이다. 일반적으로 높은 산 정상에 올라가면 바람이 세게 분다. 당연히 이 센 바람을 풍력발전에 이용할 수만 있다면 더할 나위 없이 좋겠지만, 문제는 이 높은 산으로 대용량의 풍력발전기를 운송해야 하는 문제가 발생한다. 풍력발전기 각 파트를 이송하기 위한 별도의 길을 만들어야만 하는 작업은 나무와 숲을 파괴하는 작업이 된다. 풍력발전기 타워부를 세울 장소는 평지화 작업도 진행해야만 한다. 이 과정에서 태양광 패널 설치처럼 풍력발전기 주변 숲들을 또 파괴해야만 한다. 또 다른 문제로 산 정상부에서 생산된 전기를 전기 수요 지역(주로 대도시나 공단 지역)으로 송전할 송전탑도 세워야만 한다. 송전탑을 국립공원이나 울창한 숲 지대를 가로질러 세우는 일은, 설악산을 비롯한 많은 지역에서 케이블카 설치를 두고, 보수와 진보, 또는 환경단체와 지역 주민들이 대립하는 주요 이유와 비슷한 측면도 있다. 산악 지역에 설치되는 육상 풍력발전이 확대되기 어려운 중요한 이유들이고, 우리나라엔 「백두대간 보호에 관한 법률」, 「야생생물 보호 및 관리에 관한 법률」 등의 규제도 매우 꼼꼼히 제정되어 있다.

자, 그렇다면 제주도 인근 지역은 어떤가? 그림 8.2(a)에서 제주도 인근 지역의 풍력 자원은 아주 양질인 것(붉은색 지역)으로 보인다. 하지만 바람 속도가 중요하다고는 해도, 풍속만이 풍력발전기 설치 조건의 전부가 되는 것도 아니다. 해상 풍력발전기 설치에는 지지대(타워)를 설치해야만 하는데, 당연히 수심이 깊어질수록 공사비가 비례해서 증가할 수밖에는 없다. 100~200m 높이의 철제 타워를 세워야만 하는 일이고, 풍력발전단지 조성을 위해서는 이런 철제 타워 수십 혹은 수백 개를 세워야 하는데, 이 작업은 해상 거대 구조물 공사, 즉 '해상 토목 공사'가 된다. 그렇다면 풍력발전을 위한 최적의 입지 조건은 풍속이 빠른 얕은 바다(보통 수심 20~30m 이하) 지역을 선택해야 경제성 있게 풍력발전단지를 건설할 수가 있다. 또한 풍력발전단지가 육지에서 너무 멀리 떨어져 있어도 안 된다. 풍력발전기 유지·보수에 어려움이 생기고, 전력 계통과의 접속에서도 문제가 발생할 수 있기 때문이다. 예를 들어, 그림 8.2(a) 제주도 인근 붉은색으로 표시된 높은 풍속 지역들은 풍력 자원은 양질이나, 필자가 알기로 수심이 얕지도 않고, 이안 거리나 전력 계통과의 연계 거리 모두 먼 지역들이다. 그리고 같은 이유에서 경상남도와 전라남도 해안선에서 다소 멀리 떨어진, 그림 8.2(a)에서 주황색으로 표시된 높은 풍속 지역들도 풍력발전에는 그렇게 적합하지는 못한 지역들이 된다.

여기까지가 풍력발전의 효율에 관한 논의였다면, 이번에는 다시 풍력발전기의 발자국에 관한 논의로 주제를 옮겨 보도록 하자. 풍력발전기 설치는 식목일에 나무를 심듯, 육상이나 해상에 빽빽하게 발전기를 식수(植樹)하는 작업이 결코 아니다. 해상 풍력 단지의 경우 풍력발전기 간의 이격(간격)이 너무 가까워지면 풍력발전기가 제 성능을 발휘하지 못하고 이용률이 심각하게 떨어지는 현상이 발생하게 된다. 예를 들어, 대단위 풍력발전단지에서 앞 열(列)에 위치한 풍력발전기에 바람이 불어 터빈을 구동해서 발전을 하고 나면, 풍력발전기의 후면에서는 유체역학적인 웨이크(wake)란 현상이 발생하며 바람의 속도가 현저히 느려진다. 그리고 일정 거리를 지나야만 원래의 풍속이 다시 회복된다. 따라서 수십, 수백 개의 풍력발전기를 함께 설치해야만 하는 대단위 풍력발전 단지에서는 발전기 간 충분한 간격을 반드시 확보해 줘야만 한다. 일반적으로는 풍력발전기 간 앞뒤 간격은 최소한 블레이드 직경의 7~10배, 풍력발전기 옆 간격은 블레이드 직경의 3~4배 정도를 확보해 줘야만 하는 것으로 알려져 있다.14

필자가 유럽 출장을 다니던 중, 네덜란드 암스테르담의 스키폴(Schiphol) 국제 공항 근처에서 비행기 창문을 통해 우연히 해안가 수백여 개의 풍력발전기가 돌아가던 풍력발전단지의 장관을 목격한 적도 있었다. 물론 이 암스테르담 공항 근처의 풍력발전단지에서도 당연히 풍력발전기들이 가로, 세로로 꽤 긴 간격을 유지하며 설치되어 있었다. 이런 이격의 필요성 때문에 풍력발전에서도 생각보다 넓은 부지 면적이 필요하게 된다.

자, 여기서는 풍력발전기 사이의 충분한 이격을 고려하면서 한국형 원자력 발전소 1기(1.4GW)의 발전량을 풍력발전기로 대체할 때, 필요한 부지 면적을 한번 계산해 보도록 하자. 이 계산은 4.1MW급 해상 풍력발전기들로 구성된 풍력발전단지를 대상으로 앞서 언급한 최소 거리 요건을 적용해서 계산해 보면(블레이드 직경 119m와 이용률은 30%를 적용했다),

풍력발전에 필요한 부지 면적에 대한 개략적 직관을 얻을 수 있다. 이렇게 계산된 필요 부지 면적이 무려 432km²다. 그리고 이는 서울시 면적의 71%에 해당되는 면적이다. 이 필요 부지 면적을 추정할 수 있는 방법은 사실 여러 계산 방식이 있는데, 미국 신재생에너지연구소(NREL: New Renewable Energy Laboratory)의 Denholm 등이 2009년 제안한 방법으로도 계산할 수가 있다. 이 방법으로 계산할 경우에는 필요 부지 면적이 무려 1,368km²가 나온다.[17] 서울 전체 면적의 무려 2.3배나 되는 면적이다. 두 개의 숫자에 꽤 큰 차이가 있긴 하지만, 개략적 직관으로 생각해 보면, 서울시만 한 면적에 풍력발전기들을 빼곡히 식수해야만 한국형 원자력 발전소 1기의 전기 생산량을 대체할 수 있다는 이야기가 될 듯싶다.

물론, 풍력발전기의 경우는 풍력발전기의 지지대가 설치되는 부분만을 발자국으로 정의하기는 한다. 따라서 계산 부지 면적 전체가 발자국 면적에 포함하는 것은 아니다. 풍력발전기들의 이격 사이 공간에서는 해상 풍력의 경우 어로 작업을, 육상 풍력의 경우 소, 양 등의 방목과 농사 등의 활동이 모두 '이론적으로는' 가능하다. 하지만 풍력발전에는 저주파 소음 문제라는 매우 치명적인 단점도 존재한다. 저주파 소음은 스트레스, 만성 두통, 불면증, 우울증, 심장과 복부 압박감 등 많은 질병을 유발하는 것으로 알려져 있다.[18] 이 때문에 정숙을 요구하는 학교나 주택가, 축사 등에서 일정 거리 이내에는 풍력발전기를 건설할 수가 없다. 해상 풍력의 경우에도 지지대가 빽빽한 지역에서 과연 물고기들이 지지대가 없을 때처럼 계속 살아갈 수 있을지, 어선들이 그 사이사이에서 밤낮으로 사고 없이 조업을 계속할 수 있을지 등은 여전히 의문으로 남아 있다. 아마도 이런 문제점들 때문에 해운대나 욕지도, 통영, 여수시 시민과 어민들이 그들 지역 앞바다에 계획 중인 풍력발전단지 건설에 반대를 하고 있는 것이 아닐까 추측되고,[19] 이런 재생에너지 발전단지 건설과 관련한 주민 수용성의 문제는 우리나라 재생에너지 발전 확대에 실제로도 아주 큰 문제점으로 작용하고 있기도 하다.

자, 이제 해상 풍력의 발자국 문제로 다시 돌아가 보자. 해상 풍력발전이 우리나라 재생에너지 발전에서는 꽤 괜찮은 대안인 듯 보이기도 한다. 하지만 필요로 하는 부지 면적이 생각보다 꽤 넓을 것 같다. 한국형 원전 1기에서 생산되는 양의 전력을 생산하기 위해 이격 면적을 포함해서 대략 서울시 정도의 면적이 필요할 것으로 보인다. 그리고 또 다른 중요 문제점은 앞서 언급했듯 우리나라 풍력 자원을 고려했을 때, 발전을 위한 양질의 위치가 아주 많을 것 같지도 않다.

우리나라 풍력발전 최소 경제성 기준 시장 최대 잠재 설비량에 대해서도 앞서 언급했듯 선행 연구들이 존재한다.[12,13] 이를 살펴보기 위해 다시 표 8.1로 돌아가 보자. 앞서 논의했던 태양광 발전과는 다르게, 풍력발전 잠재량 추정에 있어서는 최소 경제 풍속의 존재, 수심의 문제, 이안 거리 문제, 전력계통과의 연계 거리, 도시·국립공원 지역 제외 등 현실적인 제약 요건들이 상대적으로 명백해서 풍력발전 시장 잠재량에 대한 한국환경정책·평가연구원과 한국에너지공단 보고서 사이에 아주 큰 차이는 없는 듯 보인다. 해상 풍력의 경우 두 기관이 추정한 시장 최대 잠재 설비용량이 44.4GW와 41.0GW였고, 육상 풍력의 경우 각기 15.0GW와 24.0GW였다. 물론 여기에서도 실제 발전량을 계산하려면, '이용률 30%(25~35% 사이)'가 이 수치들에 곱해져야만 한다는 점은 계속해서 명심하도록 하자. 이들 연구에 기초해 생각을 해보면, 우리나라 해상 풍력발전과 육상 풍력발전의 최대 잠재 발전 설비 용량은 대략 56.0GW에서 68.4GW 정도가 되고,[12,13] 아마도 우리나라에서 실제 실현 가능한 최대 풍력발전 설비용량도 이 추정된 두 수치들 사이 그 어딘가에 존재하고 있지 않을까 생각된다.

만약 한국에너지공단이 추정한 육·해상 풍력발전 최대 시장 잠재량 65.0GW가 현실화된다면, 이를 통해 발전할 수 있는 전력량은 어느 정도나 될까? 아마 한국형 원전 15.4기(원전 이용률 90% 가정)에 해당하는 19.5GW 정도의 실제 발전용량을 갖게 될 수 있을 것 같다. 그리고 이 말은 한국형 원전 15.4기가 발전할 수 있는 전력 생산 정도가 어쩌면 우리나라가 경제적으로 우리나라에서 풍력발전을 통해 생산해 낼 수 있는 전력량 최고 상한치가 될 것이라는 이야기기도 된다. 그 연간 발전 전력량이 표 8.1의 괄호 안 수치들 합인 171TWh(=119TWh+52TWh)가 되는데, 이 171TWh란 수치가 가지고 있는 의미에 대해서도 뒤의 10장에서 한 번 더 논의를 해 보도록 하겠다.

자, 그렇다면 이 19.5GW라는 실제 발전용량을 위해 필요한 부지 면적은 어느 정도일까? 이 계산은 앞서 언급했던 기존의 풍력발전단지 자료 값이나 Denholm 등의 방법, 그리고 일반적으로 우리나라에서 사용하는 풍력발전 용량밀도 값 $5MW/km^2$을 이용하는 방법 등으로 계산할 수가 있다.[12,20] 표 8.2의 육해상 풍력발전을 위한 전체 필요 부지 면적들은 풍력발전 용량밀도($5MW/km^2$)를 사용하는 방법으로 계산되었는데, 해상 풍력의 경우 필요 해수면 면적이 $8,200km^2$(한국에너지공단 추정치)로 서울시 면적의 무려 13.6배가 필요하게 된다.

재생에너지 발전만으론 턱없이 부족하다

우리는 고민의 시작점을 출발해서, 이제 그 고민의 중간 지점쯤에 와 있는 듯 보인다. 그렇다면 이 지점에서는 이 장에서 논의해 온 몇 개의 잠정적 결론들을 한번 중간 정리를 해 보자. 우리나라에서 난개발을 피하며 개발할 수 있는 태양광 잠재 발전용량 최대치는 대략 369GW, 경제성을 가진 풍력 잠재 발전용량도 최고 65GW, 그래서 잠재 발전 총용량은 434GW 정도로 꽤 큰 것도 같다. 하지만 여기에 태양광 발전 연평균 이용률 15%, 풍력발전 연평균 이용률 30% 정도를 고려하고 나면, 실제 발전용량 기준 총 잠재력은 74.9GW 정도가 될 뿐이다. 그리고 이 양은 우리나라 현재 시점 전력 발전 총 설비용량이 대략 106.2GW라는 점을 고려할 때, 현재 발전 설비 용량의 70.5% 정도에 지나지 않는 양일 뿐이다. 우리나라 재생에너지 잠재 발전용량의 '최대 가능치'가 이 정도일 것이라는 것이고, 문제는 이 최대 가능치를 실제로 현실화하는 작업도 결코 쉽지만은 않은 매우 도전적인 과업이 될 것 같다. 그렇다면, 여기서 아주 강한 의문 하나가 생긴다. 우리나라 재생에너지 미래 최대 가능 발전용량(74.9GW)이 현시점 우리나라 총 발전 시설 용량(106.2GW)에도 현저히 못 미치는 현실에서, 그렇다면 '재생에너지 발전 100%에 의한 에너지 대전환과 탄소중립 달성'이란 목표는 과연 성취가 가능한 목표인가?

필자는 상기한 내용이 어쩌면 우리나라의 에너지 대전환과 그린 뉴딜, 그리고 탄소중립이 직면할 어쩔 수 없는 현실의 장벽이 될 것이라고 생각하고 있다. 만약 이 재생에너지 발전 최대 가능량인 74.9GW 그 이상으로 재생에너지 발전을 확대하고 싶다면 어떤 일이 벌어지게 될까? 그렇다면 백두대간 거의 모든 산 정상을 깎아 풍력발전기를 세우고, 생태환경 1급지마저도 개발하고, 식량을 생산해야 할 논과 밭 위에도 태양광 패널을 빽빽하게 설치해야만 할 것이다. 삼천리 방방곡곡을 태양광 패널과 풍력발전기로 채우는 이 작업, 이 장면은 그렇다면 장관이 될까? 아니면 흉물이 될까?

물론 앞에서는 고려하지 않았던 다양한 아이디어들이 계속해서 속속 나오고 있다는 점도 주목할 필요는 있다. 예를 들어, 광양시에서는 자전거 도로 위에 태양광 패널을 1.8~2.0m 폭으로 4km에 걸쳐 설치를 했다.[21] 이런 방식은 꽤 창의적인 발상으로 보이기는 한다. 하지만 이렇게 해서 설치한 태양광 발전용량은 불과 1.22MW에 지나지 않는다. 이는 한국형 원전 1기의 0.015% 발전용량에 지나지 않는 매우 적은 양일 뿐이다. 이와 유사하게 고속도로 위를 태양광 패널로 덮자는 아이디어도 나온다. 수심이 깊은 바다에서는 해상 부유식 풍력발전기로 발전을 하자는 아이디어도 있다. 다양한 아이디어들이 물론 존재한다. 하지만 그렇다고 해서 우리나라 에너지 대전환에서의 큰 밑그림이 중요할 정도로 크게 달라질 것 같지는 않다.

자, 그럼 여기서 다시 한번 원점으로 돌아가서 사고해 보자. 우리는 에너지 대전환을 과연 성공적으로 완수해 낼 수 있을까? 이에 몇몇 분들과 이야기를 해 보면 대부분이 성공적인 외국의 사례만을 들어 낙관론을 피력하곤 한다. 하지만 외국 사례는 단지 외국의 사례일 뿐이다. 에너지 문제에는 각 나라마다의 고유한 사정과 특징들이 있다. 일반론은 적용되지 않는다는 이야기다. 예를 들어, 노르웨이는 전체 사용 전력의 95% 이상을 태양광 발전도 풍력발전도 아닌 수력발전만으로 해결하고 있다. 당연히 이 예를 우리나라에 적용할 수는 없는 일 아닌가? 우리나라의 사정은 국토가 좁고, 인구 밀도는 높고, 산악 지역은 많고, 태양광 패널, 풍력발전기를 설치할 장소는 마땅히 넓지 않다는 점이 될 것이다. 여기에 더해 앞서 몇몇 예에서도 설명을 했지만, 재생에너지 설비는 초기 투자비가 생각보다 많이 투입되어야만 하는 고비용, 거대 사업이라고 했다. 이들 문제점들에 대해선 10장에서 다시 한번 보다 현실적인 문맥에서 논의를 계속해 보도록 하겠다.

재생에너지 발전의 추가적 특징들

지금까지는 주로 이용률과 발자국이란 키워드들을 중심으로 우리나라 재생에너지 발전에서 정책적으로 문제가 될 수 있는 부분들에 대한 논의를 해 봤다. 재생에너지 발전에는 이들 이외에도 다양하게 고려해야 할 더 많은 사항들이 존재한다. 여러 지점들에서 다양한 논의들이 더 필요하겠지만, 여기서는 두 가지 핵심적일 수 있는 문제만을 간략하게 살펴보고 넘어가 보도록 하겠다. 그 두 가지 문제는 '전기의 저장'에 관한 문제와 '전력 그리드 시스템'에 관한 문제다.

먼저 전기의 저장 문제는 태양광 발전과 풍력발전으로 대표되는 재생에너지 발전의 '수동성(non-dispatchable)'에서 비롯된다. 풍력과 태양광 발전은 사실 발전을 하고 싶을 때 마음대로 발전을 할 수 있는 발전원들이 아니다. 바람이 불어야 전기가 생산되고, 태양빛이 태양광 패널에 조사(照射)되어야만 직류 전기가 생산되도록 되어 있다. 즉 전력 생산의 주도권이 자연에게 있다는 말이다. 이와는 반대로 석탄이나 천연가스 발전은 '능동적(dipatchable)'일 수 있는 발전원들이다. 우리가 원한다면 언제든지 발전소 스위치를 켜서 발전소를 구동할 수가 있고, 발전 정도(출력량)도 조절할 수가 있다. 이와 같은 전통적 발전원의 능동성은 재생에너지 발전의 수동성과는 확연히 구별되는 지점이 된다.

풍력과 태양광 발전에서 바람이 세고, 일사량이 강한 것은 주로 낮 시간이므로, 풍력과 태양광은 주로 낮에 전기를 생산한다. 하지만 전기가 필요한 것은 주로 밤 시간이다. 가장 큰 이유는 밤이 어둡기 때문일 것이다. 따라서 풍력, 태양광과 같은 재생에너지 발전의 경우 전기의 생산을 의미하는 공급과 전기의 수요 사이에는 늘 불일치가 발생하게 된다. 그리고 이 불일치의 간격을 메워 줄 수 있는 방법이 바로 '에너지 저장(전기 저장)'이 된다. 즉, 낮에 주로 생산된 전기는 전기 저장장치에 저장되고, 그 저장된 전기를 다시 밤에 사용한다. 이야기는 매우 단순하게 들릴지 몰라도, 이 문제는 그렇게 단순한 문제가 결코 아니다. 앞의 솔라시도의 예에서도 98MW 태양광 패널과 더불어 306MWh 세계 최대 규모의 ESS(Energy Storage System)가 설치되었다고 했는데, 태양광 발전에서 전기 저장의 필요성이 바로 이 세계 최대 규모의 ESS가 설치되어야만 하는 이유가 된다.

ESS는 대용량 배터리로 가격이 저렴하질 않다. 미국의 한 시장 조사에 의하면 1KWh 저장에 필요한 ESS 구축 비용이 현재 기술 수준에서 대략 132달러였다.22 보통 미국에서 1KWh 발전 단가가 대략 10센트(0.1달러) 정도라는 점을 고려해 보면, 이는 매우 비싼 비용이 된다. 여기에 더해 ESS 장치는 화재도 잦다. 우리는 가끔 태양광 발전소 근처에 설치된 ESS 장치에서 화재가 발생했다는 뉴스를 심심치 않게 접하곤 한다. 현재의 기술 수준에서 ESS는 비용이 저렴하지도 않고, 화재도 자주 발생하는 다소간 골치 아픈 장치라는 이야기도 되겠다.

물론 전기(에너지)를 저장하는 방법은 ESS 말고도 많이 존재한다. 가장 단순하고 고전적인 방법으로는 태양광–풍력발전으로 낮에 생산된 전기를 사용해 물을 고지대의 저수지로 퍼 올려 전기를 물의 '위치에너지'로 저장했다가, 전기가 필요한 밤 시간에 저수지 수문을 개방해 물의 낙차를 이용하는 수력발전을 통해 다시 전기를 재생산하는 방식도 있다. 이런 전기 저장법을 '양수발전(pumped-hydro)'이라고 부르고, 우리나라에도 이런 양수발전 시설들이 여럿 존재한다. 하지만 이 방법에도 몇몇 문제점들이 존재한다. 이 8장의 문맥에서 우선 살펴보면 이 양수 시설에도 생각보다 넓은 부지 면적이 필요하다. 이 이야기는 저수지 조성에도 넓은 공간이 필요하다는 뜻이 되겠다. 그리고 에너지 효율의 문제도 발생한다. 양수발전의 에너지 효율 문제에 대해서는 다음 9장에서 한번 더 자세히 살펴보기로 하겠다. 비슷한 방법으로 낮 시간 동안 생산된 전기를 이용해서 공기를 암반 동굴 같은 공간에 압축 저장했다가 전기가 필요한 밤 시간에 공기를 동굴에서 방출하며, 이 압축 공기를 이용해 터빈을 돌려 다시 전기를 생산하는 방법도 있다.

또한 수소에너지, 수소경제를 전공하시는 분들 중에는 풍력과 태양광 발전으로 생산된 전기를 수소로 저장하자고 주장하는 분들도 계신다. 이런 에너지 저장 방법으로서의 수소는 실제 에너지 과정에서 다소 많은 에너지 변환 단계를 필요로 하는데, 이 수소경제의 문제점도 다음 9장에서 좀 더 자세한 논의를 진행해 보도록 하겠다. 어찌 되었건, 풍력과 태양광 발전에는 전기의 저장이란 과정이 반드시 필요하게 된다.14 이 전기 저장 문제에 대해선 독자들이 확실히 인지를 하고 있어야만 할 것 같고, 이 문제에 대한 기술적 해결이 결코 쉽지만은 않다는 점도 반드시 기억하고 있었으면 좋겠다.

두 번째 재생에너지의 특징에는 '양방향성'과 '분산성'이란 것도 있는데, 한 예를 들어 보자. 여기 일반 주택의 지붕에 태양광 패널이 설치되어 있다고 해 보자. 이 주택은 전기를 생산하기도 하고(주로 낮 시간에), 전기를 소비하기도 한다(주로 밤 시간에). 물론 앞서 언급한 ESS 장치가 주택마다 설치되어 있다면, 낮에 생산된 전기를 주택 단위의 ESS(배터리)에 저장했다가 밤에 사용할 수도 있을 것이다. 하지만 앞에서도 언급했듯 ESS는 주택마다 보급하고 설치할 수 있는 저렴한 종류의 장치는 아니라고 했다. 그래서 주택(혹은 소형 발전원)에서 태양광 패널로 생산한 잉여의 전기는 낮 시간엔 주로 (한전 등에) 매각되고, 밤 시간엔 주택이 필요로 하는 전기를 다시 (한전으로부터) 구입하게 된다. 이 과정은 양방향이다. 주택(가구)은 전기를 생산하기도 하고, 구입하기도 한다. 그래서 이런 가구를 '프로슈머(prosumer: 생산자인 producer와 소비자인 consumer의 합성어)'라고 부르기도 한다. 재생에너지 사회에서는 이런 양방향성을 가진 중·소규모 재생에너지 발전원들이 '분산'해서 산재하게 되고, 경우에 따라서는 전력 수요처 근처에 건설된 중·소규모 재생에너지 발전 단위(마이크로 네트워크)에서는 전력의 자급자족도 가능할 수 있다. 만약 전력의 자급도가 높아지면 송전의 필요성도 줄어들 테니 송전탑을 건설할 일도, 전력의 송전 손실도 줄일 수 있을 듯하다. 이런 양방향성과 분산성은 재생에너지 발전이 갖는 주요한 특징들이 된다.

그리고 이런 재생에너지의 분산성과 양방향성은 전통적인 석탄화력이나 천연가스 발전이 갖는 '일방향성', '중앙 집중성'과는 대조를 이룬다. 석탄화력이나 천연가스 발전소 같은 대단위 발전소에서는 전기를 생산해서 일방(一方)으로 중앙에서 생산된 전기를 공장이나 가정과 같은 수요처에 공급한다. 하지만 재생에너지 발전이 이런 기존의 전력 시스템에 끼어들게 되면 상황(계통)이 매우 복잡해진다. 전기가 양방향으로 흘러야 하는 것은 물론, 발전이 한 곳에서만 이루어지는 것도 아니기 때문이다. 이런 전기의 양방향성과 분산성, 무집중성은 기존의 전통적 전력 시스템의 일방향성, 중앙 집중시스템과 대별된다. 전기의 발전과 공급이란 더 이상 거미망의 중앙 한 점에서 전력을 생산해서 거미줄 같은 전력망을 통해 전력을 수요(소비)처에 공급하는 일이 아니다. 전력 생산과 소비가 분산되어 있고, 전기는 사방으로 정교하고 똘똘하게 흘러야만 한다.

여기에 더해 풍력과 태양광 발전의 발전량은 예측도 쉽지가 않다. 이 역시 풍력과 태양광 발전의 수동성 때문에 발생하는 문제인데, 발전량을 예측할 수 있어야 능동적 발전원들인 석탄이나 천연가스발전의 발전량을 결정하고 출력을 조절-계획할 수가 있다. 따라서 재생에너지와 전통 에너지가 혼재된 전력 시스템에서는 전기 생산과 분배 체계가 매우 정교하고, 스마트하게 디자인되어 있어야만 한다. 예를 들어, 앞서 '생각 더 하기 6'에서 언급했던 기상예보 모델은 이 정교한 전력 시스템 디자인에서 매우 중요한 역할을 담당할 수도 있을 듯싶다. 내일, 모레의 지역별 바람 속도와 일사량을 정확히 예측한다는 것은, 내일, 모레의 재생에너지 발전량을 좀 더 정확히 예측할 수 있는 수단을 제공할 수도 있기 때문이다. 내일·모레의 재생에너지 발전량을 정확히 예측할 수 있다면, 전통적인 전력 발전원들(천연가스 발전 등)의 발전량을 미리 준비하고 계획하는 일이 더욱 용이해질 수도 있을 것이다.

재생에너지 발전과 전통 에너지 발전원들이 뒤섞여 있는 전력 생산·저장·분배 체계에서는 그야말로 똑똑한(smart) 전력 생산·저장·분배 체계인 '스마트한 그리드(Smart Grid)' 시스템이 필요하고, 그래서 우리나라 한국형 그린 뉴딜 사업에서 지혜로운 재생에너지 발전 설비 건설 계획과 더불어, 정교한 스마트 그리드 체계 구축 역시도 필요한 이유가 된다. 이런 특징이 고려되지 않으면 재생에너지 수급 예측의 불확실성으로 인해 (대규모) 정전이 발생할 수도 있고, 경우에 따라서는 많은 에너지가 낭비될 수도 있다. 만약 대규모 정전이 발생하는 경우에는 병원, 유통업, 공장, 소상공업 등에 매우 심각한 피해를 유발할 수 있다. 똑똑한 에너지 생산·저장·분배 체계가 없다면, 어렵게 생산한 전력이 버려지는 일도 발생한다. 이런 것들이 스마트한 그리드 체계 구축이 중요하고 또 필요한 이유들이 될 것이다.

전기의 저장 문제와 스마트 그리드의 필요성은 재생에너지 사회에서 매우 중요한 기술적인 문제가 된다. 하지만 그럼에도 불구하고 이 문제점들은 앞서 논의했던 보다 근본적인 고민거리들인 '이용률'과 '부지 면적'의 문제들보다는 상대적인 중요도는 좀 덜 하지 않을까 싶다. 이 전기 저장과 스마트 그리드 기술의 발전에는 물론 여러 시행착오가 있을 것이다. 하지만 이 기술들은 궁극적으로는 기술적 해결이 가능한 문제들이다. 그러나 우리가 필요로 하는 풍력과 태양광 발전을 수용할 수 있는 국토 수용 능력의 문제는 우리가 쉽게 해결하거나 극복할 수 있는 종류의 문제가 아닌 매우 본질적이고 근본적인 한계점이 될 가능성이 높다고 필자는 생각한다.

자, 이들 문제점과 더불어 필자가 이 장의 모두(冒頭)에서 언급했던 바, 에너지 대전환과 한국형 그린 뉴딜을 실행함에 있어 발자국, 이용률에 대한 고려와 더불어 핵심적으로 고려해야만 할 세 번째 중요 사항인 '국가 에너지 효율성 전략'도 다음 장인 9장에서 한번 살펴보기로 하자. 이는 다시 국가적으로 매우 중요한, 중요할 수 있는 주제가 된다!

생각 더 하기 11 '재생가능'이란 과연 무엇일까?

필자는 우리 사회가 '재생가능 에너지(renewable energy)'라는 표현을 별생각 없이 너무 상투적으로 사용하고 있다고 생각한다. 이 재생가능 에너지란 표현에서 도대체 '재생가능(renewable)'이란 무엇을 의미하는 것일까? 바람과 빛은 재생이 가능한 것이란 이야기일까? 열역학 제2법칙이란 우주의 법칙에 의하면, 우주의 모든 물질 과정과 에너지 과정은 엔트로피가 증가하는 일방향으로만 진행된다. 이것은 예외가 있을 수 없는 우주 불변의 법칙이다. 이런 일방향성이 우주 불변의 법칙이라고 한다면, 학문적으로는 완전한 의미의 '재생가능'이란 사실 존재할 수 없는 것이 된다.

예를 들어보자! 석탄이 타면 석탄재와 이산화탄소, 그리고 열이 발생된다. 열역학 제2법칙에 의하면 이 과정도 엔트로피가 증가하는 과정이다. 석탄을 태우는 목적은 이 과정 중 발생한 열을 우리가 잠시 이용하기 위함이다. 그리고 이렇게 잠시 이용한 열도 곧 우리를 떠나 우주(자연)로 사라져 버린다. 그런데 석탄재와 열과 이산화탄소를 더해서 석탄으로 되돌리려는, '재생'하려는 행위는 부질없는 짓처럼 보인다. 당연히 재생이 되질 않는다. 아, 석탄은 재생가능 에너지가 아니니 당연한 이야기인가?

그렇다면, 태양빛이란 무엇인가? 하늘의 태양에서는 수소 원자가 끊임없이 헬륨 원자로 변하며(마치 석탄이 석탄재로 변하듯이), 그 과정 중에 발생한 에너지를 빛이라는 전자기파의 형태로 발산한다. 이것이 태양빛이다. 그리고 그 빛은 태양에 비해선 콩알 크기만 한 지구에 잠시 머물며 지구를 따뜻하게 데워주고 다시 우주 속으로 사라져 버린다(석탄을 태운 열이 우리를 잠시 따뜻하게 해주고 우리를 떠나가는 것과 같다). 하지만 헬륨에 빛을 더해 수소를 만들 수 있는 방법도 이 세상에는 없다. 이 또한 재생 불가이고, 엔트로피는 절대 거꾸로 흐르는 법이 없다.

에너지 과정만 그런 것도 아니다. 물질 과정도 마찬가지다. 실수로 물과 포도주가 섞이고 말았다. 이 또한 되돌릴 수가 없다. 물 분자와 포도주 분자가 분자 수준에서 섞여 아주 '무질서'하게 되어 버렸기 때문이다. 이 '무질서'해졌다는 것도 엔트로피가 증가했음을 의미한다. "아, 물과 포도주를 뒤섞어 버렸네. 도무지 돌이킬 방법이 없네" 독일의 극작가이자 시인인 베르톨트 브레히트(Bertolt Brecht)가 쓴 시(詩)의 한 구절로 기억한다. 포도주가 물과 섞이고 나면, 앞서 '생각 더하기 10'에서 예로 들었던 굴뚝에서 배출된 이산화탄소 분자가 공기 분자와 섞인 것처럼 되돌릴 수가 없는 것이 된다. 이 역시도 재생 불가이고, 그 섞임의 과정 중 엔트로피(무질서도)는 이미 증가를 해버렸다. "아! 돌이킬 수가 없다." 브레히트는 열역학을 배우지 않았을 듯하지만, 우주의 법칙은 이미 터득하고 있는 듯 보인다.

우주의 모든 과정은 엔트로피가 증가하는 과정이고, 이 과정에서 재생은 늘 불가능이다. 만약 우주에 어떤 신이 존재한다면, 이 '재생 불가능'이 곧 신의 뜻, 신의 의지일지도 모르겠다는 생각도 든다. 이런 도저한 일방성(一方性)을 곰곰이 생각하다 보면, 문득 이런 생각도 든다. 우리의 영혼에 정말 '윤회'라는, 이 '영혼의 재생'이라는 것이 있을 수 있는 것일까? 이 세상 모든 것이 재생 불가라면 우리가 죽고 나서 영혼도 우리의 육신을 떠나(마치 열이 석탄재를 떠나듯이, 그리고 빛이 헬륨을 떠나듯이) 우주의 저편 끝으로 화장(火葬)과 더불어 결국 사라져 버리고 마는 것은 아닐까?… 허무함! 우주에는 허무만이 존재하는 듯도 싶다. 하지만 이런 허무함도 단지 인간의 감정일 뿐, 우주와 자연에는 사실 아무런 감정도 느낌도 존재하지 않는다. 우주는 그냥 수소와 헬륨과 빛으로 가득 차 있을 뿐이고, 우주에서 인간 (침팬지들)은 그렇게 유별나거나 특별한 존재도 아니다. 그러니 자연에 인칭이 있을 수 있을 까? 자연은 늘 비인칭으로 존재할 뿐이다!

9장

국가 에너지 효율성 전략

수소 자동차는 미친 짓이다!
- 일론 머스크

앞선 8장에서는 재생에너지 발전 및 에너지 대전환과 관련해서 우리나라에서 발생할 수 있는 여러 문제점들을 발자국 면적과 이용률이란 두 개의 핵심어를 중심으로 논의해 봤다. 이제, 이 9장에서는 이 두 개의 핵심어들에 더해 국가가 추구해야만 할 효율적인 에너지 전략에는 어떤 고려 사항들이 있을지에 대해서, 열역학 제2법칙이라는 지식과 함께 비판적·질문적 사고를 한번 해 보는 시간을 가져보도록 하자.

열역학 제2법칙

에너지 효율과 관련한 과학 법칙이 하나가 있어 이를 소개하는 것으로 이 9장을 시작하고자 한다. 앞 장에서도 몇 차례 언급을 했던 이 법칙은 '열역학 제2법칙' 또는 '엔트로피(entrophy) 증가의 법칙'이라고도 부르는데, 젊은 시절의 제레미 리프킨은 『엔트로피』라는 제목의 문명 비판서를 출판하기도 했었다.[1] 이 엔트로피란 용어를 한국말로 번역해 보면, '무질서도' 혹은 '쓸모없음의 정도'쯤으로 바꿀 수도 있다. 이 열역학 제2법칙을 일반 독자들의 눈높이에 맞춰 어떻게 잘 설명할 수 있을까를 고민하다가, 그냥 제레미 리프킨의 설명을 직접 인용하는 것이 최선일 것 같다는 생각에 도달했다. 사실은 제레미 리프킨도 과학자나 공학도가 아닌 인문학자나 경제학자쯤 되는 비이공계 저술가가 아니던가?

다음은 열역학 제2법칙에 대한 제레미 리프킨의 설명이다. "물질과 에너지는 하나의 방향으로만, 즉 사용이 가능한 것에서 불가능한 것으로, 혹은 이용이 가능한 것에서 이용이 불가능한 것으로, 또는 질서 있는 것에서 무질서한 것으로 변화된다."[1] 이 제레미 리프킨의 열역학 제2법칙에 대한 설명을 기초로 생각해 보면, 우주의 모든 물질과 에너지 과정들이란 사용이 가능한 것, 이용이 가능한 것, 질서가 있는 것, 유용한 것에서 사용과 이용이 불가능한 것, 질서가 파괴된 것, 무용한 것으로 변환되는 과정이 된다. 이것이 곧 우주의 법칙이다. 그리고 우리가 만약 이 유용과 무용의 정도를 측정할 수만 있다면, 유용한 것이 무용한 것으로 변환되는 것 자체를 인위적으로 저지할 수는 없을지 몰라도(왜냐하면 이 변환은 우주의 법칙이기 때문에), 최소화할 수는 있을 것 같다. 사용 가능한(유용한) 자원에서 무용한 것으로의 변환을 최소화하고, 유용한 것을 최대한 확보하고 이용하는 것, 우리는 이것을 '효율'이라고 부른다. 그래서 열역학 제2법칙은 효율에 관한 법칙이라고 부를 수도 있는 것이다.

에너지 사용의 효율을 좋게 한다는 말은, 동일 에너지 자원(또는 물질)에서 그 유용성을 최대한 활용한다는 의미도 담고 있다. 우리가 이 장에서 논의하고 있는 재생에너지에로의 에너지 대전환은 당연히 매우 중요한 주제가 되겠지만, 이와 더불어 이 전환에서 에너지 이용의 효율을 최대한 높일 수만 있다면, 이는 개인적으로나 국가적으로도 매우 중요한 의미를 지닌 일이 될 수가 있을 것이다. 실제로 2007년 EU의 집행부도 소위 '20-20-20 프로토콜(protocol)'이란 비전을 선언한 바도 있었는데, 이는 2020년까지 국가 에너지 효율 20% 증가 달성, 이산화탄소 배출 1990년 대비 20% 감축, 재생에너지 발전 20% 달성이 핵심 내용이었다.[2] 이 EU 프로토콜에서도 엿볼 수 있듯, 국가 차원에서의 에너지 효율 증가는 재생에너지에로의 전환율만큼이나 중요한 국가적 이슈가 될 수도 있다.

일반적인 의미에서 에너지 효율을 높인다고 함은, 우리가 사용하는 냉장고나 TV, 자동차 등 일반 제품의 에너지 사용 효율을 끌어올리는 것일 수도 있고, 개개인이 생활 중 냉난방에 사용하는 전기의 절약이나, 한 집 한 등 끄기 등의 실천을 통한 에너지 절약 노력을 의미하는 것일 수도 있겠다. 앞의 것은 유용한 것을 최대한 확보하려는 노력이고, 뒤의 노력은 무용한 것으로의 변환을 절약을 통해서 최소화해 보겠다는 노력이 될 것이다. 이 모든 노력들은 당연히 아주 소중한 것들이다. 하지만 이 책에서 우리가 논의하려는 주제는 이런 개인적 차원이나 개별 상품에서의 에너지 효율에 관한 이야기는 아니다. 그보다는 근본적인 문제로서, 우리나라의 에너지 정책과 전략에서 국가 전체의 에너지 이용 효율을 최대한 극대화해야만 한다는 이야기를 하고자 한다. 이 논의를 위해 열역학 제2법칙이란 지식을 원료로 우리의 비판적·과학적·질문적 이성을 동원한 성찰을 한번 시작해 보자.

우리의 비판적 사고는 우선 우리나라의 제강 공장이란 주제에서 시작된다. 우리나라에서는 2010년을 기점으로 '전기로(電氣爐) 제강 업체'들이 갑자기 늘어나기 시작했다. 제강 산업에서 전기로를 사용하는 것에는 여러 이유들이 있겠지만, 가장 우선적인 이유로는 전기로의 사용이 석탄을 사용하는 고로에 비해 질소산화물(NO_X)이나 아황산가스(SO_2), 블랙카본(BC), 방향족 유기화학물질 등의 대기오염물질 및 이산화탄소 배출을 거의 제로에 가깝게 만들 수 있다는 장점이 있기 때문일 것이다. 따라서 공장 주변의 민원은 줄어들게 되고, 석탄 야적장에서 탄가루가 날릴 일도 없게 된다. 이것은 마치 완전한 꿈의 공장이 눈앞에서 현실로 실현된 듯 보이기도 하지만, 이런 경우에도 늘 우리의 이성은 속삭임을 계속한다. 눈에 보이는 것만이 당연한 전부는 아닐 것이다라고! 사실 이 공상에는 눈에 보이지 않는 매우 큰 문제점이 도사리고 있다. 자, 까칠한 비판적 이성을 동원해서 질문을 한번 던져보자. 그렇다면 이 전기로 제강 공장에서 사용하는 전기는 도대체 어디서 왔단 말인가?

만약, 제강용 전기로에서 사용하는 전기를 석탄화력발전에서 생산했다면(석탄화력발전은 현재 우리나라 전체 발전 전력의 40% 정도를 생산하고 있다), 우리가 이 절에서 살펴보고 있는 에너지 효율의 문제는 과연 어떻게 될까? 석탄화력발전을 통해 전기를 생산하는 석탄화력발전소의 에너지 효율은 대략 30~40% 정도로 알려져 있다. 이 말은 석탄 연소를 통해 전력을 생산하는 에너지 변환의 전 과정에서, 원래 석탄이 가지고 있던 '화학 에너지'의 30~40% 정도에 해당하는 에너지만이 전기 에너지로 변환된다는 의미로 해석될 수 있다(실제로 이 석탄화력발전 30~40%의 에너지 효율이란, 석탄화력발전소를 구동하는 데 필요한 모든 외부 에너지까지를 포함해서 산출한다). 그리고 이 에너지 변환 효율로 얻어진 전기를 이번에는 제강 공장의 제강용 전기로에서 다시 '열에너지'로 변환한다. 그러면, 이때의 에너지 효율도 대략 30~40% 정도가 된다. 이 말 역시 전기로 제강 공장에서 전기를 이용해서 전기로(爐)의 온도를 올리게 되면, 이 과정 중 본래 전기가 가지고 있던 전기 에너지의 30~40%만을 우리가 '유용'하게 사용하게 된다는 의미이다. 그렇다면, 이 과정에서 나머지 60~70%의 에너지는? 그냥 '무용'하게 소실된다. 여기서 '무용함으로 변환'이란 것이 바로 앞서 설명한 '엔트로피의 증가'를 의미한다. 즉, 모든 에너지 변환에선 반드시 '무용한 것'이 증가(발생)하게 된다는 것. 이것이 바로 열역학 제2법칙이다!

　제강업 전기로를 구동하기 위해선 이 두 번의 에너지 변환(석탄→전기와 전기→열)이 반드시 필요한데, 그렇다면 두 번의 에너지 변환을 거치게 되면 전체 에너지 효율은 어떻게 될까? 전체 에너지 효율은 $0.13(=0.35 \times 0.35$, 중간값 기준 계산), 즉 13%가 된다. 이 말은 석탄화력발전에서 전기로 제강업으로 이어지는 일련의 에너지 변환 과정에서 원래 석탄이 가지고 있던 화학 에너지 중 대략 87%의 에너지는 '무용'하게 손실되고, 단지 13%의 에너지만을 우리가 수확해서 '유용'하게 사용했다는 의미이다. 그렇다면 이를 전통적인 제강업에서의 방식인 직접 석탄을 사용해서 제강로를 가열하는 방식의 에너지 효율인 30~40%와 직접 비교해 보면, 에너지 효율이 1/3 정도 수준밖에는 되지 않는다는 점을 바로 확인할 수가 있다. 13% vs. 35%. 이 차이의 이유는 뭘까? 그 이유는 아주 단순하다. 바로 전기 제강로에서는 불필요한 에너지 변환(석탄→전기)이 한 번 더 있었기 때문이다.

　혹자는 전기로(電氣爐) 공정이 초미세먼지, 질소산화물, 아황산가스, 지구온난화가스인 이산화탄소 등을 모두 배출하지 않는 친환경 공정이라고 강변할지도 모르겠다. 하지만 이는 우리나라 전체 차원으로 우리 생각의 시야를 확대해 보면 아주 무의미한 이야기가 된다. 전기로 제강 업체가 사용하는 전기를 생산하기 위해 석탄화력발전소에서 발전에 사용해야 하는 석탄의 양은, 석탄을 직접 사용하는 제강로에서 사용하는 석탄의 양의 '3배'가 된다. 왜냐하면, 제강을 위한 전기로의 전체 열효율이 일반 석탄 제강로의 '1/3' 수준밖에는 안 되기 때문이다. 그리고 3배의 석탄을 태우면, 당연히 3배의 이산화탄소($GHGs$)와 3배의 대기오염물질

(CAPs-HAPs)이 공기 중으로 배출되는 것은 너무나도 자명한 일이다. 단지 이 배출들은 전기로 제강 공장이 위치한 공장 지역에서 배출되는 것이 아니라, 석탄화력발전소가 가동되는 발전소 지역에서 배출된다는 점만이 다를 뿐이다. 그렇다면 전기로는 정말로 청정하고 정의로운 공장일까? 필자는 상기한 이유로 전기로 제강업은 (최소한 현 상황에서는) 미친 짓, 멍청한 짓이라고 생각한다.

그렇다면 전기로 제강 업체가 사용하는 전기의 양은 어느 정도나 될까? 예를 들어 현대제철 같은 전기로 제강 업체는 광주나 대전과 같은 규모의 도시 전체가 사용하는 것과 맞먹는 막대한 양의 전력을 사용하고 있다.[3] 엄청난 양의 에너지를 사용하고, 국가적으로는 엄청난 양의 에너지가 낭비되며, 동시에 엄청난 초과분(3배)의 대기오염물질과 지구온난화가스(CAPs-HAPs-GHGs) 배출이 진행되고 있는 것이다. 이것이 필자가 전기로 제강업을 미친 짓, 매우 멍청한 짓이라고 부르는 이유가 된다.

그림 9.1은 이와 같은 사실에 대한 증거의 일부를 보여주고 있다. 그림 9.1은 환경부 산하 온실가스 정보센터에서 작성한 우리나라의 연도별 '총 환산 이산화탄소(CO_2equivalent)'[4] 배출량이다. 대한민국이 배출해 온 총 환산 이산화탄소 배출량은 1990년부터 계속해서 증가해 왔고, 그 증가 추세는 2013년 이후에야 비로소 안정화되었음을 이 국가 통계는 보여주고 있다.[5] 그런데 이런 총 환산 이산화탄소 배출 증가 추세가 1998년과 2020년에 크게 두 번 줄어들었다. 1998년의 경우는 IMF 경제 위기 때문에 산업 활동이 크게 감소했기 때문이었고, 2020년의 경우도 우리가 3장에서 이미 논의했다시피 코로나19 사태의 발생으로 경제 활동이 크게 위축됐기 때문이었다. 그런데 2010년에는 총 환산 이산화탄소 배출량이 1998년과 2020년과는 반대로 갑자기 큰 증가를 보였다. 이 갑작스러운 증가가 바로 2010년부터 가동을 시작한 전기로 제강 공장

문제와 맞물려 있다. 전기로 제강 공장은 단순히 공장 몇 개가 가동되는 문제에 국한되는 문제가 아닌 것이다. 이것은 국가 이산화탄소 배출량과 연동되는 산업정책, 국가 에너지 정책의 일부가 되는 문제다. 산업정책은 당연히 산업 구조에서 에너지의 효율을 높이는 방향으로, 에너지 정책을 입안하는 일에서부터 시작되어야만 한다. 하지만 제강업에 전기로(電氣爐)를 허용하는 일은 석탄화력발전소 1기로 충분할 에너지를 석탄화력발전소 3기를 짓게 하는 매우 어리석은 행정(行政)이 되고, 석탄화력발전소 1기에서 나올 대기오염물질과 이산화탄소를 석탄화력발전소 3기에서 배출하게 하는 정신 나간 행정이 되고 만다. 그 증거의 일부가 바로 그림 9.1이 되는 것이다.

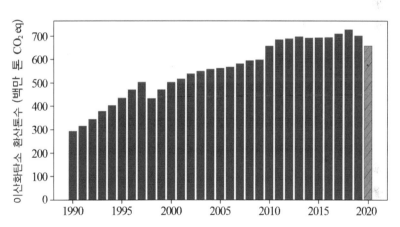

그림 9.1 1990년 이후 우리나라의 환산 이산화탄소(CO_2eq.) 배출량(출처: 국가 온실가스 인벤토리 보고서).[5]

그렇다면, 왜 이런 비이성적인 국가 에너지 정책과 전략이 우리나라에서 버젓이 행해지고 있는 것일까? 이는 앞서 언급한 '**대기오염–기후변화–에너지 연계**'를 제대로 이해하지 못하고, 대기오염–기후변화 정책(전기로가 대기오염물질과 이산화탄소를 적게 배출하는 친환경공정이라는 매우 단순한 생각)과 에너지 정책(에너지 효율에 대한 고려)은 별개라는 착각에서 비롯된 것은 혹 아니었을까 싶다. 이런 이유에서 정부 당국이나 정책 당국자는 '대기오염-기후변화-에너지 연계'를 올바로 이해해야만 한다. 그리고 이 올바른 이해를 바탕으로 올바른 에너지 전략을 세워야 한다. 왜냐하면 이는 국가적으로 매우 중요한 일이 되기 때문이다.

자, 계속해서 '열역학 제2법칙'을 갖고 질문적 사고를 해 보자. 비슷한 이야기로 가정에서 편리함을 위해 사용하는, 고급스러운 이미지의 인덕션(inducton) 전기레인지도 가스레인지로 직접 가열하는 것에 비해 3배 정도 되는 양의 천연가스를 필요로 한다. 천연가스 발전소에서 천연가스로 전기를 생산하고(천연가스→전기), 이 전기를 인덕션 레인지에서 사용하는(전기→열) 경우와 천연가스를 도시가스로 직접 공급 받아 가스레인지에서 사용하는(천연가스→열) 경우를 비교해 보자. 제강업 전기로와 똑같은 현상이, 단지 작은 스케일로 반복해서 벌어지고 있을 뿐이다. 가정에서 사용하는 인덕션, 사무실과 가정에서 사용하는 전열기, 겨울철에 많은 분들이 사용하는 전기담요, 전기밥솥 등은 비록 제강 업체 전기로만큼 전기를 많이 사용하는 전기 기구들은 아닐지 몰라도, 모두 '엔트로피 법칙'이란 입장에서 보면 매우 비효율적인 가전기기들이 되는 셈이고, 이 비효율성은 모두 추가된 에너지 변환 과정에서 비롯되고 있는 것이다.

그리고 앞서 8장에서 언급한 바 있었던 전기 저장 방법 중, 낮에 생산된 전기를 고지대 물의 위치 에너지로 저장했다가, 전력이 필요한 밤에 물을 낙하시켜 터빈을 돌려 물의 위치에너지를 다시 전기에너지로 바꾸는 '양수발전'도 추가된 에너지 변환 과정으로 인해 에너지 손실이 발생한다. 이때 발생하는 에너지 손실량이 대략 25~30% 정도다. 열역학 제2법칙은 말한다. 에너지 효율을 높이기 위해 무엇보다 먼저 해야 할 일은 에너지 변환 단계를 최소화하는 일이 될 것이라고….

그렇다면 에너지 효율이란 측면에서 국가가 해야 할 일이란 무엇일까? 국가(정부)는 어떻게 하면 에너지를 큰 틀에서 절약하고(에너지 정책), 동시에 초미세먼지를 비롯한 대기오염물질들(CAPs와 HAPs 정책)과 이산화탄소 배출(GHGs 정책)을 저감할 것인지를 생각하는, 커다란 정책의 틀, 국가적 전략의 프레임을 기획해야만 한다. 에너지 계획은 에너지 계획이고, 대기오염은 대기오염이라고 별도로 생각하는 순간 연계와 연관은 무너진다. 연관을 인식하는 행정이 중요한 이유이고, 초미세먼지 정책과 에너지 전략, 탈탄소 저감 정책에서도 반드시 열역학 제2법칙을 고려한 원칙 있는 장기 전략, 큰 그림이 필요한 이유이기도 하다.

수소 자동차도 필요하다고?

전기로 제강업이 열역학 제2법칙이란 관점에서 미친 짓이라면, 수소 전기차도 또한 미친 짓, 멍청한 짓이 된다. 필자가 너무 여러 번 미친 짓, 멍청한 짓이라는 말을 남용하는 것 같다는 생각도 드는데, '수소 자동차는 미친 짓이다!'라는 말은 사실 필자의 말이 아니라 전기차 업체 테슬라를 창업한 미국의 일론 머스크(Elon Musk)가 했던 말로 알려져 있다.6 일론 머스크가 어떤 문맥에서 이런 말을 했는지는 필자도 정확히 알지 못한다. 하지만 그가 전기차 업체 테슬라의 창업자이자 CEO이기 때문에 경쟁 차종인 수소차에 대해서 악담을 한 것 같지만은 않다. 자, 그럼 이성적·비판적 사고를 동원해 필자가 짐작하고 있는 바를 좇아, 왜 수소차가 미친 짓이고 또한 멍청한 짓이 되는지도 열역학 제2법칙이란 지식을 활용해 한번 추적해 보기로 하자.

먼저 전기차가 보편화되고 있는 현 추세에서도 수소차(수소 전기차)의 미래가 꽤 유망할 수 있다고 예상하는 전문가들은 사실 우리 주변에 상당히 많이 존재한다. 그렇다면 우선 그분들 주장의 논지들을 한번 살펴 보는 것도 좋은 일일 듯싶다. 대체로 주장은 두 가지 정도의 가정에 기 초하고 있는 듯 보인다.7 첫째, 앞서 8장에서도 잠시 언급을 했듯, 현 단 계 최고 수준의 기술을 기반으로 1KWh의 전기를 저장하는 데 필요한 2차전지(배터리)의 제작 원가는 대략 132달러 정도이다. 그리고 일반적 인 소형 승용차에서 스포츠 유틸리티 차량을 구동하는 데 필요한 배터 리 용량이 대략 60KWh에서 120KWh라는 점을 고려해 보면, 이들 전기차 들에는 7,920달러(약 990만 원, 1달러 1,250원 기준)에서 15,840달러(약 2천만 원) 가격의 배터리가 필요하게 된다. 그리고 이들 배터리들이 전기 자동 차 제작 원가의 40%를 구성하고 있다는 점을 감안한다면, 전기 자동차 의 제작 원가는 결국 이들 배터리 가격에 의해 좌우된다고 볼 수도 있을 것이다.

문제는 이 1KWh의 전기를 저장하는 데 필요한 배터리 제작 원가가 2000년대 초반 800달러 정도에서 매우 빠르게 감소되어 온 것도 사실이 지만, 2020년대에 이르러서는 132달러에서 더 이상의 감소를 보여주지 못하고 있다는 데에 문제의 핵심이 있다. 주된 이유는 배터리 제작에 필 요한 핵심 광물들인 리튬, 니켈, 코발트의 가격 때문이다. 독자들도 여 러 번 들어보셨겠지만, 우리는 우리가 사용하는 배터리를 보통 '리튬 배 터리'라고 부른다. 그 정도로 배터리에는 리튬이라는 광물이 많이 사용 되는데, 문제는 전기 자동차와 에너지 대전환의 대세를 타고 이 리튬의 수요량도 현재와 미래에 폭증할 것이 예상된다는 점이다.

『프로메테우스의 금속』의 저자 기욤 피트롱은 2040년이 되면 전 세계 리튬 수요량이 현재 사용량의 16배, 코발트는 12배에 이를 것이라고 예 상을 했다.8 이 말은 필연적으로 리튬과 코발트 등 핵심 광물들의 가격 이 미래에는 크게 상승할 수도 있다는 이야기로 들린다. 그리고 이들 배터리 핵심 광물들의 가격 상승은 결국 배터리 가격의 상승을 의미하고, 이는 다시 전기 자동차의 제작 원가 상승으로 이어질 수도 있을 것이다. 만약 이런 상황이 조성되면, 이들 광물들에 훨씬 덜 의존하는 수소 전기차가 어쩌면 전기차보다 오히려 더 가격 경쟁력을 갖게 될 수도 있지 않을까 하는 것이 수소 전기차의 미래를 유망하게 예측하는 전문가들의 첫 번째 논지가 된다.

수소 전기차 경쟁력과 관련된 두 번째 논지는 송배전 인프라의 건설과 관련이 있다. 현재의 석유 기반 자동차들이 점차 전기차로 전환되면, 이들 전기차에 공급할 전기를 공급하기 위해서는 당연히 추가적인 송배전 인프라의 건설이 필요하게 될 것이다. 그리고 이들 송배전 시설들은 대도시의 경우엔 대부분 지중(地中)에 건설되어야만 하는데, 이들 지중 송배전 인프라의 건설에는 엄청난 비용이 소요될 수 있다. 반면, 수소 전기차는 지상 수소 충전소를 기반으로 운영되므로 충전 인프라 건설에 지중 송배전 시설만큼의 많은 비용이 소요되지는 않을 수도 있다는 것이 또한 수소 전기차 옹호론자들의 두 번째 논지인 듯 보인다.

이들 두 개의 논지는 당연히 틀린 말은 아닌 듯 하지만, 유감스럽게도 이 '전기차 vs. 수소 전기차' 논의에는 이보다 훨씬 더 중요한 핵심 논점 두 가지가 빠져 있다. 그 핵심 논점은 바로 열역학 제2법칙을 중심으로 한 에너지 효율성의 문제와 수소의 대기화학에서 비롯되는 문제점과 연관이 있다. 자, 그렇다면 먼저 수소 자동차의 에너지 효율과 연관된 문제를 열역학 제2법칙과 함께 지금부터 탐구해 보도록 하자!

수소 자동차는 미친 짓이다!

표 9.1은 현재 우리나라에서 이용되고 있는 여러 종류의 에너지원들로서 석탄 발전, 천연가스 발전, 자동차 연료로서의 원유 또는 천연가스,

표 9.1 에너지원, 에너지 형태, 차종별 에너지 효율

에너지 원(源)	에너지 형태	차종	에너지 채굴원→ 연료 탱크 효율 (Well-to-Tank efficiency)	연료 탱크→ 바퀴 효율 (Tank-to-Wheel efficiency)	에너지 채굴원→ 바퀴 효율 (Well-to-Wheel efficiency)
석탄 발전 천연가스 발전	전기	전기차	40%	80%	32%
원유정제 또는 천연 가스 생산	수소	수소 전기차	55%[1]	48%	26%
	디젤	디젤차	84%	30%	25%
	가솔린	가솔린차	80%	13%	10%
재생에너지 발전	전기	전기차	95%	80%	76%
	수소	수소 전기차	61%[2]	48%	29%
원자력 발전	전기	전기차	95%[3]	80%	76%

1. 천연가스에서 수소를 얻는 경우의 효율
2. 물 전기분해 효율(75%) × 수소 운송 및 저장(81%) = 61%, 수소 운송 및 저장 과정에서의 에너지 손실은 가정값이다. 일반적으로 수소 운송 및 저장에는 많은 에너지가 소모되는 것으로 알려져 있다.
3. 송전 손실로 5%만을 계산했다.

재생에너지 발전과 원자력 발전(첫 번째 열), 그리고 이 에너지원들에서 생산되는 다양한 형태의 에너지들인 전기, 수소가스, 디젤과 가솔린(두 번째 열) 그리고 이들 다양한 형태의 에너지들을 사용하는 우리 주변의 자동차 차종들, 즉 가솔린차, 디젤차, 전기차, 수소 전기차(세 번째 열)의 다양한 조합에 대해서 필자가 각 조합별로 에너지 효율을 한번 계산해 본 것이다.[9,10] 이 표의 상단을 보면 영어로 'Well-to-Tank efficiency'와 'Tank-to-Wheel efficiency'라는 영어 표현이 나오는데, 여기서 'Well'은 에너지 채굴원(採掘源)을 의미한다고 생각하면 된다. 정유의 경우 유정(油井)을, 석탄의 경우는 광산과 같은 것이다. 따라서 'Well-to-Tank efficiency'

란 '에너지 채굴원 → 연료탱크 효율', 즉 에너지 채굴원에서 자동차 연료 탱크까지 에너지 생산과 이송 과정에서의 에너지 효율을 의미하고, 'Tank-to-Wheel efficiency'란 '탱크 → 자동차 바퀴 효율'로서, 자동차 연료 탱크에서 바퀴를 구동하는 과정의 에너지 효율로 정의된다. 이런 종류의 용어나 사고−분류법은 자동차나 에너지의 효율을 고려하거나 계산할 때 일반적으로 사용되는 일반적인 방법이기도 하다.

표 9.1을 이해하기 위한 예를 하나 살펴보자. 석탄을 광산에서 채굴해서 석탄화력으로 전기 발전을 하고, 그 전기를 전기차의 배터리에 저장하게 된다면, 이 석탄 채굴에서 전기차 배터리(연료 탱크)에 전기가 저장되기까지 전 과정의 에너지 효율이 표 9.1의 두 번째 줄에 나타난 '에너지 채굴원 → 탱크 효율'이 된다. 표 9.1에는 이 효율이 40%로 나와 있다 (필자가 이 에너지 과정에 대해 다소 높은 효율의 수치를 선택했다). 그 후 배터리에 축전(蓄電)된 전기를 이용해서 자동차 모터를 회전시켜 전기차를 구동한다. 이 과정의 효율을 '탱크 → 자동차 바퀴 효율'이라고 부르자고 했는데, 표 9.1에는 이 효율이 80%로 표시되어 있다. 무려 효율이 80% 다! 그렇다면 전기차는 에너지 효율이 무려 80%나 되는 에너지 효율이 매우 훌륭한 자동차가 된다. 그리고 이 두 개의 효율, 40%와 80%를 곱하게 되면, 전체 에너지 소비 과정인 '에너지 채굴원 → 자동차 바퀴 효율(Well-to-Wheel efficiency)'이 되고, 그 효율은 32%(= $0.4 \times 0.8 \times 100$)가 되는 것이다.

이 32%라는 효율은 석탄 채굴에서부터 시작해서 석탄화력발전으로 전기를 생산하고, 그 전기를 이용해서 전기 자동차를 구동하게 되면, 전체 에너지 효율이 대략 32%, 즉 원래 석탄에 존재하고 있던 석탄 화학에너지의 32%를 최종적으로 전기자동차 구동에 '유용하게' 사용하게 된다는 의미를 담고 있다. 그렇다면, 나머지 68% 석탄의 화학에너지는 어디로 가버렸을까? 자연으로 돌아갔다, 혹은 '무용하게' 사라져 버렸다고 생각하면 된다. 만약 우리에게 최고의 강령이 존재한다면, 이 잃어버리는 에너지를 최소화하고, 보다 많은 에너지를 '유용하게' 사용해야만 한다는 것이 될 것이다. 이것이 바로 에너지 효율을 높이는 것이자, 우리가 수행해야 할 최선의 에너지 전략이 된다.

자, 위의 예에 대한 설명을 충분히 이해할 수 있는 독자들이라면, 필자가 표 9.1를 통해 어떤 이야기를 하고자 의도하는지도 빠르게 눈치를 챘을 것이다. 에너지 대진환 혹은 탄소중립 사회 실현이란 기본적으로 재생에너지 기반의 사회를 전제로 한다. 이런 사회에선 사회가 필요로 하는 거의 모든 에너지는 재생에너지 발전으로 충당되어야만 한다. 자동차의 동력원도 마찬가지다. 자, 그렇다면 앞으로 도래할 재생에너지 기반 사회에서 전기차와 수소 전기차의 에너지 효율은 과연 어떨 것인가를 한번 비교해 보도록 하자.

먼저 이 비교 과정에는 합리적 전제가 필요하다. 전기차와 수소 전기차의 에너지 효율을 계산하는 과정 중, 풍력 또는 태양광 등 재생에너지 발전의 에너지 발전 효율들은 별도로 계산에 산입하지 않기로 한다. 사실 지구상의 태양광과 풍력 에너지는 거의 무제한에 가깝다. 예를 들어, 만약 우리가 태양에서 지구로 쏟아져 들어오는 태양에너지를 100% 수확할 수만 있다면, 1시간 정도의 수확량만으로도 온 인류가 1년을 쓰고도 남을 만한 양이 된다. 우리는 태양으로부터 축복처럼 쏟아지고 있는 태양 에너지의 극히 일부만을 수확해서 사용하고 있을 뿐이다.

반면에 석탄화력발전은 어떤가? 석탄화력발전의 전체 에너지 효율은 40% 정도이고, 이는 발전 에너지의 40%만을 사용하고 60%의 에너지는 자연으로 흘려보낸다는 의미라고 했다. 그런데 이 소실되는 60%는 명백하게 에너지와 비용의 낭비가 된다. 왜냐하면, 석탄은 태양빛이나 바람과는 달리 비용을 지불하고 구입해야만 하는 재화이기 때문이다. 동시에 석탄화력발전 과정에서는 많은 양의 CAPs-HAPs-GHGs가 대기 중으로 배출되게 되지만, 이 60%에 대해서는 에너지를 사용도 못해보고 그냥 자연에 반납해버리게 되는 낭비가 발생하게 된다고 했다. 이에 반해, 태양광 패널의 에너지 수확 효율은 그 값이 비록 21% 정도라고는 해도, 수확하지 못한 79%에 비용이 투입되거나, 이 과정 중 CAPs-HAPs-GHGs 배출이 발생하는 것도 아니다. 따라서 재생에너지 발전에 대해서는 표 9.1에서 재생에너지 발전 후 송전 손실 5%만을 고려한다. 그러면 '에너지 채굴원 → 탱크(배터리) 효율'은 이 경우 95%가 된다. 그리고 전기차의 구동 효율, 즉 '탱크(배터리) → 바퀴 효율'은 앞서 언급한 대로 80%다. 그렇다면, 전 과정 효율은? **76%**가 된다(표 9.1의 6번째 줄). 전기차는 재생에너지 발전에서 발전한 전기 에너지의 76%를 전기차 구동에 '유용하게' 사용할 수 있다는 이야기고, 이 과정 중 단지 24%만이 '무용하게' 버려질 뿐이다.

  그렇다면 수소 전기차는 어떨까? 동일한 조건으로 태양광 패널이 전기를 발전했다. 그리고 다음 과정은 이 전기를 이용해서 수소를 만들어야만 한다(전기 → 수소). 수소는 물을 전기분해해서 만든다. 이 전기분해 과정의 에너지 효율이 대략 75% 정도다. 그리고 이 생산된 수소는 압축하거나(혹은 냉각해서) 운반을 해야 하는데, 이 과정에 또한 많은 에너지가 필요하고, 이때 대략 10%씩의 에너지가 소실된다고 가정해 보자(실제로 수소의 저장과 운반에는 훨씬 많은 에너지 비용이 발생한다). 그렇다면 이 경우의 '에너지 채굴원 → 탱크(수소차 수소저장탱크) 효율'은 61%(= 0.75 × 0.9 × 0.9 × 100) 정도가 될 것 같다. 그 후 탱크에 보관되는 수소를 이용해 수소 전기차가 구동되게 되는데, 이때도 수소 전기차는 탱크에 저장된 수소를 이용해 먼저 전기를 생산해야만 한다(수소 → 전기). 그리고 그 후 생산된 전기로 자동차 모터를 구동해 자동차 바퀴를 돌린다. 수소를 이용해 전기를 생산하는 장치를 '연료전지(fuel cell)'라고 부르는데, 이 연료전지의 에너지 효율이 대략 60% 정도다. 여기에 전기차 구동 효율 80%를 곱하게 되면, 수소 전기차의 '탱크(수소 전기차 수소탱크) → 바퀴 효율'은 48%로 계산된다.

자, 그렇다면 태양광 발전 → 수소생산 → 수소운송/저장 → 연료전지 → 전기차로 이어지는 수소 전기차의 에너지 전 과정에 대한 '에너지 채굴원 → 바퀴 효율'은 몇 퍼센트가 될까? 표 9.1의 7번째 줄에 나타나 있듯, 대략 **29%**(= 0.61 × 0.48 × 100)로 계산된다. 왜 효율이 이토록 낮을까? 앞서 전기로 제강 공장의 예에서 살펴봤듯, 불필요한 두 번의 에너지 변환(전기 → 수소 그리고 다시 수소 → 전기)이 개입되었기 때문이다. 열역학 제2법칙은 말한다고 했다. '에너지 변환에서는 반드시 에너지 손실이 수반될 것이다'라고!

그렇다면 전기차 vs. 수소 전기차 에너지 효율에 대한 결론은? 대략 **76%** vs. **29%**다! 전기차는 수소 전기차보다 전체 에너지 효율이 무려 **2.6배**나 더 좋다. 그렇다면 이 2.6이라는 숫자가 의미하는 바는 무엇일까? 만약 우리나라가 도달한 에너지 대전환 사회가 완전히 전기차로만 구성되었을 때와 완전히 수소 전기차로만 구성되었을 때를 비교해 보면, 후자의 사회는 전자에 비해 2.6배의 전기를 더 필요로 한다는 의미가 된다. 그리고 이 말은, 수소 전기차 사회에서는 전기차 사회보다 동일한 숫자의 자동차를 구동하기 위해 재생에너지 발전 설비(태양광 패널과 풍력발전기)가 2.6배 더 많이 설치되어야만 한다는 것을 뜻하기도 한다. 앞서 이들 재생에너지 발전 설비들은 건설비(초기 투자비)가 매우 많이 투입되어야만 하는 값비싼 에너지 설비들이 될 것이라고 했다. 그리고 우리나라에는 이들을 설치할 부지의 면적도 많이 부족할 것이라고 했다. 이 이야기를 통해 독자들은 무엇을 느낄 수 있는가? 아마도 이런 이유 때문에 일론 머스크도 '수소 전기차는 매우 바보 같은 짓(It is extremely silly!)'이라고 말했을 듯싶다.

요즘 부쩍 많은 사람들이 수소경제(hydrogen economy)에 대해 이야기를 한다. 수소경제의 핵심도 당연히 수소 전기차다. 하지만 위에서 살펴본 바와 같이 수소 전기차가 주인공, 주류가 되는 국가 경제는 에너지 효율 관점에선 결코 스마트한 사회는 아닐 것이다. 사회적 비용이 너무 많이 낭비되는, 일론 머스크의 표현을 빌리자면 '매우 멍청한 사회'가 되는 것이다. 다만, 수소 전기차가 필요한 영역은 제한적으로 존재할 수는 있을 것 같다. 예를 들어, 고속버스나 화물차 같은 대형차들의 경우에는, 배터리 기술로 긴 주행거리를 담보할 수는 없다는 단점 때문에 아마도 수소 전기차가 대세로 자리 잡을 가능성이 높다. 몇 년 전 사기 논란으로 주가가 폭락하긴 했지만, 수소차 분야 미국 기술 기업인 니콜라(Nicola)의 주력 사업도 수소 '화물차'였다는 점을 상기해 보기 바란다.11 항공기 역시도 전기 배터리로 긴 비행 거리를 감당하는 것이 쉽지는 않을 것이다. 따라서 항공기의 경우에는 수소를 직접 연소 연료로 사용할 가능성이 높을 것으로 예상된다. 그리고 이런 수소 연소 기술은 이미 우주 로켓에서도 활용되고 있다.9

요즘 포스코(POSCO) 등에서 논의되고 있다는, 수소 환원 제철소(산화철의 환원을 위해 석탄 대신 수소를 사용하는 친환경 제철소)도 수소의 유용한 사용처가 아마 될 수도 있을 것이다. 하지만 90% 이상을 차지하는 가장 보편적인 일반 자동차 차종에서는 수소 전기차가 결코 주류가 될 수는 없을 것이다. 아니, 에너지 효율이란 관점에서 결코 주류가 되어서는 안 된다. 국가의 재정과 에너지가 너무나도 터무니없이 낭비되어 버리고 말기 때문이다. 그리고 바로 이 지점이 필자가 리튬값 상승이나 지중 송배전 시설의 고비용 문제가 수소 전기차 논란의 주요 쟁점은 아닐 것이라고 말하는 논지의 첫 번째 핵심 사항이기도 하다.

이런 관점에서 우리나라 정책 당국이나 정치권도 에너지 효율이란 것이 무엇을 의미하는지를 보다 정확히 인식하고 올바른 방향으로 에너지 정책과 전략을 기획해야만 할 것이다. 하지만 정책 당국이 도대체 무슨 생각을 하고 있는지를 판단하는 것이 상당히 혼란스러울 때가 많은데, 한 가지 예를 들어 보면 이런 것이다. 2019년 산업통산자원부가 발표한 '수소경세 로드맵'이란 것을 보면, 다음과 같은 이야기가 나온다. "우리나라에서 보유한 수소 전기차 기술과 연료 전지 기술을 양대 축으로 수소경제 산업 생태계를 구축하고, 2040년까지 수소 전기차를 620만 대까지 보급하겠다".12 후유~~ 무려 620만 대! 산업통산자원부의 이 계획이 대형 화물차나 고속버스 위주로 620만 대를 보급하겠다는 말이 아니라면, 글쎄 산업통산자원부는 뭔가를 착각하고 있거나, 내용은 알지도 못한 채 거의 맹목으로 정책을 기획하고 있는 것이 아닌가 하는 생각도 든다.

자, 논의가 여기까지 진행된 김에 한 가지를 더 살펴보고 넘어가 보자. 지금은 코로나19 문제로 다소 주춤하지만, 2019년에 소위 '미세먼지 추경(추가 경정 예산)'이란 것이 국회를 통과했었다. 전체 규모가 2조 원이 넘는 예산이 미세먼지 문제 해결을 위해 사용되었던 것으로 기억한다.13 사실 이 2조 원은 실로 엄청난 금액이었는데도, 코로나19로 4차례 추경까지 하고 난 지금에 와서는 그리 큰 금액으로 느껴지지 않는다는 것도 어찌 보면 다소 역설적이라는 느낌도 든다. 그런데 이 추경의 가장 커다란 사용 항목도 사실 전기차, 수소 전기차에 대한 보조금 지원 사업이었다. 같은 해, 2019년 우리나라 정부와 지자체는 전기차, 수소 전기차, 전기 이륜차(전기 자전거와 전기 오토바이) 구입자에게 대당 1,900만 원, 3,600만 원, 350만 원씩의 정부-지자체 보조금을 지급하기로 한다는 결정을 내렸던 적도 있었다. 2019년 책정된 전체 미세먼지 추가경정 예산에서도 전기차, 수소 전기차 등에 대한 보조금 항목으로 대략 2조 원 중 1.2조 원 정도를 편성했던 것으로 기억하는데, 정부는 실로 엄청난 국민의 세금을 전기차, 수소 전기차 수요 진작에 쏟아붓고 있는 셈이다.

그렇다면 여기서 중요한 팩트 체크를 하나 해보자. 현 상황에서 전기차, 수소 전기차는 진정한 '친환경차'인가? 현재 우리나라에서 재생에너지 발전은 전체 에너지 믹스(energy mix)의 단지 3%만을 담당하고 있을 뿐이다. 이 말은 우리가 사용하는 전체 전력에서 단지 3%만이 재생에너지 발전으로부터 생산되고 있다는 뜻이다. 그렇다면 현재 우리가 사용하는 전기차의 전기는 대부분 어디서 오는가? 석탄화력발전(대략 40% 비중)에서 온다고 할 수도 있다. 그렇다면 작금의 전기차는 무늬만 전기차일 뿐, 사실은 '석탄차'라고 불러도 타당할 것이다. 아니 석탄차라도 좋다. 전기차의 '효율'은 기존의 자동차보다 더 좋은 에너지 효율을 가지고는 있는가? 이를 살펴보기 위해 다시 표 9.1로 돌아가보자. 전기차의 경우 석탄화력발전 효율 40%, 전기차 구동 효율은 80%. 따라서 총 '에너지 채굴원→바퀴 효율'은 대략 32%가 된다(표 9.1의 2번째 줄).

그렇다면 수소 전기차는 어떤가? 현재 상황에서 수소는 재생에너지 기반에서 생산되는 것이 아니고, 석유 산업의 부생 가스로 생산된다. 원유 정제 처리 공정에서 부산물로 생산된다는 이야기다. 이런 의미에서라면 현재의 수소 전기차는 곧 '석유차'가 된다. 다시 표 9.1의 세 번째 줄을 참고하면, 수소 생산과 운송 관련한 '에너지 채굴원→탱크 효율'이 55%, 수소 전기차 효율('탱크→바퀴 효율')이 48%이다. 따라서 전체 에너지 효율은 26%다. 표 9.1의 네 번째 줄에 나타난 디젤차의 에너지 효율은 어떤가? 25%다. 그렇다면 현재 시점을 기준으로 전기차 vs. 수소 전기차 vs. 디젤차의 에너지 효율은 32% : 26% : 25%가 되는 셈이다. 위

계산에서 석탄화력발전 효율 40%는 필자가 일반 화력발전소와 복합화력발전소(combined cycle) 에너지 효율의 중간값을 선택한 것이다. 일반적인 화력발전소의 현실적인 에너지 효율은 30~35% 정도라고 했다. 30~35%의 중간값을 사용, 다시 한번 계산해 보면 비율은 26% : 26% : 25% 차이가 거의 없다. 이 말은 현재 상황에서는 디젤차와 비교해도 전기차와 수소차는 에너지 효율면에서도 아무런 장점이 없다는 말이 된다.

하지만 혹자는 또다시 이런 반문을 할 수도 있을 것이다. 전기차나 수소 전기차는 도로 주행 중 그 어떤 대기오염물질이나 지구온난화가스도 도로 위에 배출하지는 않았다고. 맞는 말이다! 맞는 말이긴 하지만, 이것도 단지 배출의 위치만이 바뀌었을 뿐이다. 현 상황에서 전기차나 수소 전기차는 도로 위에서 대기오염물질과 지구온난화가스를 배출하지 않았을 뿐, 대신 에너지의 생산지인 석탄화력발전소와 정유공장 지역에서 대기오염물질과 지구온난화가스를 배출하고 있다. 서울이 아닌 대산 화학공단에서, 그리고 부산이 아닌 울산 화학공단에서 말이다. 그래서 필자가 재생에너지 발전 3%인 현 상황하에선 전기차와 수소 전기차를 '석탄차'와 '석유차'라고 부르는 것이다. 전기차, 수소 전기차, 디젤차는 에너지 효율이란 측면에서 별반 차이도 없다. 에너지 효율이 엇비슷하다는 이야기는, 현재 상태에서는 이들 차종별로 CAPs-HAPs-GHGs 배출량에서 큰 차이도 없다는 말이다.

이런 인식 때문에 필자는 국가기후환경회의 같은 정부 회의에 참석해 이들 전기차, 수소 전기차에 대당 지급하는 1,900만 원과 3,600만 원의 보조금이 너무 과하다는 지적을 하곤 한다. 그 이유는 크게 두 가지다. 첫째, 앞서 언급했던 미세먼지 추정에서도 1.2조 원에 가까운 국가 재정이 전기차, 수소 전기차 보급에 사용됐다. 그런데 우리나라 에너지 믹스에서 재생에너지 발전 비율은 고작 3%일 뿐이다. 그렇다면 재정 투입의 우선순위는 어떻게 되어야 한다고 생각되는가? 필자는 재생에너지 발전 인프라 구축이 우선이라고 본다. 그렇지 않으면, 재생에너지 발전 3%인 작금의 상황에선 전기차, 수소 전기차는 계속해서 석탄차이고, 석유차가 될 수밖에 없기 때문이다. 재정 투입의 선후, 즉 우선순위가 뒤바뀌었다. 이것이 필자의 첫 번째 지적 사항이다.

둘째, 지난 코로나19 재난 지원금 지급 때, 우리는 국가적으로 누구를 대상으로 얼마만큼의 재난 지원금을 지급해야 하는가의 주제로 큰 사회적 논쟁을 겪었었다. 물론 매우 정치적인 논쟁으로, 많은 정치적, 이데올로기적 사항들이 이 논의에 개입되었다고 생각된다. 하지만 그때 지원금 수십, 수백만 원에 울고 웃는 사람들이 있었던 것은 똑똑히 기억하고 있다. 전기차, 수소 전기차는 누가 주로 구입하는가? 이 차들은 상대적으로 고가(高價)의 차종들이다. 중산층 이상의 비교적 여유 있는 구매자들이 구입한다. 코로나19 사태를 겪으며, 빈민층, 서민층, 영세 자영업자들에게 지급하는 재난지원금의 단위였던, 수십에서 수백만 원과, 중산층 이상이 구입하는 전기차, 수소 전기차의 대당 보조금, 1,900만 원, 3,600만 원 사이에는 너무나도 그로테스크한 대조, 참기 힘든 괴리가 있어 보인다. 너무 과한 금액 같아보이고, 이것이 과연 공정(fair)하거나 정의로운(just) 금액일까 하는 개인적인 의심과 회의가 생겨나는 것도 어찌할 수가 없다. 다시 한번 지적하지만, 진정한 전기차, 진정한 수소 전기차도 아닌, 석탄차, 석유차에 너무 과한 보조금을 지급하는 일이기 때문이다.

이 장에서 필자는 열역학 제2법칙을 중심으로, 국가 에너지 효율성 전략을 올바로 수립하는 것이 국가적 차원에서 매우 중요하다는 점을 강조했다. 이 장의 모두(冒頭)에서도 언급했지만, 국가 에너지 효율성 전략은 에너지 대전환에 있어서 발자국, 이용률에 대한 고려와 더불어 국가적으로 매우 중요한 키워드가 된다. 이 국가 차원의 에너지 효율성을 고려하다 보면, 수소차도 수소경제도 전기 제강업도 모두 멍청한 짓이 될 수 있다는 점을 확인할 수가 있을 것이다. 그런데도 산업통산자원부는 2040년까지 수소 전기차를 620만 대까지 보급하겠다고 발표했다. 2019년 기준 수소 전기차 대당 보조금은 무려 3,600만 원이었다. 그럼 향후 20년 동안 에너지 전략적으로 이 '멍청한 짓(수소차)'에 도대체 얼마를 쏟아붓겠다는 말인가? 단순 산술 계산만으로도 223조 원이라는 터무니없는 금액이 나온다. 물론 향후 20년 동안 지출할 금액이고, 기술이 발전하면 보조금도 점점 줄어들겠지만, 과연 이런 것을 국가 계획이나 전략이라고 부를 수 있을지 필자는 잘 모르겠다.

수소의 배신: 더군다나 수소는 지구온난화가스일 수도 있다!

수소경제의 옹호론자들은 재생에너지 발전으로 발전한 전기의 '저장 및 운송 수단'으로서 수소라는 물질의 유용성을 강조해 왔다. 우리가 앞서서도 살펴봤듯, 재생에너지 발전으로 발전된 전기는 리튬 배터리로 구성된 전기저장장치인 ESS에 저장하는 것이 최선인데, 문제는 이 ESS가 아주 비싼 고가의 장치이므로, 차라리 발전된 전기로 물을 전기분해해서 수소를 생산하고 이 수소를 저장하고 운송하는 것이 보다 합리적인 전기(에너지) 저장 및 운송의 대안이 될 수도 있다는 것이 이들 수소경제 옹호론자들 주장의 핵심이다. 그리고 운송된 수소로는 필요한 장소에서 다시 연료전지 등을 사용해 전기를 생산하게 되면, 전기는 수소를 중심으로 한 장소, 한 시점에서 다른 장소, 다른 시점으로 이동하면서 사용할 수 있다는 서사가 완성된다. 하지만 열역학 제2법칙이란 관점에서 살펴보면 이 과정들은 에너지 효율이 너무나도 낮고, 그래서 많은 에너지가 낭비될 수 있다는 점은 앞 절에서도 이미 지적을 했었다.

여기에 더해 이 수소 아이디어에는 또 하나의 잠재적인 문제점이 존재하고 있다. 그것은 수소가 경우에 따라선 심각한 지구온난화가스로 작용할 가능성도 있다는 점이다. 수소는 매우 가벼운 기체다. 그 무게가 매우 가벼워 공기 무게의 6.9%밖에 되질 않는다. 동시에 분자의 크기도 매우 작다. 작은 크기의 이 가벼운 기체는 수소 탱크나 수소 취급 장치들에서 아주 쉽게 누설, 누출될 가능성을 가지고 있다. 만약 전 세계가 수소전기차, 수소경제로 전환되게 된다면, 많은 양의 수소가스가 수소 충전소, 수소 저장고, 수소 파이프, 수소 운송차, 수소 전기차, 수소 생산 시설 등에서 공기 중으로 누설, 누출될 수도 있을 것이다. 그리고 이 누설–누출된 수소는 대기 중에서 화학반응에 참여하게 될 것이다. 이 대기 중의 수소 화학 반응들과 이 반응들이 대기에 미치는 영향은 '생각 더 하기 6'에서 필자가 소개했던 대기질 모델로 모사–재현하는 것이 가능한데, 컴퓨터로 재현–모사된 수소경제하에서의 기후변화 양상은 우리의 희망적 기대를 완전히 배반한다.

먼저 누설된 수소는 대기화학 반응을 통해 성층권에서 물(수분)의 농도를 증가시키는 결과를 가져올 수 있다. 1장에서 필자는 물은 지구온난화에서 매우 중요한 역할을 한다고 했다. 동시에 대류권에서 수소는 메탄가스의 체류 시간을 연장하는 데도 큰 기여를 한다. 메탄가스는 동일 무게 기준으로 이산화탄소보다 23배(100년 기준)나 강력한 지구온난화가스이다. 그런데 만약 수소가스가 메탄가스가 공기 중에서 사리지는 것을 방해하거나 지연시킨다면, 지구의 온난화 감소 노력이 오히려 수소 때문에 큰 방해를 받을 수도 있을 것이다. 동시에 수소는 공기 중에서 더 많은 오존을 생성시키는 데도 기여를 할 수 있다. 그림 1.4의 지구온난화 물질 영향을 보면 '오존 생성'이 오른쪽 플러스 막대로 표시된 것을 볼 수가 있는데, 이는 오존도 중요한 지구온난화가스 물질이란 뜻이다. 종합하자면, 수소는 대기 중 오존 농도를 증가시키고, 메탄가스의 대기 중 체류 시간도 연장시키고, 성층권에선 수분의 농도도 증가시킴에 의해 '간접적인' 방식으로 지구온난화가스로 행동할 수가 있다.

물론 이 스토리는 세계 경제에서 수소경제가 어느 정도로 성립될 것인가, 그리고 수소의 누설과 누출이 어느 정도로 발생할 것인가에 달려있는 스토리이기도 하다. 하지만 이상의 논의를 종합해 보면, 수소는 '간접적인' 방식으로 지구온난화가스로 행동할 가능성이 꽤 높아 보인다. 이런 이유로 최근 네이처 자매시에 발표된 한 연구도 수소가스의 지구온난화 기여도를 동일 무게 기준 이산화탄소의 무려 11.6배로 산정했던 바도 있었다.14 지구온난화에 대응하는 주요 대응책 중 하나로 강조해 왔던 수소가스, 수소경제의 어찌보면 다소간 참혹할 수도 있는 배신이 미래에 혹 발생할 수도 있다는 말로도 들린다.

'무탄소 신발전'이라는 환상

자, 마지막으로 9장의 논의를 끝내기 앞서, 아마도 또 한번 멍청하다고 해야 할 아이디어 한 가지를 열역학 제2법칙이라는 지식을 바탕으로 한 번 더 살펴보도록 하자. 소위 '무탄소 신발전'이란 아이디어인데, 국가기후환경회의의 후속 위원회쯤 될 '탄소중립위원회'가 2021년 8월쯤 공개한 우리나라 '2050년 탄소중립 시나리오' 초안을 통해 이 용어(아이디어)가 갑자기 튀어나왔었다.15 탄소중립위원회가 공개한 2050년 탄소중립 시나리오 초안(제3안)에 따르면, 우리나라는 2050년까지 필요 전력의 70.8%를 재생에너지 발전을 통해서 얻고, 나머지 필요 전력 중 21.4%는 이 '무탄소 신발전원'에서 얻겠다는 발표를 해서 필자의 눈을 의심케 했던 기억이 있다.15

사실 이 무탄소 신발전이란 용어는 탄소중립 시나리오 초안에서 거의 처음 사용된 용어였고, 그 개념이 확정되거나 관련 기술이 현재 개발되어 있는 상태도 아닌 것으로 알고 있어서 필자도 매우 당황스러웠다. 하지만 중요한 것은 용어가 아니고 기술의 내용이므로, 이 무탄소 신발전이란 기술의 내용이 도대체 무엇인지를 먼저 한번 살펴봐야만 할 듯싶다. 앞 절에서 수소 전기차를 구동하기 위해서는 먼저 재생에너지로 발전한 전기를 이용해서 수소를 생산하고, 생산된 수소는 저장과 운송을 거쳐 수소 전기차에서 연료 전지를 이용하여 다시 전기를 생산한 후, 그 전기로 자동차가 구동되게 된다는 이야기를 했는데, 이 과정에서 큰 문제점 중 하나는 수소를 저장 및 운송하는 데에 많은 에너지와 비싼 비용이 소요된다는 점이다.

수소를 기체로 압축 저장-운송하려면 350~700기압이라는 매우 높은 압력이 필요하고, 수소를 액체화해서 저장-운송하려고 해도 저장기의 온도를 무려 -253°C 이하까지 떨어뜨려야만 한다. 참고로 우주에서 가장 낮은 온도, 보통 절대 영도라고 부르는 온도가 -273°C이다! 이 두 과정은 어떤 과정을 사용하든 에너지와 비용이 매우 많이 소요되는 과정이 되고, 그래서 수소를 보다 저렴하고 경제적으로 저장-운송하기 위한 아이디어로서, 수소를 암모니아(NH_3)로 변환해서 저장-운송해 보자는 개념이 제안되어 왔다.[16] 이 아이디어의 핵심은 암모니아의 경우 상온에서 액체 수소보다 더 큰 에너지 저장 밀도를 갖고 있다는 것인데, 이 말은 암모니아는 액체 수소보다 한 번에 더 많은 양을 '상온'에서도 운송하는 것도 가능하다는 의미로 해석해도 될 것이다. 그리고 여기서 말하는 암모니아는 우리가 1장에서부터 계속 이야기해 왔던 초미세먼지의 원료물질로, 비료 사용과 축사 등에서 주로 배출된다는 바로 그 알칼리성 물질, 바로 그 물질을 의미한다.

자, 그럼 여기서 예를 하나 들어 이 과정을 좀 더 상세히 고찰해 보자! 우리가 사우디아라비아나 호주의 거대 태양광 단지에서 생산된 재생에너지를 수입하기 위해 현지에 수소 생산 및 암모니아 변환 공장을 건설했다고 가정해 보자. 이 과정은 먼저 재생에너지(즉, 전기)로 물을 전기 분해해서 수소를 생산하고(이렇게 재생에너지 기반으로 생산된 수소를 '그린 수소'라고 부른다), 그렇게 생산된 그린 수소는 다시 암모니아로 변환된다(그린 수소로 생산된 암모니아는 '그린 암모니아'라고 부른다).[16] 그 후 생산된 그린 암모니아는 대형 선박 등을 이용해 국내로 운송-저장된다. 그리고 수입된 암모니아는 다시 국내 공장에서 (열 혹은 전기) 분해를 통해 수소로 변환되고, 그 후 생산된 수소로 터빈을 돌려 전기 발전을 하든지, 아니면 연료 전지를 사용해 전기를 생산하게 된다. 이상의 과정이 무탄소 신발전의 전 과정이다. 여기서 이 9장의 내용을 올바로 이해한 독자라면 위에서 언급된 내용과 과정을 보며 뭔가 치밀어 오르는 불편함을 느낄 수 있어야만 한다. 그 불편함의 본질은 바로 사우디아라비아나 호주에서 생산된 재생에너지인 전기를 대한민국에서 다시 전기 에너지로 사용하기 위해 터무니없이 많은 에너지 변환 과정을 거쳐야만 한다는 사실에서 발생한다(재생에너지 → 수소 → 암모니아 → 수소 → 전기).

이 에너지 변환의 전 과정을 자세히 들여다보면, 수소 전기차의 에너지 변환 과정에 암모니아라는 물질이 한 번 더 개입했다는 점도 눈치챌 수 있을 것이다. 수소 전기차의 전 공정 에너지 효율이 대략 29% 남짓일 것이라는 이야기는 이미 앞서 했었다. 그런데 여기에 암모니아 생산과 분해라는 두 번의 에너지 변환 과정이 더 개입하게 된다면…. 이 과정 전체를 열역학 제2법칙을 고려하면서 곰곰이 생각하다 보면, 무탄소 신발전이란 에너지 효율 측면에서 아주 낭비적인 발상, 매우 끔찍한 아이디어가 될 것이라는 것을 아마 짐작할 수 있을 것이다. 이 방식대로라면 처음 사우디아라비아나 호주에서 생산한 전기 에너지 총량의 10%도 대한민국에서 제대로 사용하지 못할 것만 같다. 이 말은 나머지 90% 이상의 전기는 사용해 보지도 못한 채 그냥 무용하게 버려지게 된다는(낭비되다는) 말과도 같은 것이다. 무탄소 신발전이란 그래서 기술의 성공 여부와는 관계없이, 에너지 효율이란 측면에서 거대한 낭비, 거대한 에너지 환상이 돼 버리고 마는 것이다. 그런데 우리나라 탄소중립위원회는 이토록 열역학적으로 허무한 비효율적인 발전으로 2050년까지 수요 전력의 무려 21.4%를 생산하겠다고 한다. 이 계획 혹은 이런 국가전략을 독자들은 어떻게 생각하는가? 이런 계획이 과연 국가 에너지 효율성이란 차원에서 합리적인 국가 에너지 전략이 될 수 있다고 생각되는가? 합리적 판단은 독자들에게 맡기겠다.

다시 초미세먼지로

자, 이제 우리의 주제 중 하나인 초미세먼지로 다시 돌아와보자. 필자는 7장에서부터 9장까지 초미세먼지 농도의 저감을 위해서는 어떤 정책들을 수행해야 하고, 어떤 에너지 전략들이 마련되어야 하는지를 논의해 왔다. 8장과 9장 전체에서 언급한 내용들도 언뜻 보기엔 초미세먼지 대책과 별 관련이 없어 보일지도 모르겠지만, 사실 초미세먼지 저감을 위한 최고이자, 최선의 대책은 '에너지 대전환'의 올바른 실현과 '에너지 효율성' 강화라는 점을 다시 한번 이 대목에서도 강조하고 싶다. 이 두 개의 카테고리는 **초미세먼지 – 기후변화 – 에너지 연계**를 고려해야만 비로소 보이는 답이기도 하다고 했다. 이산화탄소 저감은 곧 초미세먼지 저감일 수 있다. 그리고 이산화탄소 저감을 위해서는 재생에너지로의 에너지 전환을 촉진하면서, 동시에 국가의 에너지 효율성도 극대화해야만 한다. 그러면 이산화탄소와 동시에 초미세먼지도 매우 효율적이고 비낭비적으로 줄일 수 있을 것이다.

풍력이나 태양광 발전으로 석탄이나 천연가스 발전소를 대체하는 작업이 진행되면, 이산화탄소 배출이 줄어들게 되고, 동시에 질소산화물 및 아황산가스, 초미세먼지 등의 배출도 동시에 줄어들게 될 것이다. 그리고 이런 효과를 '**공편익**(co-benefit) 효과'라고 부른다고 앞서 언급을 했었다. 이 공편익 효과를 정량적으로 계산·예측하는 것이 간단한 일은 아니지만, 건국대학교 우정헌 교수의 자문을 얻어 일본의 사례를 살펴보면, 일본이 향후 이산화탄소 배출을 50% 저감하게 될 때, 질소산화물 농도는 44%, 초미세먼지는 20%, 아황산가스 농도도 30%까지 감소될 것으로 예상하고 있다.17 누차 앞에서부터 강조해 온 초미세먼지–기후변화–에너지 연계의 실질적 핵심 고리가 바로 이 공편익이 되는 셈이다.

세계는 바야흐로 에너지 대전환의 시대다. 미국도 EU도 우리나라도 에너지 대전환과 그린 뉴딜을 선언했다. 에너지의 패러다임이 바뀌고 있고, 다른 한편으론 기술의 발전이 파괴적 혁명기로 접어들고 있기도 하다. 우리가 당면하고 있는 4차 산업혁명, 에너지 대전환, 기후변화와 탄소중립이란 거대 화두, 거시 담론들은 사실 다른 것이 아닌 하나의 다른 얼굴들일지도 모른다.18 개개인들이야 이 거대한 쓰나미 같은 파고를 체감하기 어려울 수도 있겠지만, 국가를 책임지고 있는 정책 당국자들이나 정치인들이라면 이 파고를 감당하기 위해 아주 큰 고민과 정교하고 담대한 사고를 해야만 한다. 이 책은 우선적으로 초미세먼지 문제에 초점을 맞춰 왔다. 하지만 초미세먼지 문제는 지구온난화 문제와 맞닿아 있고, 에너지 문제와도 연계되어 있다. 따라서 초미세먼지 문제를 현명하게 해결하는 것은 곧 에너지 문제를 해결하는 것일 수도 있고, 탄소중립을 실현하는 한 방안이 될 수도 있다.

과연 우리는 다가오는 에너지 대전환의 파고를 넘어 안전하게 화석연료의 검회색 세계에서 재생에너지의 맑고 푸르른 세계로, 초미세먼지가 자욱한 세상에서 초미세먼지가 사라진 세상으로, 지구온난화의 걱정이 사라진 세상으로 건너갈 수 있을까? 그 안전한 다리, 혹은 모세의 길을 만드는 역할은 우리 정책 당국과 정치권이 얼마나 정교(精巧)하고 정치(精緻)한 에너지 대전환 플랜과 국가 에너지 효율성 전략을 마련할 수 있느냐에 달려 있다고 생각된다. 만약 다리를 놓는 일에 실패한다면 어떻게 될까? 그렇다면 그 결과는 어쩌면 매우 참혹하고 파국적일 수도 있을 것이다.

생각 더 하기 12   그 일이 내일 당장 일어날 것처럼 행동하라!

'그 일이 내일 당장 일어날 것처럼 행동하라!(Act as if it were to happen tomorrow!)' 이 말은 필자가 CNN 시청 중, 트럼프가 집무하는 백악관 앞에서 시위를 벌이던 기후행동주의자 그룹의 한 젊은 여성이 들고 있던 팻말에 적혀 있던 표현이었다. 여기서 그 일이란, 기후변화(climate change) 또는 기후위기(climate crisis)를 일컫는 말일 것이다. 트럼프가 기후위기를 부정하며, 2015년 국제사회의 거의 모든 국가들이 동의한 파리기후협약(COP21)을 인정하지 않는 태도와 행동에 분개해서 기후위기 해결에 적극적으로 동참하라는 메시지를 이런 표현을 통해 던진 것이다.

2015년 파리기후협약에서는 전 세계의 많은 국가들이 기후위기 극복을 위한 이산화탄소 저감 노력에 동의하고, 각 국가들의 상황에 맞는 이산화탄소 저감량을 작성해서 국제사회에 저감을 약속하기로 했다. 앞서 '생각 더 하기 9'에서 언급했던 것처럼, 우리나라의 이산화탄소 저감 목표량은 2030년까지 '2018년' 이산화탄소 배출량 대비 40%를 감축하는 것이라고 했다.[19] 여기서 우리 정부가 기준 연도로 2018년을 설정한 이유는 그림 9.1에서도 볼 수 있듯, 2018년에 '환산 이산화탄소 배출량'이 배출량 최고치를 기록했기 때문이었다. 다시 말해, 대한민국은 2030년까지 우리나라 최대 환산 이산화탄소 배출량 대비 40%를 감축하겠다고 국제 사회에 약속을 한 셈이다.

우리나라가 2030년까지 2018년 대비 40%의 이산화탄소 감축을 올바로 수행한다면, 2030년 우리나라 환산 이산화탄소 배출량은 4억 3,656만 톤이 될 것이다. 물론 이 정도 배출량 감축을 달성하기 위해서도 정책 당국, 산업계, 시민 사회 등의 매우 치밀하고 치열한 노력은 필수적일 것이다. 그런데 문제의 심각성은 사실 여기서부터 다시 시작되는 듯도 하다. 우리의 진정한 목표는 이산화탄소 저감량, 그 숫자 자체를 달성하는 것에 있는 것은 아니지 않은가? 우리 목표의 본질적 핵심은 지구의 기온 상승을 억제하는 것이다. 하지만 문제는 우리나라가 2030년도의 목표 이산화탄소 저감량을 달성한다고 하더라도, 유엔 주도의 파리기후협약이 목표로 하는 1.5°C 이내 지구 온도 상승 억제 목표에는 턱도 없이 부족하다는 것이다.[20]

2018년 우리나라 송도에서 개최되었던 국가간기후변화협의(IPCC: International Panel

on Climate Change) 48차 총회에서 내린 결론 중 하나가, 지구 기온 상승을 산업혁명 후 1.5°C 이내로 억제하기 위해서는, 전 세계적으로 이산화탄소 배출량을 2030년까지 '2010년' 이산화탄소 배출량 대비 '40%'를 줄여야만 한다는 것이었다. 물론 여기서 언급한 저감량이 전 세계 이산화탄소 배출량을 대상으로 한 것이긴 해도, 우리나라가 만약 2030년까지 이산화탄소 배출량을 '2018년' 대비가 아닌, '2010년' 대비 40%를 줄여야 한다면, 우리나라 환산 이산화탄소 배출량은 2030년까지 '4억 3,656만 톤'이 아니라, 무려 '3억 5,400만 톤'까지 줄어들어야만 하는 것이 된다. 그리고 이 말의 의미는 우리나라가 이 수치를 달성해야만 비로소 국제 사회에 2030년을 기준으로 우리 스스로의 '윤리적 의무'를 완수한 셈이 된다는 의미이기도 하다.

유럽연합(EU)의 경우에는 이산화탄소 저감 목표가 더욱더 공격적이다. 2030년까지 배출량 저감 목표가 '1990년' 대비 '40% 이상' 저감이다.[21] 유럽의 제 국가들은 산업혁명 이후 현재까지 이산화탄소를 다른 신흥 공업국에 비해 역사적으로 더 많이 배출해 왔기 때문에, 현재의 이산화탄소 농도에 당연히 훨씬 더 많은 비례성의 책임이 있을 것이다. 그러니 그들이 좀 더 많은 양의 이산화탄소를 저감하는 것이 어쩌면 형평과 공정에 더 맞는 일 같아 보이기도 한다. 그런데 EU의 이 매우 공격적 목표는 과연 달성이 가능한 것일까? EU가 어떻게 이 과감하고 엄청난 목표를 달성하겠다는 것인지에 대해서는 다음의 10장에서 좀 더 자세히 살펴보도록 하겠다.

하지만 필자는 우리나라에서 이산화탄소 저감 문제의 핵심은 다른 곳에 있다고 생각한다. 우리는 우리 스스로 설정한 저감량 목표를 달성하기 위해 과연 어느 정도의 준비를 지금 하고 있는 것일까? 우리는 2030년 감축량 목표 수치를 수차례에 걸쳐 수정하면서[19] 어쩌면 단지 말이나 구호, 아니면 숫자의 성찬(盛饌)만을 즐기고 있는 것은 혹 아닐까? 환산 이산화탄소 3억 5,400만 톤이란 양은 우리나라가 이산화탄소 저감에 큰 노력을 기울이지 않을 경우, 2030년 예상 이산화탄소 배출량에서 무려 58.4%나 감축된 양이고, 대략 우리나라가 30년 전쯤, 그러니까 1993년에 배출하던 이산화탄소 배출량에 해당되는 양이다(이는 그림 9.1에서도 다시 한번 확인할 수가 있을 것이다). 무려 1993년도 이산화탄소 배출량! 그리고 이 말은 우리가 이산화탄소를 이 정도로 저감해야만 우리나라가 국제 사회에서 지구 기후온난화에 대한 우리의 '윤리적 의무'를 2030년 기준으로 온전히 이행한 셈이 되기도 한다는 뜻인데…. 어떤가? 우리는 과연 국제 사회에서 우리의 윤리적 의무를 떳떳하게 완수해 낼 수 있을까? '그 일이 마치 내일 일어날 것처럼 행동하라!' 그런데 우리 모두와 우리 정부, 우리 사회는 정말로 그것이 내일 일어날 것 같은 그런 '절실함'이나 '절박함'이 있기는 한 것일까? 사실 필자는 이것이 가장 궁금한 대목이다.

10장

에너지 책략, 탄소중립 책략
그리고 초미세먼지

죄송하지만 당신은 당신이 생각하는 것보다 무지하다.[1]
- 유발 하라리

이 장에서는 8장과 9장에 이어 우리나라의 에너지 정책이라는 거대 담론에 관한 논의를 계속해 보고자 한다. 필자는 에너지 정책은 곧 초미세먼지 정책이고, 기후변화 정책이자, 동시에 탄소중립 정책이 될 수 있다고 했다. 이것이 앞서 언급했던 **대기오염–기후변화–에너지 연계 사고**이다. 에너지 정책과 관련된 담론은 에너지 관련 담론이지만 동시에 초미세먼지 정책 관련 담론이 되고, 에너지 대전환과 그린 뉴딜에 관한 담론도 되는 것이다.

그리고 8장과 9장을 잘 이해한 독자들이라면, 아마도 필자가 주장하는 논지나 논리에 어떤 공백 같은 부분이 존재하고 있다는 점 또한 눈치 챌 수 있었을 듯싶다. 필자는 재생에너지에로의 에너지 전환을 우리나라가 당면한 국가적 과제라고 생각하고 있다고 했다. 하지만 우리나라 재생에너지 발전 잠재력에는 명백한 객관적인 한계도 더불어 존재하고 있다고 했다. 우리나라에서 난개발(亂開發)을 피하고, 경제성을 유지하면서 개발할 수 있는 재생에너지의 최대 잠재 발전용량은 실제 발전용량을 기준으로 74.9GW 정도일 것이라는 이야기를 앞장에서 이미 했었다. 이 74.9GW라는 재생에너지 발전용량은 2020년 현재 우리나라의 석탄화력, 천연가스, 원자력 발전 등을 모두 포함한 총 발전용량이 대략 106.2GW라는 점을 감안해 본다면, 사실 많이 부족한 발전용량이 된다. 그리고 여기에 더해 우리나라의 전력 수요량은 2030년, 2040년, 2050년을 지나면서 계속해서 폭증해 갈 것이다. 그렇다면 여기서 논리적인 의문점이 하나가 생긴다. 도대체 74.9GW를 제외한 나머지 전력발전용량은 그렇다면 어디서 어떻게 마련하자는 것인가? 만약 이 나머지 전력부분을 재생에너지 발전으로 해결할 수 없다면, 우리나라에서 100% 에너지 대전환은 결국 불가능하다는 이야기가 되는 것 아닌가? 그리고 100%의 에너지 대전환이 불가능하다면 탄소중립은 또 어떻게 달성하겠다는 것인가? 이런 이야기를 한번 이 장에서 좀 더 심도 있게 논의해 보는 것이 타당할 듯싶다.

그리고 여기서 한 가지 더 언급해 두어야 할 사실도 있다. 이 책을 통해 필자는 계속해서 과학이 말하는 바가 무엇인지를 이야기하기 위해 최대한 노력을 해왔다. 하지만 이 10장의 주요 내용은 70~80% 정도는 과학이지만, 나머지 20~30% 정도에는 필자의 주관적 주장이 담겨 있을 수 있다는 점도 미리 밝혀 둔다. 당연한 이야기겠지만, 이 세상의 담론을 모두 과학이 담당할 수만도 없다. 과학에도 늘 한계가 존재하기 때문이다. 하지만 과학이 담당할 수 없는 주제 역시도 최대한 과학적으로, 과학을 바탕으로 해서 논의해야만 한다고 필자는 생각한다. 만약 과학이 100% 검증할 수 없는 문제라고 해서, 논의나 논쟁을 과학적이지 않은 방법으로 해버리면, 그 논의나 논쟁은 다시 억지가 되고, 사변(思辨)이 되고, 이데올로기가 된다. 과학에 기반을 둔, 하지만 비과학적일 수도 있는 논의나 논쟁이 우리 사회에 존재하고 있다면 이것도 누군가는 해야하고, 굳이 피하지는 말아야 할 주제라고 필자는 생각하고 있다.

탈(脫)탄소 사회에서의 에너지

가끔 국회에서 강연회나 토론회에 참석할 기회가 있는데, 그럴 때면 진보나 보수 진영의 초미세먼지 대책이나 에너지 정책에 시각차가 꽤 크게 존재하고 있다는 점도 확인할 수가 있다. 진보 진영의 초미세먼지 대책과 에너지 정책은 '탈원전', '탈석탄', '친재생에너지'가 정책의 주요 기조라는 점은 많은 사람들이 이미 인지하고 있을 것이다. 그에 반해 보수 진영에서는 초미세먼지 대책의 가장 큰 부분이 곧 '원자력 발전'이라는 말을 자주 한다. 원자력 발전도 태양광이나 풍력발전처럼 그 원리상 초미세먼지 원인 물질이나 이산화탄소 등을 거의 배출하지 않는다. 하지만 1986년 체르노빌 사고와 2011년 후쿠시마 원전 사고 이후, 원자력 발전에는 안전이란 측면에서 매우 심각한 의문이 제기되고 있는 것 또한 사실이고 현실이다.

석탄 발전의 경우는 천연가스(LNG) 발전에 비해 이산화탄소를 대략 2배 정도 더 많이 배출한다.[2] 아황산가스의 배출도 많다. 질소산화물도 배출한다. 진보 진영에서 탈석탄을 주장하는 것은 석탄화력발전에서 많은 양의 대기오염물질과 이산화탄소가 배출되기 때문이다. 우리나라에서도 배출되는 이산화탄소의 87%는 석탄 발전을 포함하는 열-에너지 공정에서 비롯된다.[3] 반면 보수 진영은 원자력 발전을 우리나라 초미세먼지 문제와 에너지 문제 해결을 위한 최선의 정책이라고 주장하는데, 이는 '원전의 안전에 사실상의 큰 문제는 없다'는 전제가 그 주장의 저변에 깔려 있는 것으로 생각된다. 그런데 원전은 정말로 100% 안전한 것일까?

우리가 사용할 수 있는 에너지원(源)에는 크게 4가지 종류가 있다. 석탄화력발전, 천연가스 발전, 원자력 발전, 재생에너지 발전이 그것들인데, 향후 특별한 기술적 진보가 일어나지 않는 한 우리나라는 이 4가지 발전원들로 에너지 믹스(energy mix, 발전 비중)를 구성해야만 할 것이다. 그렇다면 우선 우리가 이 장에서 해야 할 일은 이 4가지의 발전원들을 하나씩 따라가며, 각 발전원늘에 대해 우리가 과학적으로 점검해 봐야만 할 주요 이슈들에는 어떤 것들이 있는지를 한번 살펴보고 확인하는 일이 될 것 같다.

석탄 발전 석탄은 화석연료의 가장 대표가 되는 고체 물질이다. 우리가 고려하는 4가지의 주요 발전원 중 화석연료로는 고체인 석탄과 기체인 천연가스가 있다. 원리적으로 고체는 액체보다, 그리고 액체는 기체보다 연소 과정 중 대기오염물질들(CAPs와 HAPs)과 지구온난화 물질(GHGs)인 이산화탄소를 더 많이 배출하는 것으로 보고돼 왔다. 예를 들어 석탄, 석유, 천연가스 발전은 전기 1KWh 생산당 각각 0.82kg, 0.70kg, 0.36kg의 지구온난화가스를 배출한다.

이런 이유로 전 세계적으로도 석탄을 이용하는 화력발전은 서서히 퇴출되고 있는 추세다. 현재 우리나라 전력 생산에서 석탄화력발전이 차지하는 비중은 대략 40% 정도가 되지만, 석탄화력발전이 우리나라 발전 부문 환산 이산화탄소 배출에서 차지하는 비중은 무려 88.6%나 된다.[3] 이런 수치들을 곰곰이 생각하다 보면, 우리가 2015년 합의된 파리기후협정(COP21)을 준수하기 위한 노력으로 제일 먼저 석탄화력발전을 퇴출시켜야 한다는 것은 어쩌면 당연한 논리적 귀결점이 될 것이며, 이런 결론에는 이론의 여지가 없어 보인다.

하지만 초미세먼지와 관련된 석탄화력발전의 기여도 부분에서는 다소간 오해의 소지도 있다. 현재 우리나라에는 총 59개의 석탄화력발전소가 가동되고 있다. 우리나라 석탄화력발전소들은 그간 나름대로 대기오염물질 배출 저감장치들을 꽤 촘촘하게 설치해 왔다고 앞 장에서도 언급한 바가 있었는데, 특히 인천 지역에 건설된 영흥 석탄화력발전소의 경우 강화된 「대기환경보전법」 기준하에 매우 엄격한 배출 기준이 적용되어 건설되었기 때문에, 초미세먼지나 초미세먼지 재료 물질의 배출량이 다른 화력발전소에 비해서 현저히 적다.4

이런 사실들을 고려하면서 현재 가동되고 있는 우리나라 석탄화력발전소 59기를 모두 폐쇄한다는 가정하에 컴퓨터 시뮬레이션을 해보면, 전국 평균 초미세먼지 농도는 대략 ~2% 정도 감소하게 된다.5 이 말은 석탄화력발전소 배출 오염물질들의 우리나라 초미세먼지 농도에 대한 기여도가 대략 2% 안팎이라는 의미이기도 하다. 그런데 이 2%란 수치는 우리가 원래 석탄화력발전소에 기대했던 기여도 수치보다는 훨씬 작고 초라하다는 느낌이다. 왜일까? 이는 우리나라가 이미 석탄화력발전소에서 배출되는 초미세먼지 원인 물질들의 상당히 많은 양을 배출 단계에서 이미 저감하고 있기 때문이다. 앞서 필자는 초미세먼지, 질소산화물, 아황산가스 배출 저감에 관한 한 우리나라는 이미 '안정화 단계'에 진입해 있다는 이야기를 이미 여러 차례 언급해 왔다. 그 대표적인 예가 아마도 앞서 언급했던 영흥화력발전소가 될 것이다.

어쨌든 결론은 초미세먼지에 관한 한 석탄화력발전소 폐쇄 효과가 많은 사람들이 주장하고 염려하는 것처럼 그렇게 크지는 않다는 것이다. 그렇다면 왜 우리의 에너지 믹스에서 석탄화력의 비중을 줄여야만 한단 말인가? 문제는 석탄화력발전소가 이산화탄소 배출의 원흉이기 때문이다. 앞서 '생각 더 하기 10'에서도 언급을 했듯, 이산화탄소는 아황산가스나 질소산화물과는 달리 발전소나 공장 굴뚝에서 분리나 제거할 수 있는 종류의 물질이 아니다.

또 한 가지, 앞서 9장에서도 언급했듯, 발전소의 발전 효율이란 것도 중요한 고려 사항이 될 수 있다. 발전 효율이 높다는 것은 같은 양의 에너지 획득을 위해 적은 양의 화석연료를 연소해도 된다는 의미가 있다. 더 적은 양의 화석연료 연소란 당연히 더 적은 양의 이산화탄소 배출을 의미한다. 일반적인 화력발전소의 발전 효율은 대략 30~35% 수준으로 알려져 있다.6 하지만 현재 연구가 진행되고 있는 석탄가스화 복합화력발전(IGCC: Integrated Coal Gasification Combined Cycle)이란 기술은 석탄을 불완전 연소 조건에서 가열해 합성 가스를 만들어 '가스 터빈'을 구동하고, 그 가스로 스팀을 발생시켜 '스팀 터빈'을 한 번 더 돌리는 이중(복합) 발전 방식으로 운영되어 에너지 효율을 45~50%까지 향상시킬 수 있는 것으로 알려져 있다.7 현재 태안에서 석탄가스화 복합화력발전 실증플랜트가 운용 중에 있는데, 석탄가스화 복합화력발전 에너지는 우리나라에서는 '신에너지(new energy)'란 카테고리로 분류된다. 하지만 이런 종류의 석탄발전소가 발전 효율이 높은 것은 사실일지 몰라도, 발전소 건설에 매우 많은 비용이 투입되어야 하고, 가장 근본적으로는 이 발전소역시도 화석연료를 사용하는 관계로 이산화탄소 배출 문제를 피해갈 수는 없다는 어쩔 수 없는 한계가 존재한다.

천연가스 발전 혹자는 천연가스 발전을 '청정 발전'이라고 표현하는데 이는 (반은 맞을 수도 있겠지만) 기본적으론 틀린 말이라고 생각된다. 천연가스 발전은 석탄화력발전 대비 아황산가스 배출이 매우 적고, 이산화탄소 배출량은 40% 정도로 상대적으로 적은 양만을 배출한다. 하지만 여기서 이산화탄소 배출량 40%란 단지 발전소 굴뚝을 통해서 배출되는 양만을 고려한 것이다. 천연가스 발전 플랜트에서는 꽤 많은 양의 메탄가스가 메탄 저장과 발전 공정 등에서 누설(漏泄)될 수도 있다는 연구 및 보고도 있어 왔다. 천연가스의 주요 성분인 메탄가스는 100년을 기준으로, 이산화탄소보다도 지구온난화 효과가 23배나 더 높은 강력한 지구온난화가스라고 했다. 더군다나 핵심 대기오염물질인 질소산화물 배출량에서는 석탄 발전과 큰 차이가 없거나, 오히려 더 많은 양의 질소산화물을 배출하고 있기도 하다.[8] 그리고 미국의 최근 연구에서는 천연가스 발전소에서 건강에 매우 유해한 아주 작은 극극초미세먼지 입자(UFP, Ultra Fine Particle이라고 부르는 입자 직경이 $0.1\mu m$보다도 더 작은 대기 입자들)가 석탄화력발전소보다 오히려 더 많이 배출된다는 보고도 있었다.[9]

천연가스 발전이 석탄화력발전에 비해 대기오염물질이나 이산화탄소 배출을 어느 정도 줄일 수 있는 것은 사실일지 모르겠지만, 그렇다고 재생에너지 발전이나 원자력 발전처럼 이들 물질들의 배출을 원천적으로 제거하여 거의 제로 수준의 배출을 만드는 것도 아니다. 만약 우리나라에서 지금 당장 탈석탄, 탈원전을 실행한다면, 에너지 믹스에서 발전 부담을 늘려야 하는 부문은 천연가스 발전이 될 것이다. 이런 이유로 천연가스 발전은 가끔 '다리(bridge)'에 비유되기도 하는데, 석탄화력 중심의 전기 발전 체계에서 재생에너지 중심의 발전으로 무게 중심이 옮겨갈 때 전력 발전의 공백을 메워줄 수 있는 발전원이 될 수 있다는 의미에서다. 하지만 위에서 언급했듯 천연가스 발전은 완벽한 청정에너지원이라기보다는, 단지 이산화탄소와 아황산가스를 석탄화력보다는 덜 배출하는 정도의 발전원일 뿐이다. 문제의 또 다른 일부는 천연가스 가격이 비싸다는 데에도 있다. 2018년 기준으로 우리나라 천연가스 발전의 KWh당 발전 단가는 122.45원이었다. 석탄 발전의 경우는 106.48원, 원자력 발전 62.05원(물론 이 가격에는 원전 관련 외부 비용이 산입되지 않았다), 수력

발전과 석유발전은 발전 단가가 각각 109.48원, 172.27원이었다.10 일반적으로 천연가스로 발전한 전기값은 저렴하지 않다.

간혹 몇몇 전문가들은 미국의 예를 들며 탈석탄과 동시에 천연가스 발전 도입 및 대체를 주장한다. 하지만 에너지 문제는 나라마다의 상황이 모두 다르다. 미국이란 특별한 나라의 경우에는 최근 셰일오일(shale oil)을 개발하며, 이와 더불어 생산되는 천연가스 때문에, 천연가스 가격이 석탄 가격보다도 오히려 더 저렴해졌다. 이는 미국의 경우 석탄화력 발전보다 오히려 천연가스 발전이 더 경제적인 이유가 된다. 혹자는 그러면 미국에서 천연가스를 수입하면 되지 않겠냐고 하겠지만, 수입에는 당연히 물류비용이 수반된다. 천연가스 운반선으로 천연가스를 미국에서 한국으로 운반해야 하고, 운반해 온 천연가스는 저온(LNG) 혹은 고압(CNG)의 저장시설을 건설해서 저장해야만 한다. 그러면 우리나라에서는 결국 천연가스 발전 가격이 석탄발전 가격보다 더 비싸지게 된다.

또 다른 천연가스의 문제점은 보통 '에너지 안보'와 관계가 있다. 우리나라에서 수입하는 천연가스의 많은 부분은 카타르(31%, 2017년 기준)에서 수입된다. 카타르는 세계 최대 천연가스 수출국 중 하나다. 오만에서 수입되는 양도 11%나 된다.11 그리고 2020년 호르무즈 해협 봉쇄와 같은 지정학적 사태가 발생하게 되면 천연가스 공급이 위협을 받게 된다. 카타르, 오만에서 수입되는 천연가스 가격 및 공급은 중동의 정치적 상황에 아주 민감하다. 1970년대 겪었던 두 번의 석유파동을 생각해 보면, 원유와 마찬가지로 천연가스 수입도 얼마나 변동성이 클 수 있을지는 쉽게 짐작할 수 있을 것이다. 천연가스의 가격과 공급은 늘 국제 정치적·지정학적 상황에 따라 불안정할 수밖에 없고, 그래서 천연가스 발전으로 생산된 전기 가격도 국제 정치 상황에 크게 영향을 받게 된다.

앞서 8장과 9장에서 몇 번 언급했던 제레미 리프킨의 최근 저서 『글로벌 그린 뉴딜』이란 책에서는 '좌초자산(stranded asset)'이란 개념이 등장한다.12 우리 인류 사회가 에너지 대전환이라는 에너지 패러다임의 대전환을 관통하고 나면, 화석연료 관련 공장 및 시설물들이 모두 버려져 먼지가 쌓이고, 잡초도 무성한 곳에서 녹슨 흉물처럼 존재하게 될 것이라는 것이 바로 이 좌초자산의 개념이다. 이때 제레미 리프킨이 언급하는 좌초자산도 대부분 여기서 언급하고 있는 석탄화력과 천연가스 발전 관련 시설물들이다. 석탄화력발전소, 천연가스 발전소뿐만 아니라 석탄 광산, 원유-천연가스광(壙), 천연가스 이송관망, 원유-천연가스 해양시추 플랫폼, 원유저장시설, 주유소 등이 모두 녹슨 좌초자산의 목록에 포함된다.

그리고 씨티(Citi) 금융그룹이 2015년 COP21 파리기후협약이 순조롭게 이행되는 것을 가정해서, 전 세계 좌초자산의 규모를 추정했었는데 그 규모가 무려 100조 달러였다.12 100조 달러란 실로 엄청난 금액이다. 우리나라 1년 총 GDP가 1.6조 달러(2019년 기준) 수준이고, 미국의 1년 총 GDP가 21.6조 달러(2019년 기준) 정도라는 점을 고려한다면,3 이 100조 달러의 좌초자산이란, 에너지 대전환을 통해 전 세계적으로 엄청난 양의 화석연료 관련 자산이 폐기되고, 또한 엄청난 양의 재생에너지 관련 기반 투자가 이루어져야만 한다는 사실을 암시하고 있다고도 할 수 있겠다. 에너지 대전환이란 실로 엄청난 대격변이고, 에너지 시설-산업-인프라란 측면에서 지구를 한번 물구나무 세우기를 시키는 것과도 같은 전 지구적인 거대 에너지 혁명 사업이 될 것이다.

재생에너지 발전 우리 모두가 쉽게 짐작할 수 있듯, 우리에게 가장 바람직한 에너지원은 당연히 재생에너지 발전, 즉 태양광과 태양열, 풍력, 수력, 조력, 지열 발전들이다. 이들 재생에너지 발전원들 중 우리나라의 사정을 고려할 때, 재생에너지 발전의 핵심은 태양광과 풍력발전이 될 듯싶다.

'태양열'을 통한 대단위 전기 발전의 경우는 '태양광' 발전에 비해 시설비 투자는 적게 들지만 매우 넓은 단위 부지 면적을 필요로 한다. 이런 이유로 미국에서는 주로 사막의 넓은 땅 위에 태양열 전력 발전단지를 건설·운영하고 있지만,13 우리나라에서는 이런 넓은 단위 면석을 가진 땅을 찾기가 쉽진 않다. 수력발전의 경우도 우리나라 수자원 및 지형 등을 고려해 볼 때, 현 상태 이상으로 수력발전을 확대하기에는 한계가 존재할 듯싶고, 지열 발전의 경우는 몇 년 전 벌어졌던 포항 지진과 같은 지진 문제에서 자유로울 수 없기 때문에 지열 발전을 우리나라에서 확대하는 것도 기대 난망한 일이 될 것 같다. 그렇다면 발전원은 결국 태양광과 풍력발전만이 남게 된다.

하지만 우리나라 태양광과 풍력발전은 앞 장에서도 논의했던 바와 같이 가능성과 한계가 아주 명백하다고 했다. 8장에서의 논의를 통해서 우리나라에서 난개발을 피하고, 경제성을 유지하며 개발할 수 있는 재생에너지 최대 잠재 발전용량은 실제 발전용량 기준 74.9GW 정도다. 이는 상대적으로 적은 발전용량이고, 필자는 어쩌면 이것이 우리나라 에너지 대전환과 그린 뉴딜이 당면한 어쩔 수 없는 객관적 현실이 될 것으로 생각한다고 했다.

물론 이 재생에너지 발전 잠재력 상한선을 끌어올리기 위한 다양한 아이디어들이 제시되어 왔다. 한 예로 필자가 8장에서 잠시 언급했던 광양시 광양항 배후단지 주변에 설치된 자전거 태양광 도로 같은 아이디어도 있다. 하지만 이런 자전거 태양광 도로는 무려 27,000km(폭 1.8~2.0m 기준)를 건설해야만 대략 한국형 3세대 원전 1기를 대체할 수 있는 발전용량이 된다.

고속도로 위에 태양광 발전 시설을 건설하자는 아이디어도 있다. 예를 들어 고속도로의 평균 폭을 60m 정도로 가정하고 우리나라 3세대 원전 1기 전력 발전량에 해당하는 전력을 발전할 수 있는 태양광 패널을 설치하기 위해서는 대략 1,800km 정도의 패널 공사가 필요할 것으로 보인다. 서울에서 부산까지 고속도로의 거리가 416km 정도이므로, 서울-부산 간 경부고속도로 4배의 거리를 태양광 패널로 완전히 뒤덮어야만 우리나라 3세대 원전 1기의 전력 발전량을 아마도 우리가 얻을 수 있을 것이란 이야기다.

자전거 태양광 도로, 고속도로 태양광 발전, 이런 모든 시도들이 의미가 없다는 이야기를 필자가 여기서 하려는 것은 당연히 아니다. 우리는 어쨌든 에너지 대전환을 완수해야만 하고, 마른 수건을 짜듯 사용이 가능한 모든 공간에 태양광 발전 시설들을 촘촘하게 설치해야만 한다. 하지만 현실적으로 이런 모든 가용 공간과 필사의 노력을 총동원한다고 해도, 필자가 앞서 언급했던 우리나라 재생에너지와 관련한 큰 그림이 의미 있는 수준으로 바뀔 것 같지는 않다는 이야기다.

아파트 베란다나 건물 벽면에 설치하는 태양광 패널 아이디어도 있다. 앞서 살펴본 우리나라 재생에너지 최대 잠재 실제 발전용량 74.9GW에는 건물 벽면 부착형 태양광 발전 잠재력도 이미 포함되어 있다. 하지만 우리나라의 밀집된 아파트나 빌딩 환경을 생각해 보자. 이런 밀집된 환경에선 베란다나 창문에 그늘이 많이 생긴다. 이런 그늘은 태양광 패널의 '이용률'을 낮추는 주요 원인이 된다. 우리가 설치 가능한 모든 공간에 태양광 패널과 풍력발전 시설들을 설치해야 하는 것은 너무나도 당연한 일이겠지만, 여러 이유로 우리나라 현실에서 100% 재생에너지에 의한 에너지 대전환이란 말처럼 그렇게 쉬운 일이 될 것 같지만은 않다. 이런 상황들이 우리나라 재생에너지 정책에서는 매우 중요한, 그리고 반드시 고려해야만 할 핵심적 한계 사항이 될 것이라고 필자는 생각한다.

　그리고 재생에너지 전환에는 또 한 가지의 어두운 측면이 추가로 존재할 수도 있다. 필자는 8장에서부터 계속 재생에너지 발전에는 필연적으로 넓은 부지(발자국) 면적이 필요하다고 강조를 해 왔었다. 그리고 이 넓은 부지에는 당연히 발전 관련 시설물 및 구조물들이 가득 채워져야만 한다. 이 발전 시설물 및 구조물들의 생산과 건설에는 사실 엄청난 양의 금속·비금속 광물들과 시멘트 등이 필요하게 된다. 『프로메테우스의 금속』의 저자 기욤 피트롱은 그의 저서에서 다음과 같은 지적을 했던 바가 있었다. "풍력발전에는 전통적인 전력을 생산하는 발전 설비보다 동일 양의 전력 생산을 위해 시멘트 15배, 알루미늄 90배, 철, 구리, 유리는 50배 이상이 필요하다. 그리고 이런 상황은 태양광 발전에서도 크게 다르지 않다"14 시멘트, 알루미늄, 철, 구리, 유리의 생산은 채굴 과정에서 환경을 파괴하고, 정제련과 최종 제품 생산 단계에선 엄청난 양의 에너지를 소모한다. 요약하자면, 재생에너지 발전이란 겉으로 보이는 청정한 이미지와는 달리 그 채굴 등의 과정에서 매우 심각한 환경 파괴가 발생할 수 있고, 발전 시설물들의 생산에선 많은 에너지를 사용해야만 하는 '에너지 먹는 하마'와 같은 산업이 될 수도 있다는 뜻이다.

원자력 발전 원자력 발전도 재생에너지 발전과 같이 어떤 대기오염물질들(CAPs와 HAPs)이나 지구온난화가스(GHGs)를 발전 과정 중 배출하지 않는다는 분명한 장점을 지니고 있다. 하지만 이 장점과 더불어 안전성을 100%까지 완전하게 확신하지는 못한다는 치명적인 한계점도 또한 지니고 있다. 만약, 인구밀도가 높은 우리나라에서 체르노빌과 같은 사고가 발생한다면 어쩔 것인가? 당연히 상상만으로도 매우 끔찍한 일이 될 것 같다. 필자도 우리나라 원전은 상대적으로 안전하다고 믿지만, 인간이 하는 일이기에 100% 안전이란 있을 수 없을 것이다. 원전이 99.99% 안전하다고 하더라도 0.01%의 불확실성은 여전히 남는다. 원전의 문제는 알파에서 오메가까지 모든 이슈가 안전성과 연관되어 있다. 그런데 우리 인간 세상에 '100% 안전에 대한 확신'이 있는 기술이란 것이 과연 존재는 하는 것일까? 100% 안전한 기술이란, 어쩌면 신들의 영역에 속하는 기술 혹 신화는 아닐까?

원자력 발전은 현재 우리나라에서 보수와 진보를 가르는 교차점 위에 존재한다. 진보 정당들의 정책 방점은 '탈원전' 위에 찍혀 있고, 보수 정당은 탄소중립과 초미세먼지 대책 모두 '친원전'을 최상책이라고 주장한다. 진보와 보수의 교차점이란 말에는 각자의 주장에 이데올로기적 편향이 담겨져 있다는 의미도 내포되어 있다. 한 3년 전쯤 국회 환경노동위원회에서 초미세먼지 관련 강연을 한번 했던 적이 있었다. 강연 후 토론에서는 주제가 자연스럽게 원전 문제로 넘어갔다. 그때 한 저명 보수 정치인이 필자에게 지나가듯 했던 말이 아직도 기억에 생생히 남아있다. "송 교수, 원전은 100% 안전이야!" 그런데 이 정치인은 어떻게 원전에 대한 이런 확률적 확신을 갖게 됐을까? 참고로 나중에 인터넷에서 확인한 이 저명 정치인의 학사 전공은 '행정학'이었다. 행정학을 전공한 전문 정치인의 특정 기술에 대한 100%의 종교적 확신도 아마 여러 경로로 학습되었거나 주입된 정치적, 이데올로기적 확신이었을 것이라는 생각이 든다.

또 다른 한편에선 "안전에 대해 100%를 확신할 수 없는 기술을 사용한다는 것은 미래 세대에 대한 죄악이 될 수 있다." "원전 사고의 확률은 절대 제로가 아니다!"라고 주장한다.[15] 원전을 향한 일리 있는 질책으로도 들리지만, 사실 100%의 확신을 가진 기술, 100% 안전을 담보할 수 있는 기술이란 애당초 인간 세계에는 존재하지 않는다. 인간은 신이 아니기 때문에, 인간의 기술이란 늘 불완전성의 일면을 가지고 있게 마련이라는 뜻이다.

비행기를 예로 들어 보자. 비행기도 운행 중 확률적인 추락의 위험을 늘 지니고 있다. 혹여 운행 중 사고라도 발생한다면, 탈출구나 낙하산도 없이 대형 참사로 이어지고 말 것이다. 우리는 뉴스를 통해 비행기 참사로 비행기 승객과 승무원 전원이 사망했다는 보도를 심심치 않게 접하곤 한다. 그럼에도 불구하고 세상은 이상하게도 비행기 운행을 중단시키지 않고, 우리는 여행과 비즈니스를 위해 기꺼이 비행기에 우리의 몸을 싣는다. 비행기 탑승이라는 편익 혹은 편리가 비행기 탑승에 따르는 위험의 확률보다 훨씬 크다는 무의식적인 확률 판단이 작용했을 것이라고 필자는 믿고 있다. 아마도 비행기에 탑승하는 모든 승객들은 마음속, 무의식의 어느 한편에서 비행기 사고에 대한 매우 인간적인 확률적 판단을 하고 있을 것이라고 필자는 생각한다. '비행기 사고가 물론 일어날 수야 있겠지만, 내가 탄 비행기에서 사고가 날 확률은 지극히 낮을 것이다.' 많은 사람이 아마도 지니고 있을 이런 종류의 생각도 사실은 비행기 사고 확률이 매우 낮다고 스스로 진행하는 일종의 무의식적 확률 판단일 것 같다. 만약, 비행기 사고 확률이 꽤 높다고 판단되는데도 비행기를 탈 바보는 이 세상 그 어디에도 없을 것이라고 필자는 확신한다.

이 세상엔 100% 완전한 기술이란 없다. 100%의 완벽한 기술이란 단지 우리의 환상일 뿐이다. 우리 모두는 주어진 과학적 지식과 상황을 토대로 편익(혜택)과 안전성(위험성) 사이에서 해당 기술에 대한 확률적 판단을 하고, 그에 따라 결정과 행동을 할 뿐이다. 사실 이런 기술의 안전성(위험성)과 기술의 효용성(혜택) 사이 대립의 예는 아주 많다. 코로나19 백신은 과연 맞아야만 하는가? 모더나와 화이자와 같은 메신저 RNA(m-RNA)

백신의 경우에는 심근염, 심낭염의 위험이, 아스트로제네카나 얀센과 같은 벡터 바이러스 백신의 경우에는 희귀 혈전증이나 길랑–바레 증후군의 위험이 있다고 보고되어 왔다.16 그런데도 백신을 맞아야만 하는가? 아니면 맞지 말아야 하는가? 전자는 백신의 효용성을 우선시하는 것이고, 후자는 백신의 안전성(위험성)을 걱정하고 있는 것이다. 어쨌든 백신의 효용과 안전성 사이의 고뇌에서 우리나라 국민의 거의 80%가 백신을 접종했다. 백신의 효용성을 우선시한 결정이었다고 필자는 믿고 있다.

또 다른 예들도 많다. 중국에서 1975년 대홍수 땐 허난성(河南省) 반차오댐을 비롯한 62개의 댐이 연쇄 붕괴를 했었고, 이로 인해 무려 '23만 명'이 목숨을 잃는 대형 참사가 발생했던 적도 있었다. 하지만 중국 정부와 인민들은 댐의 효용성(혜택과 이익)을 더 중시했다. 어쨌든 그들은 그 후 2006년 후베이성(湖北省)에 또다시 세계 최대 발전용량의 싼샤(三峽)댐을 건설했으니 말이다.17

비행기 기술, 백신 기술, 댐 기술, 그리고 원전 기술은 완전히 다른 종류의 기술이지만, 우리에게 매우 유사한 근본적 질문을 유도한다. 인간의 기술이란 늘 불완전성의 일면을 지니고 있다. 하지만 이런 기술의 불완전성에도 불구하고, 상기한 기술들은 모두 그 편익이 안전성에 대한 우려보다 더 큰 것은 혹 아니었을까? 이 모든 기술이 현재 우리 사회에서 여전히 이용이 되고 있으니 하는 말이다. 원전 기술과 관련해서는 편익(효용)과 안전성에 대한 우려 중 어떤 것이 더 큰 것일까? 하지만 이 마지막 질문에 대한 우리의 자세에는 많은 양의 이데올로기적 선입견 혹은 편견이 이미 개입되어 우리의 판단을 오염시키고 있다.

원전의 안전성에 대한 우려 혹은 공포의 이면에는 무엇보다도 원전 사고 발생 확률의 문제가 가장 크게 도사리고 있을 듯싶다. 그렇다면 원전 사고의 확률은 어느 정도나 될까? 그런데 이 확률을 과학적으로 계산하는 작업은 아주 지난(至難)한 작업이 될 듯 보인다. 무엇보다 원전 관련 사고가 역사적으로 단지 세 번밖에는 발생하지 않았기 때문에(1979년 미국 스리마일 아일랜드 사고, 1986년 소련의 체르노빌 원전 사고, 2011년 일본의 후쿠시마 원전 사고) 확률적 판단을 위한 자료의 크기가 크지 않다. 그럼에도 불구하고 원전 사고 확률을 나름대로 판단할 수 있는 몇 개의 확률적 기준점들은 존재하고 있을 듯 보인다. 예를 들어, 국제원자력기구(IAEA: International Atomic Energy Agency)가 설정한 사고 빈도 기준이란 것이 있는데, 그 빈도 기준이 1×10^{-5}, 즉 1기의 원전을 운영할 경우 10만 년당 한 번의 사고가 발생할 수 있다는 것이다.18 원자력 반응기 1기를 1년 동안 운영하는 것을 보통 1노년(爐年, Reactor Year)이라고 부른다. 따라서 국제원자력기구가 설정한 원전 사고 빈도 확률은 10만 노년당 한 번꼴의 빈도로 사고가 발생할 수도 있다는 것이 되는 셈이다.

하지만 전 세계적으로 발생했던 앞서 언급한 세 번의 상업 원전 사고를 기준으로 원전 사고의 빈도(확률)를 계산해 보는 것이 좀 더 현실적일 수도 있을 듯싶다. 2010년 초반을 기준으로, 전 세계 상업 원전들은 14,353노년당 3회의 사고가 발생했다. 이 경우 빈도는 2.1×10^{-4}(= 3/14,353)으로 계산된다. 하지만 소련의 체르노빌 사고와 같은 독재-전체주의 체제가 아닌 민주주의 사회 미국과 일본에서 일어났던 두 번의 사고만을 고려했을 때, 그 빈도(확률)는 1.4×10^{-4}(= 2/14,353)이 된다.19 이 두 개의 빈도(확률)들은 각각 1만 노년당 2.1회 사고와 1만 노년당 1.4회 사고가 발생할 수 있음을 의미한다. 그렇다면, 이들 빈도(확률)를 이용하고, 현재 우리나라가 24기의 상업 원전을 운영하고 있다는 상황을 고려하면서 우리나라에서의 원전 사고 빈도를 한번 계산해 볼 수도 있을 듯싶다. 그 빈도들이 4166년당 1회 사고(IAEA 설정 빈도의 경우), 198년당 1회 사고(3회 사고의 경우), 298년당 1회 사고(2회 사고의 경우)로 계산된다.

여기서 4166년당 1회 사고라고 하면, 대략 단군시대(BC 2333년)부터 현재까지 24기의 원전 가동이 사고를 한 번 정도 낼 수 있는 빈도에 해당되고, 298년당 1회 사고는 대략적으로 조선 21대 영조(英祖) 즉위(AD 1724년)부터 현재까지 24기의 원전을 가동했을 때 1회 정도 사고가 날 수 있는 빈도를, 그리고 198년당 1회 사고라면 홍경래의 난이 일어나고(AD 1811년), 안동 김씨와 풍양 조씨의 세도 정치가 행해지던 조선 23대 순조(純祖) 시절부터 24기의 원전을 가동했을 때 1회 정도의 사고가 나는 빈도에 해당된다. 이렇게 확률적 사고와 계산을 계속해서 하다 보면, 우리나라의 원전 24기 가동 시 사고 빈도 확률은 어쩌면 198년당 1회와 4166년당 1회 사고 사이 그 어딘가에 존재하고 있지 않을까 하는 생각도 들게 된다.

그리고 향후 원전 관련 설계 및 건설 기술의 지속적인 발전, 원전 운영 경험의 지속적인 축적, 원전 운영 감시 체계와 관련 정보의 투명하고 민주적인 공개 등이 계속해서 이루어진다면 사고 확률은 198년당 1회 빈도에서 4166년당 1회 빈도 혹은 그 이상으로 조금씩 옮겨갈 수도 있지 않을까 하는 생각도 든다. 예를 들어, 원전 관련 설계와 관련해선, 현재 개발이 진행 중인 것으로 알려진 새로운 형태의 소형 모듈형 원자로(SMR: Small Modular Reactor)의 경우 원전 사고의 확률이 국제원자력기구 추정 사고 빈도인 1×10^{-5}보다 훨씬 작은 1×10^{-9}, 즉 10억 노년당 1회 수준의 사고 빈도를 추정하고도 있기에 하는 말이다.[20]

이상에서 필자의 간략한 빈도 평가는 당연히 매우 미흡한 것이다. 하지만 어쨌든 이것이 우리나라 원전 사고 빈도(확률)에 대한 필자 나름의 생각과 고찰이고, 이 생각에는 또한 필자의 주관도 일정 부분 개입되어 있다. 그리고 이상에서 고찰한 빈도들이란 받아들이는 사람의 생각에 따라서는 높은 확률일 수도 혹은 낮은 확률일 수도 있다. 동시에 이 빈도(확률)를 고려하면서 또한 생각해 봐야 할 점은, 앞서 언급했던 3번의 상업 원전 사고 중, 1979년 스리마일 아일랜드 원전 사고는 그중 가장 경미했던 5등급 사고로, 이 사고로 인해 방사능 물질이 격납고 밖으로 유출되지도 않았고, 인명 피해도 발생하지 않았었다는 점도 생각을 다시 한번 반추해 봐야만 할 대목이라고 필자는 생각한다.

어쨌든 미흡하나마 이상의 고찰을 기반으로, 이 10장을 관통하고 있는 핵심 주제에 관한 질문을 먼저 하나 던져 보기로 하자! 우리나라에서 만약 탈원자력 발전을 완전히 실행한다면, 우리가 추구하는 탄소중립을 과연 완수할 수는 있을까? 계속해서 강조하지만, 재생에너지만으로 우리나라가 필요로 하는 모든 전력의 100%를 얻겠다는 것은 재생에너지 발전에 필요한 부지 면적, 이용률 등을 고려해 볼 때, 실현 불가능한 희망 사고(wishful thinking), 희망 목표(wishful goal)처럼 보이기 때문이다.

이에 대한 보다 자세한 논의들은 이 다음 절에서 보다 구체적으로 진행해 보겠지만, 지금 우리는 또 다른 철로의 교차점 위에 서 있는 듯 보인다. 이 철로의 교차점으로는 두 개의 다른 방향으로 기차들이 질주하고 있다. 한 기차는 '탄소중립'이란 종착역을 향해 질주하고, 다른 기차는 '탈원전'을 종착역으로 진행한다. 우리나라 현 상황에선 두 역은 서로 반대편에 위치해 있다. 왜 상황이 이러한지에 대해서도 다음 절에서 좀 더 구체적으로 수치를 통해 설명을 해 보겠다. 여기서 필자가 우리 모두에게 묻고 싶은 질문 하나! 우리 사회, 우리 국민, 혹은 우리 정부는 어느 종착점을 향해 나아가길 원하는가? 탄소중립인가? 아니면 탈원전인가? 둘 중 하나를 선택하게 되면, 사실상 다른 종착역에는 도달하지 못한다. 이것이 우리나라의 안타깝지만 어쩔 수 없는 에너지 현실이고, 탄소중립의 현주소라고 필자는 생각한다.

기왕 확률(빈도)적 판단의 이야기가 나왔으므로, 여기서는 원전과 관련된 두어 가지 생각 토막들 혹은 에피소드들도 잠시 언급하고 넘어가 보도록 하자. 원전 운영의 안전성을 논할 때, 노년(爐年)이란 것을 이야기 한다고 했다. 우리나라는 70년대 오일 쇼크 이후 에너지 안보 문제를 고려해 고리 1호기 건설을 시작한 이후 지금까지 24기의 원자력 반응기를 건설-운영해 왔고,[3] 이를 바탕으로 대략적 추정을 해 보면 원자력 발전 관련 400~500노년의 운영 경험을 축적해 왔다. 동시에 지난 40여 년의 원전 운영 기간 중 단 한 번도 심각한 4등급 이상의 사고(보통 4등급 이상을 '원전 사고'로 분류하고, 4등급 미만은 '고장'으로 분류한다)를 경험하지도 않았다.[18,19]

아마도 이와 같은 우리나라 원전 운영 경험 때문이었을 것이라고 생각된다. 이전 문재인 정부의 탈원전 정책은 이미 널리 알려진 이야기였지만, 문재인 대통령은 2018년 체코 방문 시 체코 대통령과 면담하는 자리에서 "대한민국은 지난 40년간 단 한 건의 원전 사고도 없이 원전을 운영해왔다는 것에 매우 큰 자부심을 가지고 있다"고 말한 바가 있었다.[21] 이 말이 단순히 원전 세일즈만를 위한 비즈니스성 멘트였는지, 아니면 문재인 대통령의 진심이 담겨져 있었는지는 필자로서 알 방도가 없다. 다만 우리나라에서는 원전의 안전성을 문제 삼아 탈원전을 지향하면서 해외에서는 외화를 벌 목적으로 원전을 수출하겠다는 이중적인 자세에서 나온 발언은 당연히 아니었을 것이라고 필자는 믿고 있다.

2021년 1월 말에 벌어졌던 또 하나의 해프닝도 한번 되돌아 짚어 보자. 이번엔 산업통상자원부가 아이디어 차원에서 작성했다는 '북한 원전 지원프로젝트'라는 것이 언론 보도를 통해 세상에 알려진 적도 있었다.[22] 북한과의 경제 협력에 관해 상상할 수 있는 모든 가능성을 검토하는 차원이었다는 이야기가 흘러나왔던 것으로 기억한다. 그런데 하필 탈원전을 추진하고 있던 당시 행정부가 풍력도 태양광 발전소도 아닌 신규 원전을 북한 함경도에 건설할 가능성을 검토했다는 것이다. 필자를 포함한 많은 분이 당연히 가졌을 의문은, '그렇다면 도대체 일관성이 뭐냐?'는 것이었을 듯싶다. 그 무시무시하다는 원전 사고의 가능성이 있는 원전을 북한에는 건설해도 무방하다고 생각했을까? 그렇지는 않았을 것이라고 본다. 이 프로젝트의 모토(motto) 역시도 '한반도 에너지 공동체 건설'이었다. 만약 이 계획이 사실이었다면 탈원전을 주장하는 진보 정부 관계자들(혹은 진보 정치인들)조차도 사실 탈원전이란 주장은 단지 대중을 향한 '정치적인 주장'일 뿐, 본심에서는 우리나라 원전 사고의 빈도 가능성을 매우 낮게 확률적으로 판단하고 있었던 것은 혹 아니었을까? 그리고 진보 정부 관계자들이나, 문재인 전 대통령이 무의식 속에서 판단했을 원전 사고의 빈도 확률이란 것도 198년에서 4166년당 1번 정도의 사고 확률이라고 직관적(혹은 직감적)으로 판단하고 있었던 것은 혹 아니었을까?

사실 기후변화, 기후정의(climate justice)를 주장하거나 진보적인 정치관을 가진 인사들 중에도 원전을 긍정적으로 생각하는 사람들은 많이 있다. 전 세계 기후변화 운동 관련 최고의 행동가(activist)들 중 한 명으로 널리 알려진 미국 항공우주청(NASA)의 제임스 핸슨(James Hanson) 박사나, 미국에서 민주당을 후원하는 것으로 널리 알려진 마이크로소프트의 빌 게이츠 회장도, 그리고 우리나라 더불어민주당의 당대표를 지낸 송영길 전 의원도 모두 친(찬)원전주의자들로 유명하다.

그리고 위에서 북한에 건설 계획을 가능성 차원에서 검토했다는 그 원전이 우리가 앞에서부터 계속 언급해 온 APR1400, 3세대 1.4GW급 발전용량의 원자로다. 현재 아랍에미리트연방(UAE)에 우리나라가 수출해서 4기가 상업 운전을 시작한 바로 그 모델이다.23 APR1400과 비슷한 종류인 3세대 원자로들은 안전성과 경제성이 한층 강화된 형태로 현재 유럽의 경우 핀란드 오킬루오트에서 가동 중이고, 영국, 프랑스 등이 신규 건설을 검토하고 있는 원전들도 모두 유럽형 3세대 가압형 원자로(Generatiion III, European Pressure Reactor 1600)들이다.6

탄소세 석탄화력, 천연가스, 재생에너지, 원자력 발전이란 키워드에 더해서, 이 절에서는 탄소세란 핵심어에 대해서도 좀 더 살펴보도록 하자. 첫째로, 탄소세라고 함은 석탄, 천연가스, 석유 등 화석연료 사용에 부과되는 세금을 일컫는다. 앞에서도 살펴봤듯, 석탄, 천연가스, 석유 등의 화석연료 연소는 이산화탄소를 배출하는 주범이기 때문에, 탄소세를 실시하게 되면 화석연료 전반의 사용이 억제되고, 경제가 보다 재생에너지 기반으로 전환되는 것을 촉진시킬 수 있다. 예를 들어 풍력발전으로 발전된 전기는 이산화탄소를 배출하지 않기 때문에 탄소세 부과를 면제받을 수 있겠지만, 석탄으로 발전하는 전기에는 탄소세가 부가되어 전기값이 비싸지게 된다. 만약 소비자들에게 전기 구입의 선택권이 주어지게 된다면, 소비자들은 석탄으로 발전한 비싼 전기보다는, 풍력으로 발전한 저렴한 전기를 선호하게 될 것 아닌가?

이 제도가 처음 제안된 것은 유럽으로 현재는 주로 북부 유럽 국가들인 노르웨이, 스웨덴, 핀란드, 덴마크, 네덜란드 등을 중심으로 운영이 되고 있다. 이 탄소세의 도입 여부는 우리나라에서도 매우 중요한 정치적 이슈 중 하나로 부상을 하고 있다. 2022년 대선에서 이재명 더불어민주당 후보와 심상정 정의당 후보는 탄소세 도입을 공약했고, 윤석열 국민의힘 후보도 탄소세 도입 '검토'를 공약했던 바가 있었다.

앞서 '생각 더하기'에서도 언급했듯, 현재 우리나라 이산화탄소의 연간 배출총량은 2019년 환산톤수를 기준으로 7.03억 톤 정도이기 때문에,3 만약 우리나라가 탄소세 부과를 결정하고 배출 환산톤당 10달러씩

탄소세를 부과하게 되면 8.75조 원(1달러를 1,250원으로 가정해서), 50달러를 부과하게 되면 43.8조, 100달러를 부과하게 되면 무려 87.5조 원의 추가 세수를 걷을 수 있게 된다. 그리고 이 추가로 획득된 세수는 재생에너지 발전 관련 발전차액지원제도(FIT: Feed In Tariff)와 같은 제도를 통해 재생에너지 발전 설비 확장에 추가 되먹임되어 에너지 대전환을 촉진시킬 수도 있고, 혹은 진보 측 인사들이 주장하는 바처럼 '탄소 기본소득제'를 통해 에너지 약자층에 제공될 수도 있을 것이다.24

하지만 탄소세를 부과하는 일에는 당연히 그림자도 존재한다. 탄소세를 경제 원리 속에 집어넣고 한번 시뮬레이션을 해 보면, 탄소세 부과란 곧 인플레이션을 의미할 수 있다. 기업 입장이나 소상공인 입장에서는 탄소세가 부과되더라도 화석연료나 화석연료로 발전된 전기를 일정 기간 동안 사용하지 않을 수는 없을 것이다. 에너지 전환이란 것이 하루아침에 마술처럼 이루어질 수 있는 문제는 아니기 때문이다. 그렇다면 탄소세 부과는 자연스럽게 재화와 용역 가격에 반영될 수밖에는 없다. 가솔린, 등유, 경유, 중유, 디젤유, 항공유, LPG, LNG, CNG, 석탄 등 모든 화석연료의 가격이 상승하게 되고, 석탄이나 천연가스(LNG)로 발전하는 전기 요금, 그 전기로 가동되는 지하철 요금, 항공유로 운행되는 비행기 요금, CNG를 사용하는 시내버스의 요금, 소고기, 돼지고기, 꽃, 치킨, 자장면 등 모든 것의 가격이 오를 수밖에는 없을 것이다. 몇 년 전 마크롱 정부에 대항한 프랑스 '옐로 재킷(노란 조끼)' 시위가 있었는데, 이 사건의 발단도 유류세(탄소세)의 인상 때문이었다는 것을 기억한다면, 탄소세는 국내 정치·경제적으로 정치인들에게는 매우 부담스러운 선택이 될 수밖에는 없을 것 같다.25

동시에 탄소세는 국제 정치·경제 역학적인 측면에서도 매우 중요한 이슈가 될 수 있다. 탄소세를 자국 경제에만 적용하게 되면, 자국 생산품과 외국으로부터 수입되는 수입품 사이에 가격 차가 발생하게 된다. 탄소세 때문에 자국 생산품이 일방적으로 더 비싸지는 문제가 발생하기 때문이다. 따라서 이를 방지하기 위해서는 외국으로부터의 수입품에도 '탄소국경 조정세(border adjustment tax)'란 것을 부과해야만 한다. 이런 종류의 탄소국경 조정세는 수입품의 제조 중 이산화탄소를 배출한 정도에 비례해서 수입 제품에 세금을 부과하겠다는 아이디어인데, 유럽경제공동체(EU)는 탄소국경 조정세 논의에서도 선도적인 역할을 담당하고 있다. 그리고 여기에는 당면한 글로벌 문제인 이산화탄소 배출을 억제하겠다는 매우 윤리적인 동기와 더불어 다소 위선적인 목적도 숨겨져 있다. 그 위선적 목적이란 바로 EU의 산업 경쟁력 제고와 EU 역내의 일자리 보호다.

EU는 탄소국경 조정세의 도입을 통해 화석연료를 많이 사용하는 북미 국가(미국과 캐나다)와 동아시아 산업국가들(중국, 한국, 일본, 대만 등)을 견제하면서, 역내 산업과 일자리를 보호하려고 하는 이중의 목적도 분명히 가지고 있는 듯 보인다. 어떤 의미에서는 지구온난화를 빙자해서 일종의 관세 장벽을 쌓겠다는 의도이고, 그래서 중국을 비롯한 많은 개발 도상국들이 EU의 탄소국경 조정세 부과 정책을 '녹색 제국주의'라고 비난하기도 한다.26 하지만 또 다른 한편에선 중국의 많은 에너지 다소비 기업들이 싼샤댐과 같은 수력발전소 근처로 생산 시설을 이전하고 있다는 소문도 들려온다. 이런 움직임의 이유도 결국은 이 탄소국경 조정세를 피해가기 위함일 것이다.

탄소세가 위선적인 관세 정책이든, 제국주의적인 발상이든 여러 비난의 여지가 있을 수도 있겠지만, 이런 맥락을 모두 고려하더라도 탄소세나 탄소국경 조정세는 사실 지구온난화 억제라는 커다란 대의명분을 선점하고 있는 저항하기 힘든 국제 정치·경제적인 대세가 되고 있는 것도 사실이다. 이 대세의 파고가 거세지면 이 파고를 타고 솟아오를 수도, 아니면 물살에 휩쓸려 좌초될 수도 있다. 탄소세와 탄소국경 조정세는 폭발성이 매우 큰 이슈이고, 앞서 소개한 석탄이나 천연가스 기반의 경제 시스템이 더 이상은 생존하기 어려운 법률−제도적 환경을 제공할 것으로 예상된다.

선택 하나: 탈원전인가? 아니면 탄소중립인가?

전 세계와 우리나라의 에너지 믹스에서 탈석탄은 거대한 대세, 메가트렌드가 되고 있는 것은 맞는 말이다. 석탄화력은 이산화탄소 발생의 반박불가능한 주범이면서,27 동시에 초미세먼지의 원인 물질들도 대량으로 배출하고 있기 때문이다. 우리나라에선 2019년 기준 40.4%의 전력 발전을 석탄화력이 담당했고, 25.6%의 전력은 천연가스 발전이 담당하고 있다(그 외 원자력 25.9%, 신재생은 6.5%, 기타 1.6%였다).3 그리고 발전 부문 전체에서 배출되는 87%의 이산화탄소 역시 석탄화력발전에서 비롯되고 있다.

그리고 우리의 질문적 성찰은 이 지점으로부터 다시 시작된다. 의외로 많은 분들이 만약 우리나라가 현시점 에너지 믹스에서 화석연료 사용의 문제점을 해결할 수만 있게 된다면, 다시 말해 현시점에서 화석연료 발전인 석탄화력과 천연가스 발전을 재생에너지 발전으로 대체할 수만 있게 된다면, 우리나라에서의 탄소중립은 무난히 달성될 수 있을 것이라는 착각에 빠져 있다. 하지만 이런 사고는 단지 환상, 환영 혹은 착란에 불과하다. 그 이유를 살펴보기 위해 그림 10.1을 한번 살펴보도록 하자.

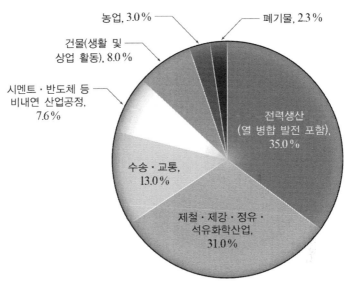

2019년 온실가스 총 배출량: 7.03억 톤 (CO$_2$eq.)

농업, 3.0%

폐기물, 2.3%

건물(생활 및 상업 활동), 8.0%

시멘트·반도체 등 비내연 산업공정, 7.6%

전력생산 (열 병합 발전 포함), 35.0%

수송·교통, 13.0%

제철·제강·정유· 석유화학산업, 31.0%

그림 10.1 우리나라 부문별(sector) 온실가스 배출 비중.

2019년을 기준으로 우리나라에서 배출되는 환산 이산화탄소(CO$_2$eq.) 총톤수가 7.03억 톤이었고, 이 7.03억톤 중 전기 및 열 생산에서 발생하는 이산화탄소의 양은 단지 35%에 불과했었다. 단지 35%! 그렇다면 이 수치는 무엇을 의미할까? 우리가 이제까지 논의해 온 에너지 믹스에서의 이산화탄소 배출량이란 모두 이 35% 범위 내, 즉 전력과 열(그중에서도 특히 전력) 생산에 관련된 부분에서만의 이야기였을 뿐이라는 것이다. 그렇다면 35%의 거의 두 배에 해당하는 나머지 65%의 환산 이산화탄소는 도대체 어디서 배출되었단 말일까? 바로 '비발전 분야에서 배출되었다. 그림 10.1을 참조해 보면, 2019년 기준 석탄, 천연가스, 벙커 오일 등의 화석연료를 주로 사용하는 제철업, 제강업, 정유·석유화학산업, 비철금속업 등의 산업 부문에서 31%, 가솔린, 경유, LPG, CNG 등을 사용하는 교통 및 수송 부문에서 13%, 시멘트나 반도체 공장 등의 산업공정에서 7.6% 등이 우리나라의 비발전 부문 주요 온실가스 배출 업종들이다.

필자가 생각하기에 우리나라 탄소중립 문제의 심연은 바로 여기에 있다고 생각된다. 우리가 비록 현재의 전력 생산(그림 10.1의 35%)에서 2019년 기준 석탄과 천연가스 발전 모두를 풍력과 태양광 발전으로 대체할 수 있다고 하더라도, 완전한 탄소 배출 순제로에 도달하기 위해선 이보다도 훨씬 더 긴 도전과 시련의 대장정이 우리를 기다리고 있다. 재생에너지 발전으로 35%의 석탄과 천연가스 발전을 대체한다는 것은 이 기나긴 대장정의 단지 첫 번째 단계, 첫 번째 단추만을 꿰는 셈이 될 뿐이다. 그렇다면 나머지 65%의 온실가스 배출 문제는 도대체 어떻게 해결하겠다는 것인가? 필자는 이 문제가 우리가 당면하고 있는 두렵고도 공포스러운 현실, 현실적 딜레마가 될 것이라고 생각한다.

이 문제에 대한 독자들의 이해를 돕기 위해 아주 쉬운 예를 하나 들어보도록 하자. 9장에서 에너지 대전환의 핵심 중 하나가 화석연료로 구동되는 가솔린, 디젤자동차들을 전기차로 전환하는 것이라고 했었다. 이들 교통·수송 부문에서는 2019년을 기준으로 대략 환산 이산화탄소 7억 톤의 배출 중 13%인 9,100만 톤이 배출됐다.[3] 따라서 이 9,100만 톤의 이산화탄소 배출을 제거하기 위해선 먼저 모든 화석연료 구동차들을 전기차로 대체해야 하고, 그 다음으론 전기차 구동을 위한 연료인 전기도 석탄화력발전에서가 아닌 재생에너지 발전에서 모두 획득해야만 한다. 이 말은 그림 10.1에서 '수송·교통 부문 13.0%'에 해당하는 이산화탄소 배출을 제거하기 위해서는 기존의 '전력 생산 35%'에 더해 추가량의 재생에너지 전기 생산이 있어야만 한다는 의미가 된다. 이런 식으로 우리 사회가 전기사회로 전환되다 보면, 우리나라 재생에너지 미래 전력 수요는 급격하게 팽창하게 될 수밖에는 없을 것이다.

제철업, 제강업, 석유화학공장, 비철금속업 등 전통적으로 석탄, 천연가스, 벙커오일 등의 화석연료들을 많이 사용하는 공장들도 궁극적으로는 공장의 많은 부분을 '전기화'하거나 배출되는 이산화탄소를 포집 및 격리하기 위한 장치들을 설치해야만 한다. 하지만 공장의 전기화는 비용이 매우 많이 들고, 앞선 '생각 더 하기 10'에서 논의를 했듯 이산화탄소 포집-격리(CCS) 공정 역시도 많은 난관이 존재하는 공정들이 될 것이라고 했다. 어쨌든 이들 산업-생산 공정들으로부터의 지구온난화가스 배출을 제거하기 위해서도 굉장히 많은 양의 전기 발전이 그림 10.1의 35%에 더해져 추가로 필요하게 될 것이다. 이런 식으로 생각하다보면 우리나라에서 탄소중립 달성을 위한 비탄소배출 전력발전 요구량은 '폭증'할 수밖에는 없을 듯싶다.

그렇다면 우리나라에서 에너지를 많이 소비하는 기업들은 도대체 어느 정도의 전기를 소비할까? 결론을 먼저 말하자면 실로 엄청난 양을 소모한다. 그래서 이들 기업들은 곧잘 '에너지 공룡'에 비유되기도 하는 것이다. 표 10.1은 소위 이들 에너지 공룡이라고 불리는 에너지 다소비 기업들의 연간 전력 사용량을 보여주고 있다.28 예를 들어, 2021년을 기준으로 현대제철은 연간 대략 7.04TWh(=7,038GWh) 정도의 전력을 사용했다. 앞서 9장에서 언급했던 전기로 제강 공정 구동을 위한 전력 사용량으로 보이는데, 이 7.04TWh란 전력량은 1.0GW급 원전 1기가 1년간 발전할 수 있는 발전량과 대략 엇비슷한 전력량이 된다. 이 말은 현대제철 한 회사에 공급하는 전력을 생산하기 위해 한국에서는 원전 24기 중 1기가 구동되고 있다는 말과 같은 것이다. 그렇다면 18.4TWh의 전력을 사용하는 삼성전자를 위해서는? 1GW급 원전 2.5기가 전력을 생산한다. 이 예는 독자들에게 '산업의 전기화'라는 것이 어떤 것인가에 대한 개략적 직관을 드리고자 마련한 예다. 실제로 산업의 전기화란 엄청난 전력

표 10.1 우리나라 에너지 공룡 기업들의 연간 전기 사용량(2021년 기준)[28]

기업	전력 사용량(GWh)
삼성전자	18,412
SK하이닉스	9,209
현대제철	7,038
삼성 디스플레이	6,225
LG 디스플레이	5,121

수요를 요구하는 일로, 대한민국 산업 전반을 한번 물구나무 세우는 엄청난 거대 격변과 혁명이 될 것이다![29]

앞서 논의한 수송과 산업의 전기화란 곧 그림 10.1의 비발전 부문(2019년 기준 65%)에서 발전 부문(2019년 기준 35%)으로 전력 수요가 계속해서 넘어오게 됨을 의미한다. 그리고 이 모든 비탄소 발전을 만약 우리 사회가 탈원전을 추구하는 조건하에서라면, 재생에너지 발전이 오로지 모든 전력 발전 책임을 담당해야만 하는데, 과연 이것은 가능한 일일까?

이 가능성을 알아보기 위해 우리는 우리나라 탄소중립위원회가 지난 2021년 8월에 제시한 우리나라 2050년 탄소중립 달성 시나리오 초안을 바탕으로 질문적 사고를 해 봐야 할 듯싶다. 먼저 탄소중립위원회는 우리나라가 2050년에 필요할 연간 전력량을 대략 1,258TWh로 예측했었다.[30,31] 이 전력량은 2019년 우리나라 연간 총 전력 발전량이 563TWh였다는 사실에 비추어 보면, 2019년 대비 2.2배 정도 늘어난 양으로, 전력 수요량이 2050년까지 매년 +2.5% 정도씩 복리로 증가할 것이라는 가정하에서 계산된 수치로 보인다.[30~32] 그런데 과거 2000년부터 2017년까지 우리나라 전력 사용량은 +2.5%가 아니라 연간 전년 대비 +4.5%씩 복리로 증가했었다.[33] 과거에는 4.5%, 하지만 미래에는 2.5%! 향후 우리나라 전력 사용량 증가율은 과연 어떤 수치가 맞는 것일까? 아마도 경제성장률의 감소 및 둔화, 인구 감소, 에너지 효율 증대 노력 등과 맞물려 전력 사용 증가율이 둔화될 것이라는 예상은 어느 정도 맞는 예상일지도 모른다. 하지만 이 +2.5%란 자연 증가율과 더불어, 우리가 앞서 논의했던 '수송 부문과 산업 부문의 전기화'에 따른 전력 수요의 추가 증가분을 고려한다면 이야기는 아주 달라진다.

그림 10.1을 다시 한번 살펴보자. 2019년 기준에서 만약 우리나라 이산화탄소 배출의 무려 65%를 차지하고 있는 비발전 부문인 산업-수송 부문의 공정들이 모두 전기화된다면, 2019년의 전력 수요량은 단순히 이산화탄소 배출량만을 기준으로 살펴봐도, 563TWh의 대략 3배가 될 것이다. 그리고 이 3배의 전력량은 탄소중립위원회의 예상치 1,258TWh를 훌쩍 초과하는 양이다. 여기에 30년 후까지 매년 증가될 전력 수요량의 자연 증가분까지 반영된다면, 2050년의 전력 수요량은 과연 얼마나 될까? 탄소중립위원회가 예상한 2050년 예상 전력 수요량 1,258TWh는 예측할 수 있는 수치의 아주 하한선, 보수적이어도 너무 보수적인 수치가 되지 않을까 싶다. 아마도 2050년 우리나라의 실제 전력 수요량은 이 예상 수치, 1,258TWh를 훨씬 상회하는 양, 1,500TWh도 넘어설 것이라고 필자는 예상한다.

자 이 모든 추산값에도 불구하고, 여기서는 탄소중립위원회가 제시한 아주 보수적인 수치, 2050년 기준 예상 전력 수요량 1,258TWh라는 숫자를 갖고, 이를 우리나라 재생에너지 최대 잠재 발전량과 한번 비교를 시도해보자. 우리나라는 2050년 전력 수요량의 몇 퍼센트를 과연 재생에너지 발전으로 감당할 수 있을까? 탄소중립위원회 시나리오 제3안에서는 2050년까지 1258TWh의 무려 70.8%를 재생에너지 발전을 통해서 얻겠다는 내용의 보고를 했다고 앞서 소개를 했었다.[30,31] 1,258TWh의 70.8%라면 890.7TWh의 전력량이 된다. 이 전력량을 표 8.1에서 한국에너지공단이 제시한 우리나라 재생에너지 '최대 시장 잠재 발전용량'을 쫓아 태양광 패널, 해상풍력과 육상풍력 시설들을 우리나라 국토와 해안에 빽빽하게 설치해서 전력을 최대한 발전했을 때, 생산할 수 있는 총 전력량과 비교해보자. 표 8.1의 괄호 안 숫자가 각각의 최대 발전 설비 용량으로 발전할 수 있는 연간 재생에너지 발전 가능 최대 전력량들이고, 이 수치들을 모두 더하면 우리나라에서의 재생에너지 가능 발전 전력량 '최내치'가 산출된다. 그 산출된 최대 수치가 666.0TWh다. 이 양은 탄소중립위원회가 제시한 890.7TWh의 단지 75%, 1,258TWh의 53%, 대략 절반 정도에 불과한 양일뿐이다.

이상의 분석은 무엇을 의미하는가? 우리가 이미 8장에서 논의했듯 우리나라 국토의 5,129.1km², 서울시 면적의 8.5배, 경기도 면적 절반만큼의 국토 위에 빽빽하게 금수강산이 누더기가 될 만큼 폴리실리콘 태양광 패널을 설치하고, 서울시 면적의 13.6배인 8,200km²의 해상 면적 위에 풍력발전기를 식수하고, 산이면 산마다 육상 풍력발전기를 가동한다고 하더라도 890.7TWh 혹은 1,258TWh의 전력을 발전하기에는 턱없이 부족하다는 이야기가 되는 것이다. 만약 1,258TWh의 전력을 재생에너지로만 발전하려면 어떻게 해야 하는가? 대략 경기도만큼의 국토 면적에 태양광 패널을 빽빽하게 설치해야만 할 것으로 보인다. 경기도 면적은 우리나라 국토 전체 면적의 무려 10%에 해당한다. 1,258TWh의 70.8%(890.7TWh)를 생산하기 위한 태양광과 풍력발전의 국토 소요 면적도 표 8.2에 정리되어 있다. 이와 같은 과학적 추산을 통해 독자들은 과연 무엇을 느낄 수 있는가? 이런 객관적 상황하에서도 재생에너지만으로 탄소중립이 과연 달성 가능하다고 생각하시는가? 이런 이유로 해서 '재생에너지로 100% 달성 가능한 탄소중립 사회'라는 문구를 필자는 또 하나의 키치(kitsch)라고 생각하는 것이다.

더더군다나 필자가 9장에서 언급했듯, 탄소중립위원회가 제시한 우리나라 탄소중립 시나리오 제3안에서는 재생에너지 발전이 담당할 70.8% 외의 21.4%의 전력은 '무탄소 신발전'이란 환상의 기술로 생산하겠다는 안(案)도 제시했었다고 했다. 이 무탄소 신발전이란 기술은 아직 개발되지도 않은, 혹 개발이 되더라도 에너지 효율이 너무나도 낮은 에너지 낭비적 공정이 될 것이라고도 했다. 이 모든 스토리를 종합해 보면, 우리나라 탄소중립위원회나 정부는 우리가 처한 현실을 애써 외면한 채 꿈과 공상과 환상 속을 질주하고 있다는 느낌마저 들게 한다.

어떤 계획이 공상적 소설이나 유토피아적 환상에서 벗어나고자 할 때, 가장 먼저 우리가 해야 할 일은 현실을 똑바로 직시하는 것이 된다. 들고양이를 마주한 닭은 공포가 두려워 머리를 땅 구덩이에 파묻곤 한다. 공포를 회피하려는 행동이고, 그래서 영어로 겁쟁이를 치킨(chicken)이라고 부른다. 당연히 공포스러운 현실을 직시하는 행위란 두렵고 불편한 것일 수 있다. 하지만 그럼에도 불구하고 두 눈을 부릅뜨고 용기를 내서 들고양이의 눈과 행동을, 즉 우리의 에너지 현주소와 탄소중립(그린뉴딜)의 냉엄한 현실을 올바로 직시해야만 한다. 그래야 올바른 해답, 올바른 솔루션, 그리고 우리의 생존을 얻어 낼 수 있는 것이다.

그리고 여기에는 추가적으로 생각해봐야만 할 중요한 부가 사항이 한 가지가 더 있다. 앞서 전기는 어느 한 부분이라도 공급이 끊기는 순간 대정전으로 이어지곤 한다고 했다. 따라서 전력 수요가 증가하는 계절이 오면 대정전을 방지하기 위해 늘 평균 그 이상의 전력 발전용량이 예비로 필요하게 된다. 이 평균 이상의 전력 용량이 필요한 시기는 주로 전국적으로 에어컨이 가동되는 뜨거운 여름철이다. 따라서 우리가 늘 준비하고 있어야 할 전력 발전 설비 용량도 바로 이 여름철 전력 수요 피크치에 대비한 발전용량이 된다.

이 문제 또한 예를 들어 설명해 보자. 2019년 기준 우리나라 연간 발전량 563TWh는 우리나라 전체 발전 설비 용량인 106.2GW가 대략 85%의 이용률을 가지고 연간 생산할 수 있는 최대 가능 발전 전력량인 790.8TWh의 71.2% 수준이 된다. 이는 무엇을 의미하는가? 우리는 연평균 전력 수요 대비 대략 30% 정도의 예비 발전 설비용량을 더 준비하고 있어야만 한다는 뜻이고, 이 예비(여분)의 발전용량은 주로 여름철에 발생하는 전력 최대 수요량에 대처하기 위함이란 의미가 된다. 그리고 이것이 의미하는 바는, 우리나라의 2050년 예상되는 총 전력 수요량이 비록 1,258TWh라고 할지라도 발전 설비는 대략 연간 1,635TWh의 전력을 생산할 수 있게끔 준비되어 있어야만 한다는 뜻이다. 그렇다면 우리나라 재생에너지 잠재 발전량 최대치가 666TWh인 현실에서 이 예비 발전원은 또 어떻게, 무엇으로 확보하겠다는 말인가? 물론 이 발전원은 항시 가동하는 것은 아니고, 전력 수요가 높아질 때에만 가동되는 것이므로 천연가스 발전 등을 활용할 수도 있겠지만, 천연가스 발전도 이산화탄소와 대기오염물질을 다량으로 방출하는 '좌초자산'이란 사실를 결코 망각해서는 안될 것이다.

자, 그리고 이 지점에서 마지막으로 한 가지만 더 성찰을 해 보자. 우리나라는 전체 국민 총생산(GDP)에서 차지하는 제조업 생산의 비중이 특히 높은 나라다. 2018년을 기준으로, 제조업 분야가 GDP에서 차지하는 비중이 무려 29%였다. GDP 내 산업 생산 비중이 높은 나라들로 알려진 제조업 강국 일본이 19%, 독일이 16%임에 비추어 봐도 이는 월등히 높은 비중이 된다.34 앞서 표 10.1에서 살펴보았지만 제조업 공장들은 에너지 공룡들, '에너지를 먹는 거대한 하마들'이라고 했다.

그렇다면 우리 사회는 탄소중립의 보다 효과적인 구현을 위해 향후 에너지를 과도하게 사용하는 이런 제조업의 비중을 크게 줄여 나가는 산업 구조 조정을 실행할 수는 없을까? 미래에는 제조업 비중을 확연히 줄이고, 그 대신 지식기반 산업으로 서서히 이행해야만 한다는 주장도 있지 않던가? 그런데 케임브리지대학교 경제학과의 장하준 교수는 경제학의 역사 속에서 제조업을 포기하고 번영을 유지한 나라는 이제껏 한 번도 없었다는 주장을 했던 바가 있었다.35 그리고 필자도 이 주장에 동의한다. 제조업은 곧 국가의 경쟁력이고 고용이고 일자리를 의미하며, 가장 중요한 복지의 수단이 될 수도 있다. 여기에 더해 2019년 일본과의 무역-외교마찰, 2020년 코로나19 사태를 거치면서 우리는 소위 말하는 글로벌 공급 체인(GSC: Global Supply Chain)이 붕괴되는 모습을 너무나도 선명히 목격했었다.36,37 제조업 없이는 경제적 번영도 일자리도 건강한 산업 생태계도 복지 시스템도 구축할 수 없을 것 같다. 아마도 이것이 우리가 제조업을 포기할 수 없고, 포기하지 말아야만 하는 수많은 이유 중 몇 가지가 될 것이다.

21세기 중반을 향해 가는 길목에서 산업 정책은 현실적으로 매우 중요하고, 그 산업 정책은 곧바로 에너지 정책이 된다. 그리고 우리가 필요로 하는 제조업들은 불행하게도 모두 에너지 다소비 업종들이다. 이 모든 논의들은 모두 한 방향을 지시하고 있는 듯 보인다. 우리나라는 결코 제조업을 포기할 수 없고, 산업과 사회는 계속해서 전기화가 가속될 것이고, 그래서 미래 대한민국의 전력 수요는 기하급수적으로 증가할 수밖에는 없다. 그런데 우리나라의 재생에너지 발전 잠재력에는 너무나도 명백한 한계가 존재하고 있다.

재생에너지 발전 잠재력은 유한하고, 전력 수요는 사회와 산업의 전기화와 더불어 폭증할 것이 예상되는 상황하에서 점진적으로 2050년까지 '탈원전'마저 실행에 옮겨 버리게 된다면 어떻게 될까? 그렇게 되면 실질적으로 우리나라의 탄소중립과 관련해서는 도무지 답을 낼 방법이 없게 된다. 이산화탄소를 배출하지 않는 원전을 고려하지 않고서는 아무리 백 번, 천 번을 생각해 봐도 탄소중립을 재생에너지 발전만으로 감당하기 위한 묘수, 신의 한 수란 없을 것 같다. 그렇다면 향후 20~30년 동안 에너지 관련 과학기술의 획기적인, 혹은 혁명적인 발전을 기대할 수는 없는 것일까? 태양광 패널의 효율이 현재 21% 정도에서 45% 정도(비상업용에서는 이 수준이 이미 달성됐다)로 올라가고, 우주 태양광이 실현되고, 핵융합 기술이 상업화되고… 이런 기적 같은 일들이 가능할 수도 있지 않을까?

하지만 이런 미래 에너지 관련 기술이란 아직 확보되지 않은 희망 기술일 뿐이다. 한 국가의 에너지 정책이 확정-확보되지도 않은 희망 사항, 희망 기술에 기초할 수는 없다고 본다. 그렇다면, 이 시점에서 필자가 정말로 궁금한 것이 있다. 앞서서도 언급했던 질문이지만, 그 질문을 여기서 다시 한번 진지하고 심각하게 반복해 보도록 하자. 우리 정부와 시민들이 현시점에서 진정으로 희망하고 추구하는 것은 '탈원전'인가, 아니면 '탄소중립'인가? 만약 탄소중립이 진정한 목표점이라면, 현재의 기술 수준과 상황하에서는 탈원전은 답이 아니다. 우리나라 재생에너지 발전 잠재력에 너무나도 명백한 한계가 존재하고 있기 때문이다. 아니면, 우리에겐 탈원전이 최종 종착점인가? 그렇다면 탄소중립은 포기해야만 한다. 어떤 목표가 종착점인가? 이 문제는 비단 정부 당국뿐만이 아니라 우리 시민 사회와 국민 모두가 냉정하고 이성적으로 선택하고 결정해야만 할 우리 모두의 문제라고 필자는 생각하고 있다.

탈원전인가, 아니면 탄소중립인가? 이 두 항목은 유감스럽게도 우리나라의 현실 상황에선 대립하는 이항(二項)이다. 초미세먼지 해결은 10년 단위로 계획을 세우고 실행에 옮기면 일정 부분은 해결할 수 있는 문제라고 필자는 믿고 있다. 하지만 에너지 전략은 백년의 대계가 된다. 이

백년대계에 따라 에너지 문제, 탄소중립 문제, 초미세먼지 문제의 근본적 해결까지도 좌우될 수가 있다. 에너지 대전환은 국가의 비전이고 거부할 수 없는 시대의 대세다. 하지만 우리나라가 당면한 객관적 조건과 한계도 반드시 정직하게 직시해야만 올바르고 현실적인 대책이 나올 수 있다. 동화책에서나 나올 것 같은 상상, 희망 사고에 기초한 정책은 정책이 아니라 공상이고 허무한 정치적 매니페스토만을 양산할 뿐이다. 객관적인 한계를 관념적으로 왜곡·극복하려고 해서도 안 된다. 지금은 정부와 시민 사회 우리 모두가 머리를 맞대고, 과학적이고 이성적인 판단을 기초로 우리의 에너지 미래와 현실적인 탄소중립 방안에 관해 지혜를 모으고 또 모아 봐야만 할 시점인 것이다.

선택 둘: 윤리의 문제인가? 아니면 현실의 문제인가?

필자는 앞 절들에서 우리나라의 에너지 상황과 재생에너지 발전 잠재력 등을 고려하면서, 우리나라가 어떤 에너지 정책을 추구해야만 하는지를 과학적이고 현실적으로 한번 고민해 보자고 제안했었다. 이 절에서는 이 고민과 관련된 몇 가지 또 다른 측면들을 논의해 보도록 하자.

거듭하는 이야기지만, 재생에너지란 '깨끗한' 에너지, 청정에너지가 맞다. 예를 들어 어떤 분들은 본인들의 집에서 태양광으로 생산되는 에너지를 소비한다는 사실을 확인하며, 에너지 소비 과정 중 그 어떤 이산화탄소 분자나 대기오염물질도 배출하지 않았다는 사실에 매우 커다란 '도덕적 자부심'을 느낄 수도 있을 것이다. 이런 의미에서 생각해 보면, 재생에너지가 '깨끗하다'는 말에는 단순히 지구의 환경이라는 물리계 혹은 생태계에 그 어떤 나쁜 영향도 생산하지 않았다는 의미와 더불어 도덕적인 의미도 내포되어 있을 수 있다는 생각도 든다. 재생에너지는 '윤리적'으로도 깨끗한 에너지가 맞아 보인다.

경제 활동과 생활에서 이산화탄소 분자를 발생시키지 않음에 의해 지구온난화에 그 어떤 기여도 하지 않는 것을 '제로 탄소 발자국(zero carbon footprint)'이라고 부르기도 한다. 많은 경우 '제로 탄소 발자국'은 또한 '제로 초미세먼지 발자국'의 생활도 된다. 생활에서 근검·절약하는 습관, 플라스틱과 화학제품 사용을 최대한 자제하는 생활 양식, 자원 리사이클링(recycling)을 생활화하려는 노력, 육식이 아닌 채식 위주의 식단, 태양광 주택 거주, 탄소제로 건물 건축, 전기차 혹은 공공운송 수단의 이용 등등이 '제로(혹은 저) 탄소 발자국', '제로(혹은 저) 초미세먼지 발자국'의 생활 양식이 될 것 같다.

어떤 분들은 현재의 대량생산-대량소비의 굴레에서 벗어나 문명과 이데올로기의 새로운 대혁명, 대혁신이 있어야만 우리의 소중한 지구를 살릴 수 있다는 주장도 한다. 매우 윤리적인 주장이고, 필자도 이 주장들을 존중한다. 그리고 이런 윤리적·철학적 주장의 연장선상에서 '우리 사회 재생에너지로의 전환은 곧 정의로운 전환이다', '대기오염물질과 이산화탄소를 많이 배출하는 석탄 발전이란 탄소중독으로부터도 우리가 시급히 벗어나야만 한다'라고 재촉하기도 한다.38 이런 주장에 필자도 당연히 동의한다. 또한, 이런 주장을 하는 많은 사람들이 체르노빌이나 후쿠시마와 같이 비극을 잉태할 수 있는 원자력 발전으로부터도 하루빨리 탈피해야만 한다고 주장한다.

매우 윤리적이고, 확실한 논리를 지닌 주장들이기에 필자는 이 모든 말들을 존중하고 있다. 하지만 여기서 필자의 존중이란 필자 개인적인 차원에서의 존중이다. 핵심은 이런 개인적·윤리적 차원의 사고만으로 국가의 거시 정책을 결정할 수는 없다는 것이다. 우리가 아무리 대량 생산, 대량 소비의 낭비적 자본주의 시대에 살고 있다고는 해도 이것은 어쩔 수 없이 우리가 당면하고 있는 냉혹하고 엄중한 우리의 현실이 된다.

현실을 무시하고 이상(理想)과 도덕적인 판단만을 기초로 해서 유토피아적이고 관념적인 결정만을 내린다면, 이는 미래를 향한 크나큰 오류를 잉태할 수도 있다고 생각된다. 우리는 가끔 윤리적 사고와 정책적 사고를 혼동하는 경우가 많다. 정책은 현실이고, 현실의 문제는 매우 정교하고 과학적인 사고를 바탕으로, 보다 실용적으로 사고한 후 전략적으로 결정되어야만 한다. 사회와 국가의 미래, 국가 집단의 미래가 바로 이 결정에 달려 있기 때문이다.

이 세상에서 지구온난화를 1.5℃ 이내에서 억제해야만 한다는 지고지순(至高至純)한 윤리적 동기와 대의명분에만 사로잡혀 국가의 에너지 정책과 탄소중립 전략을 수립하는 그런 이상주의 천진난만한 국가는 없다고 생각한다. 특히 에너지 문제는 한 나라의 현실적 생존과도 직결이 되는 문제이다. 그래서 에너지 문제를 '에너지 안보(energy security)'라고도 부르는 것일 것이다. 이 문제의 중요성에 대해선 사실 멀리서 그 예를 찾을 필요조차도 없을 것 같다. 현재 북한이 지옥처럼 된 가장 큰 이유 중의 하나도 그들의 핵실험-대륙 간 탄도미사일 발사 후 결의된 유엔(UN)의 제재로 인해, 주변국으로부터 북한에로의 모든 에너지 수출이 중단되었기 때문이다.

이와 같은 '에너지 안보' 문제와 더불어 '떠오르는 에너지 신기술에서의 패권 추구'. 이 두 항목은 현실 세계에서 많은 나라의 에너지 정책 최상단 고려 사항에 늘 놓여 있는 항목들이다. 앞서 유럽의 탄소국경 조정관세 부과 논의도 지구온난화 1.5℃ 이내 억제라는 순수한 윤리적 동기에서만 나온 논의가 결코 아니라고 했다.

체르노빌과 후쿠시마 사고 이후 완전한 탈원전 국가를 선언하고, 재생에너지에 올인(all-in)하고 있는 독일의 재생에너지 국가전략도 지구환경에 대한 최우선적인 고려나 기후변화에 대한 독일의 윤리적 소명 의식과 같은 소박하고 추상적인 이유 때문만이 결코 아니다. 그들 역시 에너지 정책의 최우선 목표는 독일의 미래 에너지 안보와 더불어 재생에너지 산업 분야 '재생에너지 신기술 패권 장악'에 정책의 최우선적 목표가 놓여져 있다.[39] 그리고 이런 독일의 에너지 정책 목표들은 사실 원자력 발전으로 에너지 안보와 원전 기술의 패권을 추구하고 있는 프랑스와 목표의 본질, 지향점 등에서 하등 다를 바가 없다고 생각된다. 단지 독일은 국민 투표를 통해 매우 '정치적'으로 재생에너지 올인 전략을 선택했을 뿐이고, 프랑스는 프랑스 국민 다수의 지지를 받아 원자력 발전을 프랑스 에너지 발전의 근간으로 선택하고 있을 뿐이다. 다른 분야도 마찬가지겠지만, 에너지 분야에서도 순수한 윤리주의나 이상만을 좇아 국가 정책을 결정하는 그런 낭만주의 국가는 이 세상 그 어디에도 없다. 에너지 문제는 곧바로 현실의 문제가 되기 때문이다.

에너지 미래와 탄소중립을 향한 기나긴 장정에선 사실 전범(典範)이란 것도 존재하지 않는다. 우리나라 진보 진영은 독일의 탈원전과 재생에너지 올인 전략을 우리나라가 벤치마킹해야만 할 에너지 계획의 전범으로 들곤 하고, 보수 진영은 프랑스의 원전 위주 에너지 계획을 모범적인 국가 사례로 상정한다. 하지만 에너지 계획과 탄소중립에 전범이란 것은 있을 수 없다. 모든 나라가 각기 다른 상황에 처해 있기 때문이고, 그래서 주어진 상황에 맞춰 최선의 계획을 세우고 이를 추구할 뿐이기 때문이다.

그렇다면 여기서는 이 에너지 및 탄소중립 부분에서 가장 앞서가고 있는 것으로 평가되는 유럽의 몇몇 국가 사례들을 찾아 한번 그들의 에너지 미래 비전과 탄소중립 전략이 무엇인지를 살펴볼 필요도 있을 것 같다. 앞서 '생각 더 하기'에서 필자는 여러 유럽 국가들의 2030년 탄소 저감 목표가 '1990년 탄소 배출량 대비 40% 이상 감축 달성'이라는 무시무시한 것이라고 했다. 반면 우리나라의 목표는 '2018년 대비 40% 저감'이었다. '1990년 대비'와 '2018년 대비' 40% 감축! 필자는 이 두 수치들 사이에 무시무시한 차이가 있다고 생각한다. 자, 그렇다면 이들 유럽 국가들은 이 무시무시한 목표를 도대체 어떻게 달성하겠다는 것인지 그 내막, 그들의 생각을 한번 들여다봐야만 할 것 같다. 그들은 탄소중립 달성에서 어떻게 '윤리'와 '현실'을 조화시키고 있는 것인가?

노르웨이 노르웨이는 인구가 530만 정도되는 소국으로, 국토의 지리적 여건과 수자원을 이용한 수력발전만으로도 이미 국가 필요 전력의 무려 96%를 생산하고 있다.40 석유부국이기도 한 노르웨이는 2030년까지 아예 탄소중립을 달성하겠다는 매우 과감한 선언을 했는데, 이 과감한 선언의 뒷배경에도 바로 이 풍부한 수력발전이 자리 잡고 있다. 앞서 필자는 국가의 에너지 안보나 경제라는 영역에서 윤리적 판단만으로 모든 것을 결정하는 도덕적 이상국가는 이 세상 그 어디에도 없다고 장담했었다. 노르웨이는 세계 최대의 국부펀드를 운영한다. 무려 1조 달러가 넘는 것으로 알려진 이 국부펀드의 재원은 역설적으로 노르웨이 부(富)의 가장 중요한 원천인 원유 수출이다.41 당연히 노르웨이에서 수출된 이 원유는 수입된 어느 나라에선가 이산화탄소로 바뀌어 지구온난화에 기여를 할 것이다. 노르웨이의 에너지 정책, 탄소중립 정책이 매우 위선적이라고 비난받는 이유이고, 필자가 '국가의 위선'을 보여주는 가장 확실한 예로 노르웨이를 선택하는 데 주저하지 않는 이유이기도 하다. 동시에 에너지 정책도 에너지 수출도 모두 엄중한 현실과 국가의 실리가 바탕이 되고 있다는 좋은 사례가 노르웨이라고 필자는 늘 생각하고 있다.

핀란드 핀란드는 북쪽 국경을 노르웨이와 맞대고는 있지만, 에너지 상황은 노르웨이와는 또 다르다. 수력발전이 핀란드의 에너지 믹스에서 담당하고 있는 비중은 2014년 기준 19.7% 정도였다.3 그 대신 풍력과 태양광 발전에서 전력의 18.9%를 얻는다. 그리고 원자력 발전으로 34.6%의 필요 전력을 획득하고 있다.3 그렇다면 핀란드는 2014년을 기준으로도 이미 국가 필요 전력의 73.2%를 탄소를 배출하지 않는 비탄소 전력원에서 얻고 있는 셈이 된다. 핀란드는 매우 특이하게도 원자력 발전에 대한 국민의 저항감이 거의 없는 나라다. 자국 내 오킬루오트라는 지역에 유럽형 3세대 원전 4기를 신규로 지어 운영 중이고, 그 옆 온칼로에는 세계 최초로 고준위 방사선 폐기물 영구처분장도 지역 주민들과 완전한 합의하에 건설하고 있다.42 재생에너지 발전(수력, 풍력, 태양광)과 원자력 발전을 양대 축으로 탄소중립 문제에 접근하고 있고, 이것이 핀란드가 2035년까지 탄소중립을 아예 달성하겠다고 매우 과감하게 선언한 뒷배경이라고 본다.

영국 사실 노르웨이나 핀란드는 인구가 500만 명 정도밖에 안 되는 작은 나라들이다. 인구 5,200만의 대한민국이 참고하기엔 다소 무리가 따를 듯도 싶다. 그렇다면 영국은 어떨까? 영국(잉글랜드, 스코틀랜드, 웨일스, 북아일랜드 포함)은 총인구가 6,700만 명이다. 인구가 우리나라보다 1,500만 명 정도 많다. 국토 면적에서도 24만km²로 우리나라 10만km²보다 대략 2.4배 넓은 국토 면적을 보유하고 있다.3 EEZ(Exclusive Economic Zone)으로 알려진 배타적 해상경제수역도 680만km²로 우리나라 47.5만km²보다 14.3배나 더 넓다.43 여기서 해상수역을 언급하는 이유는 해상풍력을 위한 조건을 언급하기 위함인데, 물론 해상 수역이 넓다고 풍력발전에 반드시 유리하다고 말할 수만은 없다. 경제성 있는 빠른 바람 속도와 동시에 근해의 수심 얕은 지역이 중요한 지형 요소라고 앞서 언급을 했었다. 하지만 해상경제수역이 넓으면 해상 풍력에 유리한 해상지역을 발견할 수 있을 확률도 당연히 높아질 것이다.

넓은 해상 수역 때문인지는 몰라도 영국은 재생에너지, 특히 해상 풍력발전의 대국이다. 2019년 기준 전체 필요 전력의 38.5%를 재생에너지 발전에서 얻고 있다. 그리고 40.7%를 천연가스 발전에서, 16.5%를 원자력에서, 그리고 단지 2.4%만을 석탄화력발전을 활용한다.[3] 영국 정부는 재생에너지 발전 비중을 더욱 확대할 계획을 가지고 있지만, 동시에 유럽형 3세대 원전 13기를 2035년까지 추가로 건설하겠다는 계획도 추진 중이다(그리고 2019년 기준 15기의 원전 또한 가동 중에 있다).[3] 영국 정부의 계획도 원전과 재생에너지를 양대 축으로 2032년까지 비탄소 발전원의 비중을 85%까지, 그리고 2050년에는 100%까지 끌어올려 탄소중립을 달성하겠다는 것으로 평가된다.[3] 공리주의와 경험론의 종주국답게 매우 현실적이고 실용-실리적인 전략으로 탄소중립 문제에 접근하고 있다고 생각된다. 또한, 상대적으로 넓은 국토 면적과 해상경제 수역에도 불구하고 재생에너지만으로 탄소중립을 달성하는 것에는 한계가 있다고 판단하고 있는 것으로도 생각된다.

프랑스 프랑스도 인구 6,500만에, 국토 면적 54.9만km², EEZ 면적 1,168만 km²를 보유하고 있다.[3,43] 국토 총면적은 대한민국의 5.5배, 해상경제수역 면적은 우리나라 해상경제수역보다 무려 24.6배나 더 넓다(물론 이 넓은 해상수역 면적에는 뉴칼레도니아나 타히티 같은 태평양 섬 연안 지역도 모두 포함되어 있다). 익히 알고 있듯, 프랑스의 에너지 믹스에서 원전이 차지하는 비중은 2019년 기준 무려 69.4%나 된다.[3] 재생에너지가 21.2%, 그리고 나머지를 천연가스와 석탄화력발전이 담당하고 있다. 그렇다면 프랑스는 2019년 기준으로도 전체 필요 전력의 90.6%를 비탄소배출 발전원

(원자력과 재생에너지)에서 얻고 있는 셈이다. 노르웨이와 더불어 탄소중립에 가장 근접한 선진국, OECD 국가가 아닐까 싶다.

물론 후쿠시마 원전 사고 이후에는 원전의 비중을 2035년까지 50%로 감소시키고, 동시에 재생에너지 발전 비중은 2030년까지 40%로 확대할 계획인 것으로 알려져 있다.3 그렇다면 프랑스의 에너지-탄소중립 정책 전략도 2035년과 2050년, 원자력 발전과 재생에너지를 양대 축으로 탄소중립 문제에 접근하겠다는 것으로 보인다. 프랑스 역시 핀란드와 비슷하게 국민의 2/3 정도가 원자력 발전을 긍정적으로 평가하고 있다는 여론 조사도 있어 왔다.18 늘 국민의 지지, 시민 사회의 수용성은 에너지 정책의 가장 중요한 모태와 기반이 된다.

거듭 강조하지만, 원자력과 재생에너지는 모두 에너지 안보 전략적으로도 매우 유용한 발전원들이라고 했다. 프랑스가 원전에 올인하게 된 시기와 계기도 1970년대 두 차례의 오일 쇼크를 겪으며 에너지 안보의 중요성을 깨닫기 시작했기 때문인 것으로 알려져 있다. 프랑스 역시 넓은 국토 면적과 EEZ 면적을 갖고 있지만, 재생에너지만으로 탄소중립을 달성하는 것에는 무리가 있다는 판단을 하고 있다고 필자는 생각하고 있다.

독일 독일은 우리나라 진보 진영에게 모범적인 사례로 영감을 주는 국가다. 인구 8,400만의 국가가 2019년 기준 필요 전력의 무려 41.6%를 재생에너지 발전에서 얻고 있다. 2019년을 기준으로 원전이 12.1%, 석탄화력 29.4%, 천연가스 발전 15%의 에너지 믹스를 가지고 있다.3 독일의 계획은 아주 야심차다. 2022년까지 '탈원전', 2038년까지 '탈석탄'을 선언했고, 2030년과 2050년에는 재생에너지 발전 비중을 각각 65%와 80% 이상까지 높이겠다는 계획을 추진하고 있다.3 독일 역시 국토 면적이 35.7만 km²로 우리나라의 국토 면적보다 3.6배 정도 더 넓다. 우리나라 진보 진영이 독일의 에너지 정책을 찬양하는 이유도 과감한 탈원전, 탈석탄, 친재생에너지 정책 때문일 것이다. 하지만 독일의 사례에서는 살펴보고 반면교사로 삼아야 할 많은 부분도 존재한다.

독일에서 재생에너지 비중이 폭발적으로 증가하게 된 계기는 사실 FIT(Feed-In-Tariff)라고 하는 재생에너지 발전에 관한 '발전차액지원제도' 실시가 가장 큰 공헌을 했다. 이 발전차액지원제도란 간단히 설명하면, 정부가 국가 재정을 활용해 재생에너지 발전 전력을 비싼 고정가격에 장기간(20년 정도) 매입해 주는 제도다. 이 정책은 재생에너지 발전 단위 조합원들이 발전한 전기에 대해 은행 이자율 이상의 높은 이율 실현을 국가가 보장해 줌으로 인해 폭발적인 재생에너지 발전 시설 확산에는 기여했지만, 국가 재정에는 너무 많은 부담을 주는 문제도 발생시켰다. 그래서 지금은 RPS(Renewable Portpolio Standard)라는 '재생에너지 공급의 무화' 제도로 전환이 된 상태다. 그리고 이 RPS는 우리나라도 채택하고 있는 제도이기도 하다(우리나라는 약간의 FIT를 가미한 형태의 RPS 제도를 현재 운영하고 있다).[44]

앞서 재생에너지는 '간헐성'이라는 특성을 갖는 매우 수동적인 발전원이라고 했다. 풍력과 태양광은 풍력발전기에 바람이 불고, 태양광 패널에 햇빛이 쬐게 되면, 전기를 무조건 생산하게 되어 있다. 이런 발전의 특성상 전력 수요 이상의 잉여 전력이 생산되게 되면(주로 여름에 발생한다) 그 잉여 전력을 저장 장치에 저장해야만 하는데, 현재까지는 국가 그리드(grid) 규모로 발생하는 잉여 전력을 저장할 적절한 기술이 개발되어 있지는 못한 상태라고 했다. 물론 ESS라는 배터리 장치가 있다고는 하지만, 장치의 가격이 너무 비싸서 국가적인 규모로 발생하는 엄청난 양의 잉여 전력 모두를 이 장치에 저장하는 데는 당연히 한계가 존재한다. 생산된 전기량이 수요량보다 많아지게 되면, 전체 전력 시스템에서 주파수의 문제도 발생한다(반대로 수요량이 발전량을 초과해도 주파수 문제가 발생한다).

이런 재생에너지의 발전 특성 때문에 대규모 잉여 전기가 발생하게 되면, 잉여 전력은 저장되던가, 아니면 어딘가에서 발전량과 균형을 맞추기 위해 소비되어야만 한다. 독일 역시 대규모 전력 저장이 기술적으로 매우 어려운 일이기 때문에, 생산된 잉여 전력을 유럽의 슈퍼 그리드(super grid)를 통해 옆 나라에 매우 싼 가격에 매각한다. 문제는 여기서 생겨난다. 독일 정부가 엄청난 재정을 투입하고 장려해서 생산한 재생에너지 발전 전력를 잉여 전력으로 헐값에 이웃나라에 팔게 되면, 비싼 발전 비용은 독일 국민이 세금으로 부담하고, 혜택은 이웃나라의 국민과 산업체들이 얻게 되는 매우 우수꽝스러운 상황이 발생하게 되는 것이다. 독일 국민의 세금이 이웃나라의 국민과 산업체를 위해 사용되는 역설적인 상황이 발생하게 되는 것인데, 이는 마치 2012년 유럽 재정 위기 때 독일 국민의 세금이 재정난에 허덕이던 그리스로 흘러 들어가는 것에 독일 국민들이 분노하던 장면을 떠올리게 하기도 한다. 그리고 이런 상황이 2019년 4월 독일의 진보 계열 주간지 《슈피겔》이 독일의 재생에너지 산업에 대해 '독일에 드리워진 어둠(Murks in Germany)'이란 머리기사를 게재하게 된 이유들 중 하나이기도 했다.[45]

우리나라에서 만약 재생에너지 발전 비중이 크게 상승하고, 독일과 비슷한 잉여 전력의 문제가 발생하게 된다면 어떤 일들이 발생하게 될까? 우리나라는 옆 나라 일본이나 중국과 슈퍼 그리드로 연결조차 되어 있지 않기 때문에, 저렴한 가격이나마 잉여 재생에너지 전력을 이웃나라에 매각할 수도, 반대로 구입할 수도 없는 문제가 발생될 개연성이 크다. 재생에너지 발전에는 해결되어야 할 기술적, 제도적 난점들이 여럿 존재한다.

이상에서 살펴본 프랑스와 독일은 유럽경제공동체(EU)의 두 주축국이다. 그런데 두 나라는 완전히 다른 에너지 전략을 선택했다. 프랑스는 '원전+재생에너지' 양축 전략을, 독일은 재생에너지 올인(all-in) 전략이다. 그렇다면 무엇이 정답일까? 사실 이 질문은 우문(愚問)이다. 정답이 있을 수 없는 질문이기 때문이다. 우리의 인생에도 확정된 정답이 없듯, 에너지 정책과 탄소중립 전략에도 정답이란 존재하지 않는다. 두 나라의 예에서 보듯, 그 나라의 자유의지가 그들 국가의 길을 결정하고 있을 뿐이다. 한 나라의 에너지 전략과 탄소중립 정책은 그 나라의 여러 가지 조건들, 지정학적, 기상학적, 지리적, 사회적, 정치적 요소가 모두 결합되어, 종합적이고 전략적인 기반 위에서 결정되게 된다. 프랑스에서는 프랑스의 조건이, 독일에서는 독일의 조건이, 그리고 대한민국에서는 대한민국에서의 특별한 상황과 스스로의 의지가 존재하고 있을 뿐이다. 그리고 에너지 정책은 반드시 과학을 기반으로 해서 도박사처럼 냉정하고 이성에 근거해서 전략적으로 결정되어야만 한다.

위에서 예로 든 5개의 유럽 국가들은 EU 회원국이든, 비회원국(영국과 노르웨이)이든 각국의 상황에 맞춰 탄소중립을 향한 목표를 설정하고, 이에 대한 노력을 기울이고 있다. 앞서 생각 더 하기에서도 언급을 했다시피, EU의 탄소중립을 향한 탄소저감 1차 목표는 2030년까지 이산화탄소 배출을 '1990년' 배출량 대비 40% 이상 감축하는 것이라고 했다.[46] 이를 우리나라 2030년 목표인 '2018년' 배출량 대비 40% 감축과 비교해 보면, EU의 탄소배출 저감 계획은 실로 무시무시한 것이라는 점도 눈치챌 수 있을 것이다. 그런데 그들은 이 무시무시한 목표를 도대체 어떻게 달성하겠다는 것인가? 프랑스, 영국, 핀란드는 재생에너지 발전과 더불어 원자력 발전에 상당한 역할을 부여하고 있음을 볼 수가 있을 것이다. 러시아나 중국과 같은 권위주의 국가는 논외(論外)로 치더라도, 민주주의 선진 국가들인 영국이나, 프랑스, 핀란드와 같은 나라들이 탄소중립 달성을 위해 '재생에너지+원자력 발전'이란 양축 전략을 지향한다는 사실을 우리는 어떻게 이해하고 평가해야 할 것인가?

이 책에서 우리의 최종 목표 지점은 에너지 대전환, 탄소중립과 초미세먼지 문제를 동시에 모두 해결할 수 있는 최적의 에너지−환경 정책을 찾아내는 것이라고 했다. 이것이 **'초미세먼지−기후변화**(탄소중립)**−에너지 문제' 연계 사고**라고도 했다. 이를 위해 우리나라에서 일차적으로 노력을 기울여야 할 지점이 재생에너지 발전 극대화와 탈석탄 정책이라는 것에는 사실 이론의 여지가 없어 보인다. 에너지 믹스에서도 재생에너지의 발전 비중을 최대한 끌어올려야 하고, 이 부분으로 석탄화력발전을 우선적으로 대체해야만 한다. 하지만 가장 중요한 핵심적 문제점은 우리나라 재생에너지 발전 최대 잠재력에는 너무나도 명백한 한계점이 또한 존재하고 있다는 사실이다. 그렇기 때문에 원자력 발전을 폐기하게 된다면, 우리나라 탄소중립에는 사실상 미래가 보이지 않게 된다. 원자력 발전도 초미세먼지 원인 물질과 이산화탄소를 배출하지 않는다고 했다. 이산화탄소를 배출하지 않기 때문에 탄소국경 조정세 부과에서도 면제된다. 탄소중립이 화두가 된 세계에서는 수출품에 탄소국경 조정세가 붙지 않는다는 것은 매우 강력한 수출품 경쟁력의 원천이 될 수도 있을 것이다.

여기에 더해 원자력은 프랑스 사례에서도 볼 수 있듯 에너지 안보 차원에서도 꽤 훌륭한 에너지원이 된다. 다만 문제는 원전의 안전성 문제에 있다. 아니, 보다 정확히 말하면 원전 안전에 대한 국민의 불안감과 불신이 문제의 핵심이다. 필자는 프랑스, 영국, 핀란드의 예에서 보듯, 원자력 발전은 탄소중립 달성에 있어 매우 중요한 수단이 될 수 있다고 생각한다. 더더군다나 우리의 재생에너지 현실을 올바로 직시한다면,

원전 없는 탄소중립은 불가능하다고 필자는 확신한다. 우리에게는 '탈원전'이 목표인가? 아니면 '탄소중립'이 최종 목적지인가? 필자가 보기에는 전자(탈원전 혹은 친원전)는 후자(탄소중립)를 위한 수단이고, 후자는 전자의 상위 개념이다. 그리고 원전 가동의 문제는 기술의 문제라기보다는 국민의 불안감 곧 '신뢰'의 문제다. 국민의 신뢰가 없다면, 원전은 결코 가동될 수가 없다.

우리가 정말로 탄소중립을 강하게 염원한다면, 현실적으로 재생에너지-원자력 발전 양축 전략 이외의 또 다른 대안이 과연 존재할 수 있을까? 필자는 없을 것이라고 확신한다. 이것이 우리에게 주어진 엄연하고 엄중한 에너지 상황과 탄소중립에 관한 현실이다. 우리가 우리에게 주어진 이 엄중한 에너지-탄소중립 현실을 직시한다면, 개인의 윤리와 이상을 국가의 현실 정책과 혼동해서는 안 된다. 죄송한 이야기일 수도 있겠지만, 개인의 윤리와 이상은 단지 개인의 윤리와 이상일 뿐이고, 국가의 정책적 결정은 우리나라 우리 사회가 처하고 직면한 집단적 현실을 직시하는 바탕 위에서 매우 냉정하고 전략적으로 결정되어야만 한다. 국가의 에너지 전략, 탄소중립 정책, 초미세먼지 정책, 이 모두는 '에토스적 사고'가 아니라 우리가 처한 엄중한 현실을 바탕으로 정교하고도 철두철미하게 계산된 도박사의 냉철함을 가지고 설계되고 시행되어야만 한다는 이야기다.

에너지 중국몽(中國夢)

우리나라 미래 에너지 전략을 논하는 데 있어, 앞서 4장에서 논의했던 문제로 다시 잠시 되돌아가 보도록 하자. 앞서 4장에서 우리는 우리나라의 초미세먼지가 어디서 기원하는가의 문제를 살펴봤다. 필자는 이 문제에 대해 연평균 기준 대략 45~50% 정도가 중국의 영향일 것이라고 했고, 특히 고농도 사례에 대해서는 60~80%가 중국의 영향일 것이라고 했다. 이는 현 수준의 과학이 말하고 있는 과학적 사실이라고도 했다. 그리고 많은 경우 이 영향은 **징진지 지역**(베이징, 톈진, 허베이성)과 **산둥성 지역**의 영향이 가장 크고, **랴오닝성의 남부, 산시성, 장쑤성 북부** 등의 **화북평원** 지역도 큰 영향을 주고 있다고 했다.

그렇다면 이 중국의 영향에 관한 문제 역시도 한번 우리의 탈석탄, 탈원선 정책과 연계시켜 논의를 좀 더 진전시켜 보도록 하자. 이 중국의 영향에 관한 문제는 우리나라의 미래 에너지 문제에 어떤 시사점을 던져주고 있을까? 그림 10.2와 그림 10.3은 에너지 분야에서의 '중국몽(中國夢)'이다.

그림 10.2는 중국 내에서 가동 중인 석탄화력발전소들의 발전 시설 용량 현황이다.47 그림을 보면 알 수 있듯, 중국의 수도권이라고 할 수 있는 베이징 주변 징진지 지역은 베이징과 톈진 특별시의 공기질을 고

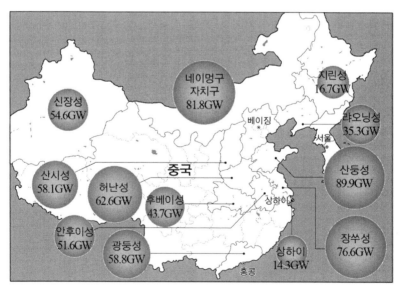

그림 10.2 중국의 주요 성(省)별 석탄화력발전소 발전 설비 용량.

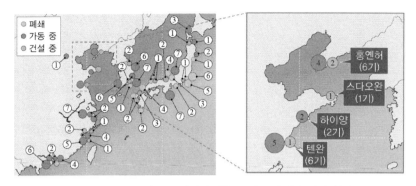

그림 10.3 왼쪽 그림은 현재 가동 중이거나 계획 중인 동아시아 지역 원자력 발전소들이고, 오른쪽 그림은 우리나라 근처 풍상(風上) 지역에 위치한 중국 원전들이다(컬러도판 p.362 참조).

려해서인지, 놀랍게도 석탄화력발전소가 전무하다. 그리고 징진지 지역에서는 주로 천연가스 발전소만을 가동한다는 소문도 들려온다. 반면, 많은 용량의 석탄화력발전소들이 징진지를 둘러 싼 지역, **산둥성**(89.9 GW), **산시성**(58.1 GW), **랴오닝성**(35.3GW) 등에 집중되어 있다. 이 성(省)들은 바로 앞서 '생각 더 하기 5'에서 언급했던 '의도치 않은 흘러넘침 효과'가 발생하는 지역들이다.

우리나라 공기질에 영향을 주는 지역들은 징진지를 포함한 산둥성과 산시성, 랴오닝성 남부 지역들이라고 했다. 그런데 이들 산둥성, 산시성, 랴오닝성의 석탄화력발전소 총 발전용량이 무려 188.3GW다. 참고로 우리나라 2017년 기준 총 전력 발전설비 용량이 대략 106.2GW 정도이고, 해마다 조금씩 다르긴 하지만, 석탄화력발전의 발전 비중이 대략 40% 정도라고 했다. 그렇다면 우리나라 발전용량에서 석탄화력발전이 차지하는 비중은 대략 40GW 정도쯤이 될 듯싶다. 그렇다면, 중국 3성의 188GW의 발전시설 용량은 우리나라 총 전력 발전시설 용량의 1.7배, 우리나라 석탄화력발전시설 용량의 무려 4.5배나 된다. 그리고 이 말은 중국의 석탄화력발전에서 배출된 엄청난 양의 초미세먼지 원인 물질들이 장거리 수송을 통해 우리나라의 대기오염에 영향을 주게 된다는 이야기와 같은 것이 된다. 다시 한번 강조하지만, 우리나라 초미세먼지 문제는 대략 45~50%가 중국의 영향이라고 했다.

그리고 그림 10.3은 중국에서 현재 가동 중인 원자력 발전소들(붉은색)과 건설 중인 원자력 발전소들(녹색)의 현황을 보여주고 있다.48 중국 정부는 경제 성장과 함께 폭증하고 있는 에너지 수요를 고려해서 현재 가동 중인 36기의 원자력 발전소에 더해 20여 기의 원자력 발전소들을 추가로 건설 중에 있다. 이들 중 특히 산둥반도 끝자락 스다오완(石島灣)이란 곳에 건설 중인 1기 원전과 산둥반도 하이양(海陽) 지역에 가동 중인 2기의 원전, 랴오닝성 랴오둥반도 끝 훙옌허(紅沿河) 지역에서 현재 가동-건설 중인 6기의 원전, 그리고 장쑤성 북쪽의 톈완(田灣)지역에서 가동 및 건설 중인 6기 원전 등 총 15기 정도의 원전은 만약에 이들 원전에서 심각한 안전사고가 발생한다고 가정하면, 한반도에 매우 끔찍한 결과를 초래할 수도 있는 원전들이 된다.49~51

한번 초미세먼지를 핵물질로 바꿔서 생각을 해보자! 예를 들어 그림 4.1의 붉은색 고농도 초미세먼지 공기 덩어리를 핵물질인 세슘-137, 요오드-131로 바꿔서 생각해 보면, 문제의 본질이 한결 더 명료해질 것이다. 이들 핵물질들은 초미세먼지가 장거리 수송되는 것과 정확하게 동일한 바람길을 타고 황해를 건너 한반도로 넘어오게 될 것이다. 산둥반도 동쪽 끝에 위치한 웨이하이(威海)시에서 인천까지는 직선거리로 330km 정도에 지나지 않는다. 이는 서울에서 목포까지의 거리와 비슷하다. 그리고 랴오둥반도 끝 훙옌허(紅沿河)에서 평양이나 신의주는 아주 지척인 거리에 있다.

필자는 대중을 대상으로 한 강연에서 징진지 지역, 산둥-랴오둥반도와 한반도 사이에는 '대기고속도로', 동북아 대기오염물질의 '슈퍼하이웨이(superhighway)'가 있다는 표현을 자주하곤 한다. 이 보이지 않는 하늘길인 동북아 슈퍼하이웨이를 따라 오늘도 끊임없이 많은 양의 초미세먼지 원인 물질들이 징진지, 산둥반도, 랴오둥반도 지역에서 한반도의 남한과 북한 지역으로 끊임없이 넘어오고 있는 것이다.

그림 10.2를 다시 한번 살펴보자. 산둥성의 석탄화력발전 용량만 살펴봐도 우리나라 석탄화력발전 용량의 무려 225%다. 그리고 산둥성 석탄화력발전소들의 대기오염 저감 시설은 한국의 화력발전소 저감 시설보다 훨씬 더 열악하다. 그리고 석탄화력발전소의 대기오염 배출 저감 시설만큼이나, 중국 원전의 안전시설과 안전장치도 대한민국 원전의 안전시설과 안전장치보다 더 열악하다. 거기에 더해 중국은 공산당 일당독재의 권위주의 국가다. 다양한 수준의 원전 고장이나 사고, 원전 관련 정보들이 투명하게 공개되지도 않는다. 원전 운영에 있어서 정보의 투명성과 국민(인민)과의 소통, 신뢰는 매우 중요한 필수 사항, 필수 덕목들이 된다고 했다.

이 동북아 슈퍼하이웨이와 산둥-랴오둥반도에서 우리나라까지의 거리를 생각해 보면, 이 지역에서 가동되고 건설되는 석탄화력발전소와 원자력 발전소들은 실질적으로 국내에 건설되는 석탄화력발전소나 원자력 발전소들과 크게 다를 바도 없어 보인다. 아니, 발전한 전기(발전의 편익)는 모두 중국 내에서 소비하고, 그 찌꺼기격인 대기오염물질들만을 우리가 수용해야 한다는 점에서는 도덕적으로는 더욱 최악인 측면도 있다. 우리나라에서 탈원전을 해야 한다는 논리에는 분명히 윤리적으로 타당한 측면이 있다고 했다. 그러나 이 동북아 대기고속도로 한쪽의 원자력 발전은 그냥 방치 내지 방기하고, 우리나라에서만 마치 전투-전쟁하듯 논의와 논쟁을 진행해 봐야 그리 큰 의미가 있어 보이지도 않는다.

우리는 2017년과 2018년을 관통하는 시점에서 탈원전 문제를 정치적 어젠다로 상정시키며, 사회적 갈등에 커다란 사회적 비용까지 지불했었다. 하지만 우리가 걱정하는 원전 사고가 만약에 발생하게 된다면(생각하기도 끔찍하고, 이런 언급을 자꾸 하는 것조차도 매우 송구스러운 일이지만), 그 사고는 확률적으로 우리나라에서 보단 황해 건너편에서 일어날 확률이 훨씬 높아 보인다. 이런 언급도 어쩔 수 없는 확률적 사고의 결론이다. 그리고 그 사고의 영향은, 만약 그 사고가 산둥반도나 랴오둥반도에서 일어난다는 가정하에서 생각해 보면, 국내 사고와 그리 큰 차이가 있을 것 같지도 않다. 사고의 피해가 국내 사고의 피해만큼이나 참혹할 수도 있다는 의미이다.

그런데 이 지점에서 의문도 하나 생긴다. 그렇다면 중국은 왜 잠재적 문제들이 많은 원자력 발전과 석탄화력발전에 이토록 집착하는 것일까? 중국 정책 당국이 석탄화력발전의 문제점과 원전 안전의 위험성을 잘 모르고 있는 것일까? 물론 그럴 리는 없다고 본다. 아마도 중국 당국이 원자력 발전의 안전 문제나 석탄화력발전의 환경 문제보다도 더 중요하게 생각하는 또 다른 문제가 있을 듯 보인다. 그것은 증가하는 에너지 수요와 맞물려 있는 에너지 안보의 문제이다. 중국은 1970년대 개방 이후로 무려 6~10%대의 고도 경제 성장을 이뤄왔고, 현재는 성장률이 다소 둔화되었다고는 해도 4~6% 근처의 연평균 경제 성장률을 이어가고 있는 나라이다. 당연히 경제 성장과 더불어 에너지 수요도 폭발적으로 증가해 왔을 것이고, 그들이 필요로 하는 에너지 증가 수요를 재생에너지나 천연가스만으로 공급하는 것에는 명백한 한계가 있음을 그들 스스로도 자각하고 있을 것이라고 필자는 생각한다. 특히 석유나 천연가스는 국제 정세에 따른 가격 변동성도 크지만, 경우에 따라서는 아예 공급 자체가 위태로워질 개연성도 내포하고 있다. 소위 말하는 '지정학적 위험성(geopolitical risk)'이다.

아마도 이것이 중국 당국이 석탄 발전과 원전 건설에 전략적 집착을 보이는 이유일 것이다. 에너지 안보 문제는 중국뿐만 아니라 전 세계 모든 나라의 핵심 고려 사항이 된다. 에너지는 한 나라를 구동하는 구동력 그 자체. 에너지가 원활하게 공급되지 않는다면, 국가, 사회, 산업이 가동이 되지 않고, 에너지가 공급되지 않는 사회란 곧 지옥을 의미한다. 어쩌면 현실에서는 대기오염-탄소중립-에너지 넥서스(nexus)에서 특히 '에너지'에 매우 큰 방점을 찍으며, 세 문제에 있어서의 최적점을 찾아내야 한다는 의미가 될 수도 있을 것 같다.

그리고 물론 중국도 재생에너지 발전을 장려한다. 재생에너지 장비 설치 증가율, 태양광 발전 분야와 전기 저장 배터리 기술 분야에서는 이미 세계 최고 수준의 기술력을 보유하고 있기도 하다. 하지만 앞 장에서도 여러 번 지적했듯, 재생에너지 발전에는 이용률, 발자국 면적, 전기 저장 문제 등과 관련된 많은 한계와 제약이 존재한다고 했다. 우리나라에서 적용되는 한계와 제약들은 당연히 중국에서도 적용될 것이다. 중국 땅이 아무리 넓다고 해도 무려 14억 인구가 사용해야 할 전력과 에너지를 생산하는 일이다. 재생에너지가 과연 몇 퍼센트나 감당할 수 있다고 생각하는가? 그 한계를 중국 당국도 인지하고 있을 것이고, 중국이 필요로 하는 모든 에너지를 재생에너지가 담당하는 것은 애당초 불가능하다고 판단하고 있을 것이다.

이제까지의 논의들은 우리나라 '초미세먼지-기후변화-탄소중립'에 대한 필자 나름의 생각과 고민, 그리고 주장들이었다. 자, 이제 이 책을 정리해야 할 시점이 된 듯하다. 10장의 모두(冒頭)에서 이 장은 70~80% 정도는 과학이지만, 20~30%는 필자의 주관적 주장을 담고 있다고 했다. 사실 이런 주장이란 경우에 따라서는 잠꼬대와 같은 것일 수도 있다. 과학 서적에서도 늘 과학만으로는 결론을 낼 수 없는 이슈들이 존재하고, 그래서 각 토론의 말미에는 '더 생각해 볼 점'이라고 독자들에게 과제를 내주기도 한다. 토론한 과학적 내용을 바탕으로, 비과학적 이슈 혹은 과학적으로는 논증하기 어려운 주제들에 대해서도 이성적인 논의와 논쟁을 서로와 그리고 스스로에게 계속 해 보라는 의미에서다. 그리고 시민들과 학생들은 이 논의와 논쟁의 과정을 통해서 성장한다. 필자는 우리나라 시민 사회도 이런 논의와 논쟁을 통해 더욱더 성장할 수 있을 것이라는 믿음을 갖고 있다. 이 10장의 20~30% 필자의 주장이란 부분도, 바로 이런 이성적인 논의와 논쟁을 위한 것이었다고 독자들이 이해해 주시면 감사하겠다.

하지만 이 점들만은 명심을 하자. 우리가 이 책을 통해 토론해 온 초미세먼지와 대기오염의 문제들은 우리 사회가 지닌 많은 문제들 중 작은 일부일 수도 있다는 점, 그리고 대기오염과 기후변화의 대응은 우리나라의 에너지 전략과 연계되어 있고, 그리고 우리나라의 에너지 전략에는 다양한 국가전략적 의미가 내포되어 있을 수도 있다는 점, 초미세먼지 문제라는 것도 대한민국이란 국가의 커다랗고 복잡한 연계와 연관의 관계 안에서 발생한 한 개의 문제일 수도 있다는 점, 따라서 문제의 해결에서도 당연히 이 커다랗고, 거대한 연계와 연관를 이해하면서 이 연계 내에서 최적의 해답을 찾기 위해 최선의 노력을 경주해야만 한다는 점. 이런 점들을 명심하면서 이성적 논의든 논쟁이든 해보면, 우리 모두에게 발전이 있을 것이다. 학생도 개인도 시민도 사회도 지도자도 바로 사고와 논쟁 그리고 질문을 통해서 성장한다. 지식과 질문은 모든 성장과 해법의 핵심이다! 이것이 필자의 오랜 신념이자 믿음이고, 그래서 지식과 질문은 이 책 전체를 관통하는 핵심 키워드이기도 한 것이다.

에너지 대전환이란 어떤 사회적 의미를 지니고 있을까?

에너지 대전환이란 화석연료 사용을 종식하고, 우리 사회를 재생에너지로 발전한 전기 기반의 사회로 전환시키고 나면 끝나는, 그런 단순하고 명쾌한 사업인 것일까? 하지만 이 에너지 대전환 안에는 굉장히 불쾌하고, 비참할 수도 있는 현실의 그늘들이 우리가 가야할 길 위에 괴물들처럼 도사리고 있을 수도 있다. 필자가 제레미 리프킨의 『글로벌 그린 뉴딜』이란 책을 읽으면서, 이 책은 너무 나이브(naive)하지 않은가라고 반문했던 이유도, 이 책이 에너지 전환을 너무나도 낭만적이고 낙관적으로 서술하고 있다는 점 때문이었다. 에너지 전환은 물론 당위성을 가진 과제, 그래서 '정의로운 전환'이라고 부를 수 있는 측면들을 분명 지니고 있지만, 치밀하고 정치한 계획 없이 덤벼들다간 매우 파괴적이고 치명적인 결과를 낳을 수도 있다. 앞서 '생각 더 하기 3'에서 지구온난화 문제도 한 번쯤은 삐딱하게, 체리피킹적으로만 생각하지 말고 객관적으로 한번 생각해보자고 제안했듯, 에너지 전환이 아무리 정의로운 전환이라고 해도 너무 밝은 한쪽 면만을 바라봐서는 안 된다. 이 정의로운 전환에도 당연히 양(陽)과 음(陰)이 공존하고 있기 때문이다.

한 예를 살펴보자. 필자가 관여했던 국가기후환경회의 본 회의에서는, 2020년 말 한 회의에서 당면한 초미세먼지 문제 해결과 탄소중립 실현을 위해 2035년부터 내연기관 자동차의 종식(생산 및 판매 중지)을 선언했었다. 이 선언이 윤리적으로는 아주 멋진 선언인 것도 같아 보이지만, 왠지 현실의 결과도 그렇게 멋질 것만 같지는 않다. 2035년이면 지금으로부터 단지 12년이 지난 시점이 된다. 이 선언을 달리 해석해 보면, 결국 2035년부터는 가솔린, 디젤, LPG 자동차와 CNG 버스 판매를 정책적으로 국가가 중단시키겠다는 이야기가 된다. 그렇다면 이 문제를 경제-산업 프레임에 집어넣고 한번 사고 시뮬레이션을 돌려보자.

우선 가솔린, 디젤(경유), LPG 생산은 우리나라 정유 산업의 근간이 되는 생산품들이다. 일단 원유가 외국으로부터 수입되어 우리나라에 들어오게 되면, 우리나라 4대 정유사들인 SK이노베이션, GS칼텍스, S-오일, 현대오일뱅크에서 가솔린, 등유, 디젤, 항공유, LPG 등을 생산하게 된다. 그리고 이 유종(油種)들을 생산하며 발생되는 정유공장의 부산물인 나프타(naphtha)를 이용하면서, 석유화학산업에서 섬유, 제약, 화장품, 페인트, 플라스틱 등의 산업들이 사용하는 다양한 중간재들을 또한 생산하게 된다. 이 일관 산업의 흐름에서 가장 큰 윗부분(upstream)을 차지하는 것이 바로 가솔린, 경유, LPG 생산인데, 이 수요가 2035년 어느 날을 기점으로 허공으로 사라져 버리는 것이다. 이는 우리나라 정유 산업의 실질적인 붕괴와 종식을 의미하게 될 것이다.

석유화학 산업이란 것도 정유 산업에서 나프타를 공급받아 화학제품 중간재들을 생산하는 산업인데, 나프타의 국내 생산이 중단 혹은 격감하게 되면 당연히 타격을 받을 수밖에는 없을 것이다. 아니, 이 문제는 굳이 어렵게 생각할 필요도 없을 듯싶다. 2018년 기준 11,000여 개에 달하는 우리나라의 주유소들, 2,000여 개의 LPG 충전소들은 모두 문을 닫아야만 한다.[52] 주유소, LPG 충전소, 정유공장, 화학공장, 유조차량 등이 모두 화석연료 관련 '좌초자산'이 된다는 뜻이다. 그리고 해당 산업이 무너지면, 해당 산업의 노동자들은 모두 해고되어 길거리로 나올 수밖에 없다.

우리나라의 정유-석유화학 산업이 나라 전체에서 차지하는 비중은 매우 크다. 우리나라 제조업에서 차지하는 비중은 2014년 기준 화학산업 11.5%, 석유정제 10.3%, 합해서 21.8%로, 정보통신산업 비중 22.2%와 엇비슷했다. 이 말은 정유-석유화학 산업은 우리나라 산업의 근간이라는 이야기이고, 이 근간 산업이 2035년을 기점으로 분해되어 허공으로 사라져 버릴 것이라는 이야기이다. 그리고 이들 산업에서 쏟아져 나올 해고 노동자들을 재생에너지 분야로 재취업 시키는 것이 말처럼 쉬운 일일까도 진지하고 정교한 사고로 고민해 보았으면 좋겠다.

그런데 심각한 문제는 이런 변화의 흐름이 정유-석유화학 산업에만 국한되지도 않을 것이라는 점에 있다. 자동차 산업 역시 전기차와 함께 재편의 운명을 맞이할 것이다. 9장에서 미래는 전기차의 시대가 될 것이라고 이야기했었다. 전기 자동차 시대에도 현대-기아차가 시장의 승자, 혹은 생존자가 될 수 있을까? 사실 그런 보장은 그 어디에도 없다. 전기 자동차 시대에는 현대-기아, 메르세데스-벤츠, 폭스바겐, 도요타와 같은 기존의 자동차 강자가 승자가 될 수도 있겠지만, 애플이나 구글 같은 자율주행 인공지능 기술의 보유사가 승리자가 될 수도 있고, 테슬라나 비야디(BYD)와 같은 전기차 전문 업체가 승자가 될 수도, 아니면 LG에너지솔루션이나 CATL(중국 배터리 제조 전문 회사)과 같은 배터리 산업의 강자가 최종 승자가 될 수도 있다(전기차는 생산 원가의 40%가 배터리값이라고 했다). 많은 것이 불확실하다. 그리고 그 불확실성은 새로운 기회가 될 수도 있고, 아니면 기존 체제의 붕괴와 종말을 의미할 수도 있다.

많은 것이 불확실하지만 확실한 것도 있다. 2035년부터 우리나라 내연기관 관련 산업 생태계는 분명히 종말을 고하게 될 것이라는 점이다. 자동차 회사의 가솔린, 디젤 엔진 생산 팀과 연구팀은 해체될 것이고, 내연기관과 관련된 중소, 중견 기업들 역시 새로운 산업 생태계에 적응하지 못한다면 도태되어 사라져 버리게 될 것이다. 예를 들어, 우리가 앞에서 계속 언급해 왔던 디젤차 배출가스 처리 촉매업체, 가솔린차 촉매업체, 디젤차 입자 필터 업체, 머플러와 라디에이터 생산 업체들은 당연히 생존이 불가능하다. 전기차에 촉매나 입자 필터, 머플러와 라디에이터 등은 모두 쓸모없는 장치들이 되어버리기 때문이다. 이런 종류의 대규모 변화는 곧 내연 자동차 업계의 대규모 실업을 의미할 것이다. 자동차 제조 및 자동차 부품 산업의 2014년 기준 제조업 비중은 11.5%였다. 고용유발 효과면에선 반도체업이 최종 생산물 10억 원당 취업 계수가 1.4명인 데 반해, 자동차 산업은 7.7명이나 된다.53 이 말은 자동차 산업이 대단히 노동집약적 산업이라는 의미이고, 이는 실업 혹은 인력 고용 변화의 골짜기가 자동차 산업을 중심으로 매우 깊고 크게 나타날 수도 있다는 의미가 될 것이다. 우리는 쌍용 자동차 사태를 통해 한 자동차 회사의 대량 해고와 실직이 사회적으로 어떤 결과를 낳을 수 있는지를 실제로 목격했던 바도 있었다.

에너지 대전환이란 단지 에너지를 화석연료에서 재생에너지로 바꾸기만 하면 완결되는 그런 단순하고 단선적인 문제가 결코 아닐 것이다. 이는 우리나라 산업의 근간과 핵심을 바꾸는 거대한 산업 혁명일 것이라고 했다. 이 혁명의 과정에서 구산업은 프랑스 대혁명기의 앙시앙 레짐처럼 무너져 사라질 것이고, 신산업은 지각 변동기의 거대한 산맥처럼 융기할 것이다. 완전히 새로운 패러다임이 과거의 패러다임을 대체하는 일이다. 이 과정이 제레미 리프킨의 묘사처럼 결코 장밋빛일 수만은 없을 것이다. 그래서 대비가 필요한 것이고,

이를 위해 우리나라 정치인, 정책 당국, 산업계가 지혜를 모으고, 정교하고 정치한 전략과 계획을 미리미리 세워 미래를 준비해야만 한다는 것이다. 그런 정교하고, 정치한 전략과 계획을 우리나라 엘리트들이 진정으로 준비하고 있는지 필자로서는 사실 매우 궁금하다. 만약 준비가 부재하다면 혁명 기간 중 고통과 고난의 기간은 매우 깊고 험난할 수도 있을 것이다.

컬러도판

본문 28p

그림 1.2 숯검정 또는 블랙카본이라고 불리는 검은색 물질은 건강에 매우 해로운 국제 암연구소(IARC) 규정 1급 발암물질로, 지구온난화에서도 매우 중요한 역할을 한다. 왼쪽 사진은 노후 경유차에서 배출되는 블랙카본을, 오른쪽 사진은 울산 공단 굴뚝에서 배출되고 있는 블랙카본을 보여주고 있다(사진 출처: 연합뉴스).

본문 91p

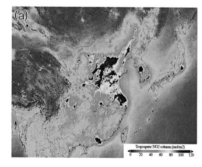

그림 3.4 그림 (a)는 TROPOMI 환경인공위성 센서에서 얻어진 동아시아 이산화질소 (NO₂) 농도 분포 지도이다. 그림 (b)는 (a)의 지명들에 대한 설명을 도와줄 동아시아 지역 지도이다.

본문 100p

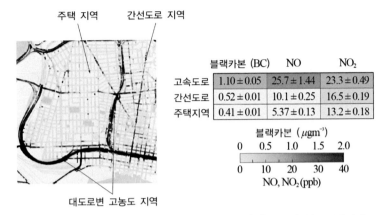

	블랙카본 (BC)	NO	NO_2
고속도로	1.10 ± 0.05	25.7 ± 1.44	23.3 ± 0.49
간선도로	0.52 ± 0.01	10.1 ± 0.25	16.5 ± 0.19
주택지역	0.41 ± 0.01	5.37 ± 0.13	13.2 ± 0.18

그림 3.6 도로 주변에서 발생하는 고농도 우심 지역의 사례를 보여 주는 그림이다. Apte *et al.*(2017)[12]의 그림을 바탕으로 광주과학기술원 AIR 실험실에서 다시 그렸다.

본문 108p

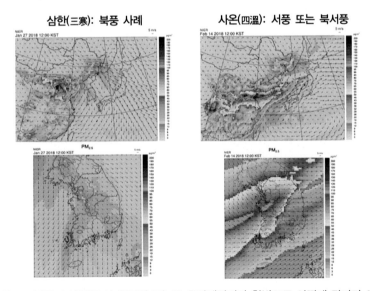

그림 4.1 북풍과 북서풍 시 중국의 고농도 초미세먼지가 한반도로 어떻게 장거리 이송될 수 있을지를 보여 주는 사례들(출처: AIR KOREA). 그림에서 빨간색은 $PM_{2.5}$ 기준 '매우 나쁨', 노란색은 '나쁨', 초록색은 '보통', 파란색은 '좋음'을 나타낸다.

본문 109p

해동기(解凍期): 남풍 사례

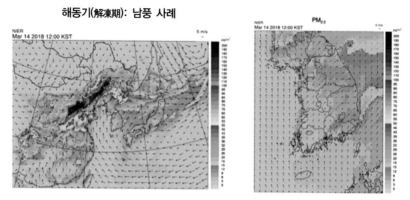

그림 4.2 남풍 시에는 외부의 초미세먼지가 대한민국에는 크게 영향을 주지 않음을 보여 주는 사례이다(출처: AIR KOREA).

본문 112p

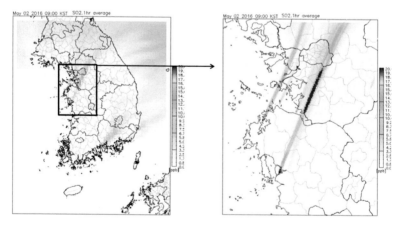

그림 4.3 충청도 화력발전소 배출이 수도권 공기질에 나쁜 영향을 줄 수 있음을 보여 주는 대기질 모델링 결과이다(출처: 아주대 김순태 교수). 그림에서 붉은색과 노란색은 발전소에서 배출된 오염물질의 농도가 매우 높음을 나타낸다.

본문 114p

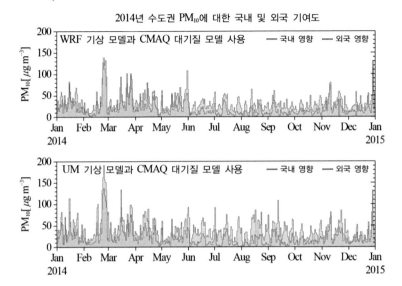

그림 4.4 2014년에 수도권 지역에서 미세먼지 농도(PM₁₀)에 대한 외국 기여도 모델링 실험 결과이다. 다른 종류의 기상 모델인 WRF와 UM을 이용해도 비슷한 결과가 나온다. 주황색 부분은 외부 기여도를, 파란색 부분은 국내 기여도를 각각 나타내고 있다. Kim et al. (2017)[4] 논문의 그림을 기초로 광주과학기술원 AIR 실험실에서 다시 그렸다.

본문 127p

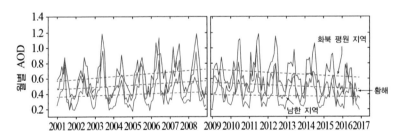

그림 4.6 2001년부터 2017년까지 17년간 환경인공위성을 통해 화북 평원 지역(검은 선), 황해(빨간 선), 남한 지역(파란 선)에서 얻어진 초미세먼지 농도 변화를 분석한 그림이다. 점선들은 변화의 연간 변화 추이선을 나타낸다(출처: 광주과학기술원 AIR 실험실).[13]

본문 147p

그림 5.2 해외에서 판매되고 있는 말보로(Marlboro)와 카멜(Camel) 담뱃갑 사진들. 담배 흡연의 위험성을 경고하는 글귀와 사진들이 보인다(필자 촬영).

본문 188p

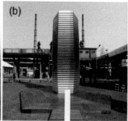

그림 6.1 왼쪽 사진은 중국 시안시(市)에 건설된 100m 높이의 공기정화탑, 가운데 사진은 베이징에 네덜란드의 '스튜디오 루즈가르드'라는 기업이 설치한 7m 높이의 공기정화탑, 오른쪽 사진은 인도 뉴델리에 최근 건설된 공기정화탑이다(출처: 연합뉴스).

본문 204p

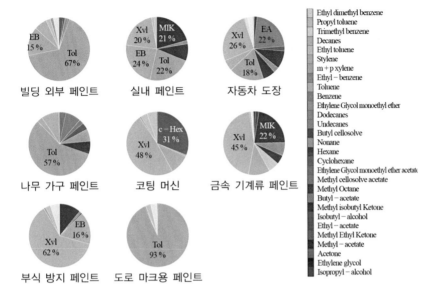

	Ethyl dimethyl benzene
	Propyl toluene
	Trimethyl benzene
	Decanes
	Ethyl toluene
	Stylene
	m + p xylene
	Ethyl – benzene
	Toluene
	Benzene
	Ethylene Glycol monoethyl ether
	Dodecanes
	Undecanes
	Butyl cellosolve
	Nonane
	Hexane
	Cyclohexane
	Ethylene Glycol monoethyl ether acetate
	Methyl cellosolve acetate
	Methyl Octane
	Butyl – acetate
	Methyl isobutyl Ketone
	Isobutyl – alcohol
	Ethyl – acetate
	Methyl Ethyl Ketone
	Methyl – acetate
	Acetone
	Ethylene glycol
	Isopropyl – alcohol

그림 7.1 우리나라에서 사용되는 주요 용도별 시너(thinner)의 조성들. Tol은 톨루엔,
Xyl은 자일렌, EB는 에틸벤젠, MIK는 메틸이소부틸케톤, c-Hex는 사이클로
헥산, EA는 에틸아세테이트를 의미한다.

본문 205p

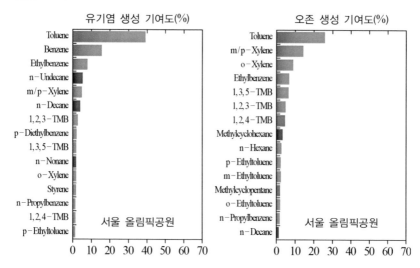

그림 7.2 서울 올림픽공원에서 KORUS-AQ 집중측정연구 기간 중 측정된 휘발성 유기
화학물질들의 화학종별 유기염 및 오존 생성 기여도를 백분율로 표시한 그림
이다. 표 7.1의 자료를 기준으로 계산이 실행되었다. **초록색 막대들**은 모두
'방향족 화학물질들'의 기여도를 나타낸다.

본문 208p

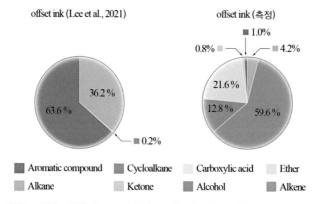

그림 7.3 왼쪽 그림은 일반적으로 사용되고 있는 옵셋(offset)용 잉크의 성분을 분석한
것이고, 오른쪽 그림은 친환경 옵셋 잉크의 성분을 분석한 것이다. 왼쪽 그림
에서 빨간색으로 표시된 방향족 유기화학물질들(aromatic compounds)의
양이 오른쪽 그림에서 1% 미만으로 획기적으로 줄었다는 사실을 확인할 수
있다.

본문 224p

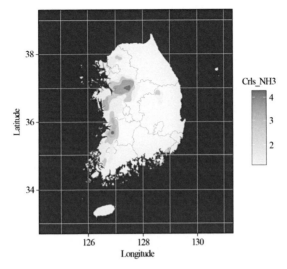

그림 7.9 크리스(CRIS)라는 인공위성 센서에서 측정된 우리나라의 암모니아 농도 분포 지도이다(출처: 심창섭 박사, 한국환경정책·평가연구원).

본문 243p

그림 8.1 (a)는 해남에 건설된 우리나라 최대 98MW 발전용량의 태양광 발전 단지인 솔라시도 전경이다(출처: 솔라시도 홈페이지). (b)는 전라북도 장수군 천천면에 건설되고 있는 태양광 발전 단지이다(출처: 한국일보).[9]

본문 250p

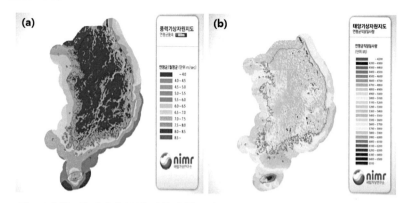

그림 8.2 (a)는 우리나라 풍력 자원, (b)는 태양광 자원 지도이다. 연평균 풍속은 지상
으로부터 80m 높이에서의 풍속을 표시한 것이고, 태양광 자원 지도는 연평
균 직달 일사량을 표시한다(출처: 국립기상연구소 자료실).[15] 그림 (b)에서
는 태양광 발전의 경우 대한민국 서쪽 지역보다는 동쪽 지역, 즉 영남 지역과
강원도 일부 지역이 전라도, 충청도, 경기도보다는 유리한 조건을 갖고 있음
도 보여주고 있다.

본문 345p

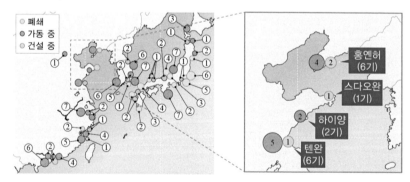

그림 10.3 왼쪽 그림은 현재 가동 중이거나 계획 중인 동아시아 지역 원자력 발전소들
이고, 오른쪽 그림은 우리나라 근처 풍상(風上) 지역에 위치한 중국 원전들
이다.

참고가 된 문헌들

서론

1. 이 책에서 '(초)미세먼지'라는 표현은 '초미세먼지와 미세먼지'를 한 단어로 압축해서 표현하기 위해 사용한 단어다. 1장에서 좀 더 자세한 설명이 있겠지만, 미세먼지는 입자 지름이 10μm보다 작은 대기 중 입자를, 초미세먼지는 입자 지름이 2.5μm보다 작은 대기 중 입자를 일컫는 표현이다.
2. 김민진, '보이지 않는 암살자', 여성시대, 2018.12.07.
3. 강양구, '미세먼지 괴물이 실체를 드러내다', 프레시안, 2015.04.24.
4. 강양구, '1급 발암물질을 마시며 외출하는 서울 시민', 프레시안, 2015.05.13.
5. 김진화, '미세먼지 문제 해결을 위한 국가기후환경회의 내일 출범', KBS NEWS, 2019.04.28.
6. Hobbs, P. V., *Introduction to Atmospheric Chemistry*, Cambridge, 2000.
7. 유발 하라리, 『21세기를 위한 21가지 제언』, 김영사, 2019.

1장

1. 마르틴 하이데거, 『시와 철학』, 소광희 옮김, 박영사, 1975.
2. Jacobson, M. J., *Air Pollution and Global Warming: History, Science and Solution*, 2nd ed., Cambridge, 2012.
3. 피터 브래넌, 『대멸종 연대기』, 김미선 옮김, 흐름출판, 2019.
4. Jacob, D., *Introduction to Atmospheric Chemistry*, Princeton University Press, 1999.
5. 이근영, '브라질 아마존, 지구의 허파에서 CO_2 굴뚝으로 변하다', 한겨레, 2021.05.03.
6. 김종삼, 『김종삼 전집』, 장석주 편집, 청아, 1988.
7. Lim, S. S. et al., "A comparative risk assessment of burden of disease and injury attributable to 67 risk factors and risk factors clusters in 21 regions, 1990-2010: A systematic analysis for the Global Burden of Disease Study 2010", *The Lancet*, Vol. 380, 2224-2260, 2012.
8. 세계사신문 편찬위원회, 『세계사 신문 1,2,3』, 사계절, 1998.

9. Apte, J. et al., "Addressing global mortality from ambient PM$_{2.5}$", *Environmental Science & Technology*, Vol. 49, 8057-8066, 2015.

10. 빌 게이츠, 『기후재앙을 피하는 법』, 김민주·이엽 옮김, 김영사, 2021.

11. 전성훈, '한국서 대기오염 사망자 연간 1만 7천 명… 93%가 초미세먼지 탓', 연합뉴스, 2019.04.04.

12. 이 이야기는 건국대 우정헌 교수와 고려대 이종태 교수의 발표자료에서 인용한 것이다.

13. Esworthy, R., *Air Quality: EPA's 2013 Changes to the Particulate Matter* (PM) *Standard*, Congressional Research Service, 2015.

14. Seinfeld, J. H. and Pandis, S. N., *Atmospheric Chemistry and Physics*, John Wiley & Sons, 2006.

15. 박용근, '암 집단발병 익산 장점 마을 재앙은 연초박이 원인이었다', 경향신문, 2019.11.14.

16. 김병철, '의왕 아스콘 공장 인근 의왕서 암질환 환자 추가 발생… 청사 이전 시급', 서울신문, 2016.12.21.

17. Kim et al., "Concentrations, health risks, and sources of hazardous air pollutants in Seoul-Incheon, a megacity area in Korea", *Air Quality, Atmosphere & Health*, Vol. 14, 873–893, 2021.

18. Paul Crutzen Interview, 'Professor Paul Crutzen: Nobel winner and advocate of a climate "escape route"', News European Parliament, 2011.12.01.

19. Hobbs, P. V., *Introduction to Atmospheric Chemistry*, Cambridge, 2000.

20. IPCC, '기후변화 2021 과학적 근거', WMO & UNEP, 2021.

21. Cheng, Y. et al., "Face masks effectively limit the probability of SARS-CoV-2 transmission", *Science*, 101126/science.abg6296, 2021.

22. 김경목, '위험한 코로나19 방역… 제 2가습기 살균제 우려', 뉴시스, 2021.06.16.

23. 조한승, '브레이크 미세먼지, 배기가스보다 2배 이상 많아', 동아사이언스, 2019.12.13.

2장

1. 유발 하라리, 『21세기를 위한 21가지 제언』, 김영사, 2019.

2. Bain, D., 'Pandemic Panic may be more dangerous than the Virus', www.

LifeworksGroup.org, 2020.03.13.

3. 송종현, '한국 초미세먼지 농도 OECD 중 최악', 동아일보, 2018.03.25.

4. 김성환, 'NASA의 제언, 미세먼지 국내 오염부터 잡아라', KBS NEWS, 2017. 07.20.

5. 이금숙, '흡연보다 무서운 미세먼지… 조기사망자 한 해 700만 명, 헬스조선, 2019.03.04.

6. 제레미 리프킨, 『글로벌 그린 뉴딜』, 안진환 옮김, 민음사, 2020.

7. 임형섭, '신안 풍력에 48조 투자… 문대통령 "신형 원전 6기 발전량"', 연합뉴스, 2021.02.05.

8. 밀란 쿤데라, 『참을 수 없는 존재의 가벼움』, 이재룡 옮김, 민음사, 1999.

9. 김수영, 『김수영 전집2: 산문』, 민음사, 1984.

10. Kalnay, E., 『대기 모델링, 자료동화, 그리고 예측가능성』, 이승재, 강지순, 유혜림 옮김, 시그마프레스, 2012.

11. 박종훈, 『2020 부의 지각변동』, 21세기 북스, 2019.

12. 아이작뉴턴 편집부, 『날씨와 기상, Newton Highlight 133』, 아이작뉴턴, 2019.

13. 김남욱 외, 『한국 기후변화 평가 보고서 2020(기후변화의 과학적 근거)』, 기상청, 2020.07.

14. 오코우치 나오히코, 『얼음의 나이: 자연의 온도계에서 찾아 낸 기후변화의 메커니즘』, 윤혜원 옮김, 계단, 2016.

15. Jacobson, M. J., *Air Pollution and Global Warming: History, Science and Solution*, 2nd ed., Cambridge, 2012.

16. Skinner, B. J. and Murck, B., *The Blue Planet: An Introduction to Earth System Science*, 3rd ed., John Wiley & Sons, Inc., 2011.

3장

1. 그림 3.1과 3.2는 이화여자대학교 김용표 교수로부터 얻은 자료를 바탕으로 필자 실험실에서 다시 자료를 더 추가해서 그린 것이다.

2. Kim, H. C. et al., "Recent increase of surface particulate matter concentrations in the Seoul Metropolitan Area, Korea", *Scientific Report*, Vol. 7:4710,1-7, 2017.

3. 국가온실가스정보센터, '국가 온실가스 인벤토리 보고서'. 2021.

(http://lod.nl.go.kr/resource/ KMO202034365)

4. 송옥진, '중국 초미세먼지 28% 줄자, 우리도 27% 감소', 한국일보, 2021.02.10.

5. 남승표, 'WSJ, 중국 경제 바닥치려면 아직 멀었다', 연합 인포맥스, 2022.09.01.

6. 김서영, '중국 청년들 판데믹·경제불안에 10위안 저녁 찾는다', 경향신문, 2022.09.19.

7. 최예지, '제로 코로나 정책 이대로 괜찮은가', 아주경제, 2022.09.20.

8. 박성민, '2020년대는 낙관의 시대로 기록될 수 있을까', 경향신문, 2020.01.04.

9. 본문에서 언급한 대로 그림 3.4는 NASA의 James Crawford 박사로부터 얻었다.

10. Lee, H.-M. et al., "PM$_{2.5}$ source attribution for Seoul in May from 2009 to 2013 using GEOS-CHEM and its adjoint model", *Environmental Pollution*, Vol. 221, 377-384, 2017.

11. 김영준, '미세먼지 보는 눈, 천리안 위성 2B호', 전자신문, 2020.03.15.

12. Apte, J. et al., "High-resolution air pollution mapping with Google street view cars: Exploiting big data", *Environmental Science & Technology*, Vol. 51, 6999-7008, 2017.

13. 초미세먼지사업단, '미세먼지의 상식과 지식', 한국과학기술연구원, 2021.

14. 이석재, '[올림픽 방사능] 2. 원전사고 9년… 방사능에 노출된 경기장', KBS NEWS, 2020.03.11.

15. 이상학, '춘천 방사능 생활감시단, 건축 자재 범위 명확한 기준 필요', 연합뉴스, 2020.03.23.

16. 최소라, '성신여대입구 등 지하철역 5곳, 기준 초과 라돈 검출, YTN 사이언스, 2019.010.06.

17. 기욤 피트롱, 『프로메테우스의 금속』, 양영란 옮김, 갈라파고스, 2021.

4장

1. 니콜로 마키아벨리, 『군주론』, 강정인·문지영 옮김, 까치, 2003.

2. https://www.airkorea.org/index.

3. 본문에서 WRF와 UM은 'Wearther Research and Forecast'와 'Unified Model'의 약자들이다. 두 모델들은 모두 기상 예보를 목적으로 하는 모델들로, 전자

는 미국 해양대기청(NOAA: National Oceanic and Atmospheric Administration) 이, 후자는 영국 기상청(British Meteorological Office)이 연구-개발했다. CMAQ은 Community Muti-scale Air Quality의 약자로, 미국 환경국(US EPA)에 서 개발-보급하고 있는 공기질 시뮬레이션 모델이다.

4. Kim, H. C. et al., "Regional contribution to particulate matter concentration in the Seoul metropolitan area, South Korea: seasonal variation and sensitivity to meteorology and emission inventory", *Atmospheric Chemistry & Physics*, Vol. 17, 10317-10332, 2017.

5. Park, M. E. et al., "New approach to monitor transboundary particulate pollution over Northeast Asia", *Atmospheric Chemistry & Physics*, Vol. 14(2), 659-674, 2014.

6. Lee, H.-M. et al., "PM$_{2.5}$ source attribution for Seoul in May from 2009 to 2013 using GEOS-CHEM and its adjoint model", *Environmental Pollution*, Vol.221, 377-384, 2017.

7. 김수현, '한국 초미세먼지 32%는 중국발… 한중일 첫 공동연구', 연합뉴스, 2019.11.20.

8. http://data.oecd.org

9. 송종현, '한국 초미세먼지 농도 OECD 중 최악', 동아일보, 2018.03.25.

10. 주로 '환경운동연합'에서 하는 주장이다.

11. 송윤경, '미 NASA가 280억을 써가며 한국 미세먼지를 연구한 까닭은', 경향신문, 2017.07.19.

12. 이 주장은 국가기후환경회의 반기문 위원장의 주장인데, 본문에서 밝혔듯 필자는 이 주장에 동의하지 않는다.

13. Bhardwaj, P. et al., "Recent changes of trans-boundary air pollution over the Yellow Sea: Implications for future air quality in South Korea", *Environmental Pollution*, Vol. 247, 401-409, 2019.

14. Weatherhead, E. C. et al., "Statistical considerations and applications to Environmental data", *Journal of Geophysical Research*, Vol. 103(D14), 17149-17161, 1998.

15. 송철한, '중국발 미세먼지의 의미', 한국일보, 2016.07.31.

16. 천권필, '1000곳에 미세먼지 스파이 심었다… 하늘색 바뀐 베이징', 중앙일보, 2019.11.11.

17. Fang, D. et al., "Clean air for some: Unintended spillover effects of regional air pollution policies", *Science Advances*, Vol. 5, eaav4707, 2019.

18. 브라운 스톤, 『부의 인문학』, 오픈마인드, 2019.

19. Eugenia K., 『대기 모델링, 자료동화, 그리고 예측가능성』, 이승재, 강지순, 유혜림 옮김, 시그마프레스, 2012.

20. 이우진, '일기 예보의 뒷이야기, 수치 예보와 슈퍼 컴퓨터', Sciencetimes, 2011.02.24.

21. 리차드 탈러, 캐스 선스타인, 『넛지』, 안진환 옮김, 리더스북, 2018.

22. E. H. 카, 『역사란 무엇인가?』, 김승일 옮김, 범우사, 1998.

5장

1. 테오 콜본, 다이앤 듀마노스케, 존 피터슨 마이어, 『도둑맞은 미래』, 권복규 옮김, 사이언스북스, 2006.

2. Apte, J. et al., "Addressing global mortality from ambient $PM_{2.5}$", *Environmental Science & Technology*, Vol. 49, 8057-8066, 2015.

3. Burnett, R. et al., "An integrated risk function for estimating the global burden of disease attributable to ambient fine particulate matter exposure", *Environmental Health Perspective*, Vol. 122, 397-403, 2014.

4. 홍윤철, '제3차 미세먼지 범 부처 프로젝트 추진 현황 공유회', LW 컨벤션 그랜드 볼룸, 서울, 2019.12.16.

5. 질병관리청, '미세먼지의 건강 영향과 환자 지도', 2018.

6. 김치중, '미세먼지의 위험 어느 정도? 뇌·심혈관 질환, 정신질환, 루게릭병까지', 한국일보, 2019.01.15.

7. 이런 보건 지표들에는 사실 여러 종류가 있다. 그중 필자가 이 책에서 선택한 지표가 '조기 사망률'이다. 이 지표를 선택한 이유는 단순하다. 독자들의 이해가 가장 편할 것 같기 때문이다. 이 분야 전문가들은 많은 경우 DALY(Disability-Adjusted Life Years)나 YLD(Years Lived with Disability)와 같은 지표들도 동시에 사용한다.

8. 전성훈, '한국서 대기오염 사망자 연간 1만 7천 명… 93%가 초미세먼지 탓', 연합뉴스, 2019.04.04.

9. 이에스더, '국내 초미세먼지 사망자 한 해 1만 2000명, 심혈관계 질환 최

다', 중앙일보, 2019.01.13.

10. 이금숙, '흡연보다 무서운 미세먼지… 조기사망자 한 해 700만 명, 헬스조선, 2019.03.04.

11. Lim S. S. et al., "A comparative risk assessment of burden of disease and injury attributable to 67 risk factors and risk factors clusters in 21 regions, 1990-2010: A systematic analysis for the Global Burden of Disease Study 2010", *The Lancet*, Vol. 380, 2224-2260, 2012.

12. 황수연, '흡연율 주는데, 담배 사망자 6만 1723명, 4년 전보다 6% 증가', 중앙일보, 2019.08.27.

13. 질병관리본부, '2017 국민건강통계(국가승인통계 제117002)', 보건복지부, 2017.

14. 빌 게이츠, 『기후재앙을 피하는 법』, 김민주·이엽 옮김, 김영사, 2021.

15. 이 이야기는 건국대 우정헌 교수와 고려대 이종태 교수의 발표 자료에서 인용한 것이다.

16. 앞의 발언은 환경부 간부에게서 들은 이야기이고, 뒤의 발언은 국가기후환경회의 반기문 위원장의 발언이다.

17. Park, M. et al., "Differential toxicities of fine particulate matters from various sources", *Scientific Reports*, 8:17007, 1-11, 2018.

18. 김종현 등, "고체 연료 사용에 따른 오염물질 배출 특성 조사 연구", 대기환경학회지, Vol. 33(2), 77-86, 2017.

19. International Agency for Research on Cancer(IARC), 'IARC: Outdoor air pollution, a leading environmental cause of cancer deaths, Press release (N221), France, 2013.
표 5.1에서 살충제·제초제로 분류된, 그룹1에서 그룹3까지의 합성유기화학물질들이 있다. 이 물질들 대부분은 미국 해양생물학자로 환경·생태 분야 최초의 기념비적 저작을 남긴 레이첼 카슨(Rachel Carson)의 『침묵의 봄』과 테오 콜본(Theo Colborn) 저작의 『도둑 맞은 미래』에서 주요 논의 타깃이 되었던 물질들이다. 이들 합성유기화학물질들은 표 5.1이 보여주고 있는 발암성뿐만이 아니라, 매우 강한 '생식 독성' 및 '신경 독성'도 지니고 있다. 여기서 생식 독성이 있다는 말은 이들 합성유기화학물질들이 '환경 호르몬'으로 작용하기도 한다는 말이다. 환경 호르몬이란 인체의 생식 호르몬 체계를 교란시키는 화학물질들로, 학문적으론 내분비계

교란 물질(EDCs: Endocrine Disrupting Chemicals)이라고도 부르기도 한다. 또한 표 5.1에는 산업용으로 분류된 화학물질들도 있다. 그중 특히 1,3-부타디엔(1,3 Butadiene)과 비닐 클로라이드(Vinyl chloride) 등도 모두 기체 상태의 1급 발암물질들인데, 석유화학 공단에서 주로 고농도가 나타난다. 왜냐하면 1,3-부타디엔은 합성 고무의 원료이고, 비닐 클로라이드는 PVC(Polyvinylchloride)의 원료 물질이기 때문이다. 그리고 본문에서 이들 두 물질들은 담배 흡연에서도 배출된다고 했다. 이 두 물질 외에도 표 5.1에서 '산업용'이라고 분류된 거의 대부분의 물질들이 석유화학 공단 지역에서 고농도로 나타난다. 이곳이 이들 물질의 생산처이며, 동시에 소비처이기도 하기 때문이다.

20. Jacobson, M. J., *Air Pollution and Global Warming: History, Science and Solution*', 2[nd]ed., Cambridge, 2012.

21. Agency for Toxic Substances and Disease Registry, 2002

22. https://guro.kumc.or.kr/ (고려대학교 구로병원 웹 문서)

23. 김기범, '발전사들, 신재생에너지 공급한다며 화력발전용 연료 수입', 경향신문, 2018.10.25.

24. Hinds, W. C., *Aerosol Technology*, John Wiley & Sons, 1982.

25. 강찬수, '해산물 소비 많은 한국 미세플라스틱에 관심 가져야', 중앙일보, 2019.09.09; Groopman J., 'The plastic panic', The New Yorker, 2010.05.24.

6장

1. Sample, I., 'Cooking Sunday roast causes indoor pollution worse than Delhi', The Guardian, 2019.02.17.

2. Tang et al., "Volatile organic compound emissions from humans indoor", *Environmental Science and Technology*, Vol. 50, 12686-12694, 2016.

3. 박준호, '현대백화점, 60억원 들여 점포 내 미세먼지 낮춘다', 전자신문, 2019.10.22.

4. 기계연구원의 한방우 박사와 개인적으로 교신한 내용이다.

5. Lim, S. S. et al., "A comparative risk assessment of burden of disease and injury attributable to 67 risk factors and risk factors clusters in 21 regions, 1990-2010: A systematic analysis for the Global Burden of Disease Study 2010", *The Lancet*,

Vol. 380, 2224-2260, 2012.

6. Apte J. et al., "Addressing global mortality from ambient PM$_{2.5}$", *Environmental Science & Technology*, Vol. 49, 8057-8066, 2015.

7. 화목 난로는 나무를 말린 후 연소함으로 에너지를 얻는 장치이고, 목재 펠릿은 나무 톱밥을 펠릿 형태로 만들어서 사용하는 연료이다. 보일러 연료나 발전용으로 많이 사용된다.

8. 이금숙, '흡연보다 무서운 미세먼지… 조기사망자 한 해 700만 명, 헬스조선, 2019.03.04.

9. McDonald, B. et al., "Volatile chemical products emerging as largest petrochemical source of urban organic emissions", Science, Vol. 359(6377), 760-764, 2017.

10. Twilley, N., 'The hidden air pollution in our homes', The New Yorker, 2019.04.01.

11. Mack, E., 'Surprising study blames smog on soaps, paints, other products as much as cars', Forbes, 2018.02.15.

12. Du, et al., "Risk assessment of pollution inhalation exposure to volatile organic compounds and carbonyls in urban China", *Environmental International*, Vol. 73, 33-45, 2014.

13. 김선영, '실내외 공기 5번 교환 후 입주, 새집증후군 없는 건강한 생활 첫발, 중앙일보, 2021.03.22

14. 장영기, '정부의 미세먼지 대책은 과연 획기적인가?', 한겨레, 2019.04.03.

7장

1. 도스토옙스키, 『카라마조프가의 형제들』, 이길주 옮김, 아름다운날, 2020.

2. 공자, 『논어』, 홍익출판사, 2005.

3. Lim, S. S. et al., "A comparative risk assessment of burden of disease and injury attributable to 67 risk factors and risk factors clusters in 21 regions, 1990-2010: A systematic analysis for the Global Burden of Disease Study 2010", *The Lancet*, Vol. 380, 2224-2260, 2012.

4. Haagen-Smit, A. J., "The air pollution problem in Los Angeles", *Eng. Sci.*, 14, 7-13, 1950.

5. Emberson, L., Ashmore, M., and Murray F., "Air pollution Impacts on Crops

and Forest", *Air Pollution Reviews*, Vol. 4, Imperial College Press, 2003.

6. Agency for Toxic Substances and Disease Registry, 2002

7. https://guro.kumc.or.kr/ (고려대학교 구로병원 웹 문서)

8. https://www.epa.gov/urban-air-toxics/about-urban-air-toxics

9. Bollen, J. et al., 'Co-benefits of climate change mitigation policies: Literature review and new results', OECD Economics Department Working Papers, 2009.

10. Wu, W. et al., "Ozone and secondary organic aerosol formation potential from anthropogenic volatile organic compounds emissions in China", *J. Environmental Sciences*, 224-237, 2017.

11. Shin, H. J. et al., "Evaluation of the optimum volatile organic compounds control strategy considering the formation of ozone and secondary organic aerosol in Seoul, Korea", *Environ. Sci. Pollut. Res.*, Vol. 20, 1468-1481, 2013.

12. Ng, N. L. et al., "Secondary organic aerosol formation from m-xylene, toluene, and benzene", *Atmospheric Chemistry & Physics*, Vol. 7, 3909-3922, 2007.

13. Monod, A. et al., "Mono-aromatic compounds in ambient air of various cities: a focus on correlations between xylenes and ethylbenzene", *Atmos. Environ.*, Vol. 35, 135-149, 2001.

14. Kim, et al., "Concentrations, health risks, and sources of hazardous air pollutants in Seoul-Incheon, a megacity area in Korea", *Air Quality, Atmosphere & Health*, Vol. 14, 873‒893, 2021.

본문에서 벤젠, 포름알데하이드는 세계보건기구(WHO) 산하 국제암연구소(IARC)가 규정 1급 발암물질들이고, 에틸벤젠은 2B그룹 발암물질, 톨루엔은 3그룹 발암물질이라고 했다. 이들 물질들에 대해 미국 환경보호국(US EPA)과 캘리포니아 환경보호국(California EPA)에서 발표한 '단위 농도당 발암 위험도(carcinogenic unit risk)'로 위의 물질들의 발암성을 한번 수치로 비교해 보면, 벤젠이 7.8($\times 10^{-6}$), 포름알데하이드가 13.0($\times 10^{-6}$), 에틸벤젠이 2.5($\times 10^{-6}$), 톨루엔은 보고된 발암 위험도 수치가 없다. 참고로 블랙카본 중에 상당량이 존재하고 있는 것으로 알려진 벤조피렌의 단위 농도당 발암 위험도 수치는 무려 87,000($\times 10^{-6}$)으로 극강이다. 이 벤조피렌의 높은 발암도는 왜 블랙카본이 매우 강력한 발암물질이 되는가를 설명하고 있기도 하고, 또한 담배 흡연이 왜 유해한지를 설명하는 강력한 이유들 중 하나이기도 한다.

15. Kim, et al., "Spatial-seasonal variations and source identification of volatile organic compounds using passive air samplers in the metropolitan city of Seoul, South Korea", *Atmospheric Environment*, Vol. 246, 118136, 2021.

16. Simpson, I. J. et al., 'Contributions of individual VOCs to SOA formation in Seoul', KORUS-AQ data workshop, UC Irvine, California, US, 2018.

17. 이태정 외 5인, "생활밀착형 사업장에서 사용되는 유기용제의 오존 전구 물질 목록화 및 오존 생성 기여도 평가", 대기환경학회지, Vol. 37 No.1,102-112, 2021.02.

18. Ou, J. et al., "Concentrations and sources of non-methane hydrocarbons (NMHCs) from 2005-2013 in Hong Kong: A multi-year real-time data analysis", *Atmos. Environ.*, Vol. 103, 196-206, 2015.

19. Jacob, D. J., *Introduction to Atmospheric Chemistry*, Princeton, 1999.

20. 김동영, 최민애, 한용희, 박성규, "농업 잔재물 노천소각에 의한 대기오염물질 배출량 산출에 관한 연구", 대기환경학회지, Vol. 32(2), 168-175, 2016.04.

21. 범부처미세먼지사업단, '권역별 초미세먼지 특징: 배출, 기상, 농도 현황', 2020.09.

22. 김기범, '발전사들, 신재생에너지 공급한다며 화력발전용 연료 수입', 경향신문, 2018.10.25.

23. 홍종호 외 4인, '지속가능 미래를 위한 대한민국 2050 에너지 전략', WWF Report, 2017.

24. Jacobson, M. J., *Air Pollution and Global Warming: History, Science and Solution*, 2[nd]ed., Cambridge, 2012.

25. 제레미 리프킨, 『글로벌 그린 뉴딜』, 안진환 옮김, 민음사, 2020.

26. 박구인, '文, 올해 탄소중립 원년… 새 일자리 창출 기회, 국민일보, 2021.05.10.; 김동호, '당정, 2050 탄소중립국은 국가 생존전략… 그린 뉴딜 기본법입법', 연합뉴스, 2020.12.07.

27. 김선욱, '문대통령, 한국판 그린뉴딜 마지막까지 힘있게 추진하겠다', 전남일보, 2021.05.10.

28. 오경진, '바이든의 그린 뉴딜… 신재생·배터리 '기회' 철강·정유 '긴장'', 서울신문, 2021. 01.24.

29. 정지용, '문대통령, 20303년 탄소저감목표 35% → 40% 가닥… 그린 리더십 속도 낸다', 한국일보, 2021.09.15.

30. 국가온실가스정보센터, '2019년 국가 온실가스 인벤토리 보고서'. 2020. (http://lod.nl.go.kr/resource/KMO202034365)

8장

1. 토니 세바, 『에너지 혁명 2030』, 박영숙 옮김, 교보문고, 2018.

2. 태양광 정보센터, '지역별, 월별 태양광 발전 설비 이용률 데이터', 현대솔라에너지㈜ (www.hdsolar.co.kr/solar-power-informations/?mod=document&uid=415)

3. Energy Information Agency(EIA),' International Energy Outlook', 2019; 전병역, '탈원전 옳지만 재생에너지 효율 과장 안돼… 찬반 싸움보다 현실 직시를', 경향신문, 2021.03.17.

4. 제레미 리프킨, 『글로벌 그린 뉴딜』, 안진환 옮김, 민음사, 2020.

5. 송충현, '한전, 경영난에도 11조들여 신안 해상풍력사업 참여', 동아일보, 2019.12.21.

6. 임형섭, '신안 풍력에 48조 투자… 문대통령 "신형 원전 6기 발전량"', 연합뉴스, 2021.02.05.

7. 홍장원, '솔라시도 태양발전소, 축구장 190개 면적에 태양광… 녹지·공원 볼거리도 가득', 매일경제, 2020.12.09.

8. 이창훈 외, '화석연료 대체 에너지원의 환경·경제성 평가 (I): 원자력을 중심으로', 한국환경정책·평가연구원, 2013.

9. 김주영, 박서강, '산과 들 뒤덮은 태양광 패널… 환경 파괴하는 친환경에너지', 한국일보, 2019.08.22.

10. 최병성, '이 사진을 보십시오… 문재인 정부 실망입니다', 오마이뉴스, 2021.02.25.

11. 유경하, '다시 바람이 분다: 산업시스템 분석 심층자료-풍력산업', DB 금융투자, 2019.

12. 이창훈 외, '화석연료 대체 에너지원의 환경·경제성 평가(II): 재생에너지 발전원을 중심으로', 한국환경정책평가연구원, 2014.

13. 이상훈 외, '2020 신재생에너지 백서', 산업통상자원부 및 한국에너지공단, 2020.

14. Jacobson, M. J., *Air Pollution and Global Warming: History, Science and*

Solution, 2nded., Chapter 13, Cambridge, 2012.

15. 기상청 날씨누리, '풍력 · 태양광 기상자원 지도', 기상청(www.weather.go.kr /weather/climate/ wind_solar_guide.jsp)

16. International Reneawable Energy Agency(IRENA), 'Renewable Capcity Statistics 2020', 2020(www.irena.org/publications/2016/Mar/Renewable-Capacity-Statistics-2016)

17. Denholm, P. et al., 'Land-Use Requirements of Modern Wind Power Plants in the United States', National Renewable Energy Laboratory(NREL), 2009.
Denholm의 방법에 의한 부지 면적은 미국 아르곤 국립연구원(Argonne National Laboratory) 장영수 박사의 도움을 받아 계산했다.

18. 천권필, 강찬수, '밤마다 윙윙… 시골마을 둘로 쪼갠 풍력발전 저주파의 진실', 중앙일보, 2020.08.30.

19. 권경훈, 정부가 띄운 풍력발전, 순풍에 돛? 전국 곳곳 주민 반발 역풍', 한국일보, 2021.05.02.

20. 김현구 외, "국토 환경성 평가에 의한 육상 풍력의 잠재량 산정", 한국환경과학회지, 22(6), 717-721, 2013.

21. 오철, '한난, 광양항 자전거도로 태양광 발전소 준공', 전기신문, 2021.03.08.

22. 배성봉, '미국의 차세대 전력망 ESS 도입', KOTRA & KOTRA 해외시장 뉴스, 2022.01.13.

9장

1. 제레미 리프킨, 『엔트로피, 21세기 새로운 문명관』, 최현 옮김, 범우사, 1999.

2. 제레미 리프킨, 『글로벌 그린 뉴딜』, 안진환 옮김, 민음사, 2020.

3. 홍종호 외 4인, 『지속가능 미래를 위한 대한민국 2050 에너지 전략』, WWF Report, 2017.

4. '환산 이산화탄소 배출량'이라고 함은 지구온난화가스(GHGs)들인 이산화탄소(CO_2), 메탄가스(CH_4), 아산화질소(N_2O), 염화불화탄소(CFCs) 등의 배출을 모두 이산화탄소 배출로 환산해서 하나의 숫자로 표현한 '총 지구온난화가스 배출량'의 의미로 해석하면 될 것이다. 일반적으로 메탄가스나 아산화질소, 염화불화탄소의 하나인 CFC-11의 지구온난화 효과는 같은 무게의 이산화탄소 대비 각각 23배, 296배, 그리고 4,600배나 더 높다 (100년 기준).

5. 국가온실가스정보센터, '2019년 국가 온실가스 인벤토리 보고서'. 2020. (http://lod.nl.go.kr/resource/KMO202034365)

6. 남지원, '친환경 연료인 줄 알았는데… 천연가스 수소차의 배신', 경향신문, 2019.10.23.; 주영재, '수소차는 전기차보다 친환경적일까?', 경향신문, 2019.02.10.

7. 박순혁, 『K 배터리 레볼루션』, 지와인, 2023.

8. 기욤 피트롱, 『프로메테우스의 금속』, 양영란 옮김, 갈라파고스, 2021.

9. Jacobson, M. J., *Air Pollution and Global Warming: History, Science and Solution*, 2nded., Chapter 13, Cambridge, 2012.

10. Evans, R. L., *Fueling Our Future: An Introduction to Sustainable Energy*, Cambridge, 2007.

11. 홍석재, 'GM마저 사기 논란. 니콜라 손절… 1억 달러 지분 가진 한화 후폭풍', 한겨레, 2020.12.02.

12. 산업통산자원부, '세계 최고 수준의 수소경제 선도 국가 도약: 정부 '수소경제 활성화 로드맵' 발표', 보도 자료, 2019.01.16.

13. 홍남기, '2019년 추가경정 예산안' e-브리핑, 대한민국정책브리핑, 2019.04.22. (www.korea.kr/news/policyBriefingView.do?newsId =156328046)

14. Sand et al., 'A multi-model assessment of the Global Warming Potential of hydrogen', Communications Earth & Environment, 4, Article: 203, 2023.

15. 안재용, '서울 9배 면적 태양광 설치? 2050 탄소중립, 실현 가능한가', 머니투데이, 2021.08.09.; 오찬종, 박동환, '전문가도 모르는 '무탄소 신전원' 비중 21%로 높이겠다는 정부', MK뉴스, 2021.08.05.

16. 송철호, '수소경제에 힘입어 그린 암모니아 급부상', 주간한국, 2021.07.30.

17. Bollen, J. et al., 'Co-benefits of climate change mitigation policies: Literature review and new results', OECD Economics Department Working Papers, 2009.

18. 클라우스 슈밥, 『제4차 산업혁명』, 송경진 옮김, 새로운 현재, 2016.

19. 김정연, '정부 온실가스 24% 감축…석탄발전 줄이고, 사업계 책임 높이고', 중앙일보, 2019.10.22.; 박준영, '정부, 기후변화 대응 강화한다… 온실가스 배출량 2030년까지 32% 감축', 한국일보, 2019.10.22.; 정지용, '문대통령, 2030 탄소저감 목표 35%→40% 가닥… 그린 리더십 속도 낸다', 한국일보, 2021.09.15.

20. 이산화탄소가 지구온난화가스라는 사실에는 사실 의문의 여지가 별로 없다. 하지만 현재 진행되고 있는 지구의 기온 상승에 이산화탄소가 어느 정도의 기여를 하고 있는가에 대해서는 회의론이 존재하고 있는 것도 사실이다. 필자는 회의할 수 있는 것들은 한번쯤은 회의해 보는 사고가 필요하다고 했다. 이것은 과학적 사고의 매우 자연스러운 과정이기도 하다. 다만, 이산화탄소가 지구온난화가스라는 사실 자체는 자명한 상황에서, 현재의 지구온난화 원인이 증가하는 이산화탄소 때문이라고 100%의 결론이 나올 때까지 우리의 행동을 중지하는 일은 어쩌면 우리가 합당한 조치를 취할 올바른 타이밍을 잃어버리는 일이 될지도 모른다는 점을 생각하면서, 현재 우리의 행동도 결정되어야만 할 것이라고 필자는 생각하고 있다. 이상에서 언급한 종류의 회의론으로는 다음의 책자를 참고하기 바란다. "Singer, S. F., and Avery, D. T., *Unstoppable Global Warming*, Rowan & Littlefield Publisher, INC., 2007". 이 책은 우리나라에서도 번역본이 나와 있다. "프레드 싱어, 데니스 에이버리, 『기후온난화에 속지 마라』, 동아시아, 2008". 그리고 과학자의 저술은 아니지만, 다음 책도 참고해 보길 바란다. "비외른 롬보르, 『쿨잇』, 살림, 2008".

21. 국가기후환경회의, '국가기후환경회의 통계 자료집', 2021.01.

10장

1. 유발 하라리, 『21세기를 위한 21가지 제언』, 김영사, 2019.

2. 국가기후환경회의, '국민정책참여단 중장기 국민정책제안 학습 자료집', 2020.05.

3. 국가기후환경회의, '국가기후환경회의 통계 자료집', 2021.01.

4. 영흥화력발전소의 황산화물, 질소산화물, (초)미세먼지 배출 기준은 각각 25ppm, 15ppm, 5mg/m³로, 우리나라 일반적인 석탄화력발전소 배출 기준이 황산화물 50~100ppm, 질소 산화물 50~140ppm, 미세먼지 10~25mg/m³인 것과 비교하면, 4배 이상 강화된 기준을 가지고 있다. 그리고 현재의 개발된 기술로 영흥화력발전소보다 2배 더 강한 기준에 배출을 맞추는 것 또한 기술적으로 가능하다.

5. 이는 2019년 대구에서 진행된 추계(秋季) 대기환경학회에서 아주대학교 김순태 교수팀이 발표한 내용이다. 일반적으로 우리나라 석탄화력발전소를 모두 폐쇄할 경우를 가정해서 컴퓨터 시뮬레이션을 해 보면 예상되는

PM$_{2.5}$ 저감량은 전국 평균 0.5~0.6μg/m^3 정도에 지나지 않는다. 이는 우리나라 연평균 PM$_{2.5}$ 26μg/m^{3}의 대략 2% 정도에 해당되는 양일 뿐이다.

6. Evans, R. L., *Fueling Our Future: An Introduction to Sustainable Energy*, Cambridge, 2007.

7. 조강희, '수소시대 앞두고 주목받는 서부발전 태안 IGCC', 한국에너지, 2019.05.20.; 이종수, '수소경제 미래 신기술, IGFC를 주목하라', 월간수소경제, 2019.09.02.

8. Babaee, S. et al., "Incorporating upstream emissions into electric sector nitrogen oxide reduction targets", *Cleaner Engineering and Technology*, Vol. 1, 1-9, 2020; National Energy Technology Laboratory (NETL) 'Nitrogen Oxides (NOx) Emissions', www.netl.doe.gov/research/Coal/energy-systems/gasification/asifipedia/nitrogen-oxides

9. 미국 UC Davis(University of California at Davis)의 Michael Kleeman 교수 연구팀의 연구 결과이다. 2019년 12월 필자가 참석했던, 미국 UC Davis에서 개최된 Atmospheric Chemistry and Aerosol Algorithm 심포지엄에서 발표되었다. 현재 미국에서는 셰일오일과 함께 생산되는 값싼 천연가스를 이용한 천연가스발전이 확대되고 있는 중이다.

10. 한국전력공사, '전력통계속보', 한국전력공사, 2018.

11. 김수현, '현대연, LNG 수입 92%, 6개국에 편중… 미국 등으로 다변화해야', 연합뉴스, 2017.12.19.; 온기운, '미국산 LNG 수입확대의 의미', MK 뉴스, 2019.10.02.

12. 제레미 리프킨, 『글로벌 그린 뉴딜』, 안진환 옮김, 민음사, 2020.

13. Jacobson, M. J., *Air Pollution and Global Warming: History, Science and Solution*, 2nded., Cambridge, 2012.

14. 기욤 피트롱, 『프로메테우스의 금속』, 양영란 옮김, 갈라파고스, 2021.

15. 조송현, '원전사고 확률은 제로가 아니다!', 인저리타임, 2017.07.20.

16. 정병혁, '당국 화이자·모더나 심근염… AZ·얀센 길랑-바레 증후군 주의', 뉴시스, 2021.08.02.

17. 신윤재, '고조되는 붕괴 공포, 중 산샤댐이 불안할 수밖에 없는 이유', 매일경제, 2020.07.25.

18. 이창훈 외, '화석연료 대체 에너지원의 환경·경제성 평가(I): 원자력을 중

심으로', 한국환경정책·평가연구원, 2013.

19. 이하늬, '원전 사고, 매년 15.7회 발생했다', 경향신문, 2021.03.07.

20. 김경민, '게임 체인저로 떠오른 소형 모듈 원전(SMR)… 경제·안전성 두로 갖춘 차세대 에너지원', 매경 ECONOMY 2204호, 2023.04.13.

21. 문병기, '한국, 40년간 단 한 건의 사고도 없었다… 문대통령, 체코서 원전 세일즈', 동아일보, 2018.11.29.

22. 주진영, '가열되는 북 원전 지원 의혹… USB 내용 공개될까', SBS 뉴스, 2021.01.31.

23. 윤보람, '한국 수출 1호, UAE 원전 1호기 상업운전 개시', 연합뉴스, 2021.04.06.

24. 백영경, '기후위기 해결, 어디에서 시작할까?', 생태정치의 확장과 체제 전환, 창작과 비평, 2020.

25. 김범수, '마크롱, 기후변화 대응 위해 개헌 검토', 연합뉴스, 2020.12.15.

26. 문재연, '프랑스 장관과 군함은 왜 동시에 한국에 왔을까?', 한국일보, 2023.05.03.

27. 토드 스턴, '석탄 화력 신규 건설은 한국과 일본뿐', 동아일보, 2019.02.15.

28. 송광섭, '30개 기업 전기료 연 10조, 절전 사활', 매일경제, 2023.05.22.

29. 예를 하나 더 들어 보자! 포항제철이 ESG(Environmental, Social and Governance) 경영을 외치며, 야심 차게 추진하고 있는 것으로 알려진 '수소환원 제철공장'에서 사용되는 수소도 당연히 풍력발전이나 태양광 발전에서 생산되어야 비로소 ESG의 진정한 의미가 획득된다. 만약 정유·석유공정에서 발생하는 부생수소나 개질 수소를 수소 환원 제철소에서 이용한다면, 전체 '수소환원 제철소' 스토리는 다시 한번 난센스가 되어 버린다. 이런 모든 스토리를 종합하다 보면, 우리 사회에서 향후 20~30년간 재생에너지 발전 전기 수요는 기하급수적으로 증가할 수밖에는 없을 것이라는 결론에 도달할 수 있을 것이다.

30. 오찬종, 박동환, '전문가도 모르는 '무탄소 신전원' 비중 21%로 높이겠다는 정부', MK뉴스, 2021.08.05.

31. 안재용, '서울 9배 면적 태양광 설치? 2050 탄소중립, 실현 가능한가', 머니투데이, 2021.08.09.

32. 산업통산자원부 보도자료, '재생에너지 3020 이행계획(안) 발표: 제2회 재생에너지 정책협의회 개최를 통해 의견 수렴', 2017.12.20.

33. 산업통산자원부 에너지 혁신정책과, '제3차 에너지 기본계획', 산업통산자원부 2019.06.

34. 호경업, '제조업 강국이 세계경제 지배, 불붙은 무한경쟁', 조선 Weekly Biz, 2012.

35. 장하준,『그들이 말하지 않는 23가지』, 김화정·안세민 옮김, 부키, 2010.

36. 박의래, '선진국 제조업 비중 줄어들 때 한국은 늘었다', 연합뉴스, 2016.05.29.

37. 변효선, '인도 코로나19 재앙, 글로벌 공급망 혼란 심화시키다', 이투데이, 2021.05.12.

38. 김상현, '그린뉴딜 다시 쓰기', 생태정치의 확장과 체제 전환 특집, 창작과 비평, 2020.; 김기홍, '플라스틱 중독 시대 탈출하기', 생태정치의 확장과 체제 전환 특집, 창작과 비평, 2020.

39. 홍종호 외 4인, '지속가능 미래를 위한 대한민국 2050 에너지 전략', WWF Report, 2017.

40. 손해용, '산 높은 노르웨이 수력 96%, 평지 핀란드는 원전 35% 의존', 중앙일보, 2017.08.10.

41. 전설리, '세계 20대 국부펀드 중 11개, 산유국서 운영', 한국경제, 2012.10.07.

42. 김도훈, '투명, 소통, 신뢰… 핀란드의 사용 후 핵연료 처리 원칙', KBS, 2019.11.29.; 이상훈, '사용 후 핵연료 처리장 30년 준비… 지하 437m 암반서 영구처분', 동아일보, 2014.09.24.

43. 홍승용, '[홍승용의 해양 책략] 6. 중국의 백년 마라톤 국가 설계와 해양책략 I', 주간한국, 2020.01.14.

44. 손정민, '신재생에너지 지원 제도, RPS vs. FIT', KEPCO Now, 2018.06.01.; 유지민, 'RPS 제도 + FIT 제도 = 한국형 FIT 제도', 에너지 시설관리, 2018.09.19.

45. von Frank, D. et al., 'Murks in Germany', Der Spiegel, 19, 2019.03.05.

46. 조천호, '이산화탄소, 이전 세대가 부린 사치… 미래 세대에 이렇게 큰 짐이 될 줄이야', 경향신문, 2019.08.29.

47. 안선용, '중국발 미세먼지 더 큰 재앙 온다… 석탄 발전소 464기 추가로 짓는 중국', 한국경제 2019.03.07.

48. 이길성, '중국 해안따라 원전 56기 집중… 유사 시 사흘이면 한반도 덮쳐', 조선일보, 2017.07.22.

49. 이향림, '핵발전소 왕국이 되어가는 중국', 오마이뉴스, 2019.12.24.

50. 김당, '산둥반도에서 원전이 터지면, 서울 상공은 죽음의 재', 오마이뉴스, 2011.03.23.

51. 박성훈, '강화도서 불과 400km… 한국 서해 맞은편에 중 원전 12개 있다', 중앙일보, 2019.09.05.

52. http://ikosa.or.kr (사단법인 주유소 협회)

53. 박종훈, 『2020 부의 지각변동』, 21세기 북스, 2019.

과학을 기반으로 살펴보는
초미세먼지, 기후변화
그리고 탄소중립

초 판 발 행 2024년 1월 30일
초 판 2 쇄 2024년 2월 19일
초 판 3 쇄 2025년 1월 15일

저   자 송철한
펴 낸 이 김성배
펴 낸 곳 도서출판 씨아이알

책 임 편 집 박은지
디 자 인 백정수, 엄해정
제 작 책 임 김문갑

출 판 등 록 제2-3285호(2001년 3월 19일)
주   소 (04626) 서울특별시 중구 필동로8길 43(예장동 1-151)
전 화 번 호 02-2275-8603(대표)
팩 스 번 호 02-2265-9394
홈 페 이 지 www.circom.co.kr

I S B N 979-11-6856-201-1　93450